普通高等教育“十二五”规划教材

普通高等院校机电工程类规划教材

工程材料及机械制造基础

主编 明哲 于东林 赵丽萍

清华大学出版社

北京

内容简介

本书是编者在总结近几年教学改革经验的基础上编写的。本书内容精练，理论阐述简明，文字简洁。

本书分为工程材料与机械制造基础两篇。工程材料篇主要阐述各种常用工程材料的化学成分、金属热处理原理与工艺、组织结构、使用性能及实际应用等方面的基础理论和基本知识，为机械零件及工程结构等的设计、制造和正确使用提供有关合理选材、用材的必要理论指导和实际帮助。机械制造基础篇主要阐述金属机件成形工艺，主要包括：金属材料铸造、压力加工和焊接生产过程的基本原理、材料的热加工工艺性能、各种热加工工艺的特点和适用范围、机械零件的结构工艺性等知识。此外，为了适应经济与社会发展，拓宽学生的知识面，教材中有意识地增加了部分先进材料成形工艺方面的知识，具有一定的时代特色。

本书可作为高等院校机械类或机电类专业本科生使用的教材，也可供高职高专与成人高校师生及有关工程技术人员参考。

图书在版编目(CIP)数据

工程材料及机械制造基础/明哲，于东林，赵丽萍主编. —北京：清华大学出版社，2012.10(2024.8重印)
(普通高等院校机电工程类规划教材)
ISBN 978-7-302-29977-6

Ⅰ. ①工… Ⅱ. ①明… ②于… ③赵… Ⅲ. ①工程材料－高等学校－教材 ②机械制造－高等学校－教材 Ⅳ. ①TG

中国版本图书馆 CIP 数据核字(2012)第 210704 号

责任编辑：庄红权
封面设计：傅瑞学
责任校对：刘玉霞
责任印制：丛怀宇

出版发行：清华大学出版社
网　　址：https://www.tup.com.cn，https://www.wqxuetang.com
地　　址：北京清华大学学研大厦 A 座　　**邮　　编**：100084
社 总 机：010-83470000　　**邮　　购**：010-62786544
投稿与读者服务：010-62776969，c-service@tup.tsinghua.edu.cn
质量反馈：010-62772015，zhiliang@tup.tsinghua.edu.cn

印 装 者：天津鑫丰华印务有限公司
经　　销：全国新华书店
开　　本：185mm×260mm　　**印　　张**：20　　**字　　数**：456 千字
版　　次：2012 年 10 月第 1 版　　**印　　次**：2024 年 8 月第 13 次印刷
定　　价：56.00 元

产品编号：047412-06

编 委 会

主　编　明　哲　于东林　赵丽萍

副主编　朱宝英　姜　峰　胡宇祥　刘　玲

参　编　索忠源　王　军　赵德金

前 言

本书是在总结近年来工程材料与机械制造基础教学经验的基础上组织编写的。编写过程中充分考虑了高等院校工科专业的特点，以适应21世纪的社会发展和科技进步为目标，对课程内容和课程体系进行了精心选取和编排，体现了应用型本科人才培养的特点。

本书内容由金属学、热处理、金属材料、机械制造基础组成，其基本要求如下。

(1) 金属学方面。了解纯金属的晶体结构，晶格缺陷及其对性能的影响；了解合金的结构和性能，相与组织的概念；了解金属塑性变形的实质及对金属组织和性能的影响；熟悉二元合金状态图和铁碳合金相图及应用。

(2) 热处理方面。了解钢在热处理过程中的组织转变及转变产物的形态和性能；掌握退火、正火、淬火、回火及表面热处理的工艺特点和应用；了解常见热处理缺陷及其产生原因和预防措施。

(3) 金属材料方面。掌握碳素钢、合金钢和铸铁的种类、牌号、性能及应用。

(4) 机械制造基础方面。通过机械制造基础课程的学习，使学生了解和掌握制造金属零件的基本方法(铸造、压力加工、焊接、切削加工等)、工艺过程和工艺方案，注重培养学生综合运用各相关学科的最新成就和制造金属零件的知识解决问题的能力，为学习其他有关课程及以后从事机械设计和加工制造方面的工作奠定必要的工艺基础。

本书由吉林农业科技学院、吉林化工学院、吉林农业大学、安阳工学院、延边大学5所院校联合编写，具体分工如下：前言，第1、13章由明哲(吉林农业科技学院)编写；第3、4、5章由于东林(吉林化工学院)编写；第7、8、9章由赵丽萍(吉林农业大学)编写；第2、6章由姜峰(吉林化工学院)编写；第10、11、12章由刘玲(安阳工学院)编写。另外，朱宝英(吉林农业科技学院)、胡宇祥(吉林农业科技学院)、索忠源(吉林化工学院)、王军(吉林化工学院)参与了第4、6、13章的编写；赵德金(延边大学)参与了部分内容的编写。全书由吉林化工学院邵泽波教授担任主审，邵教授提出了许多宝贵的意见和建议，使本书的质量得到保证，在此表示诚挚的谢意。

由于编者水平有限，书中难免存在不妥之处，敬请读者批评指正。

编　者

2012年7月

目　录

第1篇　工程材料

第2篇 机械制造基础

第1篇　工程材料

材料、能源、信息被人们称为现代技术的三大支柱，而能源和信息的发展，在一定程度上又依赖于材料的进步。例如，要提高热机效率，必须提高工作温度，所以要求制造热机的材料在高温下具有足够的强度、韧度和耐热性。这是一般钢铁材料无法达到的。而用新型陶瓷材料制成的高温结构陶瓷柴油机可节油30%，热机效率可提高50%。目前甚至还研制出在1400℃工作的涡轮发动机陶瓷叶片，大大提高了效率。由此可见，开发新材料可提高现有能源的利用率。半导体材料、传感器材料、光导纤维材料的开发，促进了信息技术的提高与发展。未来新型产业的发展，无不依赖于材料的进步。例如，开发海洋探测设备及各种海底设施需要耐压、耐蚀的新型结构材料；卫星宇航设备需要轻质高强的新材料；在医学上，制造人工脏器、人造骨骼、人造血管等要使用各种具有特殊功能且与人体相容的新材料。由于材料在人类社会中的重要作用，许多国家把材料科学作为重点发展的学科，而材料的品种、数量和质量也成为衡量一个国家科学技术和国民经济水平以及国防力量的重要标志之一。

材料是人类生产和生活所必需的物质基础。人类的衣食住行都离不开材料，从日常用的器具到高技术产品，从简单的手工工具到复杂的航天器、机器人，都是用各种材料制作而成或由其加工的零件组装而成。纵观人类历史，每一种新材料的出现并得以利用，都会给社会生产与人类生活带来巨大的变化。材料的发展水平和利用程度已成为人类文明进步的标志之一。例如，没有半导体材料的工业化生产，就不可能有目前的计算机技术；没有高温高强度的结构材料，就不可能有今天的航空航天工业；没有光导纤维，也就没有现代化的光纤通信。

材料的发展经历了从低级到高级，从简单到复杂，从天然到合成的发展历程。近半个世纪来，材料的研究和生产以及材料科学理论都得到了迅速的发展。1863年第一台金相光学显微镜问世，促进了金相学的研究，使人们步入材料的微观世界。1912年发现了X射线，开始了晶体微观结构的研究。1932年发明的电子显微镜以及后来出现的各种先进分析工具，把人们带到了微观世界的更深层次。一些与材料有关的基础学科(如固体物理学、量子力学、化学等)的发展，又有力地推动了材料研究的深化。未来，人工合成材料将得到更大的发展，进入金属材料、高分子材料、陶瓷材料及复合材料共存的时代。

材料按用途可分为工程材料和功能材料。工程材料按用途又可分为建筑工程材料、机械工程材料、电工材料等。按原子聚集状态分，材料又可分为单晶体材料、多晶体材料和非晶体材料。按材料的化学成分和结构还可分为金属材料、非金属材料和复合材料3大类。

材料科学是一门研究材料成分、微观组织与结构、加工工艺、性能与应用之间内在相互关系及其变化规律的学科。它以化学、固体物理学、力学等为基础，是一门多学科交叉的边缘学科，材料科学理论与实验是材料发展与创新的基础与前提。

第1章 材料的原子结合方式及性能

作为物质体系的基本单元——原子、离子或分子等粒子，在构成物质的具体状态时，彼此之间会发生作用，存在着相互作用力(包括吸引力和排斥力)，并产生相互作用的势能；又由于粒子本身不停的热运动，还产生相应的动能。粒子间的相互吸引力越大，结合得越紧密；粒子的热运动越剧烈，彼此分离的趋势越大。物质的状态取决于粒子间的相互作用和它们的热运动。在一定的温度、压力等外界条件下，物质若处于气态，表面粒子的动能大大超过粒子的势能；当温度和压力降低，粒子的热运动变慢，相互距离变近，其动能小于相互间作用的势能时，物质就会由气态过渡到凝聚态。这时，如果粒子间的引力不能保证粒子在较长距离内呈有序排列，但还能保证粒子承受热冲击而不分开，物质变成液态；当粒子间的距离变得很近，相互作用的势能比粒子的动能大得多，物质则处于固态，工程上常用的材料一般都是固态物质。

本章主要讲述固态物质中原子结合方式及所导致的材料性能特点。

1.1 固态物质的结合方式及原子结合键

1.1.1 晶体与非晶体

材料依结合键以及原子或分子的大小不同可在空间组成不同的排列类型(即不同的结构)。材料结构不同，则性能不同；材料的种类和结合键都相同，但是原子排列的结构不同时，其性能也有很大的差别。通常按原子在物质内部的排列规则性将物质分为晶体和非晶体。

1. 晶体

所谓晶体是指原子在其内部沿三维空间呈周期性重复排列的一类物质。几乎所有金属、大部分的陶瓷以及部分聚合物在其凝固后具有晶体结构。

晶体的主要特点是：①结构有序；②物理性质表现为各向异性；③有固定的熔点；④在一定条件下有规则的几何外形。典型的晶体如天然的金刚石、结晶盐、水晶等。

2. 非晶体

所谓非晶体是指原子在其内部沿三维空间呈紊乱、无序排列的一类物质。典型的非晶体材料是玻璃。虽然非晶体在整体上是无序的，但在很小的范围内原子排列还是有一定规律性的，所以原子的这种排列规律又称“短程有序”；而晶体中原子的排列规律性又称为“长程有序。”

非晶体的特点是：①结构无序；②物理性质表现为各向同性；③没有固定的熔点；④热导率(导热系数)和膨胀性小；⑤在相同应力作用下，非晶体的塑性变形大；⑥组成非晶体的化学成分变化范围大。

3. 晶体与非晶体的转化

非晶体的结构是短程有序，即在很小的尺寸范围内存在着有序性；而晶体内部虽存在长程有序的结构，但在小范围内存在缺陷，即在很小的范围内存在着无序性。所以两种结构存在有共同的特点，物质在不同条件下，既可形成晶体结构，又可形成非晶体结构。研究表明，晶体与非晶体在一定的条件下可以相互转化。如通常是晶体的金属，若将它从液态通过急冷（大约 10^6℃/s），便可使其具有类似玻璃的某些非晶态特征，所以也有人称非晶态金属为“玻璃态金属”；而非晶态的玻璃经高温长时间加热又可形成晶体玻璃。值得指出的是，广泛使用的工程材料多为晶体物质。

有些物质可看成有序和无序的中间状态，如塑料、液晶、准晶等。

1.1.2　原子间的结合力与结合能

晶体中的原子为长程有序的规则排列，与其原子间的相互作用有关。当两个原子接近时，原子核不发生变化，但是原子的外层电子会重新排布，或是失去电子（电离能低者），或是吸收电子（电负性高者），于是引起相互间的静电作用，即吸引作用与排斥作用。吸引力产生于异性电荷间的库仑引力，它随原子间距的缩小呈指数关系增大。排斥力产生于同性电荷之间的库仑斥力及电子云的重叠所引起的斥力。前者作用的距离范围比后者大得多。在引力作用下，随着原子间距的不断缩小，斥力也呈增大的趋势。当两个原子接近到一定程度时，斥力的增长速度会大于引力。图 1-1 表示了两个原子间的吸引力（$F_{吸}$）、排斥力（$F_{斥}$）及它们的合力（$F_{总}$）随两原子间的距离变化的情形。图中 A 点处的合力为零，即当两原子间的距离为 a_0 时，吸引力与排斥力平衡，此时原子间相互作用的势能具有最低值 E_0，称为原子间的结合能。a_0 为平衡距离，当两原子间的平衡距离小于 a_0 时，斥力大于引力，原子的距离趋于扩大；当两原子的距离大于 a_0 时，引力大于斥力，原子间距趋于变小。所以，要将相距为平衡距离的两原子拉开或压缩都需要做功，并引起能量的升高。

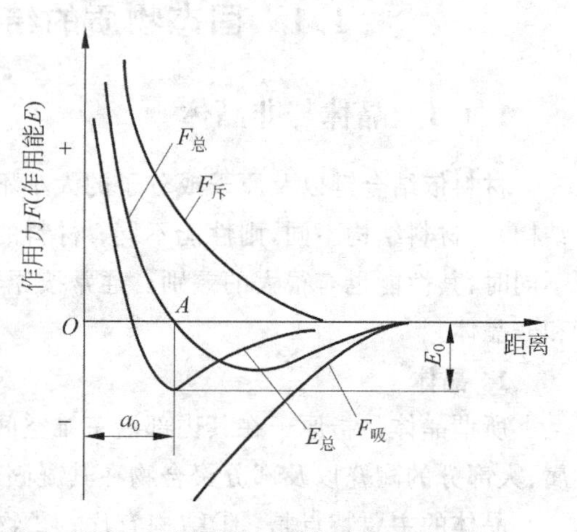

图 1-1　原子间相互作用力（作用能）

上述两原子的结合情况表明了对于大量原子聚合的固态物质，只有当其原子间相距为平衡距离，并成为规则排列的晶体，处于最低能量状态时，才是最稳定的。在晶体中，使原子稳定结合在一起的力及其结合方式叫结合键。晶体结合键的强弱用其原子结合能来表征，即把 1mol 的固体分解为自由原子所需的能量（kJ/mol）。原子的结合能越大，键的结合力越强。不同类型的原子，它们之间形成结合键的方式不一样，结合能的大小也不相同。

1.1.3　原子结合键的类型

晶体中有金属键、共价键、离子键、范德瓦尔键（分子键）等几种基本类型的原子结合键。

1. 金属键

金属原子之间的结合键称为金属键。金属原子间依靠金属键结合形成金属晶体。金属原子结构的特点是外层电子少，原子容易失去其价电子而成为正离子。当金属原子相互结合时，金属原子的外层电子（价电子）就脱离原子，成为自由电子，为整个金属晶体中的原子所共有，这些公有化的自由电子在正离子之间自由运动形成"电子云"。这种由金属正离子与自由电子间的静电作用，使金属原子结合起来，形成金属晶体。这种结合方式称为金属键，如图 1-2 所示。

除铋、锑、锗、镓等亚金属为共价键结合外，绝大多数金属元素（周期表中Ⅰ、Ⅱ、Ⅲ族元素）是以金属键结合的。在金属晶体中，价电子弥漫在整个体积内，所有的金属离子都处于同样的环境中，全部离子（原子）均可看成具有一定体积的圆球，所以金属键无所谓方向性和饱和性。金属晶体具有良好的导电性、导热性、正的电阻温度系数、良好的强度、塑性及特有的金属光泽等，都直接归因于金属键结合。

2. 共价键

当两个相同的原子或性质相差不大的原子相互接近时，它们的原子间不会有电子转移。此时相邻原子各提供一个电子形成共用电子对，以达到稳定的电子结构。这种由共用电子对所产生的力称为共价键，如图 1-3(a)所示。

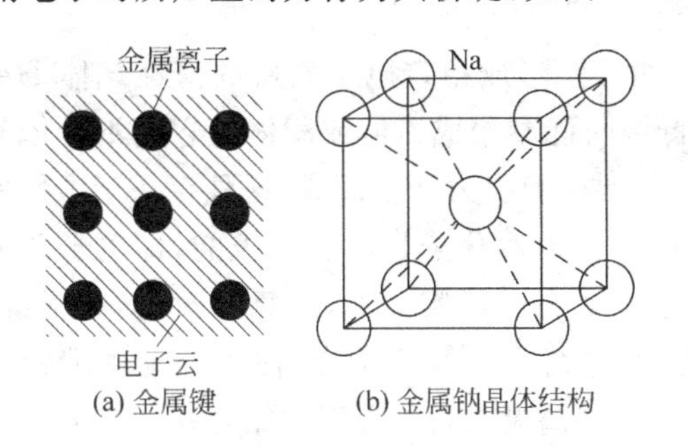

图 1-2　金属键及金属钠晶体结构

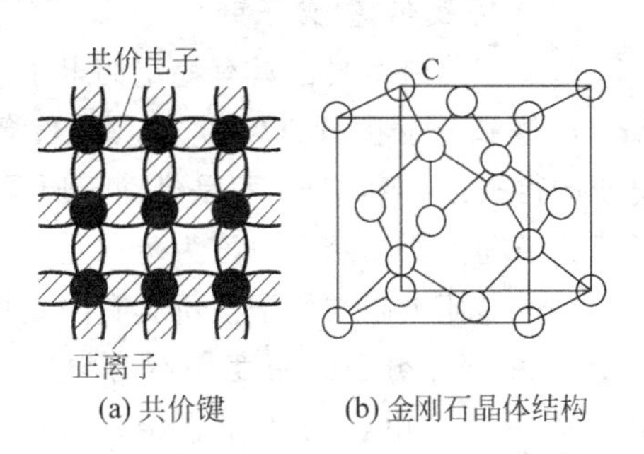

图 1-3　共价键及金刚石晶体结构

元素周期表中的ⅣA、VA、ⅥA 族大多数元素或电负性不大的原子相互结合时，原子间不产生电子的转移，以共价电子形成稳定的电子满壳层的方式实现结合。共价键结合时，由于电子对之间强烈的排斥力，使共价键具有明显的方向性。由于方向性不允许改变原子之间的相对位置，使材料不具有塑性且比较坚硬。最具代表性的共价晶体为金刚石，其结构如图 1-3(b)所示。金刚石结构由碳原子组成，每个碳原子贡献出 4 个价电子与周围的 4 个碳原子共有，形成 4 个共价键，构成四面体（即一个碳原子在中心，与它共价的 4 个碳原子在 4 个顶角上）。共价键的结合力很大，熔点高，沸点高，挥发性低。锡、锗、铅等亚金属及 SiC、Si_3N_4、BN 等非金属材料都是共价晶体。

3. 离子键

当正电性金属原子与负电性非金属原子形成化合物时，通过外层电子的重新分布和正、负离子间的静电作用而相互结合，从而形成离子晶体，这种结合键的方式称为离子键。大部分盐类、碱类和金属氧化物都属于离子晶体，部分陶瓷材料（MgO、Al_2O_3、ZrO_2 等）及钢中的一些非金属夹杂物也以离子键结合，如图 1-4(a)所示。

由于离子键的电荷分布是球形对称的，因此，它在各个方向都可以和相反电荷的离子相吸引，即离子键没有方向性。离子键的另一个特性是无饱和性，即一个离子可以同时和几个异性离子相结合。例如，在 NaCl 晶体中，每个 Cl^- 周围都有 6 个 Na^+，每个 Na^+ 周围也有 6 个 Cl^- 等距离地排列着。离子晶体在空间三维方向上不断延续就形成了巨大的离子晶体。NaCl 晶体结构如图 1-4(b)所示。

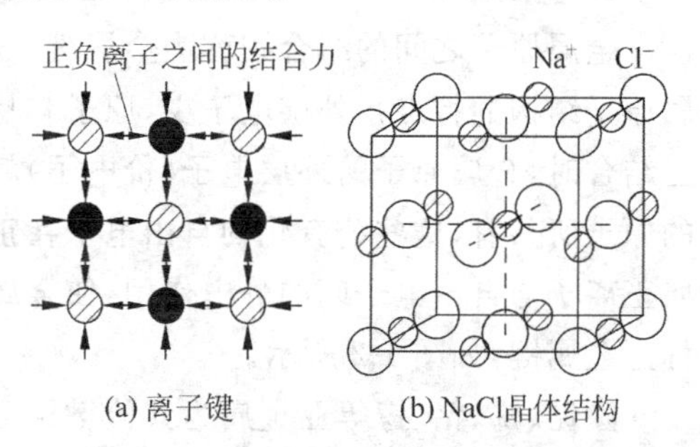

图 1-4　离子键及 NaCl 晶体结构

由离子键结合起来的晶体，当受到一定大小的外力作用时，离子之间将失去电的平衡作用，导致键被破坏，宏观上则表现为材料破断。离子键的结合力很大，离子晶体的硬度高、强度大、热胀系数小、材料脆性大，加之离子键中没有自由电子存在，故在常温下导电性很差，因此离子晶体都是良好的绝缘体；当处在熔融状态时，因整个离子容易运动，又易于导电。在离子键结合中，由于离子的外层电子被牢固地束缚，可见光的能量一般不足以使其受激发，因而不吸收可见光，典型的离子晶体是无色透明的。

4. 范德瓦尔键(分子键)

原子和分子本身已具有稳定的电子结构，如已经形成稳定电子壳层的惰性气体 He、Ar、Ne 等和分子状态的 CH_4、H_2、H_2O 等在低温时能凝聚成液体或固体。它们不是依靠电子的得失或共享结合，而是借助于原子之间的偶极吸引力结合而成，这种存在于中性原子或分子间微弱的结合力称为范德瓦尔力。通常非极性分子是没有偶极的，即电子云所产生的负电荷中心与原子核所具有的正电荷中心重合。但实际上，在每一瞬时，原子(或分子)上电子云分布的密度是不均匀的，其正、负电荷中心并不重合，使得分子一端带负电，另一端带正电，形成瞬时偶极。分子与分子通过偶极之间的吸引力结合在一起的方式称为范德瓦尔键(分子键)。

范德瓦尔键(分子键)可在很大程度上改变分子晶体的性质，如由大分子链组成的高聚物(聚氯乙烯塑料)在每一个大分子内部原子间及链节间通常具有的共价键应该是很脆的，但因大分子与大分子之间是范德瓦尔键，常带有—COOH、—OH、—NH_2 原子团依靠氢键将长链分子结合起来。又由于这种键的结合力很弱，在较小的外力作用下，键的平衡也易被破坏，导致分子链的滑动，高聚物产生很大的变形。由此可见，以范德瓦尔键结合的材料，其弹性模量、强度都较低，且熔点、硬度也较低。

晶体中几种不同结合键的比较如表 1-1 所示。

由 1-1 表可知，离子键结合能最高，共价键其次，金属键第三，范德瓦尔键最弱。因此，具有不同结合键的材料的特性也有明显的差异。

表1-1　不同结合键的比较

结合键种类	结构特点	热力学性能	力学性能	电学性能	结合能/(kJ/mol)
金属键	无方向性	熔点有高有低，导热性好，结晶温度范围宽	硬度、强度有高有低，有塑性	导电性良好	113～660
共价键	方向性明显	熔点高，热膨胀系数小	强度高，硬度大	绝缘体，熔体为非导体	150～712
离子键	无方向性，或方向性不明显	熔点高，热膨胀系数小	强度高，硬度大，劈裂性良好	绝缘体，熔体为导体	586～1047
范德瓦尔键(分子键)	有方向性	熔点低，热膨胀系数大	强度、硬度低	绝缘体，不导电	<42

1.2　工程材料的分类

工程材料是指在机械、船舶、化工、建筑、车辆、仪器仪表、航空航天等工程领域中应用的材料。工程材料有各种不同的分类方法，一般都将工程材料按化学成分分为金属材料、陶瓷材料、高分子材料和复合材料4大类。

1. 金属材料

金属材料是以金属键为主的材料，具有良好的导电性、导热性、延展性和金属光泽，是目前用量最大、应用最广泛的工程材料。金属材料分为黑色金属和有色金属两类。第一类是黑色金属，是指铁、锰、铬及其合金(即钢铁材料)。2010年世界年产量已达约14亿t，其中以Fe为基的合金(钢)和铸铁应用最广，占整个结构和工具材料的80%以上。黑色金属具有优良的机械性能，价格也较便宜，是最重要的工程金属材料。第二类是有色金属，是指除黑色金属之外的所有金属及其合金。有色金属的种类很多，根据其特性的不同又可分为轻金属、重金属、贵金属、稀有金属、易熔合金、稀土金属和碱土合金等。它们是重要的特殊用途的材料。

2. 陶瓷材料

陶瓷材料属于无机非金属多晶材料，是以共价键和离子键结合为主的材料，其性能特点是熔点高、硬度高、耐腐蚀、脆性大。陶瓷材料分为传统陶瓷、特种陶瓷和金属陶瓷三类。传统陶瓷又称普通陶瓷，以天然材料(如黏土、石英、长石等)为原料，主要成分为硅、铝氧化物的硅酸盐材料，主要用作建筑材料；特种陶瓷又称精细陶瓷，是以高熔点的氧化物、碳化物、氮化物、硅化物等人工合成材料为原料的烧结材料，常用作工程上的耐热、耐蚀、耐磨零件；金属陶瓷是金属与各种化合物粉末的烧结体，主要用于制作工具和模具。

3. 高分子材料

高分子材料为有机合成材料，也称聚合物，是以分子键和共价键结合为主的材料。高分子材料由大量相对分子质量特别大的大分子化合物组成，每个大分子都包含有大量结构相同、相互连接的链节。有机物质主要以碳元素(通常含有氢)为其结构组成，在大多数情况下它构成大分子主链。大分子内的原子之间由很强的共价键结合，而大分子与大分子之间的结合力为较弱的范德瓦尔力。由于分子链很长，大分子之间的接触面比较大，特别当分子链交缠时，大分子之间的结合力是很大的，所以高分子材料的强度较高。在分子中存在氢原子时，氢键会加强分子间的相互作用力。

高分子材料具有良好的塑性、较强的耐蚀性、很好的电绝缘性、重量轻、减振性好及密度小等优良性能。工程上使用的高分子材料主要包括塑料、橡胶及合成纤维等，在机械、电气、纺织、汽车、飞机、轮船等制造工业和化学、交通运输、航空航天等工业中有广泛的应用，也是在工程上发展最快的一类新型结构材料。和无机非金属材料一样，高分子材料按其分子链排列有序与否，可分为结晶聚合物和无定形聚合物两类。结晶聚合物的强度较高，结晶度取决于分子链排列的有序程度。

4. 复合材料

复合材料就是把用两种或两种以上不同性质或不同结构的材料以微观或宏观的形式组合在一起而形成的材料，通过这种组合可达到进一步提高材料性能的目的。复合材料分为金属基复合材料、陶瓷基复合材料和聚合物基复合材料，如现代航空发动机燃烧室中耐热温度最高的材料就是通过粉末冶金法制备的氧化物粒子弥散强化的镍基合金复合材料。很多高级游艇、赛艇及体育器械等都是由碳纤维复合材料制成的，它们具有密度低、弹性好、强度高等优良性能。

复合材料优于它的组合材料，由于其结合键非常复杂，因此它在强度、刚度和耐蚀性方面比单纯的金属、陶瓷和聚合物都优越，是一类特殊的工程材料，具有广泛的发展前景。

1.3 工程材料的性能

材料的性能一般分为使用性能和工艺性能两大类。材料的使用性能主要是指材料制成零件或构件后为保证正常工作及一定使用寿命应具备的性能，如力学性能等；材料的工艺性能则是指材料在加工成零件或构件过程中材料应具备的适应加工的性能，包括铸造性能、锻造性能、焊接性能、切削加工性能及热处理性能等。材料的这些性能不仅是设计工程机件(或构件、零件、工件)选用材料的重要依据，同时还是控制、评定产品质量优劣的标准。本节重点阐述材料的力学性能及其测试方法。

1.3.1 力学性能

材料的力学性能是指材料在外力或能量以及环境因素(温度、介质等)作用下表现出的变形和断裂的特性。通常把外力或能量称为载荷或负荷。材料的力学性能是评定材料好坏的主要指标，是设计和选用材料的重要依据。材料主要的力学性能有弹性、强度、塑性、硬度、冲击韧性、断裂韧性、疲劳特性、蠕变强度以及耐磨性等，它们都是通过各种不同的标准试验进行测定的。

1. 静拉伸试验

拉伸试验是测定材料力学性能最常见的试验。金属材料的强度、塑性指标一般是通过拉伸试验来测得的，该试验是将标准试样装在拉伸试验机上，然后在沿试样两端轴向缓慢施加拉伸载荷，试样的工作部分受轴向拉力作用产生变形，随拉力的不断增大，变形也相应增加，直至拉伸断裂。拉伸前后的试样如图1-5所示。一般拉伸试验机上都带有自动记录装置，可绘制出载荷 F 与试样伸长量 ΔL 之间的关系曲线，并可据此测定应力(σ)-应变 (ε)关系：$\sigma=F/A_0$(MPa)、$\varepsilon=L/\Delta L$(%)。图1-5所示的是低碳钢拉伸的应力-应变曲线(σ-ε 曲线)。

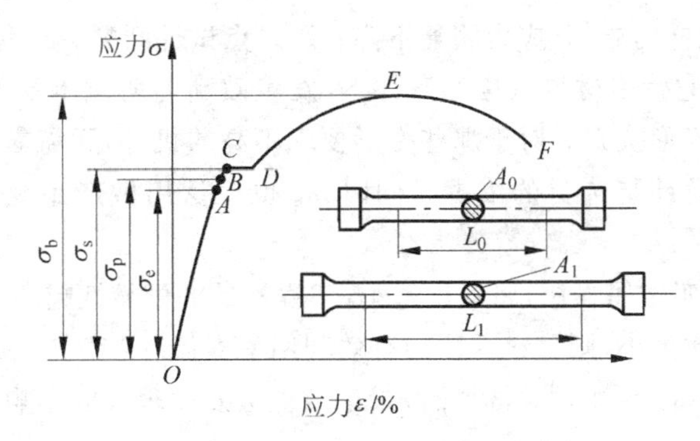

图1-5 低碳钢拉伸的应力-应变曲线及拉伸试样

从图1-5中可以看出，低碳钢在外载荷拉伸作用下的变形过程可分为3个阶段，即弹性变形阶段、塑性变形阶段和断裂阶段。

1) 弹性变形与刚度

从低碳钢拉伸应力-应变(σ-ε)曲线上可看出，当应力 σ 不超过 σ_p 时，OB 为直线，应力与应变成正比，B 点是保持这种关系的最高点，σ_p 称为比例极限。只要加载后的应力不超过 σ_e，若卸载，变形立即恢复，这种不产生永久变形的能力称为弹性，σ_e 为不产生永久变形的最大应力，称为弹性极限。σ_e、σ_p 很接近，在工程实际应用时，两者常取同一数值。

OB 的斜率(其应力与应变的比值，即 $E=\sigma/\varepsilon$)为试样材料的弹性模量，单位为MPa。弹性模量 E 是衡量材料产生弹性变形难易程度的指标，因此工程上把弹性模量 E 叫做材料的刚度。E 值越大，即刚度越大，材料越不容易产生弹性变形。弹性模量 E 主要决定于材料本身，是金属材料最稳定的性能之一，合金化、热处理、冷热加工对它的影响很小。弹性模量随着温度的升高而逐渐降低。

2) 强度

在外力作用下，材料抵抗变形和断裂的能力称为强度。在拉伸曲线上可以测定材料的屈服强度和抗拉强度。当承受拉力时，强度特性指标主要是屈服点 σ_s 和抗拉强度 σ_b。

(1) 屈服强度

由图1-5可以看出，当 σ 超过 B 点后，试样除有弹性变形外，还产生塑性变形。在 CD 段上，表现出应力几乎不增加而应变却继续增加，此时若取消外加载荷，试样的变形不能完全消失，将保留一部分残余的变形，这种不能恢复的残余变形称为塑性变形。试样屈服时承受的最小应力 σ_s，即 C 点对应的应力值称为屈服强度或屈服极限，单位为MPa，反映了材料对明显塑性变形的抗力。实际上，不少材料并没有明显的屈服现象，难以确定开始塑性变形的最低应力值，因此，规定试样产生0.2%残余应变时的应力值为该材料的条件屈服强度，以 $\sigma_{0.2}$ 表示。一些工程材料零件（如紧固螺栓）在使用时是不允许发生塑性变形的，因此屈服强度是工程设计与选材的重要依据之一。

(2) 抗拉强度

材料发生屈服后，其应力与应变的变化如图 1-5 所示的 DE 段，E 点对应的应力达最大值 σ_b；在 E 点之前，材料的塑性变形是均匀的；E 点以后，试件产生"缩颈"，并迅速伸长，变形集中于试样的局部，应力明显下降；到 F 点试件断裂。σ_b 称为抗拉强度或强度极限，单位为 MPa，它代表材料在拉伸条件下，发生破断前所能承受的最大应力，或者是材料产生最大均匀变形抗力。对于那些变形要求不高的机件，无需靠 σ_s 来控制产品的变形量，常将 σ_b 作为设计与选材的依据。同时，σ_b 也广泛用做产品规格说明和质量控制指标。

σ_s 与 σ_b 的比值叫做屈强比，屈强比越小，工程构件的可靠性越高，因为万一超载也不至马上断裂。屈强比太小，则材料强度的有效利用率太低。

合金化、热处理、冷热加工对材料的 σ_s、σ_b 数值会发生很大的影响。

3) 塑性

塑性是材料在断裂前发生永久变形的能力。塑性的大小采用拉伸断裂时的伸长率 δ 与断面收缩率 ψ 两个指标来表示。

(1) 伸长率

伸长率 δ 表示拉伸试样被拉断时的相对塑性变形量，其表达式如下

$$\delta = \frac{L_1 - L_0}{L_0} \times 100\%$$

式中：L_0——试样原始标距长度，mm；

L_1——试样拉断后的标距长度，mm。

(2) 断面收缩率

断面收缩率 ψ 表示拉伸试样被拉断时截面积的相对减缩量，其表达式如下

$$\psi = \frac{A_1 - A_0}{A_0} \times 100\%$$

式中：A_0——试样的原始截面积，mm^2；

A_1——试样被拉断后的截面积，mm^2。

δ 与 ψ 值越大，材料的塑性越好。两者相比，用 ψ 表示塑性更接近材料的真实应变。这是因为收缩率与试样长短无关。

必须指出的是，在拉伸试验中，所采用的试样有长短两种：长试样（$L_0=10d_0$）的伸长率写成 δ 或 δ_{10}；短试样（$L_0=5d_0$）的伸长率需写成 δ_5。对于同一材料 $\delta_5>\delta$。对于不同材料 δ 值和 δ_5 值不能比较。

材料应具有一定的塑性才能顺利地承受各种变形加工，并且材料有了一定的塑性还可提高机件使用的可靠性，防止突然断裂。伸长率和断面收缩率只是材料塑性的标志，一般不作为设计零件的直接依据。

2. 硬度

硬度是衡量材料软硬程度的指标，反映材料表面抵抗局部塑性变形的能力。工程上

常用的硬度指标有布氏硬度、洛氏硬度、维氏硬度等，以下分别介绍它们的测试特点。

1) 布氏硬度

布氏硬度测试方法是由瑞典工程师利涅尔(J. B. B Rinell)于 1900 年提出的。布氏硬度的测试是用一直径为 D 的淬火钢球或硬质合金球，在规定载荷 F 作用下压入被测试金属的表面层，停留一定时间后，卸除载荷，测量被测试金属表面上所形成的压痕直径 d，如图 1-6 所示。

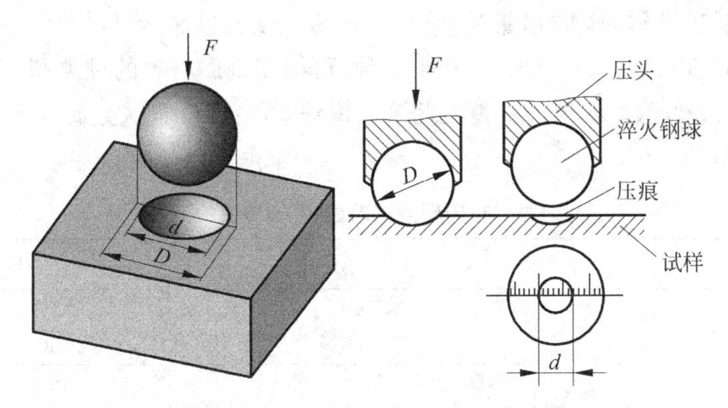

图 1-6　布氏硬度测试原理

由此计算压痕的球缺面积 S，然后再求出压痕的单位面积所承受的平均压力(F/S)，以此作为被测试金属的布氏硬度值(HB)。其计算式为

$$\mathrm{HB}=\frac{F}{S}=\frac{2F}{\pi D\left(D-\sqrt{D^2-d^2}\right)}\quad(\text{当试验力单位为 kgf 时})$$

$$\mathrm{HB}=0.102\times\frac{2F}{\pi D\left(D-\sqrt{D^2-d^2}\right)}\quad(\text{当试验力单位为 N 时})$$

式中：F——载荷，N 或 kgf；

D——钢球直径，mm；

d——压痕平均直径，mm。

HB 数值一般不需要计算，而用带有刻度盘的放大镜测量出压痕的直径，直接由表中查得 HB 的大小。HB 一般只标大小而不标单位。

采用不同材料的压头测定的布氏硬度值，应用不同的符号加以表示。当压头为淬火钢球时，硬度符号为 HBS；当压头为硬质合金钢球时，硬度符号为 HBW。

对于材料相同而薄厚不同的试样，要测得相同的布氏硬度值；或对软硬不同的材料，要求测得的硬度具有可比性，在选配压头球直径 D 及试验力 F 时，应保证得到几何相似的压痕(即压痕的压入角 φ 保持不变)，如图 1-7 所示。

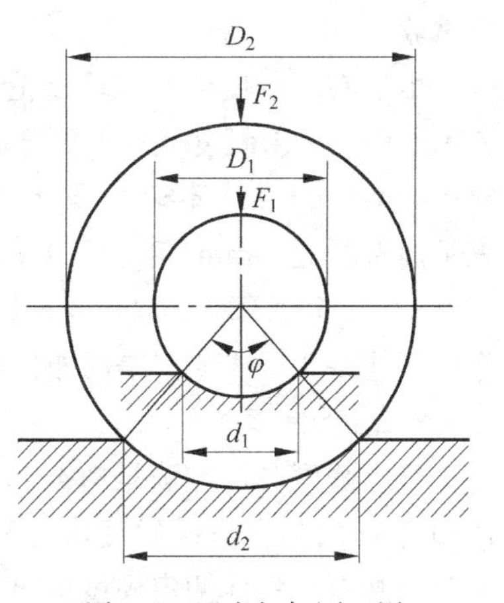

图 1-7　压痕相似原理图

为此，应使

$$\frac{F_1}{D_1^2}=\frac{F_2}{D_2^2}=\cdots=\frac{F}{D^2}=\text{常数}$$

在进行布氏硬度测定时，应根据被测试材料的种类和试样厚度，选用不同大小的球体直径 D、施加载荷 F 和载荷保持时间，按 GB 231—1984 规定：球体直径有 10mm、5mm、2.5mm、2mm 和 1mm 五种；主要根据试样的厚度选择，应使压痕厚度 h 小于试样厚度的 1/8。当试样厚度足够时，应尽量选用 10mm 的压头球。载荷与球体直径平方的比值(F/D^2)值有 30、15、10、5、2.5、1.25 和 1 七种，可根据金属材料的种类和布氏硬度范围按表 1-2 选定(F/D^2)值。载荷的保持时间为：钢铁 10～15s，非铁金属 30s，布氏硬度值小于 35 时为 60s。

表 1-2　布氏硬度试验的(F/D^2)值的选择

材　料	布氏硬度	F/D^2
钢和铸铁	<140	10
	>140	30
铜及其合金	<35	5
	35～130	10
	>130	30
轻金属及其合金	<35	2.5(1.25)
	35～80	10(5、15)
	>80	10(15)
铅、锡	—	1.25(1)

当载荷 F 与球体直径 D 选定时，硬度值只与压痕直径 d 有关。d 越大，则布氏硬度值越小；d 越小，则布氏硬度值越大。在实际测试时，一般是用刻度放大镜测出压痕直径 d，然后根据 d 值查 GB 231—1984 规定，即可求得所测的硬度值。

布氏硬度试验的缺点是对不同材料需更换不同直径的压头球和改变试验力，压痕直径的测量也较麻烦，因而用于自动检测时受到限制。当压痕直径较大时，不宜在成品上进行试验。

由于布氏硬度值与试验规范有关，故其表示方法应能反映规范的内容。布氏硬度的表示方法为：①硬度值；②布氏硬度符号 HBS(HBW)；③球直径；④试验力；⑤试验力保持时间(10～15s 不标注)。其中后 3 项之间各用斜线隔开。例如，150HBS10/1000/30 表示用直径是 10mm 钢球在 9.8kN(1000kgf)载荷作用下保持 30s 测得的布氏硬度值为 150。又如 500HBW5/750 表示用直径为 5mm 的硬质合金钢球在 7.35kN(750kgf)载荷作用下保持 10～15s 测得的布氏硬度值为 500。

2) 洛氏硬度

洛氏硬度测试方法是由美国的两个洛克威尔(S. P. Rockwell 和 H. M. Rockwell)于 1919 年提出的。洛氏硬度试验和布氏硬度试验一样，是压痕试验方法之一，如图 1-8 所示为金刚石圆锥体测定硬度的试验过程示意图。为保证压头与试样表面接触良好，试验时先加初始试验力 F_0，在试样表面得一压痕，深度为 h_0。此时，测量压痕深度的指针在表盘上指零，如图 1-8(a)所示。然后加上主试验力 F_1，并保持一定时间，压头压入深度为 h_1，表盘上指针以逆时针方向转动到相应刻度位置，如图 1-8(b)所示。试样在 F_1 作用下产生的总变形 h_1 中包括弹性变形与塑性变形。当将 F_1 卸除后，总变形中的弹性变形恢复，压头回升一段距离(h_1-h)，如图 1-8(c)所示。这时试样表面残留的塑性变形深度 h 即为压痕深度，而指针顺时针方向转动停止时所指的数值就是洛氏硬度值。与布氏硬度试验不同的是它不是根据压痕直径计算硬度值，而是用压痕深度来计算硬度值，并直接从硬度盘上读出硬度值。材料硬，压坑深度浅，则硬度值高；材料软，压坑深度深，则硬度值低。

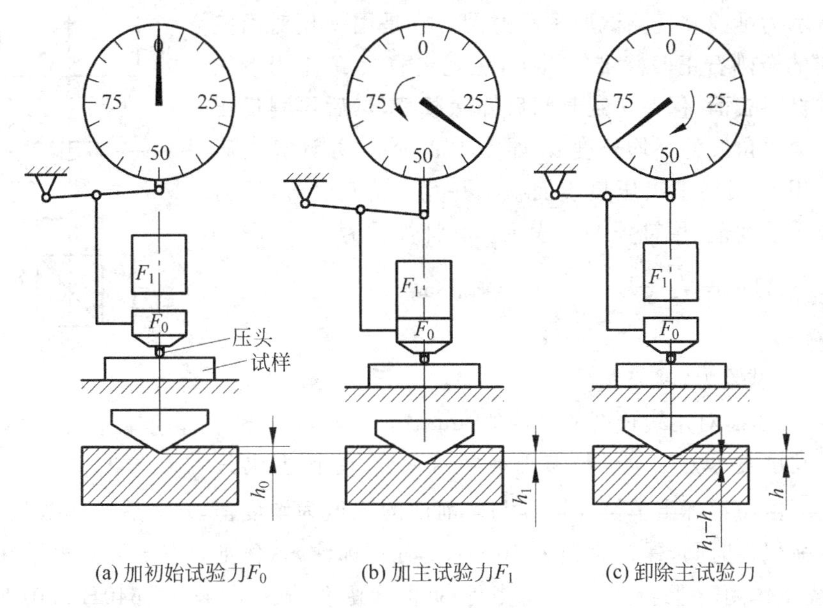

(a) 加初始试验力F_0　　(b) 加主试验力F_1　　(c) 卸除主试验力

图 1-8　洛氏硬度试验过程示意图

洛氏硬度试验所用的压头有两种：一种是硬质圆锥形($\alpha=120°$)的金刚石圆锥体；另一种是软质的直径为 1.588mm 的小淬火钢球(HV850 以上)或硬质合金球。

为了适应不同材料的硬度测试，在同一硬度仪上采用了不同的压头与载荷组合，并用几种不同的洛氏硬度标尺予以表示。每一种标尺用一个字母在洛氏硬度符号(HR)后注明，如 HRC、HRA、HRB 等，它们的测试要求及应用范围如表 1-3 所示。

表 1-3　洛氏硬度的测试要求及应用范围

洛氏硬度	压 头 类 型	总试验载荷 /N(kgf)	测量有效范围	应 用 范 围
HRC	120°金刚石圆锥体	1471(150)	20～67HRC	一般淬火钢等硬零件
HRA	120°金刚石圆锥体	588.4(60)	60～85HRA	零件表面硬化层硬质合金等
HRB	ϕ1.588mm 淬火钢球	980.7(100)	25～100HRB	软钢、退火钢和铜合金等

洛氏硬度测试方法的优点是：操作方便、迅速，硬度值可在硬度盘上直接读出；压痕小，可测量成品件；采用不同标尺可测定各种软硬不同和厚薄不同的材料。其缺点是：

因压痕小，受材料组织粗大且不均匀等缺陷影响大，测得的硬度不够准确，所测硬度值重复性差，对同一个测试件一般需测 3 次后取平均值，作为该测试件的硬度值。

3）维氏硬度

维氏硬度试验是由英国的史密斯(R. L Smith)和桑德兰德(G. E. Sandland)于 1925 年提出的。洛氏硬度虽可采用不同的标尺来测定软、硬不同金属材料的硬度，但不同标尺的硬度值间没有简单的换算关系，使用上很不方便。为了能在同一硬度标尺上测定软、硬金属材料的硬度值，特制定了维氏硬度试验法。

维氏硬度的试验原理基本上和布氏硬度试验相同，如图 1-9 所示为维氏硬度测试原理示意图。它是用一相对面夹角为 136°的金刚石正四棱锥体压头，在规定载荷 F 作用下压入被测试材料表面，保持一定时间后卸除载荷，然后再测量压痕投影的两对角线的平均长度 d，如图 1-9 所示，并计算出压痕的表面积 S，最后求出压痕表面积上平均压力(F/S)，即为金属的维氏硬度值，用符号 HV 表示。其计算式为

$$\mathrm{HV}=\frac{F}{S}=\frac{F}{\dfrac{d^2}{2\sin 68^\circ}}=1.8544\frac{F}{d^2}$$

式中：F——试验力，N 或 kgf。

d——压痕对角线长度的平均值，mm。

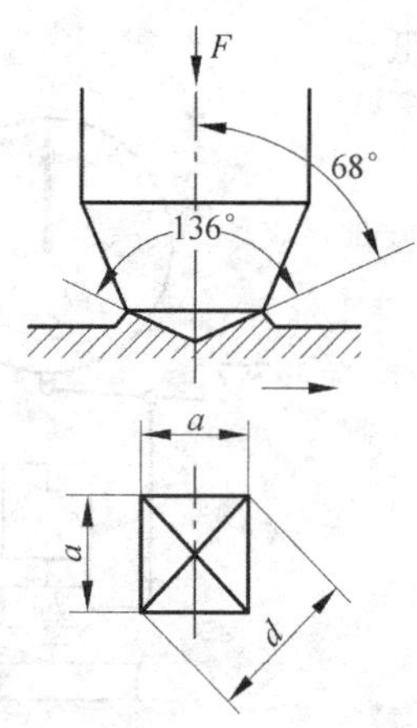

图 1-9 维氏硬度测试原理

维氏硬度表示方法为：与布氏硬度值一样，习惯上也只写出其硬度值而不标出单位。符号 HV 前面的数值为硬度值，HV 后面的数值依次表示载荷和载荷保持时间(保持时间为 10～15s 时不标注)。例如，640HV30 表示在 294.3N (30kgf)载荷作用下保持 10～15s 测得的维氏硬度值为 640；而 640HV30/20 表示在 294.3N(30kgf)载荷作用下保持 20s 测得的维氏硬度值为 640。

测定维氏硬度常用的载荷有 49N、98N、196N、294N、490N、980N 等。试验力保持时间：黑色金属 10～15s，有色金属为(30±2)s。试验时，载荷 F 应根据试样的硬度与厚度来选择。一般在试样厚度允许的情况下尽可能选用较大载荷，以获得较大压痕，提高测量精度。在实际测试时，并不需要进行计算，而是根据所测 d 值直接进行查表得到所测硬度值。

维氏硬度适用于各种金属材料，尤其是表面淬硬化层的硬度测量，如化学热处理(渗碳层、渗氮层等)、电镀层。此法压痕清晰，又是在显微镜下测量对角线的长度，从而保证了试验的精确性。但因该法要求被测面粗糙度低，故测试面的准备工作较为麻烦，工作效率不如测洛氏硬度高。

4）其他硬度

(1) 肖氏硬度

肖氏硬度又名回跳硬度，是把规定形状和质量的金刚石或钢球冲头从初始高度 h_0 自由下落到试样表面上，冲头弹起一定高度 h，测 h 与 h_0 的比值与肖氏硬度系数 R 的乘积就是肖氏硬度值，用符号 HS 表示。其计算式为

$$HS = R\frac{h}{h_0}$$

肖氏硬度主要取决于材料弹性变形能力的大小。试验时，冲头回跳高度与材料硬度有关，材料越硬其弹性极限越高，冲头回跳高度越高。肖氏硬度值是一个无量纲的值，可在硬度计上直接读取。

肖氏硬度的优点：试验冲击力小，产生的压痕小，对试样破坏小；肖氏硬度计重量轻，携带方便，特别适合于在现场对大型试件（如机床床身，大型齿轮等）进行测量。

(2) 莫氏硬度

莫氏硬度是一种划痕硬度。此时，硬度可以定义为材料抵抗划痕的能力，莫氏硬度的标度是选定 10 种不同的矿物，从软到硬分为 10 级，其划分等级如下：①滑石；②石膏；③方解石；④氟石；⑤磷灰石；⑥长石；⑦石英；⑧黄石；⑨蓝宝石或刚玉；⑩金刚石。如果被测材料能划伤某一级莫氏等级的材料，而不能划伤相邻高一级的莫氏等级材料，则就此可以近似确定此材料的莫氏硬度值。如普通玻璃大约是 5.5 级，淬硬钢大约是 6.5 级，这种测量硬度的方法很粗略，主要用于陶瓷和矿物材料识别的硬度测定。

应该注意的是，不同硬度法测得的硬度值无可比性，必须通过已制定的关系换算表换算成同一种硬度值后才能进行比较。一般来说，材料的硬度值越高，其强度值也越高。

3. 冲击韧度

材料不仅受静载荷的作用，在工作中往往也受到冲击载荷（以很大的速度作用于零件上的载荷）的作用，如冲床的冲头、锻压机的锤杆、汽车的齿轮、飞机的起落架以及火车的起动与刹车部件等。由于冲击载荷的加载速度高、作用时间短，使金属在受冲击时，应力分布与变形很不均匀。故对承受冲击载荷的零件来说，仅具有足够的静载荷强度指标是不够的，必须考虑材料的抵抗冲击载荷的能力。材料在冲击载荷作用下抵抗变形和断裂的能力叫冲击韧度，用符号 a_K 表示。为了评定材料的冲击韧性，需进行冲击试验。

目前最常用的冲击试验方法是摆锤式一次性冲击试验，冲击试样的类型较多，常用的标准试样的尺寸及加工要求如图 1-10 所示。

试验时，把准备好的标准冲击试样放在试验机的机架上，试样缺口背向摆锤，如图 1-11 所示。将一定质量(m)的摆锤升至一定高度 H_1，如图 1-11 所示，使其具有势能，然后释放摆锤，使其刀口冲向试样缺口的背面，将试样冲断后，摆锤继续上升到一定高度 H_2，在忽略摩擦和阻尼等条件下，摆锤冲断试样所做的功，称为冲击吸收功，用 A_K 表示，单位为焦耳(J)。其计算式为

$$A_K = mg(H_1 - H_2)$$

式中：g——重力加速度。

试验时，冲击吸收功的数值在冲击试验机的指示标盘上直接读出。对一般钢材来说，所测冲击吸收功 A_K 越大，材料的韧性越好。当冲击吸收功除以试样缺口底部处的横截面积 S 时，可获得冲击韧度值 a_K，即 $a_K = A_K/S$，单位为 J/cm^2。有些国家（如英、美、日等）直接以冲击吸收功 A_K 表示冲击韧度指标。

必须说明的是，使用不同类型的试样（U 形缺口或 V 形缺口）进行试验时，其冲击吸收功分别为 A_{KU} 或 A_{KV}，冲击韧度则分别为 a_{KU} 或 a_{KV}。

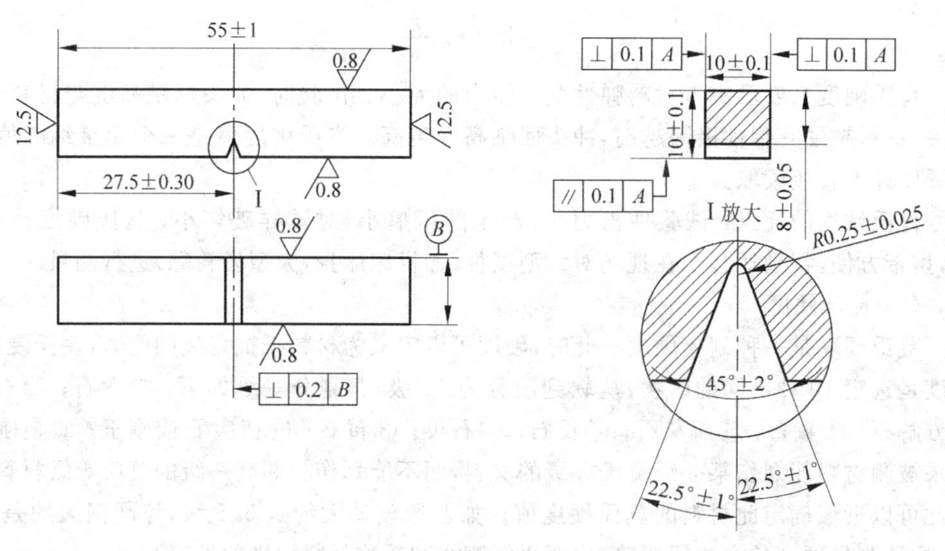

(a) U形缺口试样

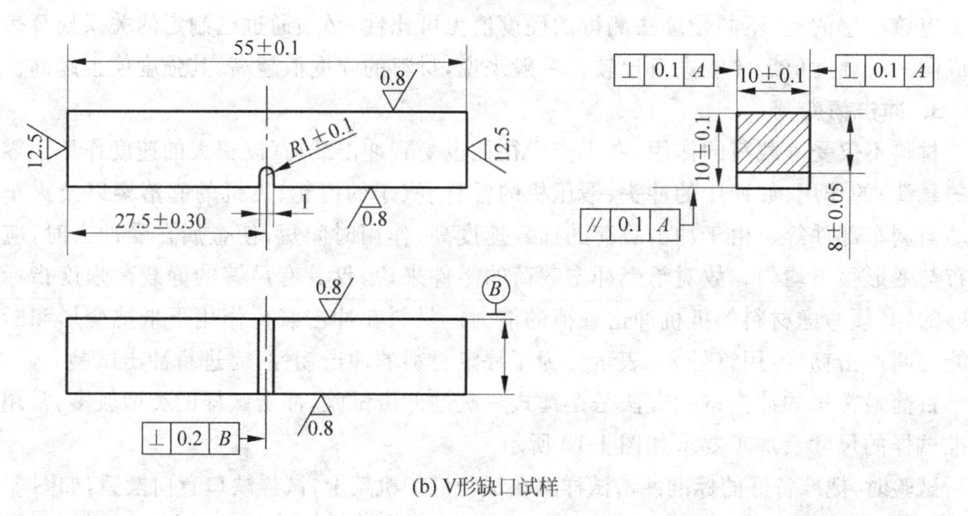

(b) V形缺口试样

图 1-10　标准冲击试样

A_K、a_K 值取决于材料及其状态，同时与试样的形状、尺寸有很大关系。同种材料的试样，缺口越深、越尖锐，则缺口处应力集中程度越严重，越容易变形和断裂，即消耗的冲击功越小，材料表现出的脆性越大。因此，对于不同类型和尺寸的试样，其冲击韧度或冲击功不能直接比较。

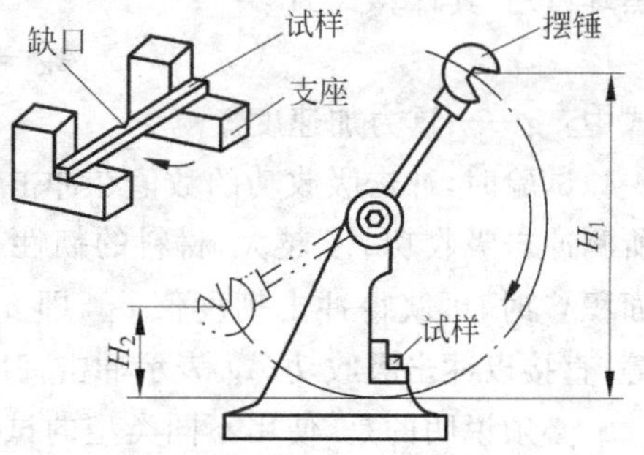

图 1-11　冲击试验示意图

a_K 值越大，材料的韧性就越好，因此把 a_K 值低的材料称为脆性材料。研究表明，材料的 a_K 值随试验温度的降低而降低。当温度降至某一数值或范围时，a_K 值会急剧下降，材料则由韧性状态转变为脆性状态，这种转变称为韧脆转变，相应温度称为韧脆转变温度。

韧脆转变温度的高低是金属材料质量指标之一。材料的韧脆转变温度越低，说明低温冲击韧度越好，允许使用的温度范围越大。基于材料的冷脆转变，因此对于寒冷地区的桥梁、车辆等机件用材，必须做低温（一般为－40℃）冲击试验，以防止低温脆性断裂。

4. 断裂韧度

一般按照传统的力学方法认为零件在许用应力[σ]下工作是安全可靠的，既不会发生塑性变形，更不会断裂。但实际情况却并不总是如此，有些高强度钢制造的零件和由中、低强度钢制造的大型零件，往往在工作应力远低于屈服强度（σ_s、$\sigma_{0.2}$）时发生脆性断裂。这种在屈服条件以下的脆性断裂称为低应力脆断。

经过大量研究表明，工程中实际使用的材料，其内部存在着微小的裂纹、气孔等难以避免的缺陷。这些缺陷破坏了材料基体的连续性，当它们达到一定尺寸后，相当于基体中存在着宏观裂纹一样，由于裂纹的存在，在外力作用下，裂纹尖端势必存在着应力集中，使此处应力远超过外加的应力，导致外加应力还远低于材料的屈服强度时，裂纹尖端的应力已远远超过了屈服强度，并达到了材料的断裂强度，从而造成裂纹尖端处失稳，出现快速扩展，乃至断裂。因此，这些微裂纹在外力作用下是否易于扩展及扩展速度的快慢，将成为材料抵抗低应力脆断的一个重要指标。

根据应力和裂纹扩展的取向不同，裂纹扩展可分为张开型（Ⅰ型）、滑开型（Ⅱ型）和撕开型（Ⅲ型）3种基本形式，如图1-12所示。在实践中，三种裂纹扩展形式中以张开型（Ⅰ型）最危险，最容易引起脆性断裂，因此下面以这种类型作为讨论对象。

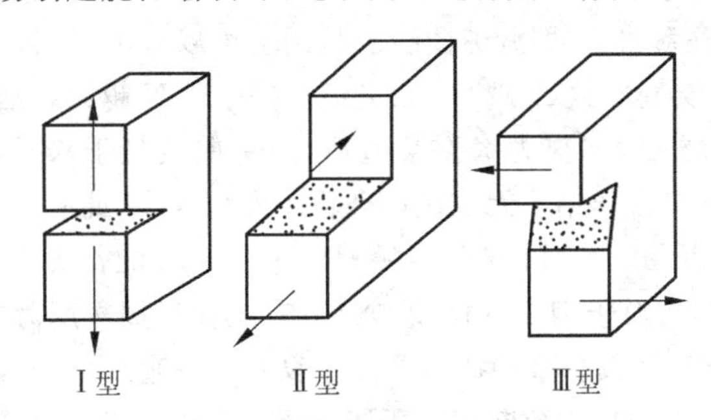

图1-12　裂纹扩展基本形式

当材料受外力作用时，裂纹尖端附近会出现应力集中，形成一个裂纹尖端应力场。反映这个应力场强弱程度的有关参量称为应力场强度因子K_{I}，单位为MPa·$\mathrm{m}^{1/2}$，脚标Ⅰ表示Ⅰ型裂纹强度因子。K_{I}越大，则应力场的应力值越大，或者说裂纹尺寸越大。其公式表达式如下

$$K_{\mathrm{I}} = Y\sigma\sqrt{a}$$

式中：Y——与裂纹形状、加载方式及试样尺寸有关的量，无量纲，一般$Y=1\sim2$；

σ——外加拉应力，MPa；

a——裂纹长度的一半，m。

当外加工作应力逐渐增大或者说裂纹逐渐扩展时，裂纹尖端的应力强度因子随之增大，故应力场的应力也随着增大。当增大到某一临界值时，就能使裂纹突然扩展，最终使材料快速断裂。这个应力强度因子 K_{I} 的临界值称为材料的断裂韧度(或断裂韧性)，用 K_{IC}表示。断裂韧度是用来反映材料抵抗脆性断裂能力的性能指标。根据应力强度因子 K_{I} 和断裂韧度 K_{IC}的相对大小，可判断含裂纹的材料在受力时裂纹是否会扩展而导致断裂。

断裂韧度是材料固有的力学性能指标，是强度和韧性的综合体现。材料的 K_{IC}是可通过试验测定的，试验表明，它与裂纹的大小、形状、外加应力等无关，主要取决于材料的成分、内部组织和结构。当 $K_{\mathrm{I}}<K_{\mathrm{IC}}$时，零件可安全工作；当 $K_{\mathrm{I}}>K_{\mathrm{IC}}$时，则可能由于裂纹扩展而断裂。各种材料的 K_{IC}值可在有关手册中查得，当已知 K_{IC}和 Y 值后，可根据存在的裂纹长度确定许可的应力，也可根据应力的大小确定许可的裂纹长度。

5. 疲劳极限

材料在交变应力或循环应力(指应力的大小、方向或大小和方向同时都随时间作周期性改变的应力)作用下，在一处或几处产生局部永久性累积损伤，经一定的循环次数后，产生裂纹或突然发生完全断裂的过程称为疲劳。工程上有一些长时间承受变动载荷的工件，如发动机的曲轴、高速机床的主轴、旋转的飞轮等，往往在工作应力低于制造材料静载荷下的屈服强度时就发生了断裂，这样的断裂现象称为疲劳断裂。零件的疲劳断裂过程可描述为疲劳裂纹产生、疲劳裂纹扩展和瞬时断裂三个阶段。

疲劳极限是指材料在无限次交变应力作用下而不发生疲劳断裂的最大应力。试验时用多组试样，在不同的交变应力作用下，测定各试样发生断裂的循环次数(N)，绘制出如图 1-13 所示的 σ-N 关系曲线，即疲劳曲线。从图上可以看出，材料承受的最大交变应力 σ 越大，则断裂时应力交变次数 N 越小；反之，σ 越小，则 N 越大。当随试验应力减小时，试样断裂的循环次数增加；当应力降到某值后，σ-N 曲线趋于水平，如图 1-13 中曲线 1 所示，这表示材料在此应力作用下无数次循环不会发生断裂，此应力值即为材料对称循环的疲劳极限或疲劳强度(σ_{-1})。由于在实际测试中并不可能作无数的交变载荷试验，故 GB/T 4337—1984 规定，对于钢铁材料，取 $N=10^7$ 的循环周次所对应的最大应力为它的 σ_{-1}。而大多数非铁金属及其合金的疲劳曲线上没有水平直线部分，如曲线 2 所示。针对这种情况，人为规定某一循环次数断裂时所能承受的最大应力作为疲劳极限，也称为条件疲劳极限，用 σ_N 表示。一般规定：铸铁取 $N=10^7$ 次，非铁金属取 $N=10^8$ 次。

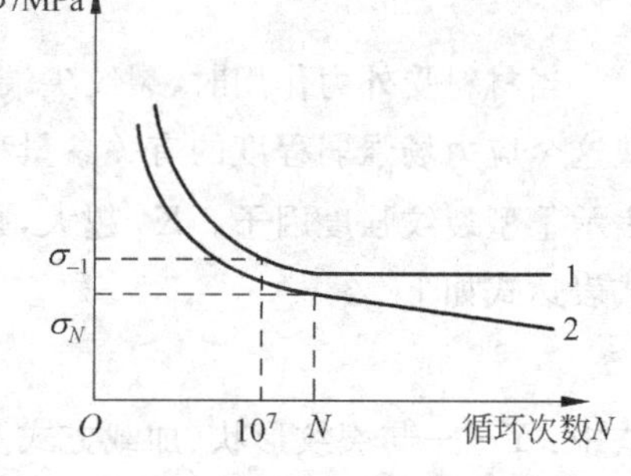

图 1-13 疲劳曲线

疲劳断裂一般是由于在局部应力集中或强度较低部位首先出现裂纹源，在载荷继续作用后，裂纹随后进行扩展导致断裂。因此，为了提高零件的抗疲劳能力，防止疲劳断裂的发生，在进行零件设计时，应选择合理的结构、形状，尽量减小表面缺陷和损伤。研究表明，材料表面强化处理(如喷丸、滚压、表面淬火、渗碳等)是提高疲劳极限的有效途径之一。

6. 耐磨性

一个零件相对另一个零件摩擦的结果，是摩擦表面有微小颗粒分离出来，接触面尺寸变化、质量损失。这种现象称为磨损，材料对磨损的抵抗能力为材料的耐磨性，可用磨损量表示。在一定条件下的磨损量越小，则耐磨性越高；反之亦然。一般用在一定条件下试样表面的磨损厚度或试样体积(或质量)的减少来表示磨损量的大小。

磨损的种类包括氧化磨损、咬合磨损、热磨损、磨粒磨损、表面疲劳磨损等。一般来说，降低材料的摩擦系数或提高材料的硬度都有助于增加材料的耐磨性。

1.3.2 工艺性能

由金属材料制造一个零件的加工过程十分复杂，通常会经过铸造、锻压、机加工、焊接等工艺过程中的一个或几个工序，材料的工艺性能会直接影响零件的制造质量和生产成本。因此在选材和制订零件加工工艺路线时应考虑其工艺性能。

1. 铸造性能

铸造性通常指液体金属能充满比较复杂的铸型并获得优质铸件的性能，常用流动性、收缩性和偏析来衡量。

(1) 流动性是熔融金属的流动能力。流动性好的金属容易充满铸型，铸件尺寸容易得到保证，从而获得外形完整、尺寸精确、轮廓清晰的铸件。

(2) 收缩性是铸件在凝固和冷却过程中，其体积和尺寸减少的现象。铸件收缩不仅影响尺寸，还会使铸件产生缩孔、疏松、内应力以及变形与开裂等缺陷。收缩率小的金属材料，可减少铸件中的缩孔，故铸造用金属材料的收缩率越小越好。

(3) 偏析是金属凝固后，铸锭或铸件化学成分和组织的不均匀现象。偏析严重的铸件各部分的力学性能会有很大的差异，从而降低铸件质量。一般来说，铸铁比钢的铸造性能好。

2. 锻造性能

材料锻造成形的能力为锻造性能，它主要取决于材料的塑性和变形抗力。塑性越好、变形抗力越小，材料的锻造性能越好。例如，纯铜在室温下就有良好的锻造性能，碳钢在加热状态下锻造性能较好，铸铁则不能锻造。

3. 切削加工性能

材料切削的难易程度称为切削加工性能，一般用切削速度、加工表面粗糙度和刀具使用寿命来衡量。影响切削加工性能的因素有工件的化学成分、组织、硬度、热导率和形变硬化程度等。一般认为材料具有适当硬度(170～230HBW)和足够的脆性时较易切削。所以灰铸铁比钢的切削加工性能好，碳钢比高合金钢切削加工性好。改变钢的化学成分和进行适当热处理可改善钢的切削加工性。

4. 焊接性能

材料能焊接成具有一定使用性能的焊接接头的特性称为焊接性能。在机械工业生产中，焊接的主要对象是钢材，碳含量及合金元素含量是决定金属焊接性的主要因素，碳含量与合金元素含量越高，则焊接性能越差。如低碳钢具有优良的焊接性，而高碳钢、铸铁和铝合金的焊接性较差。

5. 热处理性能

材料经热处理可使其组织性能顺利改善的性能称为热处理性能，它与材料的化学成分有关。常见的热处理工艺有正火、退火、淬火、回火及表面热处理(表面淬火和化学热处理)等。

除以上所述外，金属材料在热处理过程中，还需考虑其淬透性、淬硬性等工艺性能。

思考与练习

1-1 晶体中的原子为什么能结合成长程有序的稳定排列？

1-2 说明4种不同原子结合键的结合方式。

1-3 根据原子结合键，工程材料是如何分类的？它们之间性能的主要差异表现在哪里？工程材料与功能材料的大致概念是什么？

1-4 材料弹性模量的工程含义是什么？它和零件的刚度有何关系？

1-5 说出以下符号的含义和单位名称：σ_e；$\sigma_s/\sigma_{0.2}$；σ_b；δ；ψ；σ_{-1}；a_K；K_I；K_{IC}。

1-6 现有标准圆柱形的长、短试样各一根，原始直径 $d_0=10$mm，经拉伸试验测得其伸长率 δ_5、δ_{10} 均为25%，求两试样拉断时的标距长度。

1-7 δ 与 ψ 两个性能指标，哪个表征材料的塑性更准确？塑性指标在工程上有哪些实际意义？

1-8 a_K 指标有什么实用意义？

1-9 比较布氏、洛氏、维氏硬度的测量原理及应用范围。

1-10 在零件设计中必须考虑的力学性能指标有哪些？

1-11 什么是材料的热膨胀性？线胀系数的大小与材料的结合键类型有什么关系？

第2章　材料的晶体结构

金属材料在固态下通常都是晶体,但为什么同样以金属键结合的晶态铁与晶态铝的塑性有很大的差异呢?研究表明,材料的性能不仅与其组成原子的本性及原子间结合键的类型有关,还与晶体中原子(离子、分子)在三维空间长程有序的具体排列方式,即晶体结构有关。因此要了解金属材料的内部结构,首先必须了解晶体的结构即原子排列方式,需要知道晶体中原子是如何相互作用并结合起来的,原子的排列方式和分布规律,各种晶体的特点及差异等。为此,本章将介绍晶体结构中的一些基本知识。

2.1　晶体结构及其表达

2.1.1　晶格结构与晶胞

自然界中的固态物质,虽然外形各异、种类繁多,但都是由原子(离子、分子)堆积而成的。晶体结构是指晶体中原子在三维空间有规律的周期性的具体排列方式。组成晶体的原子种类不同或者排列规则不同,就可以形成各种各样的晶体结构,也就是说,实际存在的晶体结构可以有很多种。晶体中的原子(离子、分子)可能有无限多种排列方式。为了便于描述和研究这些原子(离子、分子)的排列规律,通常将实际晶体结构简化为完整无缺的理想晶体,并近似地把原子(离子、分子)看成是固定的等径刚球质点,且在三维空间紧密堆积。没有局部排列不规则的缺陷,晶体就由这些刚球堆垛而成,如图2-1所示即为这种原子堆垛模型。从图中可以看出,原子在各个方向的排列都是很规则的。这种模型的优点是立体感强,很直观;缺点是很难看清原子排列的规律和特点,不便于研究。为了清楚地表明原子在空间排列的规律性,常将构成晶体的原子(或原子群)忽略,而将其抽象为纯粹的几何点,再用许多假想的平行直线将所有几何点的中心连接起来,构成一个三维的几何格架,如图2-2所示,图中各直线的交点称为结点。把这种抽象的、用于描述原子在晶体中排列形式的几何空间格架叫做晶格。

图2-1　原子堆垛模型

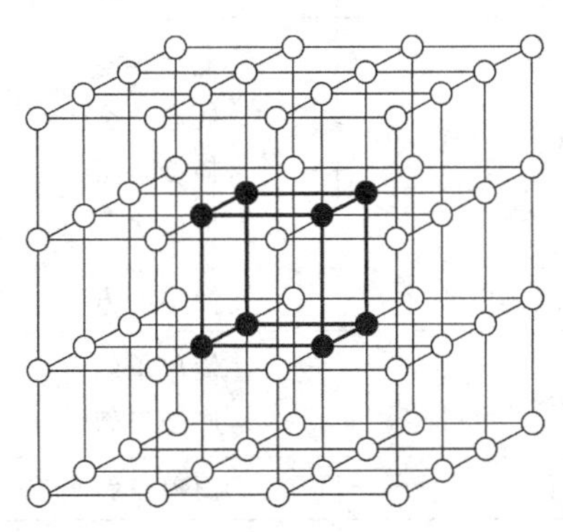

图2-2　晶格与晶胞

2.1.2 晶格常数与晶系

由于晶格中原子排列具有周期性的特点，因此，为了简便起见，可以从晶格中选取一个能够完全反映晶格特征的最小的几何单元，来分析晶体中原子排列的规律性，这个最小的几何单元称为晶胞(见图 2-2 中的粗黑线部分)。可见，晶胞在三维空间重复堆砌就可构成晶格。晶胞的大小和形状常以晶胞的棱边长度 a、b、c 及棱边夹角 α、β、γ 这 6 个参数来表示，如图 2-3 所示。图中沿晶胞 3 条相交于一点的棱边设置了 3 个坐标轴(或晶轴)x、y、z。习惯上，以原点的前、右、上方为轴的正方向，反之为负方向。晶胞的棱边长度一般称为晶格常数，单位为 nm。金属的晶格常数大都为 0.1～0.7nm，如 α-Fe 的晶格常数为 0.286nm，γ-Fe 的晶格常数为 0.363nm。晶格常数在 x、y、z 轴上分别以 a、b、c 表示。晶胞的棱间夹角又称为轴间夹角，通常 y-z 轴、z-x 轴和 x-y 轴之间的夹角分别用 α、β 和 γ 表示。

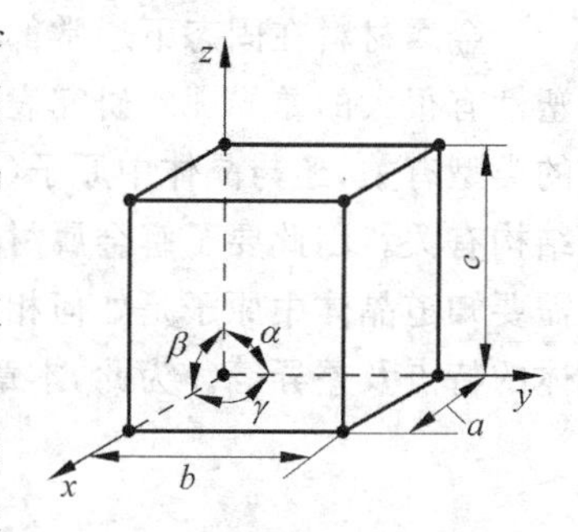

图 2-3　晶格常数和轴间夹角的表示法

在晶体学中，通常按晶胞中三个棱边的长度及夹角是否相等以及夹角是否为直角等原则，将全部晶体分为 7 种类型，即 7 个晶系(见表 2-1)。法国晶体学家布拉菲(Bravais)曾通过数学证明，在 7 个晶系中，存在着 7 种简单晶胞(晶胞中的原子数为 1)和 7 种复杂晶胞(晶胞中的原子数在 2 以上)，即 14 种晶胞，如图 2-4 所示。各种晶体物质的晶格类型及晶格常数不同，主要与其原子构造及结合键性质有关。

表 2-1　7 种晶系和 14 种晶胞

晶　系	晶　胞	晶胞棱边	棱边夹角
立方系	简单立方 体心立方 面心立方	$a=b=c$	$\alpha=\beta=\gamma=90°$
正方(四方)系	简单正方 体心正方	$a=b\neq c$	$\alpha=\beta=\gamma=90°$
六方系	简单正方	$a=b\neq c$	$\alpha=\beta=90°,\gamma=120°$
正交(斜方)系	简单正交 底心正交 体心正交 面心正交	$a\neq b\neq c$	$\alpha=\beta=\gamma=90°$
菱方(三角)系	简单菱方	$a=b=c$	$\alpha=\beta=\gamma\neq 90°$
单斜系	简单单斜 底心单斜	$a\neq b\neq c$	$\alpha=\gamma=90°\neq\beta$
三斜系	简单三斜	$a\neq b\neq c$	$\alpha\neq\beta\neq\gamma\neq 90°$

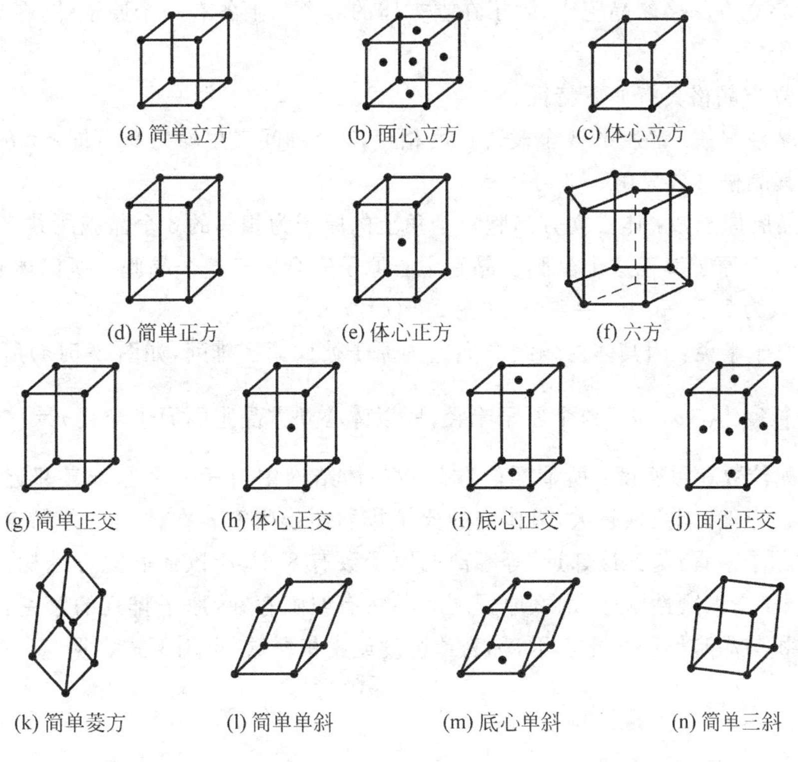

图 2-4　14 种晶胞示意图

2.1.3　金属的晶体结构

金属中由于原子间通过较强的金属键结合，原子趋于紧密排列。在工业上使用的金属元素中，除了少数具有复杂的晶体结构外，绝大多数都具有比较简单的晶体结构。其中，最典型、最常见的金属晶体结构有 3 种类型，即体心立方结构、面心立方结构和密排六方结构。前两种属于立方晶系，后一种属于六方晶系。

1. 体心立方晶格

体心立方晶格也称 BCC 晶格(body-centered cubic lattice)，如图 2-5 所示。

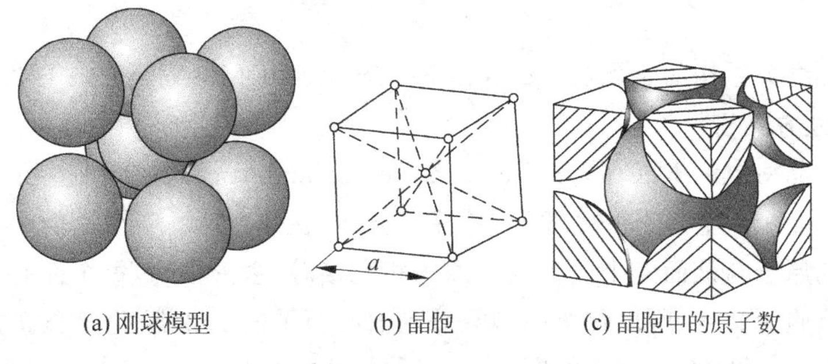

图 2-5　体心立方晶胞

在体心立方晶格的晶胞中，除了在立方体的 8 个角上各有一个原子外，在立方体的中心还有一个原子。

体心立方晶格具有如下特征。

(1) 晶格常数：晶胞的 3 个棱边长度相等，3 个轴间夹角均为 90°(即 $a=b=c,\alpha=\beta=\gamma=90°$)，其晶格常数只用 a 即可表示。

(2) 晶胞原子数：体心立方晶胞每个角上的原子为相邻的 8 个晶胞所共有，因此实际上只有 1/8 个原子属于这个晶胞。晶胞中心原子完全属于这个晶胞。所以体心立方晶胞中的原子数为 $1/8\times8+1=2$ 个，如图 2-5(c)所示。

(3) 原子半径：因其体对角线方向上的原子彼此紧密排列，如图 2-5(a)所示。显然，体对角线长度为$\sqrt{3}a$，等于 4 个原子半径，所以体心立方晶胞的原子半径 $r=\frac{\sqrt{3}}{4}a$。

(4) 配位数和致密度：所谓配位数是指晶体结构中与任一个原子最邻近、等距离的原子数目。显然，配位数越大，晶体中的原子排列便越紧密。在体心立方晶格中，以立方体中心的原子来看，与其最邻近、等距离的原子数有 8 个，所以体心立方结构的配位数为 8。若把原子看做刚性圆球，那么原子之间必然有空隙存在，原子排列的紧密程度可用原子所占体积与晶胞体积之比表示，称为致密度或密集系数，可用下式表示

$$K=\frac{nV_1}{V}$$

式中：K——晶体的致密度；

n——一个晶胞实际包含的原子数；

V_1——一个原子的体积；

V——晶胞的体积。

体心立方结构的晶胞中包含 2 个原子，晶胞的棱边长度(晶格常数)为 a，原子半径为 $r=\frac{\sqrt{3}}{4}a$，其致密度为

$$K=\frac{nV_1}{V}=\frac{2\times\frac{4}{3}\pi r^3}{a^3}=\frac{2\times\frac{4}{3}\pi\left(\frac{\sqrt{3}}{4}a\right)^3}{a^3}\approx0.68$$

上式表明：在体心立方晶格金属中，有 68%的体积被原子所占据，其余 32%的体积为空隙。

具有体心立方结构的金属有 Na、K、α-Fe、Cr、V、Nb、Mo、W 等约 30 种。

2. 面心立方晶格

面心立方晶格也称 FCC 晶格(face-centered cubic lattice)，如图 2-6 所示。

在晶胞的 8 个角上各有一个原子，构成立方体，在立方体的 6 个面的中心各有一个原子。面中心的原子与该面 4 个角上的各原子相互接触，紧密排列，每个面心位置的原子同时属于两个晶胞所共有，所以每个晶胞只分到面心原子的 1/2，因此面心立方晶胞中的原子数为 $1/8\times8+1/2\times6=4$ 个，如图 2-6(c)所示。

在面心立方晶胞中，晶格常数为 a，只有沿着晶胞 6 个面的对角线方向，原子是相互

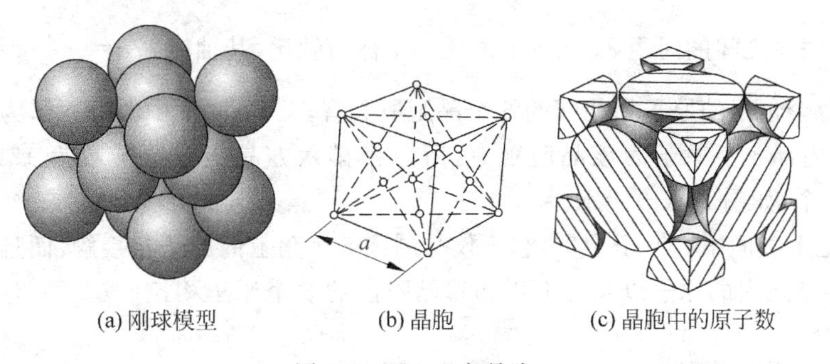

(a) 刚球模型　　(b) 晶胞　　(c) 晶胞中的原子数

图 2-6　面心立方晶胞

接触的，面对角线的长度为$\sqrt{2}a$，它与 4 个原子半径的长度相等，所以面心立方晶胞的原子半径 $r=\frac{\sqrt{2}}{4}a$。

从图 2-6(c)可以看出，以面中心那个原子为例，与该原子最邻近、等距离的原子共有 4×3=12 个。因此面心立方结构的配位数为 12 个。

根据面心立方晶胞中的原子数和原子半径，可计算出它的致密度：

$$K=\frac{nV_1}{V}=\frac{4\times\frac{4}{3}\pi r^3}{a^3}=\frac{4\times\frac{4}{3}\pi\left(\frac{\sqrt{2}}{4}a\right)^3}{a^3}\approx 0.74$$

上式表明：在体心立方晶格金属中，有 74%的体积被原子所占据，其余 26%的体积为空隙。

具有面心立方晶格的金属有 γ - Fe、Al、Cu、Ni、Au、Ag、Pt、β -Co 等。

3. 密排六方晶格

密排六方晶格又称 HCP 晶格(hegxaganal close-packed lattice)，如图 2-7 所示。

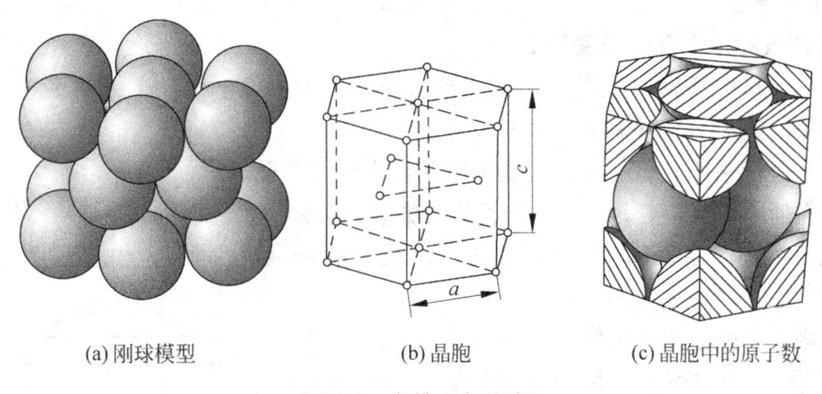

(a) 刚球模型　　(b) 晶胞　　(c) 晶胞中的原子数

图 2-7　密排六方晶胞

六方晶格的晶胞是六方柱体，它是由 6 个呈长方形的侧面和 2 个呈六边形的底面组成。在晶胞 12 个角上各有一个原子，在上底面和下底面的中心各有一个原子，晶胞内还均匀分布着 3 个原子。密排六方结构的晶格常数有两个：一个是六边形的边长 a；另一个是上、下底面之间的间距 c。c 与 a 之比 c/a 称为轴比，其轴比 $c/a=\sqrt{\frac{8}{3}}=1.633$。

因其每个角上的原子为相邻的 6 个晶胞所共有，上、下底面中心的原子为 2 个晶胞所共有，晶胞内部 3 个原子为该晶胞独有，所以密排六方晶胞中原子数为 $12\times1/6+2\times1/2+3=6$ 个，如图 2-7(c)所示。

以晶胞上底面中心原子为例，它不仅与周围 6 个角上的原子相接触，而且与其下面的 3 个位于晶胞之内的原子以及与上面相邻晶胞内的 3 个原子相接触(见图 2-7(c)所示)，故配位数为 12。

对于密排六方晶胞，其原子半径为 $\frac{a}{2}$，可得出其致密度：

$$K=\frac{nV_1}{V}=\frac{6\times\frac{4}{3}\pi r^3}{6\times\frac{\sqrt{3}}{4}a\times a\times c}\ \frac{6\times\frac{4}{3}\pi\left(\frac{1}{2}a\right)^3}{6\times\frac{\sqrt{3}}{4}\times1.633a^3}=\frac{\sqrt{2}}{6}\pi\approx0.74$$

具有密排六方晶格的金属有 Mg、Zn、Be、Cd、α-Co、α-Ti 等。

密排六方结构的配位数和致密度均与面心立方结构相同，这说明两者晶胞中的原子具有相同的紧密排列程度。

2.1.4 立方晶系中的晶向与晶面

在研究有关晶体的生长、变形、相变以及性能等问题时，常常涉及晶体中原子、原子列和原子平面的空间位置。为此，在晶体中，由一系列原子所组成的二维平面称为晶面，任意两个原子之间连线所指的方向称为晶向。现在，国际上统一采用密勒指数对晶向和晶面进行标定，并分别称为晶向指数和晶面指数。它是由英国晶体学家 W. H. Miller 于 1939 年提出的。研究表明，晶体中一些特定的晶向、晶面与晶体表现出的性能有密切的关系。

1. 晶向指数

晶向指数的标定方法步骤如下：

(1) 以晶格中某原子为原点，并以晶胞 3 个棱边为三维坐标的坐标轴 x、y、z，以棱边长度(即晶格常数)作为坐标轴的长度单位。

(2) 从坐标轴原点引一有向直线平行于所求待定晶向。

(3) 在所引直线上任取一点(为了分析方便，可取距原点最近的那个原子)，求出该点在 x、y、z 轴上的坐标值。

(4) 将 3 个坐标值按比例化为最小简单整数，依次写入方括号中，即得所求的所求晶向指数。一般表达为[uvw]形式，括号内的 3 个数不用标点分开。

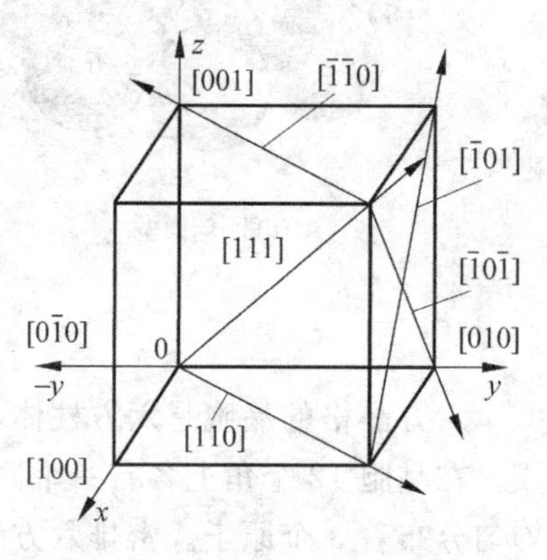

图 2-8 立方晶格中的晶向及指数

立方晶系中的几个主要的晶向如图 2-8 所示。如果指数为负值，则在相应指数上方加注横线“—”，如[$\bar{u}vw$]或[$\bar{1}10$]。两组晶向的全部指数数字相同而符号相反时，它们相互平行，但方向相反，例如[110]与

$[\bar{1}\bar{1}0]$。显然，一个晶向指数表示的是一组互相平行、方向一致的所有晶向。

在晶体中，尤其在立方晶系中，由于原子排列具有高度的对称性，存在许多原子排列完全相同但彼此不平行的晶向，在晶体学上，这些晶向是等同的，统称为晶向族，用尖括号表示为$\langle uvw\rangle$形式，如晶向族$\langle 100\rangle$包括$[100]$、$[010]$、$[001]$、$[\bar{1}00]$、$[0\bar{1}0]$、$[00\bar{1}]$6 个晶向。同样，$\langle 110\rangle$晶向族包括$[110]$、$[101]$、$[011]$、$[\bar{1}10]$、$[\bar{1}01]$、$[01\bar{1}]$，以及方向与之相反的晶向$[\bar{1}\bar{1}0]$、$[\bar{1}0\bar{1}]$、$[0\bar{1}\bar{1}]$、$[1\bar{1}0]$、$[10\bar{1}]$、$[01\bar{1}]$共 12 个晶向。$\langle 111\rangle$晶向族包括$[111]$、$[\bar{1}11]$、$[1\bar{1}1]$、$[11\bar{1}]$以及$[\bar{1}\bar{1}\bar{1}]$、$[1\bar{1}\bar{1}]$、$[\bar{1}1\bar{1}]$、$[\bar{1}\bar{1}1]$8 个晶向。因此这些晶向上的原子排列完全相同，只是空间位向不同而已。

应当指出，只有对于立方结构的晶体，改变晶向指数的顺序，所表示的晶向上的原子排列情况完全相同，这种方法对于其他结构的晶体则不一定适用。

2. 晶面指数

晶面指数的确定步骤如下：

(1) 以晶胞的 3 条相互垂直的棱边为参考坐标轴 x、y、z，坐标原点 O 应位于待定晶面之外，以免出现零截距。

(2) 以棱边长度（即晶格常数）为度量单位，求出待定晶面在各轴上的截距。

(3) 取各截距的倒数，并化为最小简单整数，放在圆括号内，即为所求的晶面指数。

晶面指数的一般表示形式为(hkl)。如果所求晶面在坐标轴上的截距为负值，则在相应的指数上加一负号，如$(\bar{h}kl)$、$(h\bar{k}l)$等。

现以图 2-9 中的晶面为例说明。该晶面在 x、y、z 坐标轴上的截距分别为 1、1/2、1/2，取其倒数为 1、2、2，故其晶面指数为(122)。

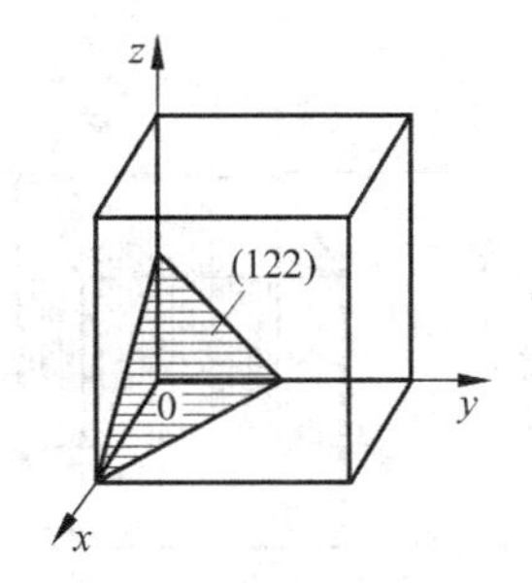

图 2-9　晶面指数表示方法

在某些情况下，晶面可能只与两个或一个坐标轴相交，而与其他坐标轴平行。当晶面与坐标轴平行时，就认为在该轴上的截距为无穷大(∞)，其倒数为 0。

图 2-10 所示为立方晶体中一些晶面的晶面指数。其中 A 晶面在 3 个坐标轴上的截距分别为 1、∞、∞，取其倒数为 1、0、0，故其晶面指数为(100)。B 晶面在坐标轴上的截距为 1、1、∞，倒数为 1、1、0，晶面指数为(110)。C 晶面在坐标轴上的截距为 1、1、1，其倒数不变，故晶面指数为(111)。D 晶面在坐标轴上的截距为 1、1、1/2，取倒数为 1、1、2，晶面指数为(112)。

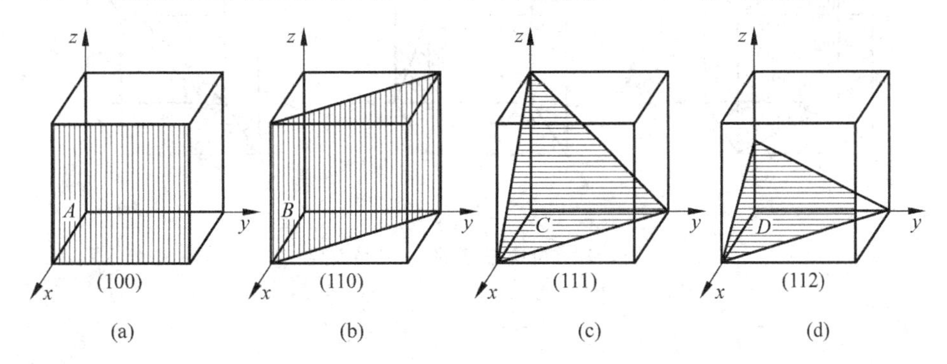

图 2-10　立方晶系的{100}晶面族

与晶向指数相似，某一晶面指数并不只代表某一具体晶面，而是代表一组相互平行的晶面，即所有相互平行的晶面都具有相同的晶面指数。这样一来，当两个晶面指数的数字和顺序完全相同而符号相反时，则这两个晶面相互平行。它相当于用－1乘以某一晶面指数中的各个数字。例如，(100)晶面平行于$(\bar{1}00)$晶面，$(\bar{1}11)$与$(1\bar{1}\bar{1})$平行等。在同一种晶体结构中，有些晶面虽然在空间的位向不同，但其原子排列情况完全相同，这些晶面均属于一个晶面族，其晶面指数用大括号$\{hkl\}$表示。例如，在立方晶系中：{100}包括(100)、(010)、(001)，如图 2-11 所示；{110}包括(110)、(101)、(011)、$(\bar{1}10)$、$(\bar{1}01)$、$(0\bar{1}1)$，如图 2-12 所示；{111}包括(111)、$(\bar{1}11)$、$(1\bar{1}1)$、$(11\bar{1})$，如图 2-13 所示。

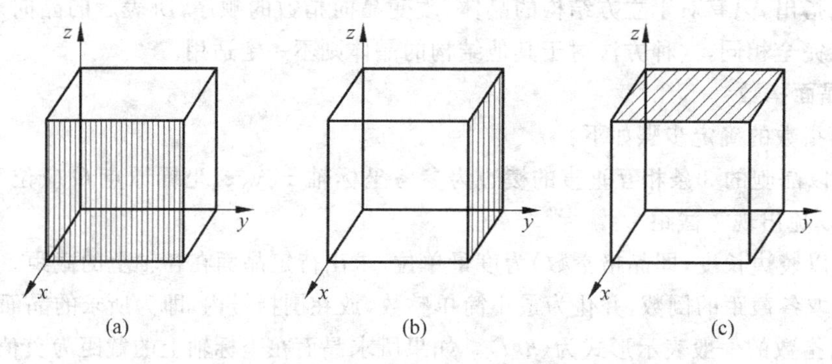

图 2-11　立方晶系的{100}晶面族

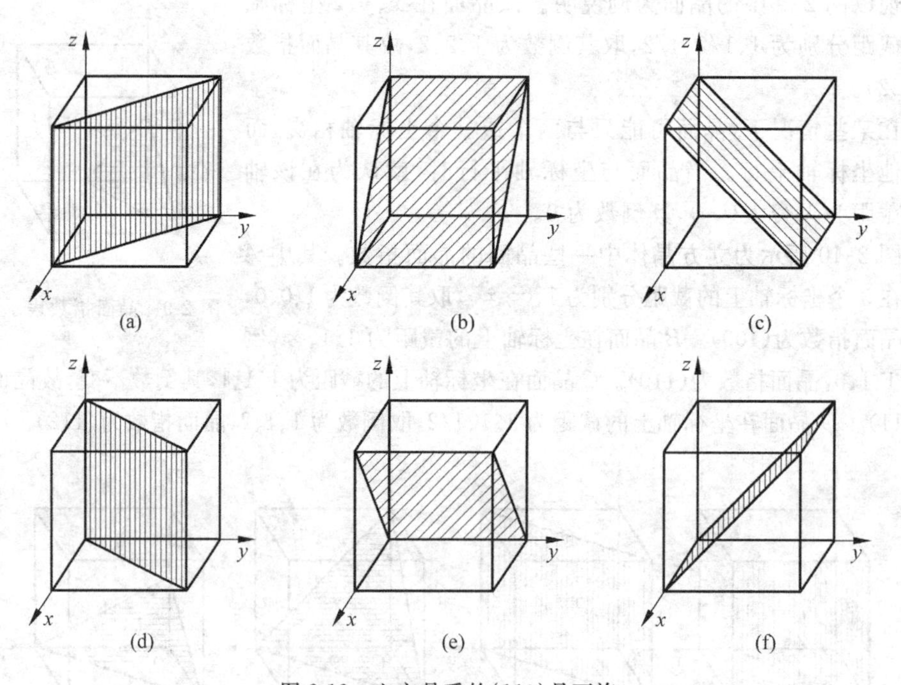

图 2-12　立方晶系的{110}晶面族

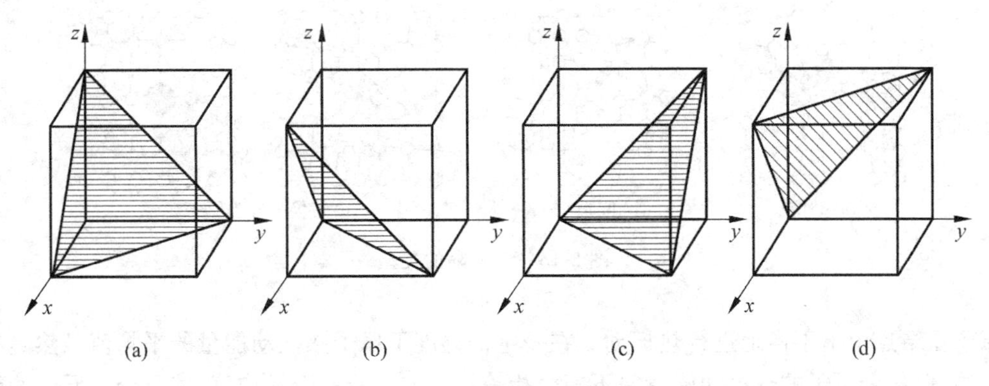

图 2-13　立方晶系的{111}晶面族

2.2　金属晶体结构的特点

2.2.1　单晶体与多晶体的概念

把晶体看成原子按一定几何规律作周期性排列而成的(即晶体内部的晶格位向是完全一致的),称为单晶体,如图 2-14(a)所示。在工业生产中,只有经过特殊制作才能获得单晶体,如半导体元件、磁性材料、高温合金材料等。而一般的金属材料,即使一块很小的金属中也含有许多颗粒状小晶体,每个小晶体内部的晶格位向是一致的,而每个小晶体彼此间位向却不同,这种外形不规则的颗粒状小晶体通常称为晶粒。晶粒与晶粒之间的界面称为晶界。显然晶界处的原子排列为适应两晶粒间不同晶格位向的过渡,总是不规则的。这种实际上由多晶粒组成的晶体结构称为多晶体,如图 2-14(b)所示。

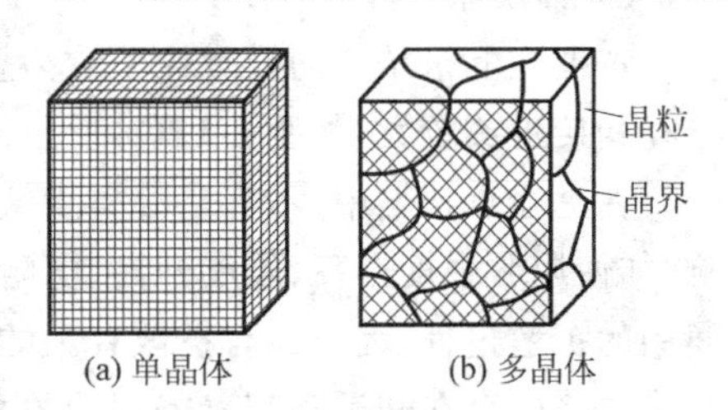

图 2-14　单晶体与多晶体示意图

单晶体在不同方向上的物理、化学和力学性能不相同,即为各向异性。而实际上金属是多晶体结构,故宏观上看就显示出各向同性的性能。

2.2.2　晶体中的缺陷

晶体中原子完全为规则排列时,称为理想晶体。实际上金属由于多种原因的影响,内部存在着大量的缺陷。晶体缺陷的存在对金属的性能有很大的影响,这些晶体缺陷分为点缺陷、线缺陷和面缺陷三大类。

1. 点缺陷

最常见的点缺陷是空位、间隙原子和置换原子,如图 2-15 所示。因为这些点缺陷的存在,会使其周围的晶格发生畸变,引起性能的变化。

1) 空位

晶格中没有原子的结点称为空位,如图 2-15(a)所示。产生空穴的原因是由于晶体中

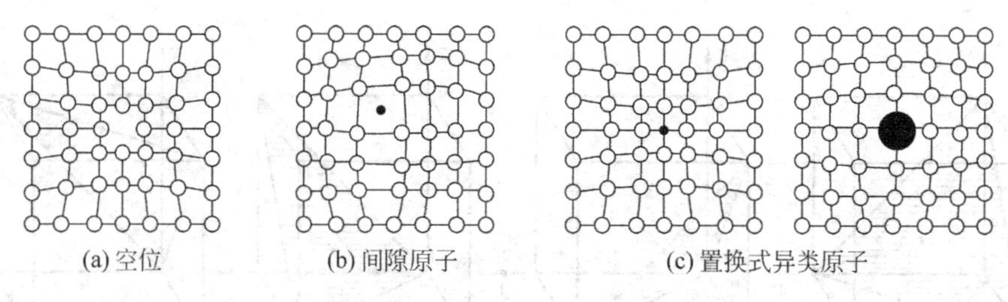

图 2-15　点缺陷的类型

原子在结点上下不停地进行热振动。在一定的温度下原子热振动能量的平均值虽然是一定的,但各个原子的热振动能量并不完全相等。有的可能高于平均值,甚至个别原子的能量会大到足以克服周围原子对它的束缚作用,使得原子脱离原来的结点,从而造成该结点的空缺,于是形成了一个空位。

2）间隙原子

位于晶格间隙之中(或指在晶格结点以外存在)的原子称为间隙原子,如图 2-15(b)所示。它一般是较小的异类原子,所谓的异类原子是指挤入晶格间隙或占据正常结点的外来原子。如钢中的氢、氮、碳、硼等,尽管原子半径很小,但仍比晶格中的间隙大得多,所以造成的晶格畸变远比空位严重。

3）置换原子

占据在晶格结点的异类原子称为置换原子,一般来说置换原子的半径与金属原子的半径相接近或较大,如图 2-15(c)所示。

在上述点缺陷中,不管是哪类点缺陷,都会造成晶格畸变,这将对金属的性能产生影响,如使屈服强度升高、硬度升高、电阻增大、体积膨胀等。此外,点缺陷的存在将加速金属中的扩散过程,因而凡与扩散有关的相变、化学热处理、高温下的塑性变形和断裂等都与点缺陷的存在和运动有着密切的关系。

2. 线缺陷

线缺陷是指在二维尺寸很小而第三维尺寸相对很大的缺陷,属于一维缺陷。晶体中的线缺陷就是各种类型的位错。这是晶体中极为重要的一类缺陷,它对晶体的塑性变形、强度和断裂起着决定性的作用。位错是由晶体原子平面的错动引起的,即晶格中的某处有一列或若干列原子发生了某些有规律的错排现象。位错的基本类型有两种:刃型位错和螺型位错。

1）刃型位错

图 2-16(a)所示为刃型位错立体图。设有一个立方晶体,由图可见,晶体的上半部多出一个原子面(称为半原子面),它像一把锋利的刀将晶体的上半部分切开,沿切口硬插入一额外半原子面,将刀刃处的原子列称为刃形位错线。位错线周围会造成晶格畸变。严重晶格畸变的范围约为几个原子间距。当晶体从上部插入一个原子面时称为正刃型位错,用符号“⊥”表示;当晶体从下部插入一个原子面时称为负刃型位错,用符号“⊤”表示,如图 2-16(b)所示。实际上这种正负之分没有本质上的区别,只是为了表示两者的相对位置,便于以后讨论而已。

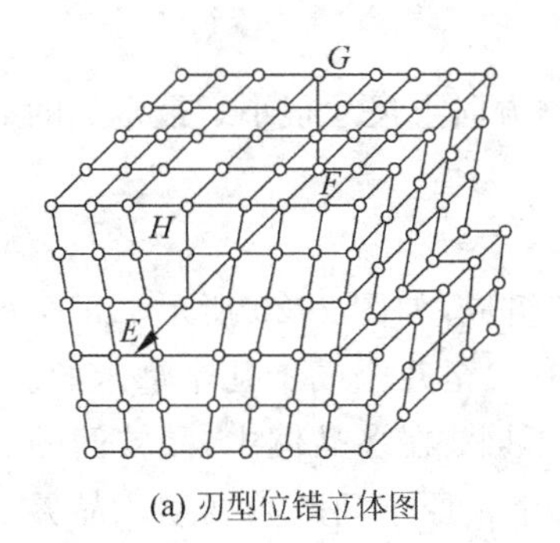

(a) 刃型位错立体图

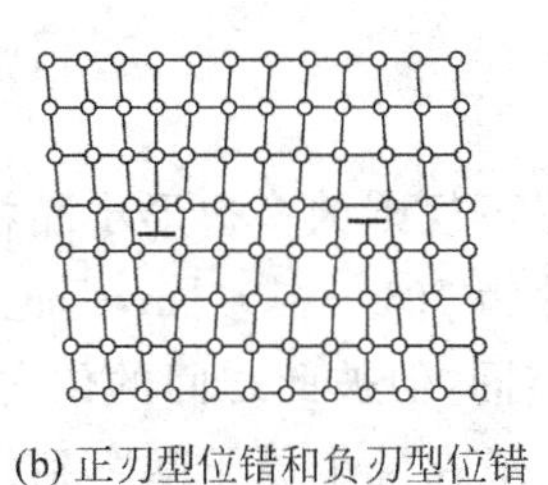
(b) 正刃型位错和负刃型位错

图 2-16　刃型位错示意图

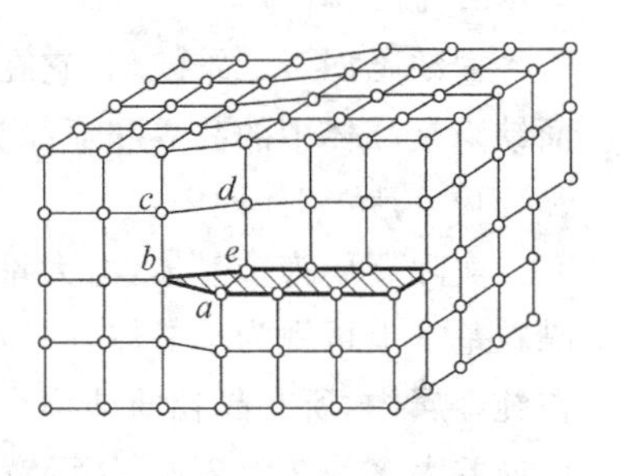

图 2-17　螺形位错示意图

2）螺形位错

晶体右边的上部原子相对于下部的原子向后错动一个原子间距，即右边上部相对于下部晶面发生错动，若将错动区的原子用线连起来，则具有螺旋形特征，故称为螺形位错，如图 2-17 所示。

晶体中的位错密度是以单位体积内所包含的位错线的总长度来表示，符号为 ρ：

$$\rho = L/V$$

式中：L——位错线总长度，cm；

V——体积，cm/cm^3 或 cm^{-2}。

金属中的位错线数量很多，呈空间曲线分布，有时会连接成网，甚至缠结成团。位错可在金属凝固时形成，更容易在塑性变形中产生，它在温度和外力的作用下，还能够不断地运动，数量随外界作用发生变化。金属中的位错数量一般为 $10^4 \sim 10^{12}\,cm/cm^3$，在退火时为 $10^6\,cm/cm^3$，冷变形金属中可达 $10^{12}\,cm/cm^3$。

位错引起晶格畸变，对金属的性能影响很大。如图 2-18 所示为位错密度与屈服强度的关系。没有缺陷的晶体强度很高，但这样理想的晶体很难得到，工业上生产的金属晶须只是理想晶体的近似。位错的存在使晶体强度降低，但当大量位错产生后，强度反而提高，生产中可通过增加位错的办法对金属进行强化，但金属的塑性有所降低。提高位错密度是金属强化的重要途径之一。图 2-19 所示为透射电子显微镜观察到的晶体中的位错。

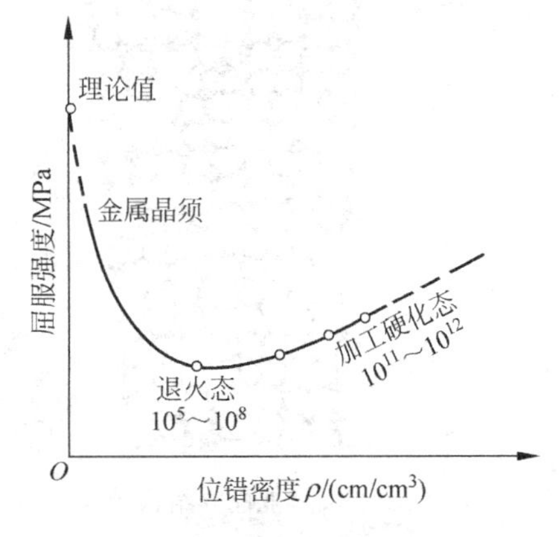

图 2-18　位错密度与屈服强度的关系

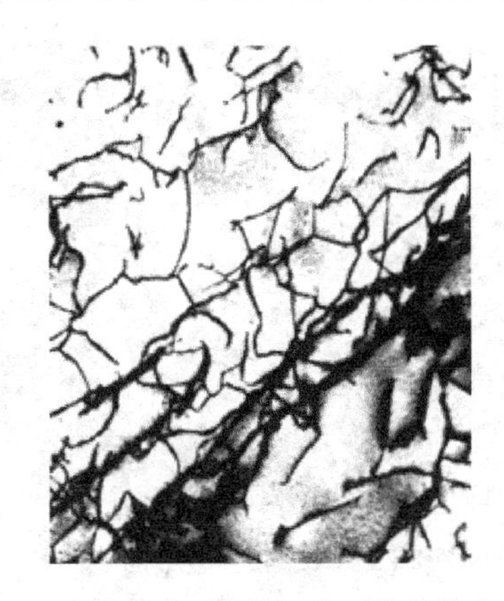
图 2-19　透射电子显微镜观察到的晶体中的位错

3. 面缺陷

面缺陷属于二维缺陷，它在两维方向上尺寸很大，第三维方向上尺寸很小。最常见的面缺陷是晶体中的晶界和亚晶界。

1) 晶界

实际金属为多晶体，由大量外形不规则的多边形小晶粒组成，如图 2-20 所示。每个晶粒基本上可视为单晶体，一般尺寸为 $10^{-5}\sim10^{-4}$ m，但也有大至几个或十几个毫米的。在纯金属中，所有晶粒的结构全部相同，但彼此之间的位向不同；在多晶体中，晶粒间的位向差大多为 30°～40°，晶界宽度一般在几个原子间距到几十个原子间距内变动。晶界处原子排列混乱，规则性较差。原子排列的总特点是，采取相邻两晶粒的折中位置，使晶格由一个晶粒的位向，通过晶界的协调，逐步过渡为相邻晶粒的位向。一般来说，金属纯度越高则晶界宽度越小，反之则越大。此处晶格畸变较大，与晶粒内部原子相比，具有较高的平均能量，如图 2-21 所示。

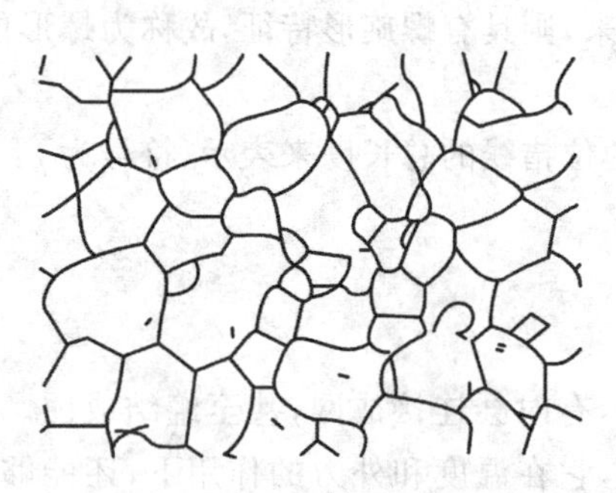

图 2-20　多晶体的晶粒形貌

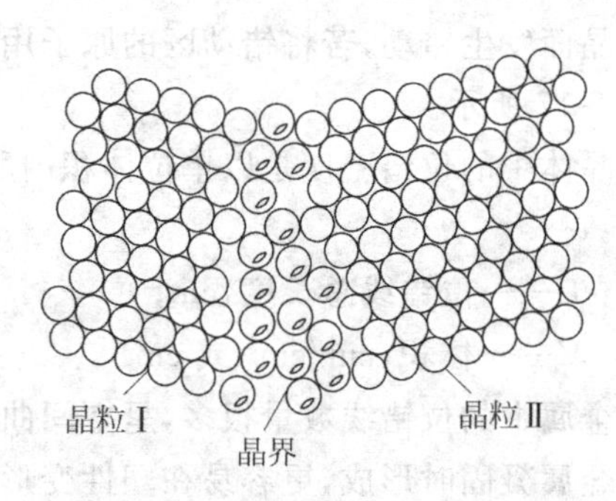

图 2-21　晶界处原子排列示意图

2) 亚晶界

多晶体里的每个晶粒内部也不是完全理想的规则排列，而是存在着很多尺寸很小(边长为 $10^{-8}\sim10^{-6}$ m)、位向差也很小(小于 1°～2°)的小晶块，这些小晶块称为亚晶粒，如图 2-22 所示。亚晶粒之间的交界叫亚晶界，亚晶界是位错规则排列的结构，它实际上由垂直排列的一系列刃型位错(位错墙)构成，如图 2-23 所示。亚晶界是晶粒内的一种面缺

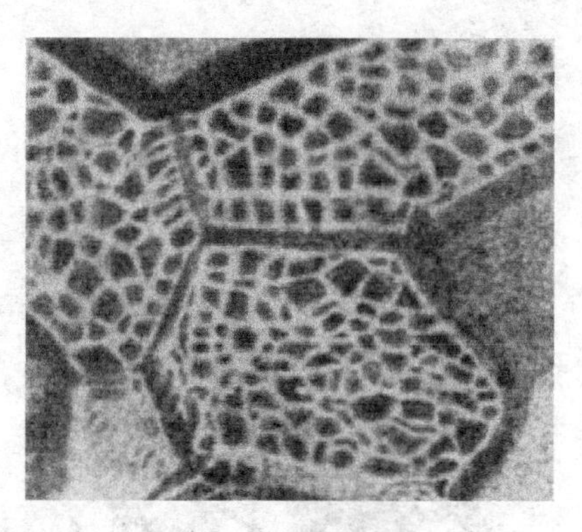

图 2-22　Au-Ni 合金中的亚晶粒

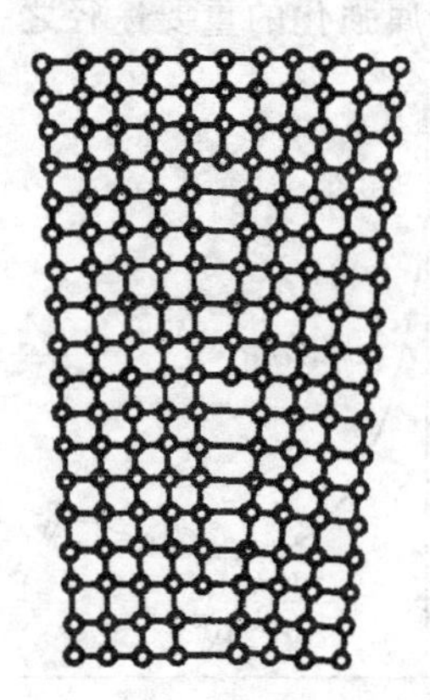

图 2-23　亚晶界结构示意图

陷。在晶界、亚晶界或金属内部的其他界面上，原子的排列偏离平衡位置，位错密度较大(可达 10^{16}～10^{-2}以上)，原子处于较高的能量状态，原子的活性较大，因此对金属中许多加工过程的进行，具有极其重要的作用。晶界和亚晶界均可以同时提高金属的强度和塑性。晶界越多，位错越多，强度越高；晶界越多，晶粒越细小，金属的塑性变形能力越大，塑性越好。此外晶界处还有耐蚀性低、熔点低、原子扩散速度较快的特点。

在实际晶体结构中，上述晶体缺陷并不是静止不变的，而是随着温度及加工过程等各种条件的改变而不断变动。它们可以产生运动和交互作用，而且能合并和消失。

结构的不完整性会对晶体的性能产生重大的影响，特别是对金属的塑性变形、固态相变以及扩散等过程都起着重要的作用。

思考与练习

2-1　解释下列名词：晶体，非晶体，晶格，晶胞，晶格常数，致密度，晶面，晶向，单晶体，多晶体，晶粒，晶界，各向异性。

2-2　金属常见的晶格类型有哪几种？它们的晶胞各有何特点？

2-3　已知 α-Fe 的晶格常数为 0.289nm。试求出晶体中(110)，(111)的晶面间距。

2-4　写出体心立方晶格中的{101}晶面族所包含的晶面，并绘图表示。

2-5　在题 2-5 图中绘出以下晶面和晶向，并标出各自的晶面指数和晶向指数。

(1) 晶向：*AB*、*AC*、*AG*、*AM*；(2) 晶面：*ABCD*、*ABCGH*、*AFH*、*IJKL*。

2-6　在题 2-6 图中，求出坐标原点为(0,0,0)及(0,1,0)时阴影面的晶面指数。

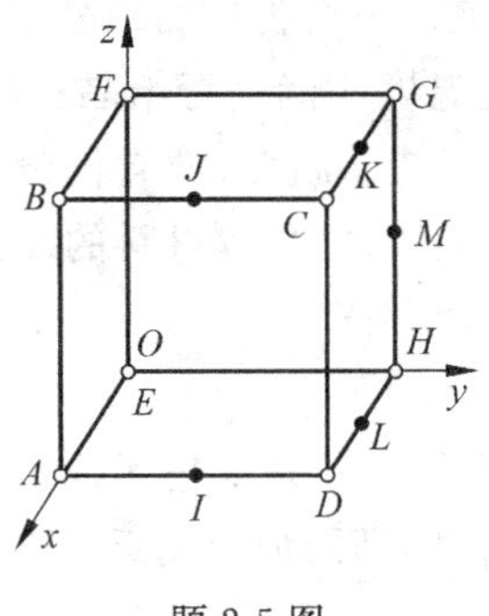

题 2-5 图

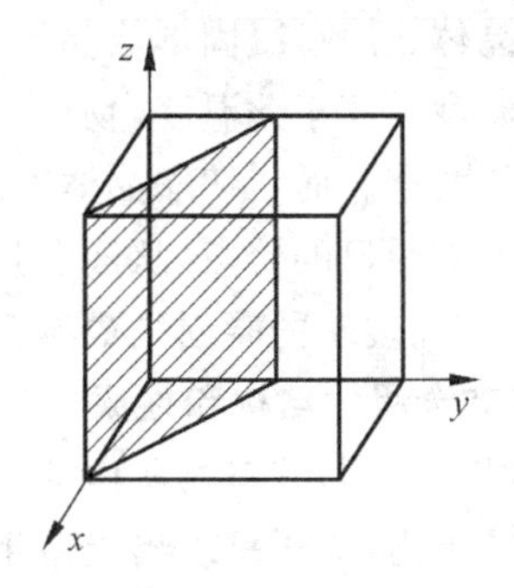

题 2-6 图

2-7　作图表示出立方晶系(1 2 3)、(0 $\bar{1}$ $\bar{2}$)、(4 2 1)等晶面和[$\bar{1}$ 0 2]、[$\bar{2}$ 1 1]等晶向。

2-8　已知面心立方晶格的晶格常数为 a，试求出(1 0 0)、(1 1 0)、(1 1 1)晶面的晶面间距，并指出面间距最大的晶面。

2-9　金属实际晶体结构中存在哪些缺陷？每种缺陷的具体形式如何？

2-10　单晶体与多晶体有何差别？为什么单晶体具有各向异性，而多晶体材料通常不表现出各向异性？

2-11　什么是刃型位错？说明位错密度对材料性能的影响。

2-12　说明晶粒大小对材料强度的影响。

第3章 材料的凝固与相图

大多数工程材料都是经过熔炼和浇注后经压力加工成形的，也有一些是铸造后直接使用的，但都要经历由液态到固态的凝固过程。金属结晶后所形成的组织，包括各种相的形状、大小和分布等，将极大地影响到金属的加工性能和使用性能。对铸件和焊接件来说，结晶过程就基本上决定了它的使用性能和使用寿命。而对于尚需进一步加工的铸锭来说，结晶过程既直接影响它的轧制和锻压工艺性能，又不同程度地影响其制成品的使用性能。因此，研究和控制金属的结晶过程，已成为提高金属力学性能和工艺性能的一个重要手段。绝大多数工业用金属材料都是合金，合金的结晶过程比纯金属复杂得多，但两者都遵循结晶的基本规律。因而先从纯金属的凝固结晶开始入手，了解结晶过程的微观本质，从而揭示金属结晶的基本规律。本章主要讨论工程材料的凝固规律与凝固结晶后的晶体结构类型、组织状况及性能特点。

3.1 结晶与凝固特性及其影响因素

1. 凝固与结晶的概念

凝固是指物质从液态经冷却转变为固态的过程。凝固后的固态物质可以是晶体，也可以是非晶体。通过凝固形成晶体物质的过程称为结晶。一切物质的结晶都具有严格的平衡结晶温度。高于此温度，物质则熔为液态；低于此温度才能进行结晶；处在此温度，液体与晶体共存。而一切非晶体物质则无此明显的平衡结晶温度，即它们没有明显的凝固点或是没有明显的熔点，从液态到非晶固态是逐渐过渡的。金属材料的凝固是最典型的结晶过程，而玻璃的凝固是最典型的非晶体凝固过程。

2. 液态金属的结构和性质

研究结果表明，液态物质内部的原子并非像气态原子那样完全呈无规则的排列。在短距离小范围内，原子呈现出近似于固态结晶的规则排列，即形成所谓近程有序的原子集团，如图3-1所示。这些原子集团尺寸不等，取向各异，且不稳定，时聚时散，瞬时形成又瞬间消失。由此可知，结晶实质上是原子由近程有序状态转变成长程(远程)有序状态的过程。

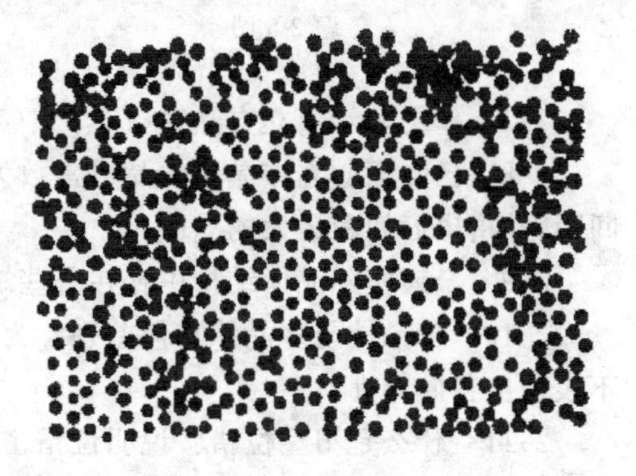

图3-1 液态金属结构示意图

广义上讲，物质从一种原子排列状态(晶态或非晶态)过渡为另一种原子规则排列状态(晶态)的转变过程称为结晶。结晶过程分为两种：一次结晶和二次结晶。通常把金属由液态转变成固态晶体的过程称为一次结晶，而把金属从一种固态转变成另一种固态晶体的过程称为二次结晶或重结晶。

3. 凝固状态特性的影响因素

材料凝固后呈现晶态还是非晶态，主要受以下两个因素的影响。

1) 熔融液体的黏度

黏度表征流体中发生相对运动的阻力。如图3-2所示，两平行流体层相对移动时，流体的内摩擦力 F 的大小为

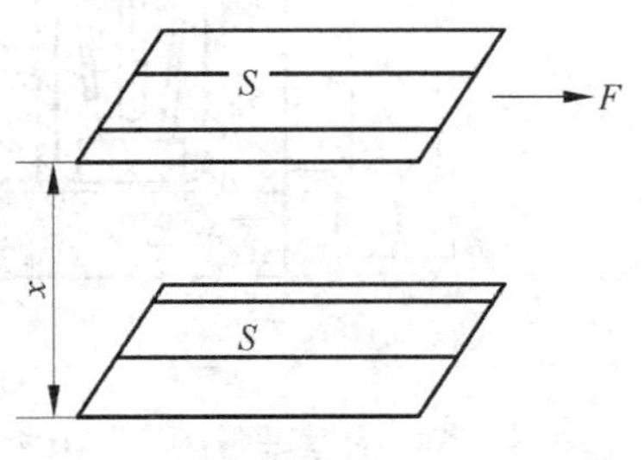

图3-2 两平行流体内摩擦示意图

$$F = \eta \cdot S \frac{\mathrm{d}v}{\mathrm{d}x}$$

式中：S——流体层面积，m^2；

$\frac{\mathrm{d}v}{\mathrm{d}x}$——相对移动的速率梯度，1/s；

η——黏度，Pa·s。

黏度表示当速度梯度变为1单位时，在相接触的两流体层单位面积内摩擦力的大小。它是材料内部结合键性质和结构情况的宏观表现。η 值越大，表示流体越黏稠，流体层间的内摩擦力就越大，相对运动也越困难，甚至使原子无法迁移排成晶体。这样，凝固时很容易形成无规则的原子排列结构，如陶瓷材料中的玻璃结构、高分子材料中的非晶态结构。研究表明，金属材料熔体的 η 值极小，熔点附近原子的迁移能力极强，绝大多数能凝固为晶体。

2) 熔融液体的冷却速度

冷却速度对凝固的过程也产生重要的影响。冷却速度越大，在单位时间内逸散的热量越多，熔融液体的温度便降得越低。它直接制约着原子的扩散能力，如前所述，当冷却速度大于 10^6℃/s时，则可阻止金属材料中原子的迁移，从而获得非晶态的金属材料。

3.2 纯金属的结晶

结晶过程是一个十分复杂的过程，尤其是金属不透明，它的结晶过程不能直接观察，更给研究带来困难。为了揭示金属结晶的基本规律，这里先从结晶的宏观现象入手，进而再去研究结晶过程的微观本质。

3.2.1 纯金属的冷却曲线和冷却现象

利用如图3-3所示的试验装置，先将纯金属放入坩埚中加热熔化成液态，然后插入热电偶以测量温度，让液态金属以非常缓慢而均匀地冷却速度冷却到室温。用 X-Y 记录仪将冷却过程中的温度与时间记录下来，便获得了如图3-4所示的冷却曲线。这一试验方法称为热分析法，冷却曲线又称为热分析曲线。从热分析曲线可以看出结晶过程的两个十分重要的宏观特征。

1. 过冷现象

从图3-4中可以看出，金属在结晶之前，温度连续下降，当液态金属冷却到理论结晶

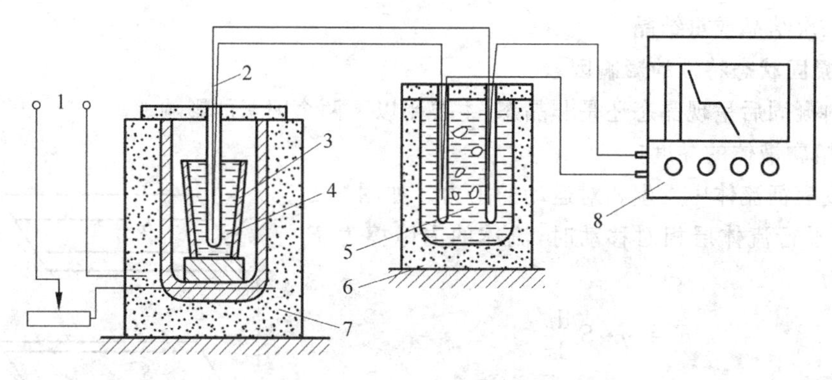

图 3-3 热分析装置示意图

1—电源；2—热电偶；3—坩埚；4—金属液体；5—冰水(0℃)；6—恒温器；7—电阻炉；8—记录仪

温度(用 T_m 表示,即熔点)时,并未开始结晶,而是需要继续冷却到 T_m 下某一温度(用 T_n 表示,即实际结晶温度),液态金属才开始结晶。金属的理论结晶温度 T_m 与实际结晶温度 T_n 之差,称为过冷度,用 ΔT 表示,即

$$\Delta T = T_m - T_n$$

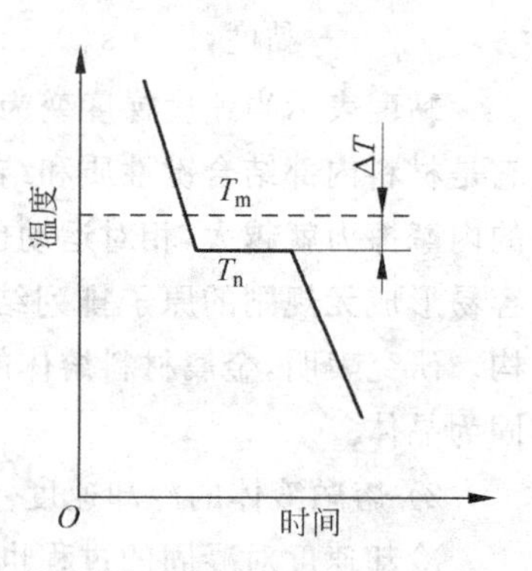

图 3-4 纯金属结晶时的冷却曲线示意图

过冷度随金属的本性和纯度的不同,以及冷却速度的差异可以在很大的范围内变化。金属不同,过冷度的大小也不同;金属的纯度越高,则过冷度越大。当以上两因素确定之后,过冷度 ΔT 的大小主要取决于冷却速度,冷却速度越大,则过冷度越大,即实际结晶温度越低。反之,冷却速度越慢,则过冷度越小,实际结晶温度越接近理论结晶温度。但是,不管冷却速度多么缓慢,也不可能在理论结晶温度进行结晶,即对于一定的金属来说,过冷度有一最小值,若过冷度小于这个值,结晶过程就不能进行。

2. 结晶潜热

物质从一个相转变为另一个相时,伴随着放出或吸收的热量称为相变潜热。金属熔化时从固相转变为液相是吸收热量,而结晶时从液相转变为固相则放出热量,前者称为熔化潜热,后者称为结晶潜热,它可从图 3-4 冷却曲线上反映出来。当液态金属的温度到达结晶温度 T_n 时,由于结晶潜热的释放,补偿了散失到周围环境的热量,所以在冷却曲线上出现了平台,平台延续的时间就是结晶过程所用的时间,结晶过程结束,结晶潜热释放完毕,冷却曲线便又继续下降。冷却曲线上的第一个转折点,对应着结晶过程的开始,第二个转折点则对应着结晶过程的结束。

3.2.2 结晶过程

纯金属结晶时,首先在液态金属中形成细小的小晶体,称为晶核,它不断吸附周围原子而长大,同时在液态金属中又会产生新的晶核,直到全部液态金属结晶完毕,最后形成许许多多外形不规则、大小不等的小晶体。因此,液态金属的结晶过程包括晶核的形成与长大两个基本过程，如图 3-5 所示。

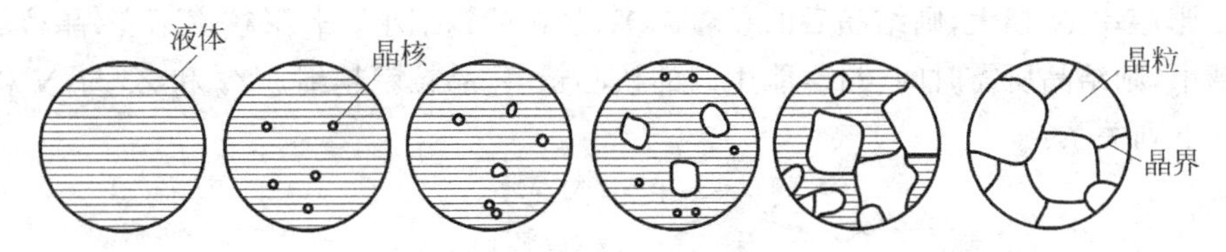

图 3-5　纯金属的结晶过程示意图

1. 晶核的形成

实验证实，即当液态金属非常纯净时，其内部的微小区域内也存在一些原子排列规则的、极不稳定的原子集团。当液态金属冷却到结晶温度以下时，这些微小的原子集团变成稳定的结晶核心（即形成晶核），称为自发形核。形成晶核的另一种形式，是当液态金属中有杂质时（自带或人工加入），这些杂质在冷却时就会变成结晶核心并在其表面形成非自发形核。

2. 晶核的长大

晶核的长大即液态金属中的原子向晶核表面转移的过程。一般来说，由于形核时晶体中的顶角、棱边散热条件优于其他部位而长得较快、较大，长出一次晶轴，后又在一次晶轴上长出二次晶轴，如此不断长大与分枝下去，直到液态金属全部消失，最后形成一个像树枝状的晶体，简称为枝晶，如图 3-6 所示。

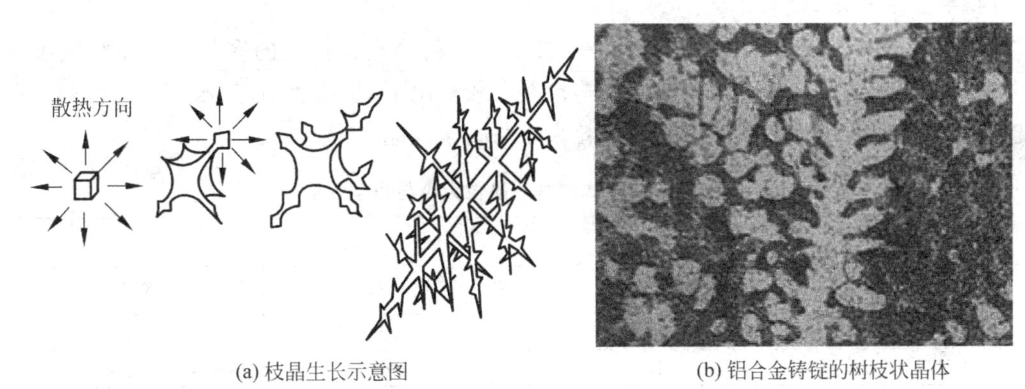

(a) 枝晶生长示意图　　(b) 铝合金铸锭的树枝状晶体

图 3-6　枝晶

综上所述，纯金属的结晶总是在恒温下进行的，结晶时总有结晶潜热放出，结晶过程总是遵循形核和核长大规律，在有过冷度的条件下才能进行结晶。

3.2.3　结晶后的晶粒大小及控制

1. 晶粒大小（又称晶粒度）

晶粒度是晶粒大小的量度，用单位体积中晶粒的数目 Z_v 或单位面积上晶粒的数目 Z_s 表示，也可以用晶粒的平均线长度（或直径）表示。影响晶粒大小（晶粒度）的主要因素是形核率和长大速率。在单位时间内，单位体积中所产生的晶核数称为形核率 N，其单位为晶核数/(s · cm³)。单位时间内晶体长大的线长度称为长大速率 G，其单位为 cm/s。形核率 N 越大，则结晶后的晶粒越多，晶粒就越细小。若形核率不变，晶核的长大速率越小，则结晶所需时间越长，能生产的核心越多，晶粒就越细。Z_v 和 Z_s 与 N 和 G 之间存在下列关系：

$$Z_v = 0.9(N/G)^{3/4}$$

$$Z_s = 1.1(N/G)^{1/2}$$

从式中可以看出：单位体积中的晶粒数 Z_v 与形核率 N 成正比，与生长速率 G 成反比。图 3-7 所示的是形核率 N 及生长率 G 与过冷度 ΔT 的关系曲线。由图可知，在一般过冷度下(图中实线部分)，形核率与生长率都随过冷度的增加而增加，但是 N 的增长率大于 G 的增长率。因此，当 ΔT 增大时，N/G 的值也会增大，这意味着单位体积中晶粒数目增多，晶粒变细；反之，当 ΔT 变小时，形成的晶粒就变得比较粗大。当达到一定的过冷度 ΔT 时，各自达到一个最大值。曲线的后半部以虚线表示，是因为在实际工业生产中金属的结晶达不到如此高的过冷度，一般在此过冷度之前，早已结晶完毕。

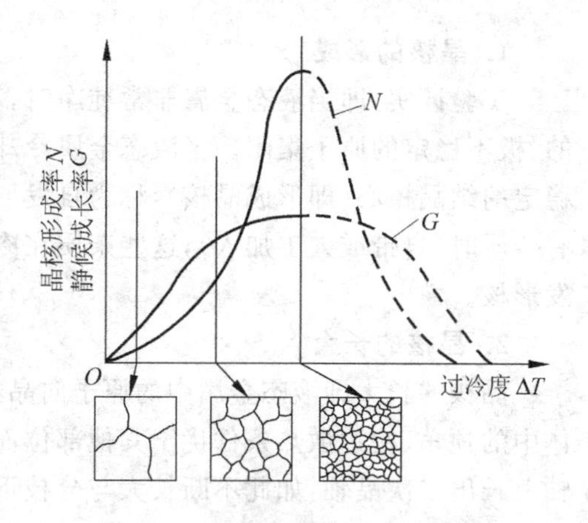

图 3-7　晶粒大小与 N、G 的关系

金属结晶后是由许许多多大小不等、外形各异的小晶粒构成的多晶体。晶粒大小对金属的力学性能及其他性能会产生影响。在一般情况下，晶粒越小，其强度、塑性、韧性也越高。表 3-1 所示为多晶体纯铁的晶粒大小与力学性能。

表 3-1　多晶体纯铁的晶粒大小与力学性能

晶粒平均直径/mm	力学性能		
	σ_b/MPa	σ_s/MPa	δ/%
9.70	165	40	28.8
7.00	180	38	30.6
2.50	211	44	39.5
0.20	263	57	48.8
0.16	264	65	50.7
0.10	278	116	50.0

2. 晶粒大小的控制

细化晶粒是提高金属性能的重要途径之一，控制晶粒大小的方法主要有以下两种。

1) 增大过冷度

由于晶粒大小取决于形核率与长大速度的比值，而形核率和长大速度以及它们的比值又决定于过冷度，所以晶粒大小实际上可以通过过冷度来控制。过冷度越大(达到一定值以上)，形核率和长大速度越大，但形核率的增加速度更大，因而比值 N/G 也越大，晶粒就越细。

提高液态金属的冷却速度是增大过冷度的主要方式，如在铸造生产中，用金属型代替砂型，增大金属型的厚度，降低金属型的预热温度等，均可提高铸件的冷却速度。此外，提高液态金属的过冷能力也是增大过冷度的有效办法，如在浇注时采用高温熔化并低温浇注的方法便可获得较细的晶粒。

近20年来，随着超高速(达$10^5 \sim 10^{11}$K/s)急冷技术的发展，已成功地研制出超细晶金属、非晶态金属等具有一系列优良力学性能和特殊物理、化学性能的新材料。

2) 变质处理

变质处理就是有意地向液态金属中加入某些变质剂，以细化晶粒和改善组织，达到提高材料性能的目的。变质剂的作用有两种情况：一种情况是变质剂加入液态金属时，能直接增加形核核心，这一类变质剂称为孕育剂，相应处理称为孕育处理，如在铁水中加入硅铁、硅钙合金都能细化石墨；另一种情况是加入变质剂，虽然不能提供结晶核心，但能改变晶核的生长条件，强烈地阻碍晶核的长大或改善组织形态，如在铝硅合金中加入钠盐，钠能在硅表面上富集，从而降低硅的长大速度，进而阻碍粗大硅晶体的形成，细化了组织。

另外，利用机械振动、超声波振动等方法，都可使已形成的粗大晶轴断开，造成晶粒的细化以达到提高金属强度的目的。

3.3 合金的结晶与结晶相图

纯金属虽然具有较好的理化性能，但由于价格较高，种类有限，加之各种纯金属的强度、硬度等力学性能都比较差，所以在工业生产中，合金的应用要比纯金属广泛得多，工程使用的金属材料均以合金为主。

合金是指由一种金属元素与一种或几种其他元素经熔炼、烧结或其他方法结合在一起而形成的具有金属特性的物质。组成合金的最简单、最基本且能独立存在的物质称为组元。组元可以是金属、非金属元素或稳定化合物，在多数情况下是元素。例如，Al-Si合金中的Al和Si皆为组元。按所含组元的数目，合金可分为二元合金、三元合金及多元合金。

合金的结晶过程同样也是通过晶核形成以及晶核长大来完成的，但因合金中含有不止一种金属，所以其结晶过程比纯金属复杂得多。

3.3.1 合金的相结构及性能

组成合金的元素相互作用会形成各种不同的相。所谓相，是指合金中具有同一化学成分、同一晶体结构和原子聚集状态，并以界面互相分开的、均匀的组成部分。固态纯金属一般是一个相，而合金则可能是几个相。由于形成条件不同，各相可以以不同数量、形状、大小和分布方式组合，构成了在显微镜下观察到的不同组织。组织是指用肉眼或显微镜观察到的材料的微观形貌，包括合金中不同形状、大小、数量、分布及相之间的组合状态，又称为显微组织。

合金的性能一般由组成合金的各相成分、结构、形态、性能和各种相组合情况所决定。不同的相形成不同的显微组织，不同的显微组织导致合金不同的性能。因此，必须了解合金组织中的相结构。研究指出，组成合金的基本相按其晶体结构特点可分为两大类，即固溶体与金属化合物。

1. 固溶体

合金在固态下，组元间仍能互相溶解而形成的均匀相，称为固溶体。形成固溶体后，晶格保持不变的组元称为溶剂，一般在合金中含量较多；而进入溶剂中的其他组元称为溶质，含量较少。固溶体的晶格类型与溶剂组元相同。固溶体一般用 α、β、γ、… 符号表示。如 C 溶入 α-Fe 中，形成以 α-Fe 为基的固溶体，则该固溶体的晶格与 α-Fe 相同，仍为体心立方结构。

1) 固溶体的分类

按溶质原子在溶剂晶格中所占位置的不同，固溶体又分为以下两种类型。

(1) 置换固溶体

固溶体中若溶质原子替换了一部分溶剂原子而占据着溶剂晶格中的某些结点位置，则这种类型的固溶体称为置换固溶体，如图 3-8(a)所示。

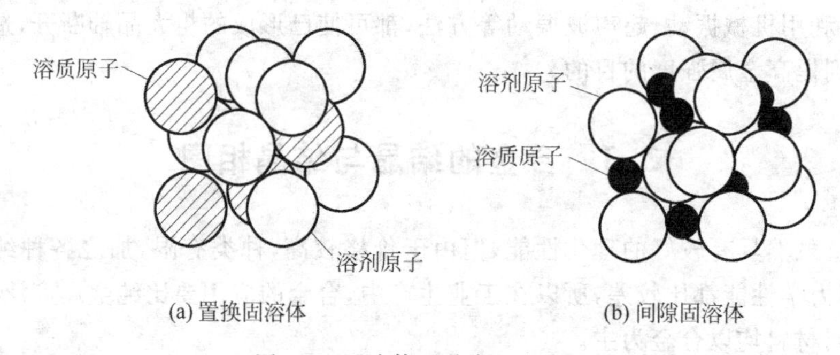

图 3-8 固溶体两种类型示意图

溶质原子溶于固溶体中的量，称为固溶体的浓度。在一定条件(一定温度、一定压力)下，溶质元素在固溶体中的极限浓度叫做溶质元素在固溶体中的溶解度(或固溶度)。

按溶质组元在溶剂中的溶解度有无限制，置换固溶体又可分为有限固溶体和无限固溶体。如果溶质原子可以按任意比例溶入固溶体中，即溶质原子的溶解度可达到 100%，则此固溶体称为无限固溶体。如果溶质原子在固溶体中的溶解度有一定限度，即超过这个溶解度就会有其他新相形成，则此种固溶体称为有限固溶体。大多数固溶体均为有限固溶体。

(2) 间隙固溶体

溶质原子在溶剂晶格中并不占据晶格结点位置，而是处于各结点间的空隙中，则这种类型的固溶体称为间隙固溶体，如图 3-8(b)所示。由于晶格间隙很小(小于 0.1nm)，通常只有当溶质原子半径与溶剂原子半径的比值小于 0.59 时，才能形成间隙固溶体。因此，形成这类固溶体的溶质都是原子半径较小的一些非金属元素，如 C、N、H、B、O 等。由于晶格间隙数目有限，显然间隙固溶体都是有限固溶体。形成间隙固溶体的例子很多，如铁碳合金中 C 原子可溶入 α-Fe 中形成间隙固溶体，C 原子也可溶入 γ-Fe 中形成间隙固溶体。

2）固溶体的性能

当形成固溶体时，无论是置换固溶体，还是间隙固溶体，由于溶质原子与溶剂原子半径不同，都将引起晶格畸变，从而使固溶体的强度、硬度往往高于各组元，塑性、韧性略有降低。例如，纯铜的 σ_b 为 220MPa，硬度为 40HBS，断面收缩率 ψ 为 70%；加入 1% 的 ω-Ni 形成单相固溶体后，强度升高到 330MPa，硬度升高到 70HBS，断面收缩率仍有 50%。总的来说，固溶体具有较好的综合力学性能，常作为合金的基体相（指在合金中连续分布且相对量居多、对合金性能起主导作用的相）。与纯金属相比，固溶体的物理性能有较大的变化，如电阻率上升、电导率下降等。

通过形成固溶体而使金属强度、硬度增加的现象称为固溶强化。该强化方式是提高金属材料力学性能的有效途径之一。

2. 金属化合物

合金组元间发生相互作用而生成的一种晶格类型和性能完全不同于原来任一组元的新固相称为金属化合物，具有一定程度的金属性质。因为它在二元相图中处于中间位置，所以通常称为中间相。它与普通化合物不同，除离子键和共价键外，金属键也在不同程度上参与作用。金属化合物的结构特点是与组元具有完全不同的晶格类型，其性能特点是熔点一般较高、硬度高、脆性大。当合金中含有金属化合物时，其强度、硬度及耐磨性提高，而塑性及韧性有所下降。

1）金属化合物的分类

根据金属化合物的形成条件及结构特点，可将其分为以下 4 种类型。

（1）正常价化合物

若组元间电负性相差较大，且形成的化合物严格遵守化合价规律，则此类化合物称为正常价化合物。该类化合物具有的成分一定，其组成可用确定的化学式表示。它们通常由元素周期表中电负性相差较大或相距较远的两种元素形成，如 ZnS、$AuAl_2$、Mg_2Si、AlP 等，这类化合物的性能特点是硬度高、脆性大。

（2）电子化合物

若组元间形成的化合物不遵守化合价规律，但符合一定电子浓度（化合物的价电子总数与原子总数之比），这类化合物称为电子化合物。该类化合物也可用化学式代表，如 CuZn 电子化合物，其原子数为 2，Cu 的价电子数为 1，Zn 的价电子数为 2，故电子浓度为 3/2。电子化合物的晶格类型与电子浓度有关，其对应关系见表 3-2。

表 3-2　部分电子化合物的晶格类型

代表符号	β 相	γ 相	ε 相
电子浓度	3/2	21/13	7/4
晶格类型	体心立方	复杂立方	密排六方
举例	CuZn，Cu_3Al	Cu_5Zn_8，Cu_9Al_4	$CuZn_3$，Cu_3Zn

电子化合物主要以金属键结合，具有明显的金属特性，可以导电。该类化合物的熔点

和硬度较高，塑性较差，不能作为合金的基体相，但在许多有色金属中作为重要的强化相。

(3) 间隙化合物

由原子半径较大的过渡族金属元素与原子半径较小(小于 0.1nm)的 C、B、N、H 等非金属元素相互作用而形成的化合物称为间隙化合物。根据其晶体结构特点，此类化合物可分为简单结构的间隙化合物和复杂结构的间隙化合物两种。

① 简单结构的间隙化合物。当非金属原子半径与金属原子半径之比小于 0.59 时，形成的间隙化合物具有体心立方、面心立方等简单晶格的特点，称为间隙化合物(又称间隙相)。注意该相绝不同于间隙固溶体，这可通过图 3-9 中所示 VC 间隙化合物的晶格得到说明。图中 V 原子组成面心立方结构，而 C 原子呈规律性地分布于面心立方的间隙处，从而形成了与原本具有面心立方结构的 V 完全不同的晶格类型。属于这类间隙相的还有 TiC、ZrC、TiN、VN 等。间隙相具有金属特性，有极高的熔点及硬度，非常稳定，它们是高合金钢与硬质合金中的重要组成相。钢中常见间隙化合物的硬度和熔点如表 3-3 所示。

表 3-3　钢中常见间隙化合物的硬度及熔点

类型	简单结构间隙化合物(间隙相)							复杂结构间隙化合物	
组成	TiC	ZrC	VC	NbC	TaC	WC	MoC	$Cr_{23}C_6$	Fe_3C
硬度/HV	2850	2840	2010	2050	1550	1730	1480	1650	～800
熔点/℃	3140	3805	3023	3608±50	3983	2785±5	2527	1577	1227

② 复杂结构的间隙化合物。当非金属原子半径与金属原子半径之比大于 0.59 时，形成的间隙化合物晶体结构十分复杂，如钢中的 Fe_3C、Cr_7C_3、$Cr_{23}C_6$、FeB、Fe_2B 等都属于此类化合物。Fe_3C 是铁碳合金中的重要组成相，属于复杂正交晶系，如图 3-10 所示。其中铁原子可以被其他金属原子所置换(如 Mn、Cr、Mo、W 等)，形成以间隙化合物为基的固溶体，如$(Fe、Mn)_3C$、$(Fe、Cr)_3C$ 等。复杂结构的间隙化合物具有较高的熔点和硬度，但比间隙相稍低些，见表 3-3，在钢中也常用作强化相。

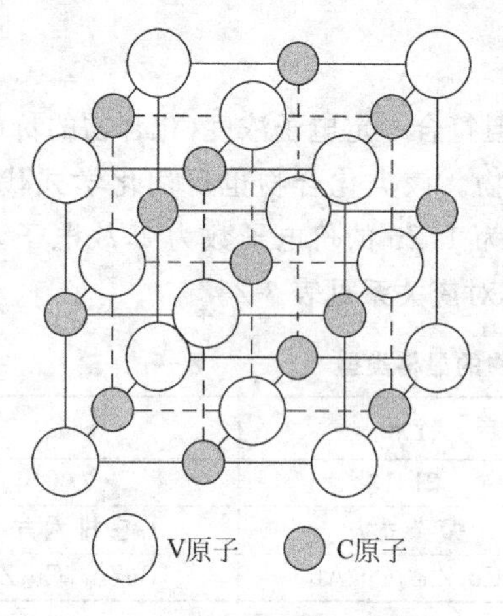

图 3-9　间隙相 VC 的晶体结构

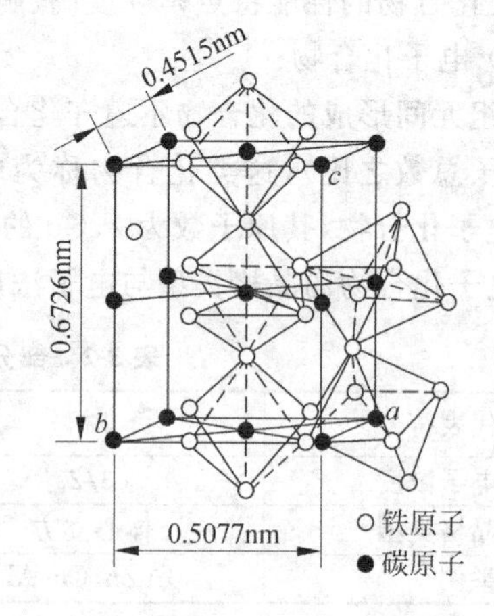

图 3-10　间隙化合物 Fe_3C 的晶体结构

(4) 机械混合物

由两种或两种以上的相按一定质量分数组合成的物质称为机械混合物。混合物中各组成相仍保持自己的晶格，彼此无交互作用，其性能主要取决各组成相的性能以及相的分布状态。工程上使用的大多数金属合金的组织都是由固溶体与少量金属化合物组成的机械混合物。通过调整固溶体中溶质含量和金属化合物的数量、大小、形态和分布状况来使合金的力学性能发生变化，进而来满足工程上的需要。

2) 金属化合物的性能

由前述可知，金属化合物一般具有复杂的结合键及晶体结构，并表现出高的熔点、硬度及脆性。尽管它具有一定的金属特性，但不能作为合金的基体相。而当它以细小的尺寸弥散地分布在合金中时，又可使合金得到强化，能有效地提高其强度、硬度、耐磨性及高速切削性能，起到所谓弥散硬化的作用，所以金属化合物又是合金钢中的重要组成相(或称第二相)。

值得指出的是，金属化合物还具有许多特殊的物理、化学性能，如独特的电学、磁学、光学、声学以及电子发射等性能。随着高新技术的发展，这些特殊的性能正在超导合金、永磁合金以及形状记忆合金等功能材料中得到迅速的开发与应用。

3.3.2　合金相图的建立

合金中各相的数量及其分布规律与合金的成分、结晶过程有直接的关系。与纯金属的结晶相比，合金的结晶有它自身的特点。首先，合金的结晶过程不一定在恒温下进行，很多是在一个温度范围内完成的，而纯金属的结晶是在固定的温度下进行的；其次，合金的结晶不仅会发生晶体结构的变化，还会伴有化学成分的变化，而纯金属的结晶，只会发生晶体结构的变化。对于合金这种复杂的结晶过程必须用合金相图来进行分析。

1. 相图的相关概念

纯金属结晶后只能得到单相固溶体，而合金结晶后，既可获得单相的固溶体，又可获得单相的金属化合物，但更常见的是获得既有固溶体又有金属化合物的多相组织。合金的组元不同，获得的固溶体和化合物的类型也不同，即使组元确定以后，结晶后所获得的相的性质、数目及其相对含量也随着合金成分和温度的变化而变化，即在不同的成分和温度时，合金将以不同的状态存在。

相图是用来表示合金系中各个合金结晶过程的图，它是反映在平衡条件下(极缓慢冷却或加热)各成分合金的结晶过程以及相和组织存在范围与变化规律的简明示意图，用来研究合金系的状态、温度、压力及成分之间的关系。由于冷却或加热是极缓慢的，这就保证了结晶时原子的充分扩散，使之在某一条件下形成的相的成分和质量分数不随时间而改变，达到一种平衡状态，故相图又叫平衡图或状态图，利用相图可以一目了然地了解到不同成分的合金在不同温度下的平衡状态，它存在哪些相，相的成分和相对含量如何，以及在加热或冷却时可能发生哪些转变等。显然，在工业生产中，相图是制定合金冶炼、铸造、锻造、焊接、热处理等工艺的重要依据，也是研究金属材料的一个十分重要的工具。

首先介绍几个有关相图的几个基本概念。

(1) 合金系。两个或两个以上的组元按不同比例配制成的一系列不同成分的合金，总称为合金系，如 Pb-Sb 合金系、Al-Si 合金系、Fe-C 合金系、Au-Ag 合金系、Fe-Cr 合金系等。

（2）平衡相、平衡组织。如果合金在某一个温度停留任意长的时间，合金中各个相的成分都是均匀不变的，各相的相对质量也不变，那么该合金就处于相平衡状态，此时合金中的各相称为平衡相，而由这些平衡相所构成的组织称为平衡组织。平衡相是合金的自由能处于最低的状态，也就是合金最稳定的状态。合金总是力图通过原子扩散趋于这种状态。

（3）平衡结晶。如果合金在其结晶过程中或相变过程中的冷却速度非常缓慢，那么由于其原子有充分的时间进行扩散，所以合金中的各相将近似处于平衡状态，这种冷却方式称为平衡冷却，而这种处于相平衡状态的结晶或相变方式称为平衡结晶。

2. 二元合金相图的确定

相图都是采用一定的测试方法、根据大量的试验数据建立起来的。试验的方法有多种，如热分析法、膨胀法、磁性法及 X 射线结构分析法等，所有这些方法都是以合金发生相变时出现某些物理参量的突变为依据的。

热分析法是通过合金相变时，放出热量或是吸收热量来确定发生相变的温度（即临界点）建立相图的。下面以热分析法为例，说明 Cu-Ni 二元合金（白铜）相图的建立，具体步骤如下。

（1）配制不同成分的 Cu-Ni 合金若干组（见表 3-4），表中合金组元的含量采用质量分数 w 表示，如 $w_{Cu}/\%=25$，是指该合金的成分为 $w_{Cu}=25\%$，而 $w_{Ni}=75\%$。后续各章中合金成分的表达方式与此相同。显然，配制的合金组数越多，测得的相图就越精确。

表 3-4　不同成分组合的 Cu-Ni 合金

成　分	分　组　号				
	Ⅰ	Ⅱ	Ⅲ	Ⅳ	Ⅴ
$w_{Cu}/\%$	100	75	50	25	0
$w_{Ni}/\%$	0	25	50	75	100

（2）在极缓慢的冷却方式下，测出各组合金从液态到室温的冷却曲线，并标出其临界点温度（曲线上的转折点或恒温点）。

（3）在温度、成分坐标系中，分别作出各组合金的成分垂线，并在其上标出与冷却曲线相对应的临界点。

（4）将各成分垂线上具有相同意义的点连接成线，标明各区域内所存在的相，即测得 Cu-Ni 二元合金相图，如图 3-11 所示，其中图（a）、（c）为冷却曲线，图（b）为绘制的相图。

3.3.3　二元合金的结晶与相图

根据结晶过程中出现的不同类型的结晶反应，了解合金的相及组织变化规律，可把二元合金的结晶过程分为下列几种基本类型，并对其合金相图进行讨论。

1. 二元匀晶反应的合金结晶相图

1）相图分析

组成二元合金的两组元，在液态和固态能无限互溶，且只发生匀晶反应（从液相中直

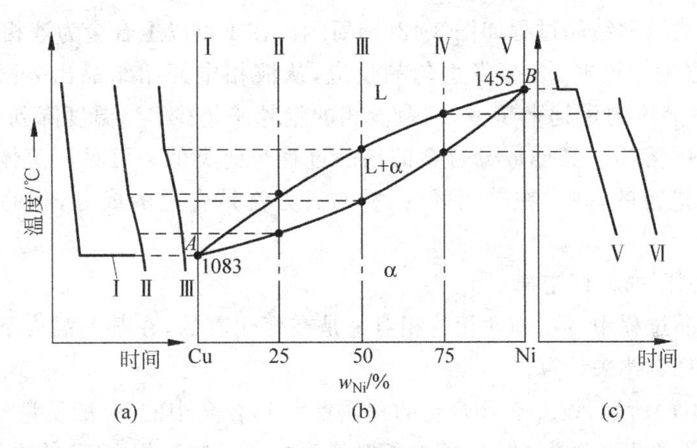

图 3-11　Cu-Ni 合金相图的测定

接结晶出固溶体的反应）的相图称为匀晶相图。上述 Cu-Ni 相图就是典型的匀晶相图。从图 3-12(a)中可以看出，a 点（1083℃）是纯铜的熔点，c 点是（1455℃）是纯镍的熔点，图中只有两条曲线，aa_2a_1c 线是合金在缓慢冷却时开始结晶的温度，或是在缓慢加热过程中熔化终了的温度线，称为液相线。ac_2c_1c 线是合金冷却时结晶终了或是加热时开始熔化的温度线，称为固相线。液相线与固相线把整个相图分为 3 个相区：液相区以上的为单一液相区，用“L”表示；固相线以下的单一固相区，为 Cu 与 Ni 组成的无限固溶体，用“α”表示；液相线与固相线之间为液相和固相两相共存区，用“L＋α”表示。如果两组元能形成无限固溶体，那么由它们组成的二元合金皆具有匀晶相图的特点。因此，除 Cu-Ni 合金外，还有 Au-Ag 合金、Bi-Sb 合金、W-Mo 合金及 Fe-Cr 合金等的相图都属于这种类型。

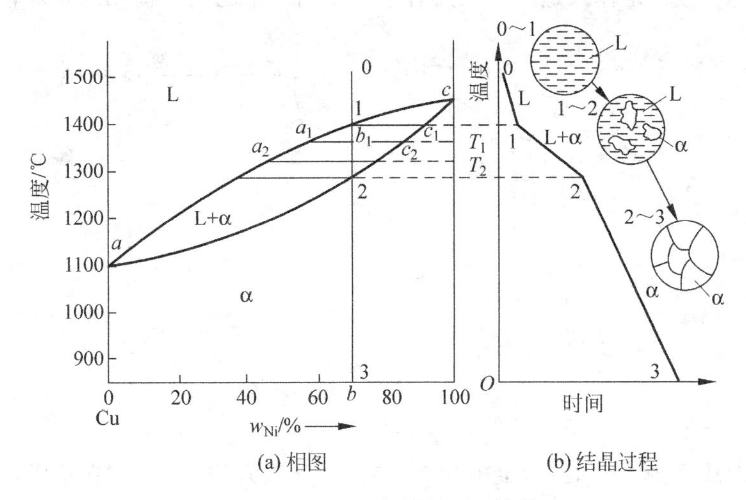

图 3-12　Cu-Ni 二元匀晶相图及结晶过程

2）合金的结晶过程

（1）平衡结晶过程

以图 3-12 中 b 点成分的 Cu-Ni 合金（Ni 的质量分数为 b%）为例分析结晶过程。该种合金的冷却曲线和结晶过程如图 3-12(b)所示。在 1 点以上合金为液相(L)；缓慢冷却的至 1～2 点温度之间时，合金发生匀晶反应，从液相中开始结晶出 α 固溶体；随着温度的下降，α 固溶体的量越来越多，剩余液相的量越来越少；当温度降到 2 点以下，合金全部结晶为 α 固溶体。其他成分合金的结晶过程与此类似。可见固溶体的结晶是在一个温度区间内进行的，并且在单相区内，相的成分就是合金的成分，相的质量就是合金的质量。

(2) 二元相图的杠杆定律

合金在结晶过程中，液、固两相的相对量是在变化着的，在某一温度下，液、固两相的相对量可用杠杆定律来计算。

如图 3-13(a)所示，设 Cu-Ni 合金的总质量为 1，合金中的 Ni 的质量分数为 K；在某温度 T_x 时，液相的相对量为 Q_L，固相的相对量为 Q_α；已知液相中 Ni 的质量分数为 x_1，固相中 Ni 的质量分数为 x_2。根据质量守恒定律得到下列方程：

$$Q_L + Q_\alpha = 1 \tag{3-1}$$

$$Q_L x_1 + Q_\alpha x_2 = K \tag{3-2}$$

解方程(3-1)与方程(3-2)得

$$Q_L = \frac{x_2 - K}{x_2 - x_1},\quad Q_\alpha = \frac{K - x_1}{x_2 - x_1}$$

则

$$\frac{Q_\alpha}{Q_L} = \frac{K - x_1}{x_2 - K}$$

由图 3-13(b)可见，液固两相的相对含量的关系如同力学中的杠杆定律，故因此而得名。必须注意：杠杆定律只适用于二元合金平衡相图中的两平衡相的相对含量计算。

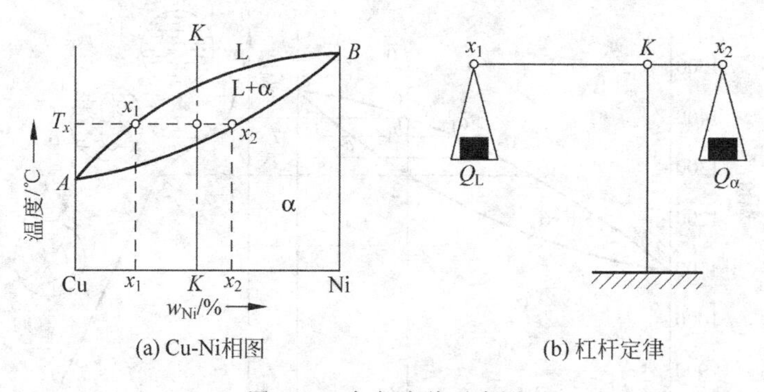

(a) Cu-Ni相图　　(b) 杠杆定律

图 3-13　杠杆定律示意图

当合金总质量为 5kg 时，合金中的 Ni 的质量分数为 50%，已知在某温度下该合金液液相中 Ni 的质量分数为 20%，固相中 Ni 的质量分数为 60%，则在该温度下，该成分点处析出的合金的质量为多少？设该温度下合金的液体质量为 x，则析出合金的质量为 $(5-x)$，根据杠杆定律可得

$$(50\% - 20\%)x = (60\% - 50\%)(5 - x)$$

解得 $x=1.25$，则析出合金的质量为 3.75kg。

(3) 枝晶偏析

固溶体合金在结晶过程中,只有在极其缓慢的条件下原子具有充分扩散的能力,固相成分才能沿固相线均匀变化。但在实践生产条件下,冷却速度较快,原子扩散来不及充分进行,导致先后结晶出的固溶体成分存在差异,这种晶粒内部化学成分不均匀的现象称为晶内偏析(又称枝晶偏析),如图 3-14 所示。枝晶偏析的存在,严重降低了合金的力学性能和加工工艺性能,生产中常采取扩散退火工艺来消除。

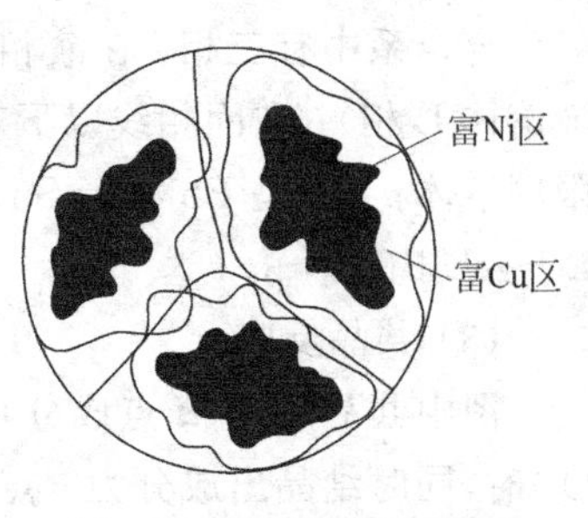

图 3-14　枝晶偏析示意图

2. 二元共晶反应的合金结晶相图

组成二元合金的两组元,在液态无限互溶而在固态只能有限互溶,并发生共晶反应时,所构成的相图为共晶相图。如由 Pb、Sn 二组元组成的合金系,其相图就是一种典型的共晶相图,如图 3-15 所示。此外,还有 Pb-Sb、Ag-Cu、Al-Si 等合金系的相图也都属于这种类型。

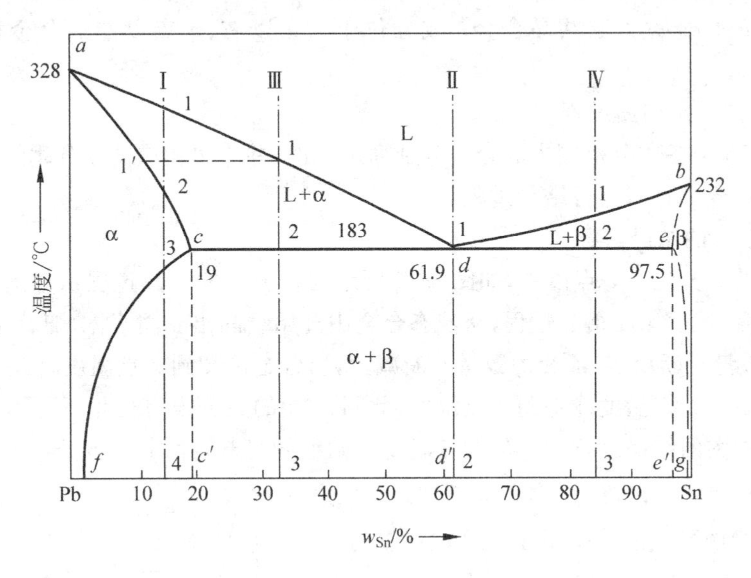

图 3-15　Pb-Sn 合金相图

1) 相图分析

以 Pb-Sn 合金为例,对共晶相图进行分析,如图 3-15 所示。从图中可以看出它比匀晶相图复杂一些。

(1) 图中的点与线

图中 a 点为 Pb 的熔点(328℃); b 点为 Sn 的熔点(232℃); adb 为液相线,表示 Pb-Sn 合金在冷却过程中开始结晶的温度; $acdeb$ 为固相线,代表合金结晶终了的温度; cf 线为 Sn 在 Pb 中的溶解度曲线(或 α 相的固溶线); eg 线为 Pb 在 Sn 中的溶解度曲线(或 β 相的固溶线)。d 点为共晶点,cde 线(水平恒温线)为共晶线。

(2) 图中的相区

合金系中有三相：在液相线以上为液相区，合金全部处于液相 L(即 Pb 与 Sn 形成的液溶体 L 相)；在固相线以下有两个单相，即 α 相区与 β 相区，α 相是 Sn 溶于 Pb 中的有限固溶体；β 相是 Pb 溶于 Sn 中的有限固溶体。在各个单相区之间存在着 3 个两相区即 L＋α、L＋β、α＋β。

(3) 共晶反应

图中共晶成分(d 点成分)的液态合金，缓慢冷却到 cde 水平线所对应的温度(共晶温度)时，同时结晶出成分为 c 点的 α 相及成分为 e 点的 β 相，且这一结晶过程在恒温下进行，直到结晶完毕。可用下式表达：

$$L_d \xrightleftharpoons{\text{恒温 } 183^\circ\text{C}} \alpha_c + \beta_e$$

这种由一定成分的液相，在恒温下同时结晶出两种成分与结构皆不同的固相的反应，称为共晶反应，共晶反应的产物($\alpha_c+\beta_e$)为两相机械混合物，称为共晶体。

由上可知，发生共晶反应时有 L、α、β 三相共存，共晶线 cde 是这三相平衡的共存线。因此凡成分在 c 点到 e 点之间的合金，在共晶温度时，均有共晶反应。把成分位于 d 点以左、c 点以右的合金称为亚共晶合金；成分位于 e 点以右、g 点以左的合金称为过共晶合金。

2) 合金的平衡结晶过程

对图 3-15 中各成分范围内的合金分别列举一例，并作出相应的成分垂线(合金Ⅰ、合金Ⅱ、合金Ⅲ、合金Ⅳ)，进行结晶过程分析。

(1) 合金Ⅰ的结晶过程

该合金的成分位于 c 点以左，如图 3-16 所示为合金Ⅰ的结晶过程示意图。液态合金冷却到 1 点时，发生匀晶结晶过程，从液态合金中开始结晶出 α 固溶体，随着温度的降低，α 固溶体的数量不断增多，液相的数量不断减少，当合金冷却到 2 点温度时，全部结晶为 α 固溶体。随后从 2 点温度冷却到 3 点温度，此间，α 相的成分没有变化，可见，以上过程完全是按匀晶相图的结晶进行的。从 3 点温度开始继续冷却，此时，由于 Sn 在 α 中的溶解度减小，将沿 cf 线不断降低，多余的 Sn 以 β 二次相(β_{II} 呈粒状)的形式从 α 中析出。到达室温时，α 中的 Sn 含量逐渐变到 f 点，合金最后的组织为 $\alpha+\beta_{\text{II}}$。

对于成分大于 e 点的合金，其平衡结晶过程与合金Ⅰ相似，冷却至室温的组织为 $\beta+\alpha_{\text{II}}$。

(2) 合金Ⅱ的结晶过程

合金Ⅱ的成分位于 d 点，如图 3-17 所示为合金Ⅱ的结晶过程示意图。d 点($w_{\text{Sn}}=61.9\%$)，为共晶成分点。该合金从液态缓慢冷至 183℃时，便发生共晶反应，恒温下反应完毕后，获得 $\alpha_c+\beta_e$ 的两相共晶体。

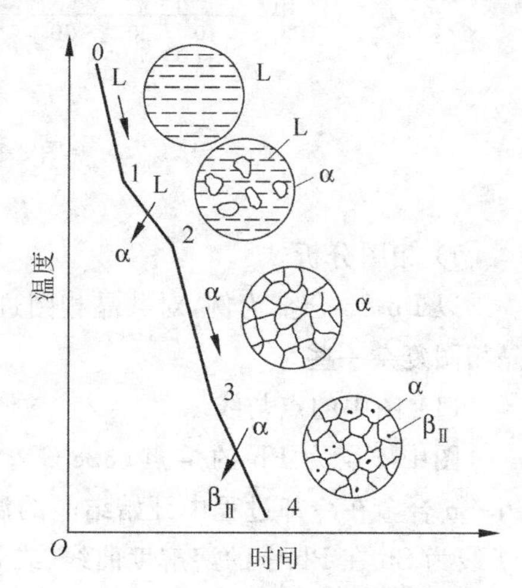

图 3-16　合金Ⅰ的结晶过程

根据杠杆定律，可以计算出 α_c、β_e 的相对量，即

$$w_{\alpha_c}=\frac{de}{ce}\times100\%=\frac{97.5-61.9}{97.5-19}\times100\%\approx45.4\%$$

$$\omega_{\beta_e}=\frac{cd}{ce}\times100\%=\frac{61.9-19}{97.5-19}\times100\%\approx54.6\%$$

或者

$$w_{\beta_e}=100\%-45.4\%=54.6\%$$

当温度从183℃冷却到室温的过程中，α和β的溶解度分别沿 cf 与 eg 线不断下降，共晶体中的 α_c 和 β_e 均发生二次结晶，即从 α 中析出 β_{II}，从 β 中析出 α_{II}，最后 α 相的成分由 c 点变到 f 点，β 相的成分由 e 点变到 g 点。二次相(β_{II}，α_{II})一般分布于晶界或固溶体之中，共晶体的形态不发生变化，且量小又不易分辨，故在共晶体中一般不予考虑。故合金Ⅱ结晶的室温组织全部为(α+β)共晶体，其组织组成物只有一种，即共晶体，相组成物为两个，即α相和β相，此两相彼此相间排列，交错分布。

(3) 合金Ⅲ的结晶过程

该合金的成分位于 d 点以左，c 点以右，属亚共晶合金，如图3-18所示为合金Ⅲ的结晶过程示意图。当合金从液态缓慢冷却到1点温度时，开始发生匀晶反应，结晶出初生的α固溶体。在1～2点的冷却过程中，随温度的下降，α相逐渐增多，液相逐渐减少，同时，α相的成分沿着 ac 线变化，液相的成分沿 ad 线变化。当合金冷却至2点共晶温度(183℃)时，α相成分为 c 点成分，剩余液相成分为 e 点成分。此时，液相进行共晶反应，形成($\alpha_c+\beta_e$)共晶体，即

$$L_d\xrightleftharpoons{183℃}\alpha_c+\beta_e$$

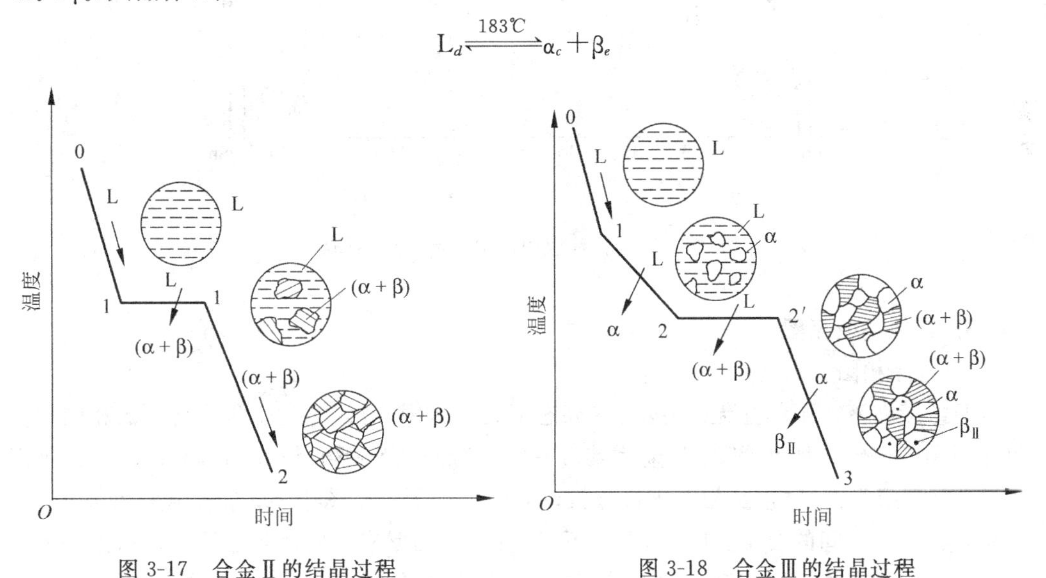

图3-17　合金Ⅱ的结晶过程　　　　图3-18　合金Ⅲ的结晶过程

该反应在2点温度时，经一定时间，直到液相全部结晶完毕，但整个过程中初生的 α_c 相不变化。在2～3点的冷却过程中，随着共晶温度的继续下降，β相在α固溶体溶解度不断下降，故初生α中不断析出 β_{II}。而共晶体形态、总量保持不变。室温下合金Ⅲ的组织为 $\alpha+\beta_{\text{II}}+(\alpha+\beta)$ 共晶体。

(4) 合金Ⅳ的结晶过程

该合金的成分位于 $d \sim e$ 之间，属于过共晶合金。其结晶过程与合金Ⅲ(亚共晶合金)相似，也包括匀晶反应、共晶反应和二次结晶 3 个阶段。不同之处是先从液相中结晶出的初生相为 β 固溶体，然后进行共晶反应，反应结束后，随温度的下降，从 β 相固溶体中析出 α_{II}，所以室温下合金Ⅳ的组织为 $\beta + \alpha_{\text{II}} + (\alpha + \beta)$ 共晶体。

通常把能够在显微镜下清楚地区别开，并具有一定形态特征的组成部分，称为组织组成物。组织组成物可以由一种相组成，也可以由几种相复合组成。上面提到的 α、α_{II}、β、β_{II}、(α+β)都是组织组成物。

为了分析研究组织的方便，常常将合金的组织组成物标注在合金的相图上，如图 3-19 所示。这样，相图上表明的组织与在显微镜下所观察到的显微组织能相互对应，便于了解合金系中的任一合金在任一温度下的组织状态以及该合金在结晶过程中的组织变化。

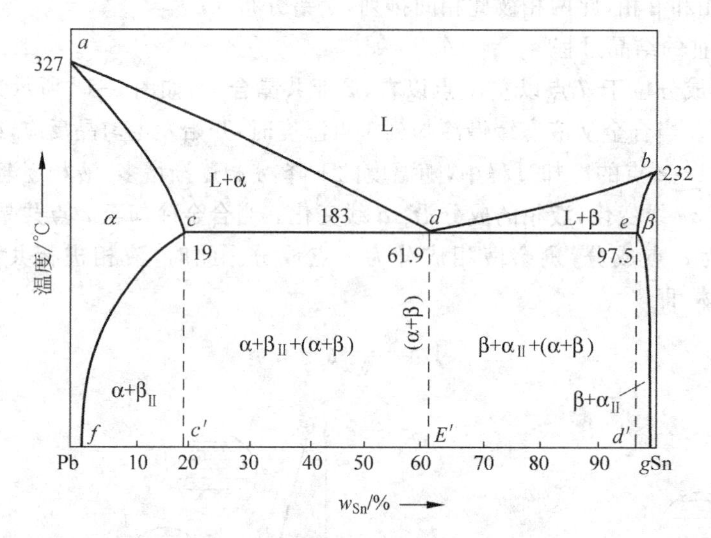

图 3-19　标注组织的 Pb-Sn 合金相图

3. 其他类型相图

1) 包晶相图

两组元在液态下相互无限互溶，在固态下相互有限互溶，并发生包晶转变的相图称为包晶相图，具有这种相图的合金系有 Pt-Ag、Ag-Sn、Sn-Sb、Fe-C、Cu-Zn 等。下面以 Pt-Ag 合金系为例，对包晶相图进行分析，如图 3-20 所示。图中 *ced* 线是包晶反应线，成分在 *c* 点与 *d* 点间的合金，在包晶温度下，均发生包晶反应。所谓包晶反应是指由一种液相与一种固相在恒温下相互作用而转变为另一种固相的反应。

$$\alpha_d + L_c \xrightleftharpoons{\text{恒温}} \beta_e$$

以图中 *e* 点成分的合金为例，分析其结晶过程。当液态合金冷却至 1 点温度时，开始结晶出 α 固溶体，当温度在 1 点与 *e* 点之间时，按匀晶相图的结晶进行。当温度冷却至 *e* 点时，液相具有 *d* 点成分，α 相具有 *c* 点成分，于是在 *ced* 线所对应的包晶温度下，发生包

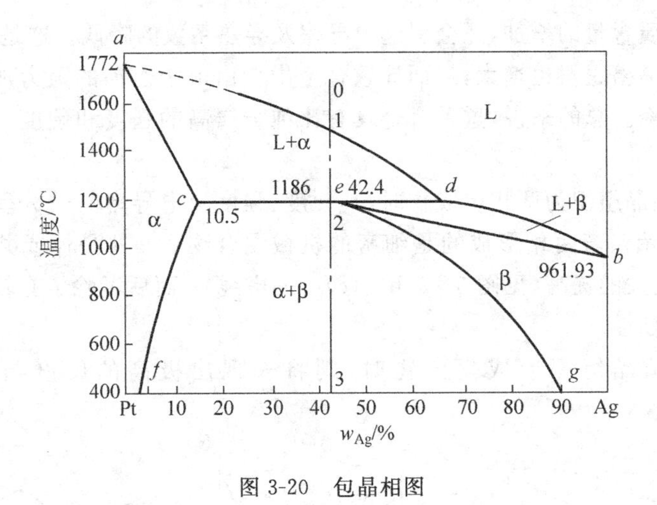

图 3-20　包晶相图

晶反应。包晶反应结束时，α 相与 L 相全部消失，合金成为单一的 β 相。从包晶温度降至室温的过程中，β 相的溶解度沿 eg 线不断下降，同时从 β 中析出 α_{II}。故室温下的组织为 $\beta+\alpha_{\mathrm{II}}$。

2）共析相图

两组元组成的合金系，从一个固相中同时析出成分和晶体结构完全不同的两种新固相的转变过程称为共析转变。如图 3-21 所示为具有共析转变的二元合金相图。图中 A、B 为二组元，合金凝固后获得 γ 固溶体，γ_d 在恒温下进行共析转变。

$$\gamma_d \xrightleftharpoons{\text{恒温}} \alpha_c + \beta_e$$

$(\alpha_c+\beta_e)$称为共析体，又称为两相机械混合物。

从上述分析不难看出，共析反应与共晶反应极为相似，前者反应前为固相，而后者反应前为液相。但因共析反应是在固态下进行的，且转变温度较低，原子扩散困难，易达到较大的过冷度，与共晶产物相比，共析产物的组织常较细而均匀。

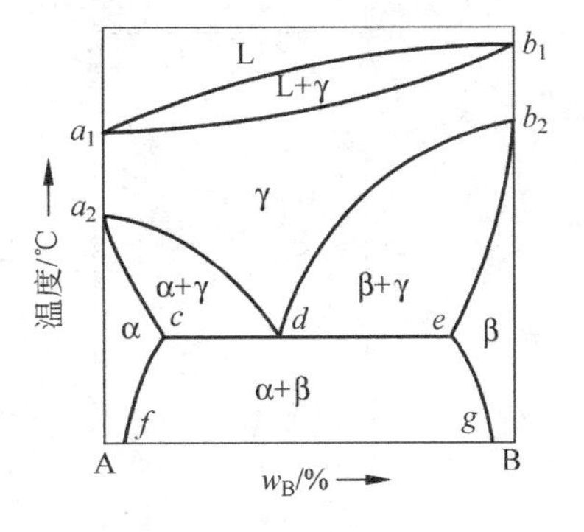

图 3-21　共析相图

3.3.4　合金的性能与相图的关系

合金的力学性能与物理性质决定于合金的成分及组织。合金的某些工艺性能（如铸造性能）还与合金的结晶特点有关。而相图表明了合金的成分、组织及合金的结晶特点，因此相图在合金成分与性能之间存在着一定的关系。利用相图可以大致地判断合金的性能，为配制合金、选用材料和制订工艺提供参考。

1. 合金的使用性能与相图的关系

当合金的结晶组织为单相固溶体时，如图 3-22(a)所示，因固溶强化作用，其强度、硬度在一定范围内随溶质含量的增加而升高，且塑性略有下降。若 A、B 两组元的强度大致相同，则固溶体强度、硬度最高值的范围应处在 $w_B=50\%$附近，此时固溶体的晶格畸变最大。此外，随溶质含量的增加，还会引起电导率及导热系数的降低。这是因为溶质在溶剂中的含量增大，晶格歪扭也增大，从而导致合金中自由电子运动的阻力加大，因此电阻增大、导电性能下降。总的来说，这种合金具有比纯金属高的强度和硬度，并能保持好的塑性和韧性。

当合金的结晶组织为两相组成物时，其硬度、强度及电导率与成分呈直线关系变化，如图 3-22(b)所示。若两相形成的是细密的机械混合物——共晶体或共析体，那么前者各项性能将有更大的提高(见图 3-22(b)、(c)中的虚线)；而后者除了有较高的硬度、强度外，还有较高的韧性。

当合金的结晶组织形成化合物时，则将表现出极高的硬度与极低的电导率(见图 3-22(c))。

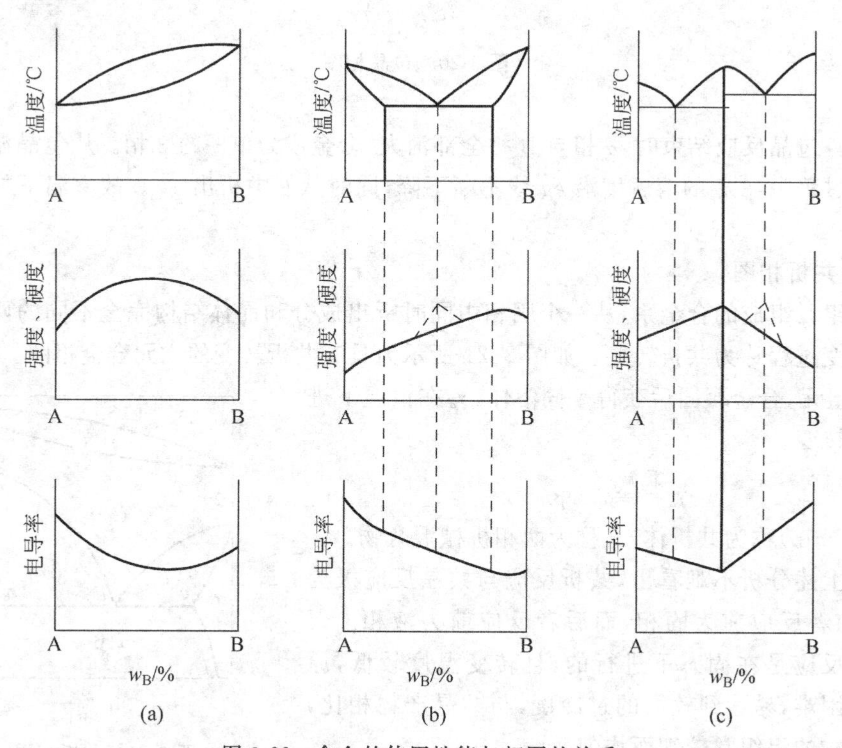

图 3-22 合金的使用性能与相图的关系

2. 合金的工艺性能与相图的关系

合金的工艺性能是指其铸造性能、锻造性能、焊接性能及切削加工性能，以下主要介绍铸造性能与相图的关系。如图 3-23 所示，纯金属与共晶成分的合金的流动性最好，缩孔集中，铸造性能好。当合金形成单相固溶体时，如图 3-23(a)所示，相图中液相线与固相线温度间隔越大，形成树枝晶就越发达，则先结晶出的树枝晶阻碍未结晶液体的流动性，对液态合金造成的流动阻力便越大，合金的流动性则变得越差，导致浇注时金属液不能充满铸型。同时，由于发达的树枝晶相互交错，形成许多分割的微区，这些微区难以及时得到外部液体的补充，凝固后便成为许多分散的缩孔，使铸件的质量低劣。此外，枝晶偏析的倾向性大，由于上述原因，单相固溶体合金不宜制作铸件。但单相合金的锻造性能好，合金为单相组织时变形抗力小，变形均匀，不易开裂，因而变形能力大，具有良好的压力加工性能，常用于锻件。

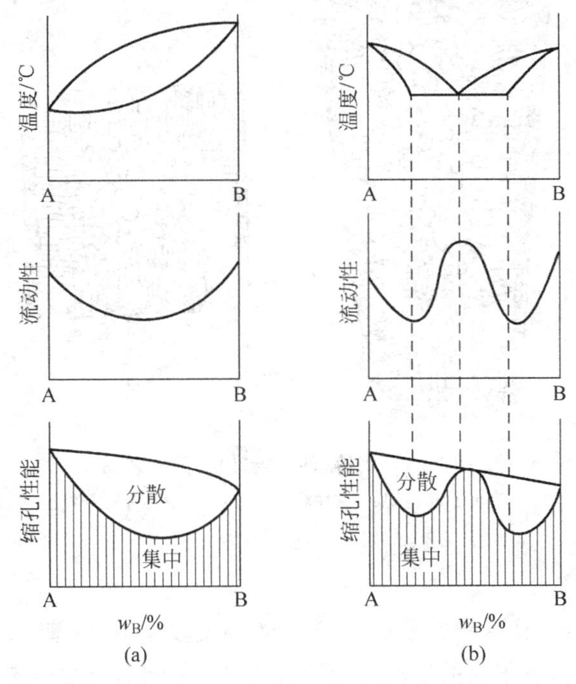

图 3-23　合金的铸造性能与相图的关系

与单相固溶体合金相比，纯金属及共晶成分或接近共晶成分的合金（见图 3-23(b)），因其液相线与固相线的温度间隔最小，液体合金结晶的温度范围最窄，故流动性最好，不易产生分散的缩孔，对浇注和铸造质量有利；而对于它们在凝固过程中容易出现的集中缩孔的现象，生产上多采取设置冒口的方法，并控制这种缩孔于冒口处，待铸件成形后，再将冒口切除，以保证铸件的质量。因此，对于共晶成分或接近共晶成分的合金常用于制造铸件。

通过上述分析，我们可以指出，当合金的组织为两相组成时，其压力加工性不如单相固溶体好。这主要是因为不同的两相其塑性变形的性能不同，从而引起的两相变形不均匀。因此双相合金变形能力差些，特别是组织中存在有较多的化合物相时合金变形能力更差，因为它们都很脆。通过实践发现，若合金的晶粒尺寸越小，第二相的分散度越大，则越有利于压力加工，进而使其性能得到充分的改善。

3.3.5　铸锭(件)的凝固组织

在实际生产中，液态金属或合金是在铸锭模或铸型中进行的，前者得到的是铸锭，后者得到的是铸件。虽然铸锭(件)结晶规律与上述相同，但由于冷却条件不同，铸锭(件)的结晶过程及结晶组织将各有其特点。

1. 铸锭(件)结晶组织

无论是铸锭还是铸件，其典型的铸造组织可明显地分为 3 个各具特征的晶区，如图 3-24 所示。

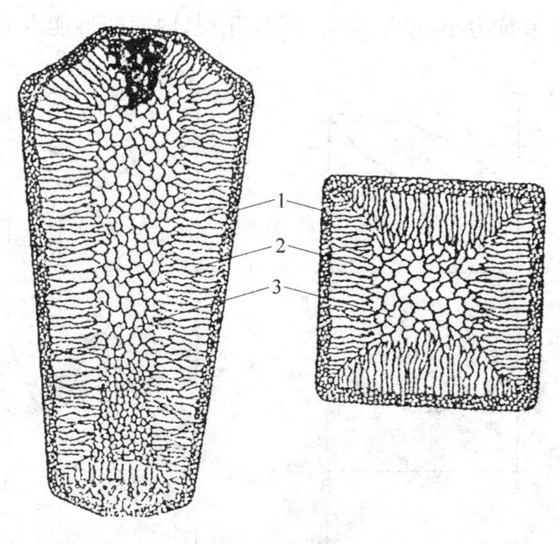

图 3-24　钢铸(件)典型组织的示意图

1—表面细晶粒层；2—柱状晶粒层；3—中心等轴晶粒区

1）表面细等轴晶区

当液态金属或合金注入铸锭模后，由于锭模温度较低，与模壁的外层接触的液态金属(或合金)受到激冷，具有很大的过冷度，同时，模壁又能起非自发形核作用，因而形成大量的晶核，结晶成具有等轴细晶粒的外壳层。

2）柱状晶区

随着外层细晶区的形成，锭模温度升高，其散热速度变慢，因而液态金属的冷却速度降低、过冷度减小，形核困难，但已有晶粒(或核)的长大未受太大的影响。由于垂直于模壁的方向散热最快，所以，那些主晶轴与模壁垂直的已有晶粒将可以沿着散热反方向继续向液体中长大，且速度最快。而那些晶轴不与模壁垂直的晶粒，长大到一定程度时，就可能遇到其他相邻晶粒的阻碍而停止长大。结果，就形成了彼此平行、粗大而密集的柱状晶粒区。

3）中心等轴晶区

随着柱状晶粒的不断长大，液态金属的冷却速度越来越慢，而且柱状晶粒前沿的液态金属温度还会由于结晶潜热的放出有所升高，因此，剩余液态金属的温度将逐渐趋向一致，当它降至熔点以下时，再加上一些非自发形核的因素(如杂质、折断的晶枝等)作用，会在整个剩余液态金属中同时形成晶核并向各个方向长大，在铸锭中心形成一个粗大的等轴晶区。

与纯金属铸锭相比，合金铸锭一般都具有更加明显的 3 个晶区，而且等轴细晶区和中心的粗大等轴晶区都较宽。

由于铸锭可以看作一个大铸件，所以，铸件的结晶规律基本上与铸锭的类似。但由于大多数铸件的尺寸较小，而且形状复杂，各部分的结晶条件差异较大，故铸件的结晶组织往往是不一致的，或者 3 个晶区都有，或者只有其中的 1～2 个，或者是它们的混合等。

2. 铸锭(件)结晶组织的特性

柱状晶区各晶粒是平行地向中心长大,彼此互相限制,故结晶后显微缩孔少,组织较致密。但是,柱状晶较粗大,而且方向一致,因而脆性较大。另外,两个不同方向的柱状晶交界面处,由于常有杂质聚集而形成弱面,在压力加工时,往往易沿这些界面开裂。因此,一般情况下都希望减小柱状晶区,只有一些塑性好的有色金属及合金,为了使组织较致密,又能保证其压力加工性能时,才希望获得较大的柱状晶区。此外,柱状晶区的性能具有明显的方向性,沿柱状晶晶轴方向的性能较高,这对于那些主要受单向载荷的零件,如汽轮机叶片等,具有重要应用意义。

等轴晶由于各个晶粒在长大时彼此交叉,不存在明显的脆弱区,铸件的性能没有方向性,是一般情况下金属及合金(如钢铁)铸件所要求的铸态组织。因此,对于钢铁等许多材料的铸锭和大部分铸件来说,一般都希望得到尽可能多的等轴晶。提高液态金属中的形核率、限制柱状晶的发展、细化晶粒是改善铸锭组织、提高铸件性能的重要途径。

思考与练习

3-1　何谓凝固?何谓结晶?物质熔体能否凝固为晶体主要取决于何种因素?

3-2　什么是过冷度?液态金属结晶时为什么必须过冷?

3-3　何谓自发形核与非自发形核?它们在结晶条件上有何差别?

3-4　过冷度与冷却速度有何关系?它对金属结晶后的晶粒大小有何影响?

3-5　在实际生产中,常采用哪些措施控制晶粒大小?

3-6　什么是合金?什么是相?固态合金中的相是如何分类的?相与显微组织有何区别和联系?

3-7　说明固溶体与金属化合物的晶体结构特点并指出二者在性能上的差异。

3-8　何谓间隙固溶体?何谓间隙化合物?试比较二者在形成条件上的异同点。

3-9　何谓组元、成分、合金系、相图?二元合金相图表达了合金的哪些关系?有哪些实际意义?

3-10　何谓合金的组织组成物及相组成物?指出 $w_{Sn}=30\%$ 的 Pb-Sn 合金在 183℃下全部结晶完毕后的组织组成物及相组成物,并利用杠杆定律分别计算这两类组成物的质量分数。

3-11　什么是共晶反应?什么是共析反应?它们各有何特点?试写出相应的反应通式。

3-12　为什么铸件常选用靠近共晶成分的合金生产,压力加工件则选用单相固溶体成分的合金生产?

第4章 铁碳合金

4.1 铁碳合金系相图

4.1.1 铁碳合金系组元的特性

1. 纯铁

纯铁的熔点为1538℃。纯铁的冷却转变曲线如图4-1所示。液态纯铁在1538℃时结晶为具有体心立方晶格的δ-Fe,继续冷却到1394℃由体心立方晶格的δ-Fe转变为面心立方晶格的γ-Fe,再冷却到912℃又由面心立方晶格的γ-Fe转变为体心立方晶格的α-Fe,先后发生两次晶格类型的转变。金属在固态下由于温度的改变而发生晶格类型转变的现象,称为同素异构转变。同素异构转变有热效应产生,故在冷却曲线上,可看到在1394℃和912℃处出现平台。

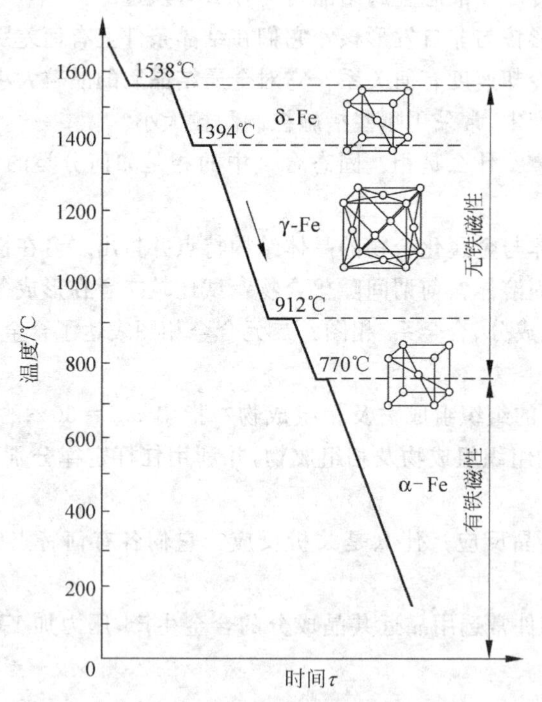

图4-1 纯铁的冷却曲线及晶格组织变化

纯铁在770℃时发生磁性转变。在770℃以下的α-Fe呈铁磁性,在770℃以上α-Fe的磁性消失。770℃称为居里点,用A_2表示。

工业纯铁虽然塑性好,但强度低,所以很少用它制造机械零件。在工业上应用最广的是铁碳合金。

2. 铁碳合金基本相

在液态时铁和碳可以无限互溶；在固态时根据碳的质量分数不同，碳可以溶解在铁中形成固溶体，也可以与铁形成化合物，或者形成固溶体与化合物组成的机械混合物。因此，铁碳合金在固态下有以下几种基本相。

1) 铁素体

碳溶于α-Fe中形成的间隙固溶体称为铁素体，常用符号F或α表示。铁素体仍保持α-Fe的体心立方晶格，碳溶于α-Fe的晶格间隙中。由于体心立方晶格原子间的空隙较小，碳在α-Fe中的溶解度也较小，在727℃时，溶碳能力为最大(w_C=0.0218%)，随着温度降低，α-Fe中的碳的质量分数逐渐减少，在室温时降到0.0008%。铁素体的力学性能与工业纯铁相似，即塑性、韧性较好，强度、硬度较低。

2) 奥氏体

碳溶于γ-Fe中形成的间隙固溶体称为奥氏体，用符号A或γ表示。奥氏体仍保持γ-Fe的面心立方晶格，由于面心立方晶格间隙较大，故奥氏体的溶碳能力较强。在1148℃时溶碳能力为最大(w_C=2.11%)，随着温度下降，γ-Fe中的碳的质量分数逐渐减少，在727℃时碳的质量分数为0.77%。奥氏体是一个硬度较低塑性较高的相，适用于锻造。绝大多数钢热成形要求加热到奥氏体状态。

3) 渗碳体

铁与碳形成的金属化合物称为渗碳体，用Fe_3C表示。渗碳体中的w_C=6.69%，熔点为1227℃，是一种具有复杂晶体结构的间隙化合物。渗碳体的硬度很高，但塑性和韧性几乎等于零。渗碳体是钢中的主要强化相，在铁碳合金中存在形式有粒状、球状、网状和细片状，其形状、数量、大小及分布对钢的性能有很大的影响。渗碳体是一种亚稳定相，在一定的条件下会分解，形成石墨状的自由碳和铁(即$Fe_3C \longrightarrow 3Fe+C$(石墨))，这一过程对铸铁具有重要的意义。

4) δ固溶体

δ固溶体是C溶于δ-Fe中所形成的间隙固溶体，又称δ铁素体。它具有体心立方晶体结构，用字母δ表示。该相是相图中的高温相，本章不予详细探讨。

4.1.2 铁碳合金相图分析

铁碳合金相图是在缓慢冷却的条件下，表明铁碳合金成分、温度、组织变化规律的简明图解，它也是选择材料和制定有关热加工工艺时的重要依据。

由于w_C>6.69%的铁碳合金脆性极大，在工业生产中没有使用价值，所以只研究w_C<6.69%的部分。当w_C为6.69%对应的全部是渗碳体，是一个稳定的金属化合物，可以作为一个组元，实际上所研究的铁碳合金相图是Fe-Fe_3C相图，如图4-2所示。

Fe-Fe_3C相图的纵坐标为温度，横坐标为碳的质量分数，其中包含包晶、共晶和共析3种典型反应。对于非金属材料的各个专业，只要求掌握共晶和共析部分就可以了，因此Fe-Fe_3C状态图可简化为图4-3所示。

1. Fe-Fe_3C相图中典型点的含义

相图中主要特性点的温度、碳的质量分数及含义见于表4-1中。

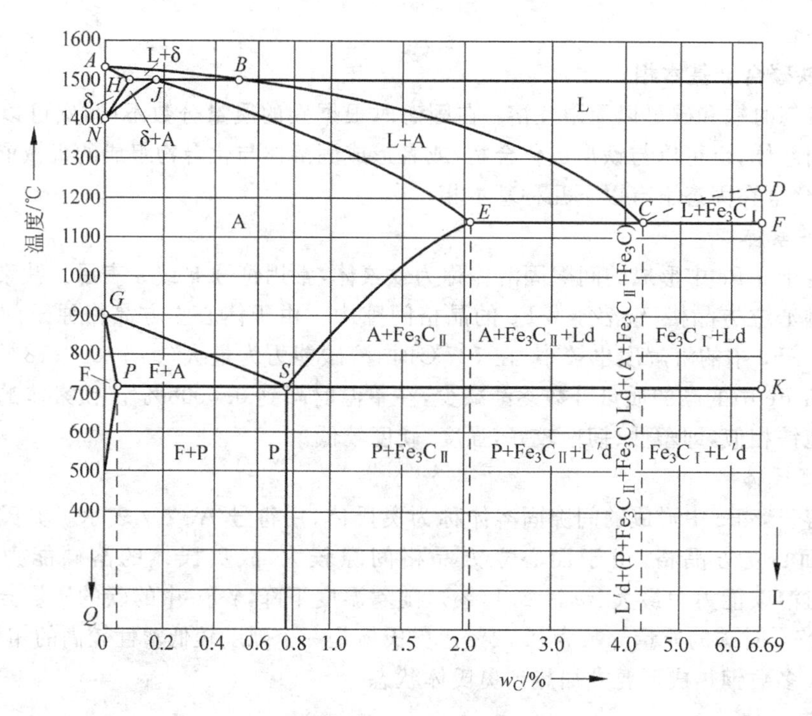

图 4-2 Fe-Fe_3C 相图

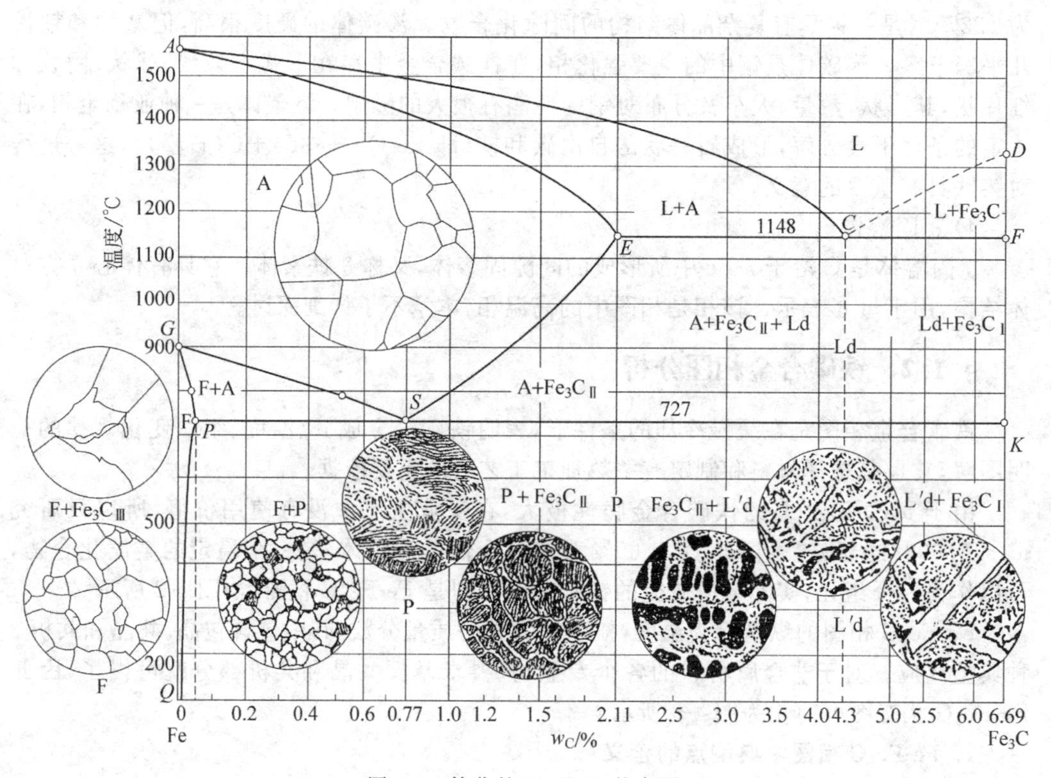

图 4-3 简化的 Fe-Fe_3C 状态图

表 4-1　$Fe\text{-}Fe_3C$ 相图中的主要特性点的温度、碳的质量分数及含义

符号	温度/℃	w_C/%	含　义
A	1538	0	纯铁的熔点
C	1148	4.3	共晶点
D	1227	6.69	渗碳体熔点
E	1148	2.11	碳在 γ-Fe 中的最大溶解度
F	1148	6.69	渗碳体的成分
G	912	0	α-Fe、γ-Fe 同素异构转变点
K	727	6.69	渗碳体的成分
P	727	0.0218	碳在 α-Fe 中的最大溶解度
S	727	0.77	共析点
Q	室温	0.0008	碳在 α-Fe 中的溶解度

应当指出，$Fe\text{-}Fe_3C$ 相图中的特性数据随着被测试材料纯度的提高和测试技术的进步而趋于精确，因此不同材料中的数据会有所出入。

2. $Fe\text{-}Fe_3C$ 相图中典型线的意义

$Fe\text{-}Fe_3C$ 相图中的各特性线的符号和含义见表 4-2 中。

表 4-2　$Fe\text{-}Fe_3C$ 相图中的各特性线的符号和含义

特　性　线	含　　义
ACD	液相线
$AECF$	固相线
GS	代号 A_3 线，合金冷却时自奥氏体中开始析出铁素体的析出线
ES	代号 A_{cm} 线，碳在奥氏体中的固溶线
ECF	共晶线，$L_C \xrightleftharpoons{1148℃} A_E + Fe_3C$
PSK	代号 A_1 线，共析线 $A_S \xrightleftharpoons{727℃} \alpha_P + Fe_3C$
PQ	碳在铁素体中的固溶线

$Fe\text{-}Fe_3C$ 铁碳相图上有 3 条水平线：HJB—包晶转变线（在实际生产中应用较少，本章不予论述）；PSK—共析转变线；ECF—共晶转变线。事实上 $Fe\text{-}Fe_3C$ 相图由包晶反应、共晶反应和共析反应三部分连接而成。下面对共晶转变及共析转变两部分进行分析。

1) 共析转变（水平线 PSK）

$Fe\text{-}Fe_3C$ 相图上的共析转变是在 727℃的恒温下，由 $w_C=0.77\%$ 的奥氏体转变为 $w_C=0.0218\%$ 的铁素体和渗碳体组成的混合物，其反应式为

$$A_S \xrightleftharpoons{727℃} \alpha_P + Fe_3C$$

共析转变所形成的铁素体和渗碳体的机械混合物，称为珠光体，用符号 P 表示。共析转变的水平线 PSK，称为共析线或共析温度，常用符号 A_1 表示。

珠光体组织在金相显微镜下观察时，较厚的片是铁素体，较薄的片是渗碳体。在腐蚀金相试样时，被腐蚀的是铁素体和渗碳体的相界面，但在一般金相显微镜下观察时，由于放大倍数不足，渗碳体两侧的界面有时分辨不清，看起来合成了一条线。

2）共晶转变（水平线 *ECF*）

$Fe\text{-}Fe_3C$ 相图上的共晶转变是在 1148℃的恒温下，由 $w_C=4.3\%$ 的液相转变为 $w_C=2.11\%$ 的奥氏体和渗碳体组成的混合物，其反应式为

$$L_C \xrightarrow{1148℃} A_E + Fe_3C$$

共晶转变所形成的奥氏体和渗碳体的混合物，称为莱氏体，以符号 Ld 表示。凡是 w_C 在 2.11%～6.69%范围内的合金，都要进行共晶转变。

在莱氏体中，渗碳体是连续分布的相，奥氏体呈颗粒状分布在渗碳体的基体上。由于渗碳体很脆，所以莱氏体是塑性很差的组织。

铁碳合金中还有 3 条重要的特性线。

(1) *ES* 线。它是碳在奥氏体中的溶解度曲线。在 1148℃时，奥氏体中碳的质量分数为 2.11%；而在 727℃时，奥氏体中碳的质量分数为 0.77%。故凡是碳的质量分数＞0.77%的铁碳合金自 1148℃冷至 727℃时，都会从奥氏体中沿晶界析出渗碳体，称为二次渗碳体（$Fe_3C_{Ⅱ}$）。

(2) *PQ* 线。通常称为 A_{cm} 线，它是碳在铁素体中的溶解度曲线。在 727℃时，铁素体中的碳的质量分数为 0.0218%，而在室温时，铁素体中碳的质量分数为 0.0008%。故一般铁碳合金由 727℃冷至室温时，将由铁素体中析出渗碳体，称为三次渗碳体（$Fe_3C_{Ⅲ}$）。在碳的质量分数较高的合金中，因其数量极少可忽略不计。

(3) *GS* 线。通常称为 A_3 线，它是在冷却过程中奥氏体析出铁素体的开始线，或者说在加热过程中铁素体溶入奥氏体的终了线。事实上，*GS* 线是由 *G* 点（A_3 点）演变而来，随着含碳量的增加，奥氏体向铁素体的同素异构转变温度逐渐下降，使得 A_3 点变成了 A_3 线。

此外，*CD* 线是从液体中结晶出渗碳体的开始温度线。从液体中结晶出的渗碳体称为一次渗碳体（$Fe_3C_{Ⅰ}$）。值得说明的是，本节讲述的一次渗碳体（$Fe_3C_{Ⅰ}$）、二次渗碳体（$Fe_3C_{Ⅱ}$）、三次渗碳体（$Fe_3C_{Ⅲ}$）、共析渗碳体，它们的化学成分、晶体结构、力学性能都是一致的，并没有本质上的差异，不同的命名仅表示它们的来源、结晶形态及在组织中的分布情况有所不同而已。

3. $Fe\text{-}Fe_3C$ 相图相区分析

依据相图中特性点与特性线的分析，$Fe\text{-}Fe_3C$ 相图主要有 5 个单相区，7 个双相区，3 个三相共存区。

(1) 5 个单相区：*ABCD* 线以上的液相区（L），*AHNA* 线围着的 δ 固溶体相区（δ），*NJESGN* 线围着的奥氏体相区（A），*GPQG* 线围着的铁素体相区（F），*DFKL* 垂线代表的渗碳体相区（Fe_3C）。

(2) 7 个双相区：*ABHA* 线围着的 L＋δ 相区，*JBCEJ* 线围着的 L＋A 相区，*DCFD* 线围着的 L＋ $Fe_3C_{Ⅰ}$ 相区，*HJNH* 线围着的 δ＋A 相区，*EFKSE* 线围着的 A＋Fe_3C 相区，*GSPG* 线围着的 A＋F 相区，*QPSKLQ* 线围着的 F＋Fe_3C 相区。

(3) 3 个三相共存区：*HJB* 线为 L＋δ＋A 相区，*ECF* 线为 L＋A＋Fe_3C 相区，*PSK* 线为 A＋F＋Fe_3C 相区。

4.2 铁碳合金平衡结晶过程及其分析

铁碳合金的组织是液态结晶及固态相变的综合结果，研究铁碳合金的结晶过程，目的在于分析合金的组织形成，以考虑其对性能的影响。为了方便起见，先将铁碳合金进行分类。通常按有无共晶转变将其分为碳钢和铸铁两大类，即 $w_C<2.11\%$ 的为碳钢，$w_C>2.11\%$ 的为铸铁。

4.2.1 铁碳合金相图中的合金

按其碳的质量分数和显微组织的不同，铁碳合金相图中的合金可分成工业纯铁、钢和白口铸铁三大类。

1. 工业纯铁

工业纯铁指室温下的平衡组织几乎全部为铁素体的铁碳合金，此类合金的碳的质量分数 $w_C<0.0218\%$，位于 Fe-Fe_3C 相图 P 点成分以左区域。工业纯铁仅适于制作某些电工材料。

2. 钢

钢指高温固态组织为单相奥氏体的一类铁碳合金，其碳的质量分数为 $w_C=0.02\%\sim2.11\%$，位于 Fe-Fe_3C 相图中 P 点及 E 点成分之间。此类合金具有良好的塑性，适于锻造、轧制等压力加工。根据室温组织的不同又可分为三种：

(1) 亚共析钢指室温下的平衡组织为铁素体与珠光体的铁碳合金，其碳的质量分数 $w_C=0.02\%\sim0.77\%$，位于 P 点及 S 点成分之间。

(2) 共析钢是指室温下的平衡组织仅为珠光体的铁碳合金，碳的质量分数 $w_C=0.77\%$，即为 S 点成分的合金。

(3) 过共析钢是指室温下的平衡组织为珠光体与二次渗碳体的铁碳合金，其碳的质量分数 $w_C=0.77\%\sim2.11\%$，位于 S 点成分与 E 点成分之间。

3. 白口铸铁

白口铸铁是指铁液在液态结晶时发生共晶反应且室温下的平衡组织中皆含变态莱氏体的一类铁碳合金，因其断口白亮而得名，俗称生铁。此类合金的碳的质量分数 $w_C=2.11\%\sim6.69\%$，位于 E 点成分以右，具有较低的熔点，流动性好，便于铸造成形；但因组织中含有一定数量的莱氏体，硬度高，脆性大，故不能承受锻造、轧制等压力加工，也不易切削加工。根据室温组织的不同也可分为以下三种：

(1) 亚共晶白口铸铁指室温下的平衡组织具有变态莱氏体、珠光体与二次渗碳体组成的铁碳合金，其碳的质量分数 $w_C=2.11\%\sim4.3\%$，位于 C 点成分以左。

(2) 共晶白口铸铁指室温下的平衡组织仅为变态莱氏体的铁碳合金，其碳的质量分数 $w_C=4.3\%$，即为 C 点成分的合金。

(3) 过共晶白口铸铁指室温下的平衡组织为变态莱氏体与一次渗碳体所组成的铁碳合金，其碳的质量分数 $w_C=4.3\%\sim6.69\%$，位于 C 点成分以右。因其太脆，缺乏使用价值。

4. 灰铸铁

灰铸铁指室温下的平衡组织具有铁素体、珠光体，或者是二者皆有的基体，且基体上分布着不同形态石墨的铁碳合金，其断口呈暗灰色，其 $w_C>2.11\%$。

4.2.2 钢和白口铸铁的平衡结晶过程

为了认识钢和白口铸铁组织的形成规律，现选择几种典型的合金，分析其平衡结晶过程及组织变化。基于图 4-2 中左上方的包晶反应对室温的组织分析的意义不大，通常采用简化了的 $Fe\text{-}Fe_3C$ 相图进行说明，如图 4-4 所示。

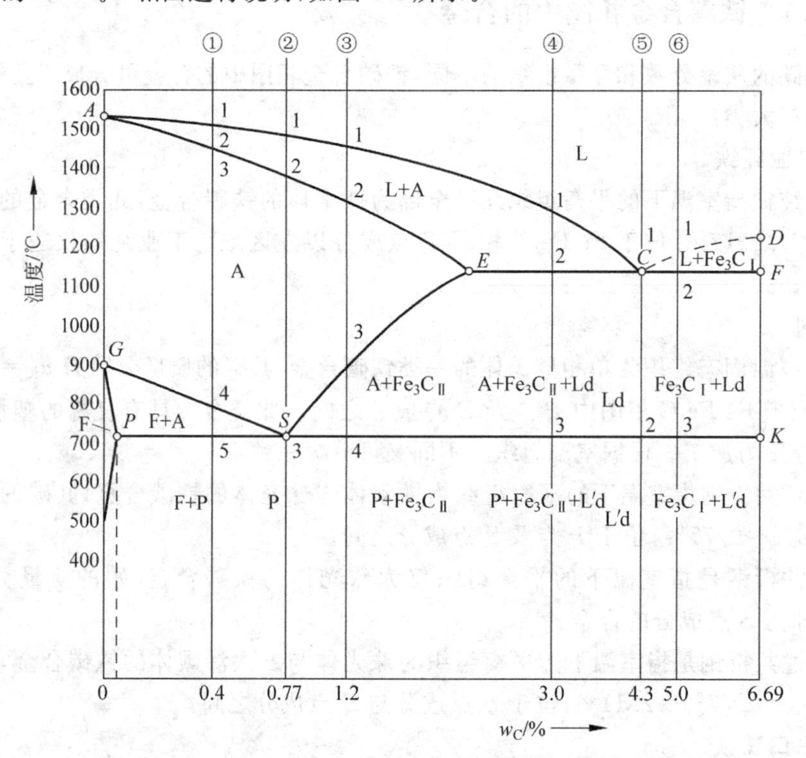

图 4-4　典型铁碳合金冷却时的组织转变过程分析

1. 共析钢（$w_C=0.77\%$）

共析钢即图 4-4 中的合金②，其结晶过程示意图及冷却曲线如图 4-5 所示。

当合金缓慢冷却至 1 点时，从液体中开始结晶出奥氏体，在 1～2 点温度区间，随着温度的下降，奥氏体的量不断增加，其成分按 *AC* 线变化（见图 4-4）。当成分降至 2 点时，合金的成分垂线与固相线相交，此时合金全部凝固成为奥氏体。在 2～3 点温度间是奥氏体简单冷却过程，其合金的成分、组织均不发生变化。当降至 3 点

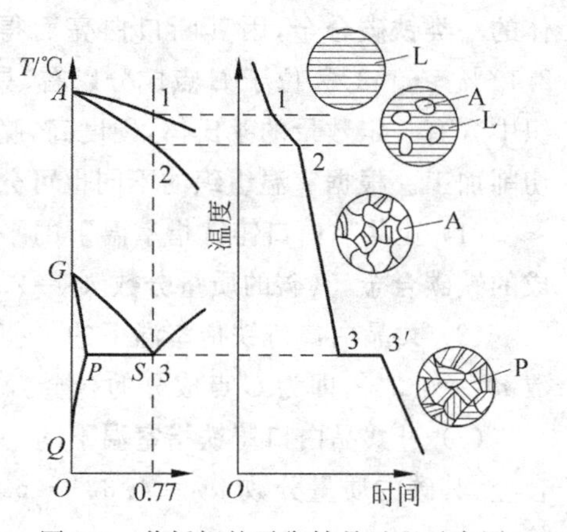

图 4-5　共析钢的平衡结晶过程示意图

温度(727℃)时，在恒温下发生共析转变，即 $A_{0.77} \rightleftharpoons F_P + Fe_3C$，形成较细密的珠光体。随着温度的继续下降，铁素体的成分将沿着溶解度曲线 PQ 变化，于是从珠光体的铁素体相中析出三次渗碳体。在缓慢冷却条件下，三次渗碳体在铁素体与渗碳体的相界上形成，与共析渗碳体连接在一起，在显微镜下难以分辨，同时其数量也很少，对珠光体的组织和性能没有明显影响，可忽略不计。共析钢的室温平衡组织全部为珠光体，其室温的组织组成物仅有一个，即100%的P，但其相组成物却有两个，即 $F+Fe_3C$。它们的质量分数依据杠杆定律如下：

$$w_F = \frac{6.69-0.77}{6.69-0.0008} \times 100\% = 88.5\%$$

$$w_{Fe_3C} = 1 - 88.5\% = 11.5\%$$

珠光体具有层片状的显微组织特征，在低倍放大倍数的金相显微镜下观察，只能见到白色的F基体上分布着黑色条纹状的 Fe_3C，呈黑白相间的层状形貌或是二者难以分清，如图4-6所示。

2. 亚共析钢(w_C=0.40%)

现以 w_C=0.40%的碳钢为例进行分析，其在相图上的位置见图4-4中的合金①，其结晶过程示意图及冷却曲线如图4-7所示。

图4-6 共析钢的室温平衡组织

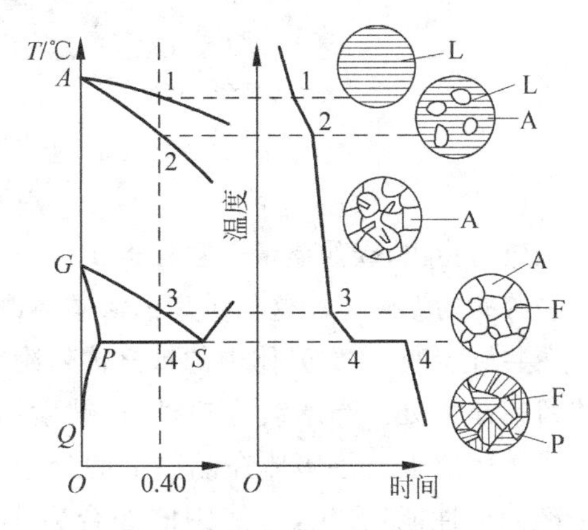

图4-7 亚共析钢的平衡结晶过程示意图

由图4-7可见，亚共析钢在1点至3点温度间的结晶过程与共析钢相似。当缓慢冷却至3点温度时，此时由奥氏体中先析出铁素体(这是个同素异构相变的过程，它与金属的结晶过程一样，包括形核和核心的长大两个阶段)。随着温度的下降，奥氏体和先析出铁素体的成分分别沿 GS 和 GP 线变化。当降至4点温度(727℃)时，奥氏体中的 w_C=0.77%，此时的奥氏体便发生共析反应，$A_S \rightleftharpoons F_P + Fe_3C$，形成珠光体组织，而铁素体不变化。从4点温度继续冷却至室温过程中，合金的组织不再发生变化，因此以 w_C=0.40%为代表的亚共析钢室温下的平衡组织为先共析铁素体(F)和珠光体(P)组成，其组织组成物有两个，即F和P，二者的质量分数依照杠杆定律计算如下：

$$w_F = \frac{0.77-0.40}{0.77-0.0008} \times 100\% = 48\%$$

$$w_P = 1 - 48\% = 52\%$$

同样，也可以计算出相组成物的含量，相组成为 α，Fe_3C 两相，其计算结果如下：

$$w_\alpha = \frac{6.69 - 0.40}{6.69 - 0.0008} \times 100\% = 94\%$$

$$w_{Fe_3C} = 1 - 94\% = 6\%$$

图 4-8 是亚共析钢的室温显微组织，其中白色块状为 F，亦称为先共析铁素体；暗黑色的片状为 P。随着钢中含碳量的增加，白色块状的 F 会减少，暗黑色的块状或片状会增多，当 $w_C > 0.60\%$ 以上时，块状的 F 将会逐渐变成白色的网状 F 分布在层片状 P 的周围。根据亚共析钢的平衡组织，也可近似地估计：$w_C \approx P \times 0.8\%$，其中 P 为珠光体在显微组织中所占面积的百分比，0.8%是珠光体碳的质量分数 0.77%的近似值。

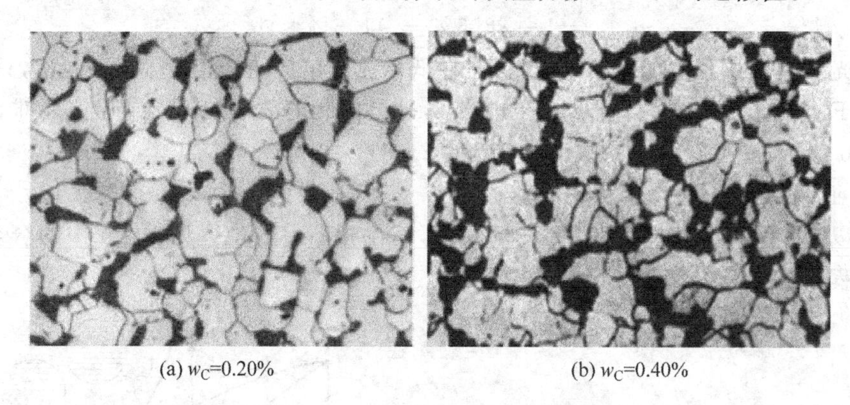

(a) w_C=0.20%　　(b) w_C=0.40%

图 4-8　亚共析钢的室温平衡组织

应当指出，碳的质量分数接近 P 点的亚共析钢（低碳钢），在铁素体的晶界处常出现一些游离的渗碳体。这种游离的渗碳体既包括三次渗碳体，也包括珠光体离异的渗碳体，即在共析转变时，珠光体中的铁素体依附在已经存在的先共析铁素体上生长，最后把渗碳体留在晶界处。当继续冷却时，从铁素体中析出的三次渗碳体又会再附加在离异的共析渗碳体之上。渗碳体在晶界上的分布，将引起晶界脆性，使低碳钢的工艺性能（主要是冷冲压性能）恶化，也使钢的综合力学性能降低。渗碳体的这种晶界分布状况应设法避免。

3. 过共析钢（$w_C = 1.2\%$）

以 $w_C = 1.2\%$ 的过共析钢为例，其在相图上的位置见图 4-4 中的合金③，其结晶过程示意图及冷却曲线如图 4-9 所示。

由图可见，过共析钢在 1 点至 3 点温度间的结晶过程也与共析钢相似。当缓慢冷却至 3 点温度时，此时开始沿奥氏体晶体析出二次渗碳体（Fe_3C_{II} 成网状分布）。随着温度的继续下降，奥氏体的成分沿溶解度曲线 ES 变化，且奥氏体的量不断减少，二次渗碳体的量不断增加。当降至 4 点温度（727℃）时，奥氏体的 $w_C = 0.77\%$，此时的奥氏体便发生共析反应转变成珠光体，而 Fe_3C 不变化。从 4 点温度继续冷却至室温时，合金的组织可认为不发生变化。因此，该成分的过共析钢的室温平衡组织为珠光体（P）和二次渗碳体（Fe_3C_{II}）。其组织组成物有两个，即 P 和 Fe_3C_{II}，二者的质量分数依照杠杆定律计算如下：

$$w_{Fe_3C_{II}} = \frac{1.2-0.77}{6.69-0.77} \times 100\% = 7.3\%$$

$$w_P = 1 - 7.3\% = 92.7\%$$

同样，算出相组成物 α，Fe_3C 两相的含量，其计算结果如下：

$$w_\alpha = \frac{6.69-1.2}{6.69-0.0008} \times 100\% = 82\%$$

$$w_{Fe_3C} = 1 - 82\% = 18\%$$

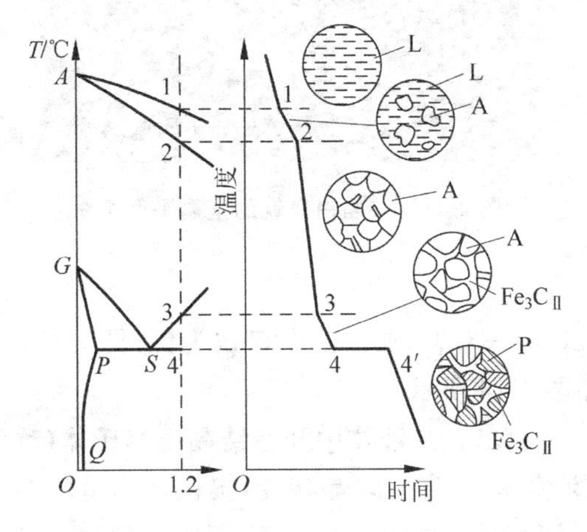

图 4-9 过共析钢的平衡结晶过程示意

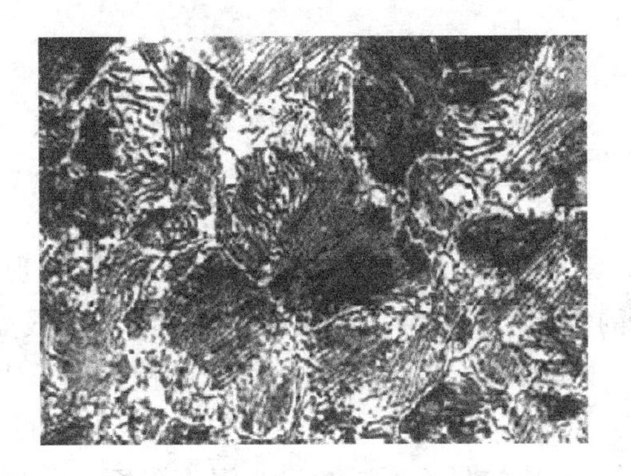
图 4-10 过共析钢的室温平衡组织

图 4-10 所示是过共析钢的显微组织，其中黑色部分为 P，白色部分为 Fe_3C_{II}，Fe_3C_{II} 呈细的网状分布在层片状的 P 周围。在过共析钢中，二次渗碳体的数量随钢中碳的质量分数的增加而增加，当碳的质量分数较高时，除了沿奥氏体晶界呈网状分布外，还在晶内呈针状分布。

4. 共晶白口铁（w_C＝4.3%）

共晶白口铁中 w_C＝4.3%，如图 4-4 中的合金⑤，其结晶过程示意图及冷却曲线如图 4-11 所示。

由图 4-11 可见，当液态合金冷却到 1 点温度（1148℃）时，在恒温下发生共晶转变：$L_C \rightleftharpoons \gamma_E + Fe_3C$，形成莱氏体（Ld）。当冷却至 1 点以下时，碳在奥氏体中的溶解度不断下降，因此从共晶奥氏体中不断析出二次渗碳体，但由于它依附在共晶渗碳体上析出并长大，所以难以分辨。当温度降至 2 点（727℃）时，共晶奥氏体的 w_C 降至 0.77%，在恒温下发生共析转变，即共晶奥氏体转变为珠光体。于是高温莱氏体转变为变态莱氏体（L′d），不难理解，变态莱氏体中含有珠光体、二次渗碳体和共晶渗碳体。从 2 点温度继续冷却至室温，组织不再发生变化。最后室温下的组织是珠光体分布在共晶渗碳体的基体上。室温莱氏体保持了在高温下共晶转变后所形成的莱氏体形态特征，但组成相发生了改变。因此，常将室温莱氏体称为低温莱氏体（变态莱氏体），用符号 L′d 表示，其显微组织如图 4-12 所示。

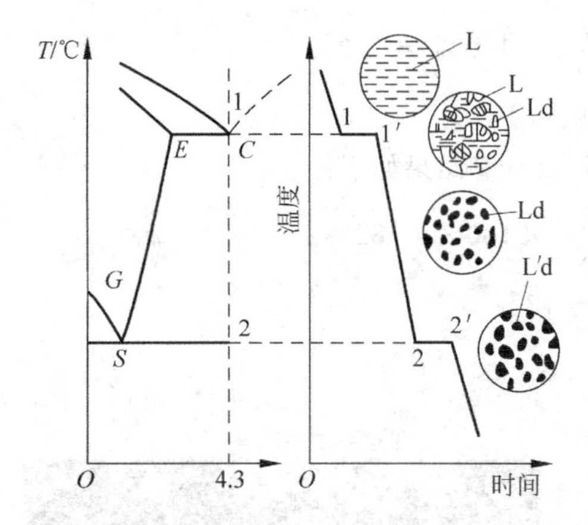

图 4-11　共晶白口铁的平衡结晶过程示意

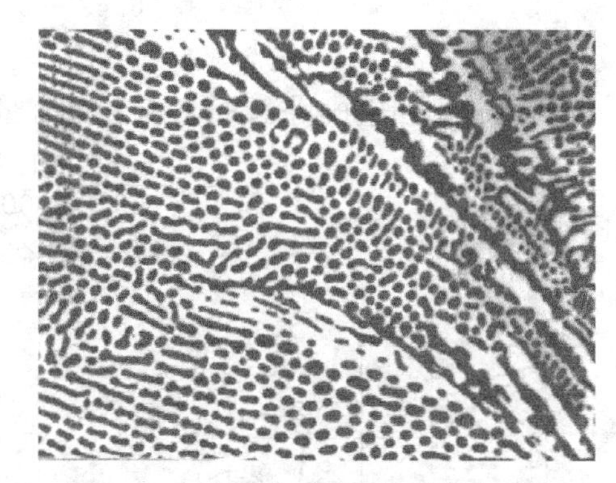

图 4-12　共晶白口铁的室温平衡组织

5. 亚共晶白口铁(w_C=3.0%)

亚共晶白口铁的结晶过程比较复杂，现以 w_C=3.0%亚共晶白口铁为例，见图 4-4 中的合金④。其结晶过程示意图及冷却曲线如图 4-13 所示。

由图 4-13 可知，液态合金缓慢冷却至 1 点温度时，从液体中开始结晶出奥氏体(称为初生奥氏体)。在 1～2 点之间随着温度的继续降低，发生匀晶转变，奥氏体的量不断增加，液体的量不断减少。当温度降至 2 点时，液相成分达到共晶点 C，于恒温(1148℃)下发生共晶转变，即 $L_C \rightleftharpoons A_E + Fe_3C$，形成高温莱氏体，而初生奥氏体不发生变化。当温度冷却至 2～3 点温度区间时，从初晶奥氏体和共晶奥氏体中都析出二次渗碳体。随着二次渗碳体的析出，奥氏体的成分沿着 *ES* 线不断降低，当温度到达 3 点(727℃)时，奥氏体的成分也到达了 *S* 点，于恒温下发生共析转变，所有的奥氏体均转变为珠光体。高温莱氏体转变成低温莱氏体。从 3 点温度冷却至室温，合金组织不发生变化。因此，亚共晶白口铸铁的室温组织为珠光体(P)、二次渗碳体(Fe_3C_{II})和低温莱氏体(L′d)。其组织组成物有三个，即 P、Fe_3C_{II}、L′d，而相组成物仍是 F 和 Fe_3C。图 4-14 为该合金的显微组织。图中大块黑色部分是珠光体，分布在珠光体周围的白色状是 Fe_3C_{II}，具有黑白斑点状特征的是 L′d，由初晶奥氏体析出的二次渗碳体与共晶渗碳体连成一片，难以分辨。

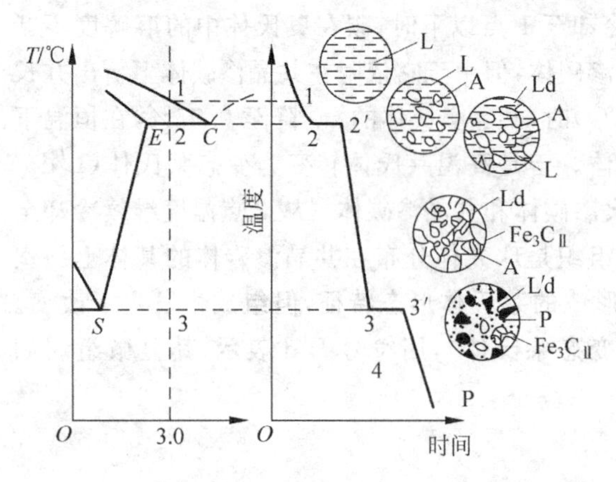

图 4-13　亚共晶白口铁的平衡结晶过程示意

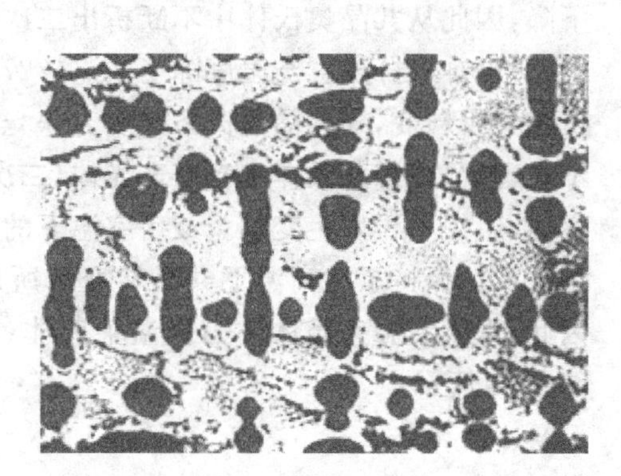

图 4-14　亚共晶白口铁的室温平衡组织

根据杠杆定律计算，该铸铁的组织物中，初晶奥氏体的含量为

$$w_A = \frac{4.3-3.0}{4.3-2.11} \times 100\% = 59.4\%$$

莱氏体的含量为

$$w_{Ld} = \frac{3.0-2.11}{4.3-2.11} \times 100\% = 40.6\%$$

从初晶奥氏体中析出二次渗碳体的含量为

$$w_{Fe_3C_{II}} = \frac{2.11-0.77}{6.69-0.77} \times 59.4\% = 13.4\%$$

6. 过共晶白口铁(w_C=5.0%)

以 w_C=5.0%的过共晶白口铁为例，其在相图中的位置见图 4-4 合金⑥，其结晶过程示意图及冷却曲线如图 4-15 所示。

由图 4-15 可知，当合金缓慢冷却的过程中，从液体中结晶出粗大的先共晶渗碳体，称为一次渗碳体，用 Fe_3C_I 表示。在 1～2 温度区间，随着温度的继续下降，一次渗碳体的量不断增加，液体的量不断减少，当降至 2 点温度(1148℃)时，剩余液体的 w_C=4.3%，于恒温下发生共晶转变，此时剩余液体转变为高温莱氏体，而一次渗碳体不发生转变。当温度降到 2～3 点之间，莱氏体中的奥氏体不断析出二次渗碳体，当温度降至 3 点(727℃)时，共晶奥氏体发生共析转变，形成珠光体。此时，高温莱氏体转变为低温莱氏体(变态莱氏体)从 3 点冷却至室温，合金组织不发生变化。因此，过共晶白口铸铁室温下的组织为一次渗碳体(Fe_3C_I)和低温莱氏体(L′d)。其组织组成物有两个，即 Fe_3C_I、L′d，而相组成物是 F 和 Fe_3C。其显微组织如图 4-16 所示，图中白色带条状特征的是 Fe_3C_I，具有黑白色点条状特征的是 L′d。其组织组成物的百分含量均可按杠杆定律计算得出。

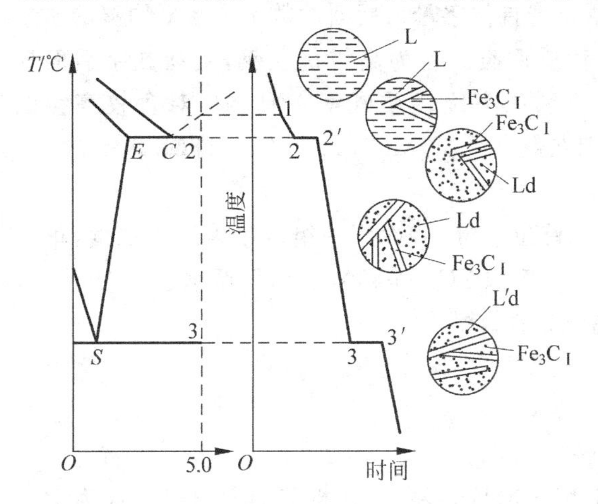

图 4-15　过共晶白口铁的平衡结晶过程示意

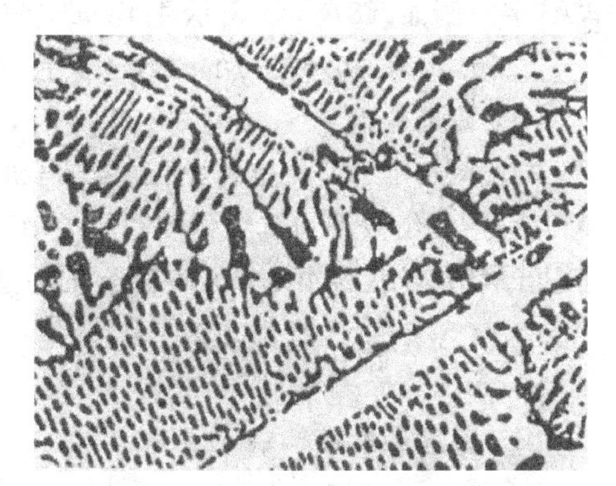

图 4-16　过共晶白口铁的室温平衡组织

4.3 碳　　钢

4.3.1 碳钢的分类

按碳的质量分数又可分为低碳钢(w_C<0.25%)、中碳钢(w_C=0.25%～0.60%)、高

碳钢(w_C>0.60%)。

按钢的冶金质量和钢中有害杂质元素硫、磷的质量分数分为普通质量钢(w_S=0.035%~0.050%,w_P=0.035%~0.045%)、优质钢(w_S、w_P 均≤0.035%)、高级优质钢(w_S=0.020%~0.030%,w_P=0.025%~0.030%)。

按用途分为结构钢、工具钢。

4.3.2 碳钢的编号

1. 普通碳素结构钢

普通碳素结构钢牌号表示方法由屈服点屈字的汉语拼音首字母、屈服极限数值、质量等级符号及脱氧方法符号4个部分按顺序组成。牌号中Q表示“屈”;A、B、C、D表示质量等级,它反映了碳素钢结构中有害杂质(S、P)质量分数的多少。C、D级中硫、磷质量分数最低、质量好,可作重要焊接结构件。例如Q235AF,即表示屈服强度为235MPa的A等级质量的沸腾钢。F、b、Z、TZ依次表示沸腾钢、半镇静钢、镇静钢、特殊镇静钢,一般情况下符号Z与TZ在牌号表示中可省略。

2. 优质碳素结构钢

其牌号用两位数字表示,两位数字表示钢中平均碳质量分数的万倍。例如45钢,表示平均 w_C=0.45%;08钢表示平均 w_C=0.08%。优质碳素结构钢按锰的质量分数不同,分为普通锰钢(w_{Mn}=0.25%~0.80%)与较高锰的钢(w_{Mn}=0.70%~1.20%)两类。较高锰的优质碳素结构钢牌号数字后加“Mn”,如45Mn。

3. 碳素工具钢

其牌号冠以“T”(“T”为“碳”字的汉语拼音首位字母),后面的数字表示平均碳的质量分数的千倍。碳素工具钢分优质和高级优质两类。若为高级优质钢,则在数字后面加“A”字。例如T8A钢,表示平均 w_C=0.8%的高级优质碳素工具钢。对含较高锰的(w_{Mn}=0.40%~0.60%)的碳素工具钢,则在数字后加“Mn”,如T8Mn、T8MnA等。

4. 铸造碳钢

其牌号用“ZG”代表铸钢二字汉语拼音首位字母,后面第一组数字为屈服强度(单位MPa),第二组数字为抗拉强度(单位MPa)。例如ZG200-400,表示屈服强度 σ_s(或 $\sigma_{0.2}$)≥200MPa,抗拉强度 σ_b≥400MPa的铸造碳钢件。

4.3.3 碳钢的应用

1. 普通碳素结构钢

普通碳素结构钢的硫、磷含量较多,但由于冶炼容易,工艺性好,价格便宜,在力学性能上一般能满足普通机械零件及工程结构件的要求,因此用量很大,约占钢材总量的70%。表4-3为普通碳素结构钢的牌号、化学成分及应用。

碳素结构钢一般以热轧空冷状态供应。其中牌号Q195与Q275碳素结构钢是不分质量等级的,出厂时既保证力学性能,又保证化学成分。而Q215、Q235、Q255牌号的碳素结构钢,当质量等级为A、B级时,只保证力学性能,化学成分可根据需方要求作适当调整;而Q235的C、D级碳素结构钢,则力学性能和化学成分都应保证。D级(w_S≤

0.035%，w_P≤0.035%）质量等级最高，达到了碳素结构钢的优质级。

表 4-3　普通碳素结构钢的牌号、化学成分及应用

牌号	等级	化学成分/%					拉伸试验	特点及应用
		w_C	w_{Mn}	w_{Si}	w_S	w_P	抗拉强度 σ_b/MPa	
				不大于				
Q195	—	0.06～0.12	0.25～0.50	0.30	0.050	0.045	315～390	塑性好，有一定强度。常用于载荷较小的钢丝、开口销、拉杆、钉子、焊接件
Q215	A	0.09～0.15	0.25～0.55		0.050		335～410	塑性好，焊接性好，常用于铆钉、短轴、拉杆、垫圈以及渗碳件、焊接件
	B				0.045			
Q235*	A	0.14～0.22	0.30～0.65		0.050		375～410	有一定的强度、塑性、韧性。焊接性好，易于冲压。广泛用于连杆、螺栓、螺母轴类、机架、角钢、槽钢、工字钢和圆钢；C、D 级用于较重要的焊接件
	B	0.12～0.20	0.30～0.70		0.045			
	C	≤0.18	0.35～0.80		0.040	0.040		
	D		≤0.17		0.035	0.035		
Q255	A	0.18～0.28	0.40～0.70		0.050	0.045	410～510	强度较好，焊接性较好。可制造轴类、吊钩、型钢等
	B				0.045			
Q275	—	0.28～0.38	0.50～0.80	0.35	0.050		490～610	有较高的强度，淬火硬度达 270 ～ 400HBS。用于轴、齿轮

Q235* A、B 级沸腾钢 w_{Mn}≤0.60%。

Q195 钢的碳的质量分数很低，塑性好。常用作螺钉、螺母及各种薄板，也可用来代替优质碳素结构钢 08 或 10 钢，制造冲压件、焊接结构件。

Q275 钢强度较高，可代替 30 钢、40 钢用于制造较重要的某些零件，以降低原材料成本。

2. 优质碳素结构钢

优质碳素结构钢 S、P 含量较低，非金属夹杂物也较少，因此机械性能比碳素结构钢优良，被广泛用于制造机械产品中较重要的结构钢零件，为了充分发挥其性能潜力，一般都是在热处理后使用。

优质碳素结构钢的牌号、力学性能和用途见表 4-4。

表 4-4　优质碳素结构钢的牌号、力学性能及应用

牌号	热处理	试样毛坯尺寸/mm	力学性能					特点及应用
			σ_b	σ_s	δ_5	ψ	A_K	
			MPa		%		J	
			≥					
08F	正火	25	295	175	35	60	—	强度不大，塑性、韧性很好，冲压性良好可渗碳、氰化。常用于垫片、套筒、短轴及要求不高的渗碳和氰化件
08			325	195	33	60	—	
10F			315	185	33	55	—	屈强比低，塑性、韧性好，无回火脆性，焊接性甚好，冲压性良好。常用于垫片、拉杆、铆钉等
10			335	205	31	55	—	
15			375	225	27	55	—	强度不太高，但塑性、韧性、焊接性、冷冲性甚好，常用于重、中型机械中负载不太大的轴、销、齿轮、垫片，以及渗碳和氰化件
20			410	245	25	55	—	
25			450	275	23	50	71	
30			490	295	21	50	63	截面尺寸较小时，淬火回火后得到均匀的索氏体组织，具有良好的强度及韧性配合。用于要求韧性高的锻件，截面较小、受力不大的零件，或心部韧、表面硬的渗碳件
35			530	315	20	45	55	
40			570	335	19	45	47	强度高加工性良好，冷变形塑性中等，焊接性差多在正火或调质后使用。用于制造轴类、杆类、齿轮
45			600	355	16	40	39	强度高，塑性、韧性配合好，焊接性差。多在正火或调质态使用。可用于轴类、齿轮、紧固件，以及心部要求不高的表面淬火件
50			630	375	14	40	31	强度高，塑性、韧性较差，切削性中等，焊接性差，水淬时有裂纹倾向。多在正火或调质态使用。用作高强度、耐磨或弹性、动载和冲击不太大的零件
55			645	380	13	35	—	
60			675	400	12	35	—	强度、硬度和弹性均相当高，切削性、焊接性差，水淬易裂。小件淬火、大件正火后使用。用作轴、轧辊、弹簧、钢丝绳等受力大和有弹性要求的零件
65			695	410	10	30	—	适当热处理后，可得到高的强度和弹性。淬火，中温回火后，用于小截面、简单的弹簧；正火后，制造轧辊、齿轮等耐磨的零件。有水淬易裂倾向

08F、10F 钢的碳的质量分数低，塑性好，焊接性能好，主要用于制造冲压件和焊接件。

15、20、25 钢属于渗碳钢，这类钢强度较低，但塑性和韧性较高，焊接性能及冷冲压性能较好。可以制造各种受力不大，但要求高韧性的零件；此外还可用作冷冲压件和焊接件。渗碳钢经渗碳、淬火＋低温回火后，表面硬度可达 60HRC 以上，耐磨性好，而心部具有一定的强度和韧性，可用来制作要求表面耐磨并能承受冲击载荷的零件。

30、35、40、45、50、55 钢属于调质钢，经淬火＋高温回火后，具有良好的综合力学性能，主要用于要求强度、塑性和韧性都较高的机械零件，如轴类零件，这类钢在机械制造中应用最广泛，其中以 45 钢更为突出。

60、65、70 钢属于弹簧钢，经淬火＋中温回火后可获得高的弹性极限、高的屈强比，主要用于制造弹簧等弹性零件及耐磨零件。这是优质碳素结构钢中较高锰的一组牌号(15Mn～70Mn)，其性能和用途与普通锰的一组对应牌号相同，但其淬透性略高。

3. 碳素工具钢

这类钢的碳的质量分数为 $w_C=0.65\%\sim1.35\%$，分优质碳素工具钢与高级优质碳素工具钢两类。牌号后加“A”的属高级优质($w_S\leqslant0.020\%$，$w_P\leqslant0.030\%$；对平炉冶炼的钢，$w_S\leqslant0.025\%$)。这类钢的牌号、成分及用途见表 4-5 所示。

表 4-5　碳素工具钢的牌号、化学成分、特点及应用

<table>
<tr><th rowspan="3">牌号</th><th colspan="3" rowspan="2">化学成分 w_{Me}/%</th><th colspan="3">硬度</th><th rowspan="3">特点和应用</th></tr>
<tr><th rowspan="2">退火状态 HBS</th><th colspan="2">试样淬火</th></tr>
<tr><th>C</th><th>Si</th><th>Mn</th><th>淬火温度/℃ 冷却剂</th><th>淬火后硬度 /HRC</th></tr>
<tr><td>T7
T7A</td><td>0.65～0.74</td><td>≤0.35</td><td>≤0.40</td><td rowspan="2">≤187</td><td>800～820℃水</td><td>≥62</td><td>淬火回火后强度、硬度、韧性均较好，但淬透性低、淬火变形大，能承受振动和冲击，切削能力不高。可用于制作锻模、钳工工具、木工工具、小尺寸风动工具</td></tr>
<tr><td>T8
T8A</td><td>0.75～0.84</td><td>≤0.35</td><td>≤0.40</td><td>780～800℃水</td><td>≥62</td><td>淬火回火后，硬度、耐磨性好，强度、塑性不太高，热硬性低，多用来制造切削刃口在工作时不变热的工具，或能承受振动且有足够韧性的高硬度工具，如钳工工具、风动工具、简单锻模</td></tr>
<tr><td>T8Mn
T8MnA</td><td>0.80～0.90</td><td>≤0.35</td><td>0.40～0.60</td><td>≤187</td><td>780～800℃水</td><td>≥62</td><td>淬透性较 T8、T8 A 更好，淬硬层更深，可制造截面更大的高硬度工具</td></tr>
</table>

续表

<table>
<tr><th rowspan="3">牌号</th><th colspan="3" rowspan="2">化学成分 w_{Me}/%</th><th colspan="3">硬度</th><th rowspan="3">特点和应用</th></tr>
<tr><th rowspan="2">退火状态HBS</th><th colspan="2">试样淬火</th></tr>
<tr><th>C</th><th>Si</th><th>Mn</th><th>淬火温度/℃冷却剂</th><th>淬火后硬度/HRC</th></tr>
<tr><td>T9
T9A</td><td>0.85～0.94</td><td>≤0.35</td><td>≤0.40</td><td>≤192</td><td rowspan="5">760～780℃水</td><td>≥62</td><td>性能与T8相近，硬度、韧性更高，常用于不受强烈冲击振动的冲模、钳工工具、农机中切割零件</td></tr>
<tr><td>T10
T10A</td><td>0.95～1.04</td><td>≤0.35</td><td>≤0.40</td><td>≤197</td><td>≥62</td><td>耐磨性优于T8、T9钢，强度、韧性较好，适用于不受突变冲击载荷的且工作时切削刃口不太热的小型车刀、刨刀、冲模、量具、钻头、丝锥、锉刀、锯条</td></tr>
<tr><td>T11
T11A</td><td>1.05～1.14</td><td>≤0.35</td><td>≤0.40</td><td rowspan="2">≤207</td><td>≥62</td><td>具有较好的综合力学性能。适用于制造切削刃口工作时不变热的切削刀具、形状简单的冲模和量具</td></tr>
<tr><td>T12
T12A</td><td>1.15～1.24</td><td>≤0.35</td><td>≤0.40</td><td>≥62</td><td>硬度、耐磨性好，韧性不高。适用于制造切削速度不高，不受冲击载荷、切削刃口工作时不变热的切削刀具、冲模孔、冷切边模</td></tr>
<tr><td>T13
T13A</td><td>1.25～1.35</td><td>≤0.35</td><td>≤0.40</td><td>≤217</td><td>≥62</td><td>硬度高、韧性低。宜于制造高硬度且不受振动的刮刀、拉丝工具、刻锉刀纹工具、雕刻工具、钻头</td></tr>
</table>

注：淬火后硬度不是指用途举例中各种工具的硬度，而是指碳素工具钢材料在淬火后的最低硬度。

此类钢在机械加工前一般进行球化退火，组织为铁素体基体＋细小均匀分布的粒状渗碳体，硬度≤217HBS。作为刃具，最终热处理为淬火＋低温回火，组织为回火马氏体＋粒状渗碳体＋少量残余奥氏体。其硬度可达 60～65HRC，耐磨性和加工性都较好，价格又便宜，生产上得到广泛应用。

碳素工具钢的缺点是红硬性差，当刃部温度高于 250℃时，其硬度和耐磨性会显著降低。此外，钢的淬透性也低，并容易产生淬火变形和开裂。因此，碳素工具钢大多用于制造刃部受热程度较低的手用工具和低速、小进给量的机用工具，亦可制作尺寸较小的模具和量具。

4. 铸造碳钢

铸造碳钢一般用于制造形状复杂、机械性能要求比铸铁高的零件，例如水压机横梁、轧钢机机架、重载大齿轮等，这种机件，用锻造方法难以生产，用铸铁又无法满足性能要求，只能用碳钢采用铸造方法生产。

铸造碳钢中碳的质量分数一般为 $w_C=0.15\%\sim0.60\%$。碳的质量分数过高则塑性差，易产生裂纹。一般工程用铸造碳钢件的牌号、成分和力学性能见表4-6。

表4-6　一般工程用铸造碳钢件的牌号、成分、力学性能及应用

牌　号	化学成分/%			室温力学性能					应用举例
	C	Si	Mn	σ_s 或 $\sigma_{0.2}$/N·mm^{-2}	σ_b/N·mm^{-2}	δ/%	ψ/%	A_{KV}/J	
ZG200～400	0.12～0.22	0.2～0.45	0.35～0.65	200	400	25	40	47	机座、变速箱壳体
ZG230～450	0.22～0.32	0.2～0.45	0.50～0.80	230	450	22	32	35	砧座、锤轮、轴承盖
ZG270～500	0.32～0.42	0.2～0.45	0.50～0.80	270	500	18	25	27	飞轮、机架、蒸汽锤、水压机工作缸、横梁
ZG310～570	0.42～0.52	0.2～0.45	0.50～0.80	310	570	15	21	24	联轴器、气缸、齿轮、齿轮圈
ZG340～640	0.52～0.62	0.2～0.45	0.50～0.80	340	640	10	18	16	起重运输机中的齿轮、联轴器及重要的机件

铸造碳钢的特性如下所述。

(1) ZG200-400：有良好的塑性、韧性和焊接性能，用于制作承受载荷不大，要求韧性的各种机械零件。

(2) ZG230-450：有一定的强度和较好的塑性、韧性，焊接性能良好，切削加工性尚可；用于制作承受载荷不大，要求韧性的各种机械零件。

(3) ZG270-500：有较高的强度和较好的塑性，铸造性能良好，焊接性能尚好，切削加工性佳。

(4) ZG310-570：强度和切削加工性良好，塑性和韧性较低，用于制作承受载荷较高的各种机械零件。

(5) ZG340-640：有高的强度、硬度和耐磨性，切削加工性中等，焊接性能较差，流动性好，裂纹敏感性较大。

4.4　铸　　铁

铸铁是 $w_C\geqslant2.11\%$ 的铁碳合金，合金中含有较多的硅、锰等元素，使碳在铸铁中大多数以石墨形式存在。铸铁具有优良的铸造性能、切削加工性、减摩性与消震性和低的缺口敏感性，而且熔炼铸铁的工艺与设备简单、成本低。目前，铸铁仍然是工业生产中最重要的工程材料之一。

根据铸铁中石墨形态可分为：灰口铸铁（石墨以片状形式存在）、球墨铸铁（石墨以球状形式存在）、蠕墨铸铁（石墨以蠕虫状形式存在）、可锻铸铁（石墨以团絮状形式存在）。

4.4.1 灰口铸铁

灰口铸铁化学成分的一般范围是：$w_{C}=2.5\%\sim4.0\%$，$w_{Si}=1.0\%\sim2.2\%$，$w_{Mn}=0.5\%\sim1.3\%$，$w_{S}\leqslant0.15\%$，$w_{P}\leqslant0.3\%$。

灰口铸铁组织由金属基体和片状石墨两部分组成的，其基体可分为珠光体、珠光体+铁素体、铁素体三种。

1. 灰口铸铁的性能

灰口铸铁的力学性能主要取决于基体组织和石墨存在形式，灰口铸铁中含有比钢更多的硅、锰等元素，这些元素可溶于铁素体而使基体强化，因此，其基体的强度与硬度不低于相应的钢。但由于片状石墨的强度、塑性、韧性几乎为零，所以铸铁的抗拉强度、塑性、韧性比钢低。石墨片越多，尺寸越粗大，分布越不均匀，铸铁的抗拉强度和塑性就越低。由于石墨存在对灰口铸铁的抗压强度、硬度的影响不大，故灰口铸铁的抗压强度较好。为了提高灰铸铁的力学性能，生产上常采用孕育处理。它是在浇注前往铁液中加入少量孕育剂（硅铁或硅钙合金），使铁液在凝固时产生大量的人工晶核，从而获得细晶粒珠光体基体加上细小均匀分布的片状石墨的组织。经孕育处理后的铸铁称为孕育铸铁。

孕育铸铁具有较高的强度和硬度，具有断面缺口敏感性小的特点，因此孕育铸铁常作为力学性能要求较高，且断面尺寸变化大的大型铸件，如机床床身等。

2. 灰铸铁的牌号和应用

灰铸铁的牌号、力学性能和应用举例见表 4-7。其中 HT 表示“灰铁”二字的汉语拼音的首字母，后面三位数字表示最小抗拉强度值。

表 4-7　灰铸铁的牌号、力学性能及用途（摘自 GB 9439—1988）

牌号	铸件级别	铸件壁厚/mm	铸件最小抗拉强度 σ_b/MPa	适用范围及举例
HT100	铁素体灰铸铁	2.5～10	130	低载荷和不重要零件，如盖、外罩、手轮、支架、重锤等
		10～20	100	
		20～30	90	
		30～50	80	
HT150	珠光体+铁素体灰铸铁	2.5～10	175	承受中等应力（抗弯应力小于 100MPa）的零件，如支柱、底座、齿轮箱、工作台、刀架、端盖、阀体、管路附件及一般无工作条件要求的零件
		10～20	145	
		20～30	130	
		30～50	120	

续表

牌号	铸件级别	铸件壁厚/mm	铸件最小抗拉强度 σ_b/MPa	适用范围及举例
HT200	珠光体灰铸铁	2.5～10	220	承受较大应力（抗弯应力小于 300N/mm²）和较重要零件，如气缸体、齿轮、机座、飞轮、床身、缸套、活塞、刹车轮、联轴器、齿轮箱、轴承座、液压缸等
		10～20	195	
		20～30	170	
		30～50	160	
HT250		4.0～10	270	
		10～20	240	
		20～30	220	
		30～50	200	
HT300	孕育铸铁	10～20	290	承受高弯曲应力（小于 500N/mm²）及抗拉应力的重要零件，如齿轮、凸轮、车床卡盘、剪床和压力机的机身、床身、高压油压缸、滑阀壳体等
		20～30	250	
		30～50	230	
HT350		10～20	340	
		20～30	290	
		30～50	260	

4.4.2　球墨铸铁

球墨铸铁的化学成分与灰铸铁相比，其特点是碳、硅的质量分数高，而锰的质量分数较低，对硫和磷的限制较严，并含有一定量的稀土镁。一般 $w_C=3.6\%\sim4.0\%$，$w_{Si}=2.0\%\sim3.2\%$。锰有去硫、脱氧的作用，并可稳定和细化珠光体。对珠光体基体时 $w_{Mn}=0.5\%\sim0.7\%$，对铁素体基体时 $w_{Mn}<0.6\%$。硫、磷都是有害元素，一般 $w_S<0.07\%$，$w_P\leqslant0.1\%$。

球墨铸铁的组织是在钢的基体上分布着球状石墨。球墨铸铁在铸态下，其基体是有不同数量铁素体、珠光体，甚至有渗碳体同时存在的混合组织，故生产中需经不同热处理以获得不同的组织。生产中常有铁素体球墨铸铁、珠光体＋铁素体球墨铸铁、珠光体球墨铸铁和下贝氏体球墨铸铁。

1. 球墨铸铁的性能

由于球墨铸铁中石墨呈球状，对金属基体的割裂作用较小，使球墨铸铁的抗拉强度、塑性和韧性、疲劳强度高于其他铸铁，球墨铸铁有一个突出优点是其屈强比较高，因此对于承受静载荷的零件，可用球墨铸铁代替铸钢。

球墨铸铁的力学性能比灰口铸铁高，而成本却接近于灰口铸铁，并保留了灰口铸铁的优良铸造性能、切削加工性、减摩性和缺口不敏感等性能。因此它可代替部分钢作较重要的零件，对实现以铁代钢、以铸代锻起重要的作用，具有较大的经济效益。

2. 球墨铸铁的牌号和应用

我国国家标准中列了 8 个球墨铸铁的牌号见表 4-8。牌号由 QT 与两组数字组成，其中 QT 表示“球铁”二字汉语音的字首，第一组数字代表最低抗拉强度值，第二组数字代表最低伸长率。

表 4-8　球墨铸铁的牌号、力学性能及用途(摘自 GB 1348—1988)

牌号	基体组织	力学性能				用途举例
		σ_b/MPa	$\sigma_{0.2}$/MPa	δ/%	HBS	
		不小于				
QT400～18	铁素体	400	250	18	130～180	承受冲击、振动的零件,如汽车、拖拉机的轮毂、驱动桥壳、减速器壳、拨叉,农机具零件,中、低压阀门,上、下水及输气管道,压缩机上高、低压气缸,电机机壳,齿轮箱,飞轮壳等
QT400～15	铁素体	400	250	15	130～180	
QT400～10	铁素体	450	310	10	160～210	
QT500～07	铁素体＋珠光体	500	320	7	170～230	机器座架、传动轴、飞轮、电动机架、内燃机的机油泵齿轮、铁路机车车辆轴瓦等
QT600～03	珠光体＋铁素体	600	370	3	190～270	载荷大、受力复杂的零件,如汽车、拖拉机的曲轴、连杆、凸轮轴、气缸套,部分磨床、铣床、车床的主轴、轧钢机轧辊、大齿轮,小型水轮机主轴,气缸体,桥式起重机大小滚轮等
QT700～02	珠光体	700	420	2	225～305	
QT800～02	珠光体或回火组织	800	480	2	245～335	
QT900～02	贝氏体或回火马氏体	900	600	2	280～360	高强度齿轮,如汽车后桥螺旋锥齿轮、大减速器齿轮、内燃机曲轴、凸轮轴等

4.4.3　可锻铸铁

可锻铸铁又俗称为马铁。可锻铸铁实际上是不能锻造的,其组织是钢的基体上分布着团絮状的石墨,有铁素体可锻铸铁(黑心可锻铸铁)和珠光体可锻铸铁两种。

1. 可锻铸铁的牌号

表 4-9 列出我国常用可锻铸铁的牌号、性能及用途。其牌号由“KTH”或“KTZ”与两组数字表示。其中“KT”表示“可锻”二字的汉语拼音首字母;“H”和“Z”分别表示“黑”和“铸”的汉语拼音的首字母;牌号后边第一组数字表示最小抗拉强度值;第二组数字表示最小伸长率。

2. 可锻铸铁的性能和应用

可锻铸铁的力学性能优于灰口铸铁,并接近于同类基体的球墨铸铁。但与球墨铸铁相比,具有铁水处理简易、质量稳定、废品率低等优点。故生产中,常用可锻铸铁制作一些截面较薄而形状较复杂、工作时受震动而强度、韧性要求较高的零件，因为这些零件若用灰铸铁制造，则不能满足力学性能要求；若用铸钢制造，则因其铸造性能较差，质量不易保证。

表 4-9　可锻铸铁的牌号、力学性能及用途(摘自 GB 9440—1988)

种类	牌号	试样直径/mm	力学性能				用途举例
			σ_b/MPa	$\sigma_{0.2}$/MPa	δ/%	HBS	
			不小于				
黑心可锻铸铁	KTH300-06	12 或 15	300	—	6	≤150	弯头、三通管件、中低压阀门等
	KTH330-08		330	—	8		扳手、犁刀、犁柱、车轮壳等
	KTH350-10		350	200	10		汽车和拖拉机前、后轮壳，减速器壳，转向节壳，制动器及铁道零件等
	KTH370-12		370	—	12		
珠光体可锻铸铁	KTZ450-06	12 或 15	450	270	6	150～200	载荷较高和耐磨损零件，如曲轴、凸轮轴、连杆、齿轮、活塞环、轴套、耙片、万向接头、棘轮、扳手、传动链条等
	KTZ550-04		550	340	4	180～250	
	KTZ650-02		650	430	2	210～260	
	KTZ700-02		700	530	2	240～290	

4.4.4　蠕墨铸铁

蠕墨铸铁是 20 世纪 70 年代发展起来的一种新型铸铁，因其石墨很像蠕虫而命名。蠕墨铸铁的力学性能介于相同基体组织的灰铸铁和球墨铸铁之间，它的抗拉强度、屈服点、伸长率、疲劳强度均优于灰铸铁，接近于铁素体球墨铸铁；铸造性能、减震能力、导热性、切削加工性均优于球墨铸铁，与灰铸铁相近。蠕墨铸铁是将蠕化剂(稀土镁钛合金、稀土镁钙合金、镁钙合金等)置于浇包内的一侧，另一侧冲入铁液，蠕化剂熔化而成的。

蠕墨铸铁的牌号由 RuT 与一组数字表示，其中 RuT 表示“蠕铁”二字汉语拼音的首字母，后面三位数字表示其最小抗拉强度值(见表 4-10)。蠕墨铸铁主要用于制造气缸盖、气缸套、钢锭模、液压件等零件。

表 4-10　蠕墨铸铁的牌号、力学性能及应用

牌号	力学性能				用途举例
	σ_b/MPa	$\sigma_{0.2}$/MPa	δ/%	HBS	
	≥				
RuT260	260	195	3	121～195	增压器、废气进汽壳体、汽车底盘零件等
RuT300	300	240	1.5	140～217	排气管、变速箱体、气缸盖、液压件、纺织机零件、钢锭模等
RuT340	340	270	1.0	170～249	重型机床件，大型齿轮箱体、盖、座、飞轮、起重机卷筒等
RuT380	380	300	0.75	193～274	活塞环、气缸套、制动盘、钢珠研磨盘、吸淤泵体等
RuT420	420	335	0.75	200～280	

4.4.5 特殊性能铸铁

1. 耐磨铸铁

耐磨铸铁分为减摩铸铁和抗磨铸铁两类。前者在有润滑、受粘着磨损条件下工作，例如机床导轨、发动机缸套、活塞环、轴承等；后者在干摩擦的磨料磨损条件下工作，例如轧辊、犁铧、磨球等。

2. 耐热铸铁

加热炉炉底板、换热器、坩埚、废气管道以及压铸型等在高温下工作的铸件，要求选用耐热性高的合金耐热铸铁。铸铁的耐热性是指在高温下铸铁抵抗“氧化”和“生长”的能力。耐热铸铁分为硅系、铝系、铝硅系及铬系铸铁等。牌号 RTSi5 为中硅耐热铸铁，高温下能形成 SiO_2 保护膜，相变耐热温度可达 900℃以上，其性能特点为硬度高，脆性大。应用范围适宜制造载荷较小、不受冲击的零件，如锅炉炉栅、横梁、换热器、节气阀等零件。铸铁中加入 Al，形成高铝耐热铸铁（RQTAl22），高温下形成 Al_2O_3 保护膜，耐热温度可达 950℃以上长期使用。用于制造加热炉炉底板、炉条、滚子框架等零件。铝硅耐热铸铁（RQTAl4Si4、RQTAl5Si5）铸造性能良好，可在 950～1050℃高温下工作，是耐热铸铁中最常见的一种材料，广泛用于制造加热炉炉门、炉条、炉底板、炉子传送链及坩埚等。含铬耐热铸铁也具有很好的耐热性，含铬量越高，铸铁耐磨性越好。例如，低铬铸铁（RTCr 和 RTCr2）适用于 600℃以下工作；高铬铸铁（RTCr16）使用温度高达 900℃，故可用在 900℃下工作的热处理炉的运输链条等，但因价格高，应用较少。

3. 耐蚀铸铁

常用耐蚀铸铁有高硅、高铝、高铬、高硅钼等耐蚀铸铁。高硅铸铁硬度很高，强度和韧性很低，加工性能差。此外，流动性好，但吸气性大，线收缩和内应力较大，铸造时易于开裂，广泛用于耐酸泵、管道、阀门等零件。高铝耐蚀铸铁主要用作重碳酸钠、氯化铵、硫酸氢氨等设备上的耐蚀材料，如各种泵类零件。高铬耐蚀铸铁中的铬含量高达 26%～36%，能在铸铁表面形成 Cr_2O_3 保护膜，并能提高基体电极电位。因此高铬铸铁不仅具有优良的耐蚀性，同时具有优异的耐热性，而且力学性能亦良好；其主要缺点是耗 Cr 量太大。耐蚀铸铁常用来做离心泵、冷凝器、蒸馏塔、管子等各种化工铸件。

思考与练习

4-1 比较下列名词：

(1) 铁素体；(2) 奥氏体；(3) 渗碳体；(4) 珠光体；(5) 莱氏体。

4-2 默画简化后的 $Fe\text{-}Fe_3C$ 相图，指出图中 S、C、E、G 及 GS、SE、ECF、PSK 等各点、线的意义，并标出各相区的相组分和组织组分。

4-3 分析碳的质量分数分别为 0.40%、0.77%、1.2%的铁碳合金从液态缓冷到室温的结晶过程和室温组织。

4-4 试从显微组织方面来说明 $w_C=0.2\%$、$w_C=0.45\%$、$w_C=0.77\%$三种钢力学性能有何不同。

4-5　说明下列现象的原因：

(1) $w_C=1.0\%$的钢比 $w_C=0.5\%$的钢硬度高；

(2) 钢适用于压力加工成形，而铸铁适用于铸造成形；

(3) 钢铆钉一般用低碳钢制成；

(4) 在退火状态下，$w_C=0.77\%$的钢比 $w_C=1.2\%$的钢强度高；

(5) 在相同条件下，$w_C=0.1\%$的钢切削后，其表面粗糙度的值不如 $w_C=0.45\%$的钢低。

4-6　什么是共析转变和共晶转变？试以铁碳合金为例，说明这两种转变过程及其显微组织的特征。

4-7　根据碳在铸铁中存在的形态的不同，铸铁可分为几种？

4-8　识别下列牌号的铁碳合金：Q215、08F、45、T10A、HT150、QT400-18、KTH350-10，并指出其碳的质量分数范围。

4-9　计算铁碳合金中二次渗碳体和三次渗碳体最大可能含量。

4-10　为了区分两种弄混的碳钢，工作人员分别截取了 A、B 两块试样，加热至 850℃保温后以极缓慢的速度冷却至室温，观察金相组织，结果如下：

A 试样的先共析铁素体面积为 41.6%，珠光体的面积为 58.4%。

B 试样的二次渗碳体的面积为 7.3%，珠光体的面积为 92.7%。

设铁素体和渗碳体的密度相同，铁素体中的含碳量为零，试求 A、B 两种碳钢中碳的质量分数。

第5章　钢铁热处理

通过第4章的学习，我们已经了解到钢从液态平衡冷却到室温，其组织和性能的关系，发现其使用性能和工艺性能远远不能满足工程实际需要。改变钢的性能的主要途径，一是合金化（加入合金元素，调整钢的化学成分），二是进行热处理。后者是改善钢的性能的最重要的加工方法。在机械工业中，绝大部分重要零件都必须经过热处理。如图5-1所示，热处理是将固态金属或合金在一定介质中加热、保温和冷却，以改变整体或表面组织，从而获得所需性能的工艺。根据所要求的性能不同，热处理的类型有多种，但其工艺过程都包括加热、保温和冷却三个阶段。

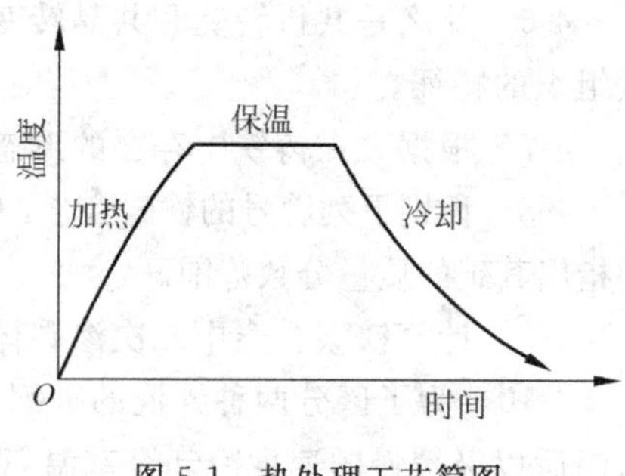

图5-1　热处理工艺简图

按其加热和冷却方式不同，大致分类如下：

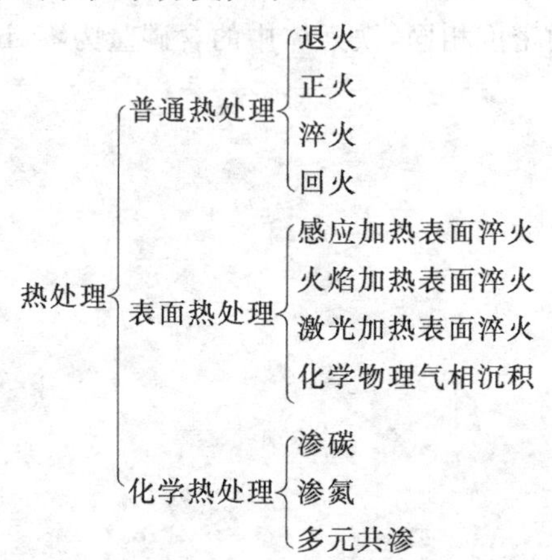

本章主要介绍钢的热处理的基本原理及常用热处理工艺及其应用。

5.1　热处理过程钢的组织转变

5.1.1　钢在加热时的组织转变

大多数热处理工艺（如淬火、正火、退火等）都要将钢加热到临界温度以上，获得全部或部分奥氏体组织，并使其成分均匀化，即进行奥氏体化。加热时形成的奥氏体的质量（成分均匀性及晶粒大小等），对冷却转变过程及组织、性能有极大的影响。因此，了解奥氏体化的规律是掌握热处理工艺的基础。

1. 转变温度

根据 $Fe\text{-}Fe_3C$ 相图可知，共析钢、亚共析钢和过共析钢加热时，若想得到完全奥氏体组织，必须分别加热到 PSK 线(A_1)、GS 线(A_3)和 ES 线(A_{cm})以上。实际热处理加热和冷却时的相变是在不完全平衡的条件下进行的，即加热和冷却温度与平衡态有一偏离程度(过热度或过冷度)。通常将加热时的临界温度标为 Ac_1、Ac_3、Ac_{cm}；冷却时标为 Ar_1、Ar_3、Ar_{cm}，如图 5-2 所示。这些相变温度受钢的化学成分、加热(冷却)速度等因素的影响并非固定不变。

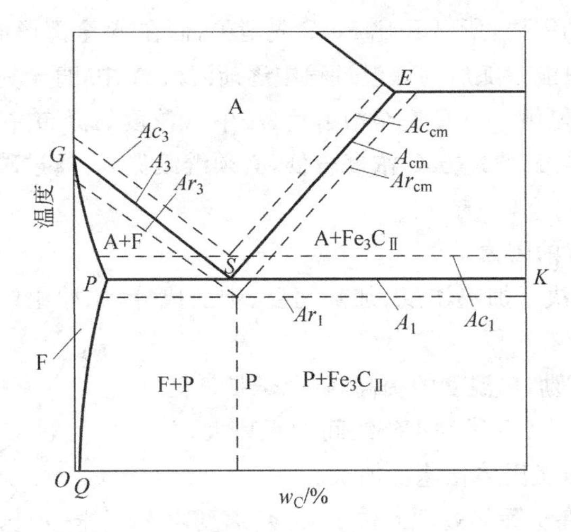

图 5-2　碳钢实际加热(冷却)时 $Fe\text{-}Fe_3C$ 相图上各临界点的位置示意图

2. 奥氏体化

若加热温度高于相变温度，钢在加热和保温阶段(保温的目的是使钢件内外加热到同一温度)，将发生室温组织向 A 的转变，称奥氏体化。奥氏体化过程也是形核与长大过程，是依靠铁原子和碳原子的扩散来实现的，属于扩散型相变。下面以共析钢为例介绍其奥氏体化过程，亚共析钢和过共析钢的奥氏体化过程与共析钢基本相同，但略有不同。亚共析钢加热到 Ac_1 以上时还存在有自由铁素体，这部分铁素体只有继续加热到 Ac_3 以上时才能全部转变为奥氏体；过共析钢只有在加热温度高于 Ac_{cm}时才能获得单一的奥氏体组织。

共析钢奥氏体化过程如图 5-3 所示。

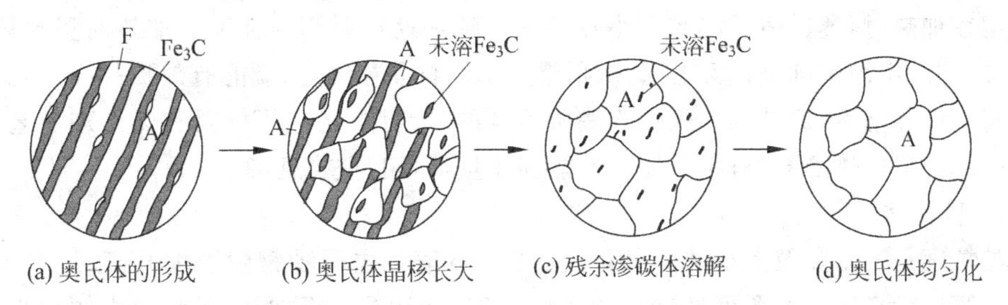

(a) 奥氏体的形成　(b) 奥氏体晶核长大　(c) 残余渗碳体溶解　(d) 奥氏体均匀化

图 5-3　共析钢奥氏体化过程示意图

(1) A 晶核的形成：钢加热到 Ac_1 以上时，P 变得不稳定，F 和 Fe_3C 的界面在成分和结构上处于最有利于转变的条件下，首先在这里形成 A 晶核。

(2) A 晶核的长大：A 晶核形成后，随即也建立起 A-F 和 A-Fe_3C 的 C 浓度平衡，并存在一个浓度梯度。在此浓度梯度的作用下，A 内发生 C 原子由 Fe_3C 边界向 F 边界的扩散，使其同 Fe_3C 和 F 的两边界上的平衡 C 浓度遭破坏。为了维持 C 浓度的平衡，渗碳体必须不断往 A 中溶解，且 F 不断转变为 A。这样，A 晶核便向两边长大了。

(3) 剩余 Fe_3C 的溶解：在 A 晶核长大过程中，由于 Fe_3C 溶解提供的 C 原子远多于同体积 F 转变为 A 的需要，所以 F 比 Fe_3C 先消失，而在 A 全部形成之后，还残存一定量的未溶 Fe_3C。它们只能在随后的保温过程中逐渐溶入 A 中，直至完全消失。

(4) A 成分的均匀化：Fe_3C 完全溶解后，A 中 C 浓度的分布并不均匀，原是 Fe_3C 的地方 C 浓度较高，原是 F 的地方 C 浓度较低，必须继续保温，通过碳的扩散，使 A 成分均匀化。

3. 影响奥氏体化的因素

A 的形成速度取决于加热温度、加热速度、钢的成分、原始组织，即一切影响碳扩散速度的因素。

(1) 加热温度：随加热温度的提高，碳原子扩散速度增大；同时温度高时 *GS* 线和 *ES* 线间的距离大，A 中碳浓度梯度大，所以奥氏体化速度加快。

(2) 加热速度：在实际热处理条件下，加热速度越快，过热度越大。发生转变的温度越高，转变的温度范围越宽，完成转变所需的时间就越短(见图 5-4)，因此快速加热(如高频感应加热)时，不用担心转变来不及的问题。

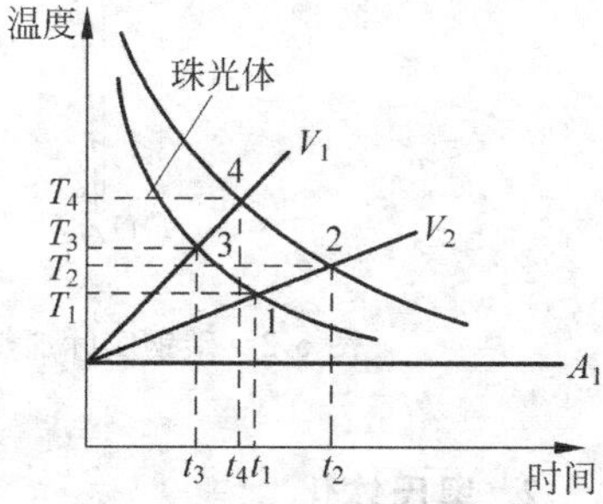

图 5-4　加热速度的影响

(3) 钢中碳含量：碳含量增加时，Fe_3C 量增多，F 和 Fe_3C 的相界面增大，因而 A 的核心增多，转变速度加快。

(4) 合金元素：合金元素的加入，不改变 A 形成的基本过程，但显著影响 A 的形成速度。

(5) 原始组织：原始 P 中的 Fe_3C 有两种形式，片状和粒状。原始组织中 Fe_3C 为片状时 A 形成速度快，因为它的相界面积较大。并且，Fe_3C 片间距越小，相界面越大，同时 A 晶粒中 C 浓度梯度也大，所以长大速度更快。

4. 奥氏体晶粒的长大及影响因素

钢在加热时，奥氏体的晶粒大小直接影响到热处理后钢的性能。加热时奥氏体晶粒细小，冷却后组织也细小；反之，组织则粗大。钢材晶粒细化，既能有效提高强度，又能明显提高塑性和韧性，这是其他强化方法所不及的。因此，在选用材料和热处理工艺上，如何获得细的奥氏体晶粒，对工件使用性能和质量都具有重要意义。

1) 奥氏体晶粒度

晶粒度是表示晶粒大小的一种量度。图 5-5 表示这两种钢随温度升高时，奥氏体晶粒长大倾向示意图。由图可见，细晶粒钢在 930～950℃以下加热，晶粒长大倾向小，便于热处理。

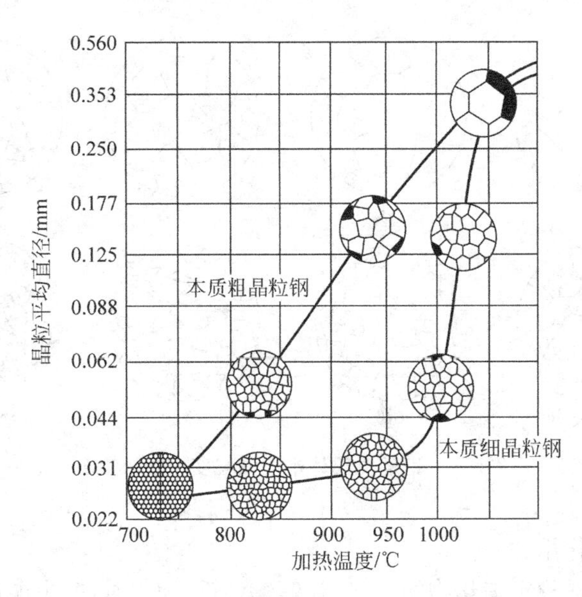

图 5-5 奥氏体晶粒长大倾向示意图

根据奥氏体的形成过程和晶粒长大的情况，奥氏体有以下三种不同概念的晶粒度。

(1) 起始晶粒度：珠光体刚刚全部转变为奥氏体时的晶粒大小。这时的晶粒度难以测定，无实际意义。

(2) 实际晶粒度：钢在某一具体热处理或热加工条件下所得到的奥氏体晶粒大小。它直接影响钢的力学性能。

(3) 本质晶粒度：不同成分的钢在某一温度范围内加热时，有些钢的奥氏体晶粒随温度升高快速长大，而有的则不易长大。为了比较不同牌号的钢在加热过程中的奥氏体晶粒长大的倾向性，根据颁布的标准规定：将钢加热到(930±10)℃、保温8h后缓冷所测定的晶粒大小作为衡量本质晶粒度的标准。本质晶粒度并不是晶粒大小的实际度量，而是指在上述规定的加热条件下奥氏体晶粒长大倾向性的高低，它往往影响钢的加热工艺性能。钢的奥氏体本质晶粒度比较如图5-6所示，凡晶粒度在1～4级者为本质粗晶粒钢，晶粒度在5～8级者则为本质细晶粒钢，超过8级者为超细晶粒钢。前述的沸腾钢一般为本质粗晶粒钢，而镇静钢一般为本质细晶粒钢。凡需热处理的工件，一般应采用本质细晶粒钢。

2) 影响奥氏体晶粒度的因素

(1) 加热温度和保温时间

在加热转变中，珠光体刚转变为奥氏体时的晶粒度，称为奥氏体起始晶粒度。奥氏体起始晶粒是很细小的，随加热温度升高，奥氏体晶粒逐渐长大，晶界总面积减少而系统的能量降低。所以，在高温下保温时间越长，越有利于晶界总面积减少而导致晶粒粗大。

(2) 钢的成分

对于亚共析钢随奥氏体中碳的质量分数增加时，奥氏体晶粒的长大倾向也增大。但对于过共析钢，部分碳以渗碳体的形式存在，当奥氏体晶界上存在未溶的剩余渗碳体时，

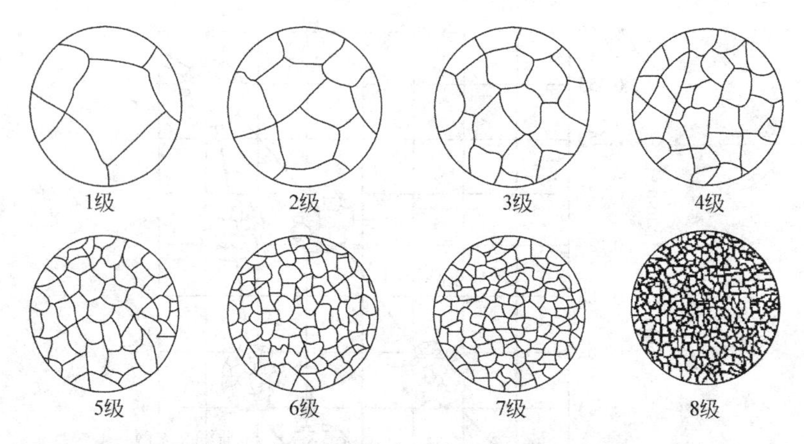

图 5-6　钢的奥氏体本质晶粒度比较示意图

有阻碍晶粒长大的作用。

钢中加入能形成稳定碳化物的元素，如钨、钛、钒、铌等时，钢中能形成高熔点化合物，并存在于奥氏体晶界上，有阻碍奥氏体晶粒长大的作用，故在一定温度下晶粒不易长大。当只有温度超过一定值时，高熔点化合物溶入奥氏体后，奥氏体才突然长大。

锰和磷是促进奥氏体晶粒长大的元素，必须严格控制热处理时的加热温度，以免晶粒长大而导致工件的性能下降。

5.1.2　钢在冷却时的组织转变

钢的奥氏体化不是热处理的最终目的，它是为了随后的冷却转变作组织准备。因为大多数机械构件都在室温下工作，且钢件性能最终取决于A冷却转变后的组织类型，因此研究不同冷却条件下钢中奥氏体的转变规律十分重要，为制订热处理工艺的冷却条件提供科学依据，因而具有更重要的实际意义。

A在临界转变温度以上是稳定的，不会发生转变。A冷却至临界温度以下，在热力学上处于不稳定状态，要发生转变。这种在临界点以下存在的不稳定的且将要发生转变的奥氏体，称为过冷奥氏体。过冷奥氏体的转变产物，取决于它的转变温度，而转变温度又主要与冷却的方式和速度有关。热处理生产中，钢在奥氏体化后的冷却方式通常分为两种：一种是连续冷却，即将奥氏体化的钢连续冷却到室温；另一种是等温处理，即将奥氏体化的钢迅速冷却到临界温度以下的某一温度进行保温，让奥氏体在等温条件下进行转变，待组织转变结束后再以某一速度冷却到室温。两种冷却方式如图5-7所示。

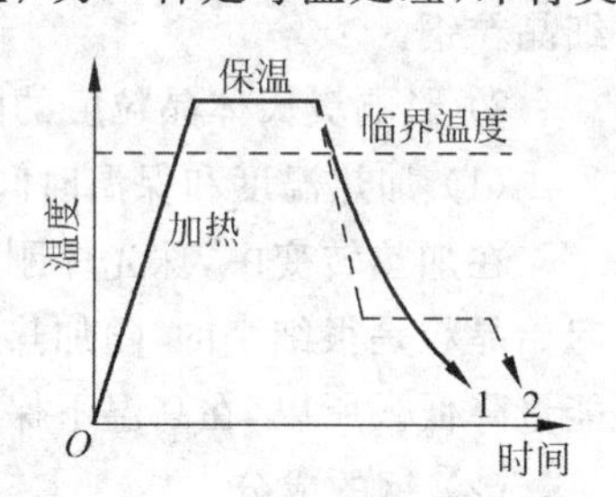

图 5-7　两种冷却方式示意图

1—连续冷却方式；2—等温冷却方式

连续冷却时，过冷奥氏体的转变发生在一个较宽的温度范围内，因而得到粗细不匀甚至类型不同的混合组织。虽然这种冷却方式在生产中广泛采用，但分析起来较为困难。在等温冷却情况下，可以分别研究温度和时间对过冷奥氏体转变的影响，从而有利于弄清转变过程和转变产物的组织与性能。

1. 共析钢过冷奥氏体的等温转变图

钢奥氏体化后，从高温过冷至 A_1 以下，此时奥氏体不立即转变，但处于热力学不稳定状态，把这种存在于 A_1 以下暂不发生转变的不稳定奥氏体称为过冷奥氏体。将共析钢奥氏体化以后迅速冷却到 Ar_1 以下某一温度等温停留，并测定奥氏体转变量与时间的关系，得到过冷奥氏体等温转变的动力学曲线。根据测定的动力学曲线，将过冷奥氏体在各个温度下的转变开始和转变终了时间标注在温度-时间坐标系中，并连成曲线，称为过冷奥氏体的等温转变曲线，如图 5-8 所示。由于该曲线的形状像字母“C”，故又称为 C 曲线。C 曲线是研究过冷奥氏体等温转变的一个非常重要的工具，它综合反映了过冷奥氏体在不同温度下的等温转变过程，即转变开始时间及终了时间、转变产物类型、转变温度、转变量的关系等。

过冷奥氏体等温冷却转变图简称为等温转变曲线或 TTT（temperature time transformation）曲线。它综合反映了过冷奥氏体在不同温度下等温开始和终了的时间及转变产物之间的关系。大多数 TTT 曲线是用金相法和膨胀配合使用测定的。在此仅以共析钢为例简要说明测绘该曲线的步骤。

（1）将共析钢奥氏体化以后迅速冷却到 Ar_1 以下某一温度等温停留，测定奥氏体不同等温温度（如 400℃、600℃、700℃）下共析钢过冷奥氏体等温转变量与转变时间的关系曲线，亦称转变动力学曲线，如图 5-8 所示。

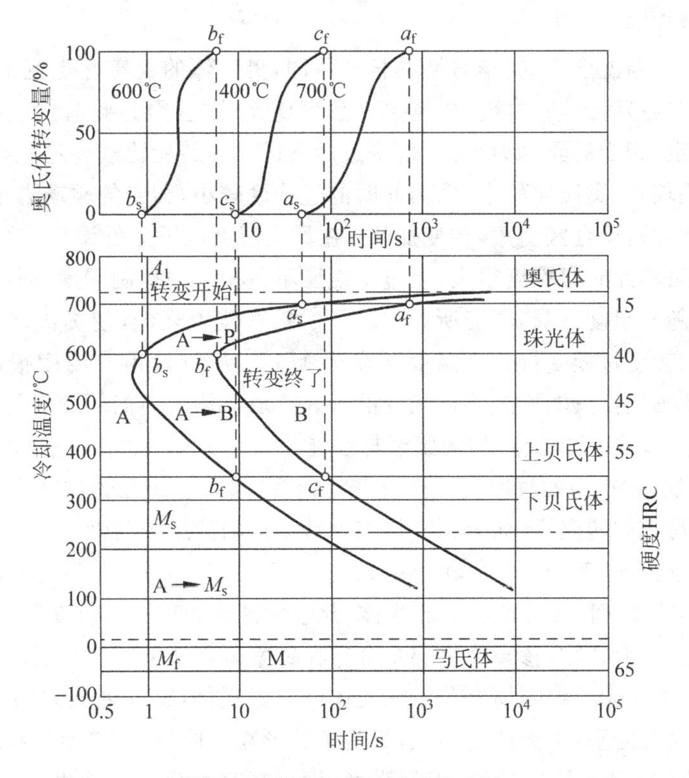

图 5-8 共析钢的等温转变曲线

(2) 将各不同等温温度下测得的转变开始时间和终了时间标注在温度-时间(对数)坐标系中,并分别把开始点和终了点连接起来,便得到过冷奥氏体等温转变开始线和终了线。

C曲线上部的水平线 A_1 是珠光体和奥氏体的平衡(理论转变)温度,A_1 线以上为奥氏体稳定区,A_1 线以下为过冷奥氏体转变区。在该区内,左边的曲线为过冷奥氏体转变开始线,该线以左为过冷奥氏体孕育区,它的长短标志着过冷奥氏体稳定性的大小;右边的曲线为冷奥氏体转变终了线,其右边为过冷奥氏体转变产物区。两条曲线之间为转变过渡区。C曲线下面的两条水平线分别表示奥氏体向马氏体转变开始温度 M_s 线和奥氏体向马氏体转变终了温度 M_f 线,两条水平线之间为马氏体和过冷奥氏体的共存区。

从共析钢的等温转变曲线图中可以看到,共析钢的过冷奥氏体在不同温度下等温时得到的产物不同。在C曲线的鼻温(约550℃)以上,临界点 A_1 以下,得到珠光体型组织;在鼻温与马氏体的开始转变温度 M_s(约230℃)之间得到贝氏体型组织;在 $M_s \sim M_f$ 点等温,得到的产物称为马氏体。转变开始线以左为过冷奥氏体区,转变终了线以右为转变产物区,转变开始线与转变终了线之间为过冷奥氏体与转变产物的共存区。以600℃等温转变为例,600℃恒温线与转变开始线和终了线分别交在 b_s 点和 b_f 点,b_s 点表示奥氏体的转变开始,b_f 点表示奥氏体的转变终了。b_s 点以前为过冷奥氏体等温转变开始前所经历的时间,称为孕育期。

可以看出,等温温度不同,孕育期的长短不同,奥氏体的稳定性也就不同。在C曲线的鼻温(550℃左右)附近,C曲线的“鼻尖”,孕育期比较短,因为此时的过冷度较大,过冷奥氏体最不稳定,相变的驱动力较大,使得过冷奥氏体的转变比较容易。在鼻尖以上的高温区,孕育期比较长,奥氏体稳定,因为此时的过冷度较小,相变的驱动力较小。随温度下降(即过冷度增大),孕育区变短,转变加快;在鼻尖温度以下的低温区,孕育期变长,奥氏体又稳定了。虽然此时过冷度很大,但过冷度已不是相变的控制因素,而原子扩散成为控制因素。由于随着温度下降,转变所需的原子的扩散能力降低,使奥氏体变得稳定了,孕育区逐渐变长,转变过程变慢。当温度下降至 M_s 点以下时,由于温度很低,原子的扩散已经停止,过冷奥氏体只能通过共格切变的方式完成晶格改组而转变为马氏体组织。

2. 过冷奥氏体等温转变产物的组织与性能

根据C曲线,共析钢的过冷奥氏体有三种转变,即高温的珠光体转变、中温的贝氏体转变和低温的马氏体转变,下面分别介绍三种转变产物的组织与性能。

1) 高温珠光体转变

在 $A_1 \sim 550$℃之间,转变产物为珠光体,此温度区称为珠光体转变区。珠光体是铁素体和渗碳体的机械混合物,渗碳体呈层状分布在铁素体基体上。转变温度越低,层间距越小。按层间距,珠光体组织习惯上分为珠光体(P)、索氏体(S)和屈氏体(T)。三种珠光体型组织本质上没有区别,也无严格界限,只是组织形貌不同而已,普通片状珠光体较粗,索氏体较细,屈氏体最细;片层越细,不但强度、硬度越高,塑性、韧性也越大。它们的大致形成温度及性能见表5-1。

表 5-1　过冷奥氏体高温转变产物的形成温度和性能

组织名称	表示符号	形成温度范围/℃	硬度	能分辨片层的放大倍数
珠光体	P	A_1～650	170～200HB	<500×
索氏体	S	650～600	25～35HRC	>1000×
屈氏体	T	600～550	35～40HRC	>2000×

奥氏体向珠光体的转变是一种扩散型转变（生核、长大过程），是通过 C、Fe 的扩散和晶体结构的重构来实现的。如图 5-9 所示，首先，在奥氏体晶界或缺陷（如位错多）密集处生成渗碳体晶核，并依靠周围奥氏体不断供给碳原子而长大；与此同时，渗碳体晶核周围的奥氏体中碳含量逐渐降低，为形成铁素体创造有利的浓度条件，并最终从结构上转变为铁素体，铁素体的溶碳能力很低，在长大过程中必定将过剩碳排移到相邻奥氏体中，使其碳含量升高，这样又为生成新的渗碳体创造了有利条件。此过程反复进行，奥氏体就逐渐转变为渗碳体和奥氏体片层相间的珠光体组织了。关于片状珠光体的形成，一般认为是铁素体与渗碳体“交替形核、端向长大”的结果，但近年来也有人发现，片状珠光体也可由 Fe_3C 片分枝长大形成。

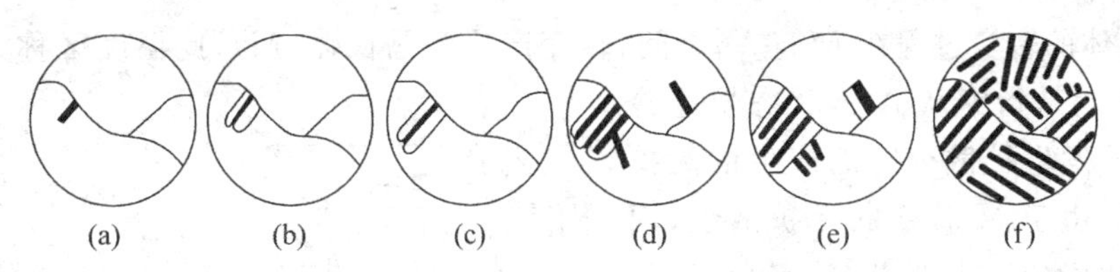

图 5-9　片状珠光体形成示意图

2）中温贝氏体转变

在 550℃～M_s 之间，转变产物为贝氏体(B)，此温度区称为 B 转变区。B 是碳化物(Fe_3C)分布在碳过饱和的 F 基体上的两相混合物。A 向 B 的转变属于半扩散型转变，铁原子不扩散而碳原子有一定扩散能力。转变温度不同，形成的 B 形态也明显不同。通常将 550℃～350℃形成的称上贝氏体($B_上$)；350℃～M_s 形成的叫下贝氏体($B_下$)。

$B_上$的形成过程是先在 A 晶界上碳含量较低的地方生成 F 晶核，然后向晶粒内沿一定方向成排长大。在 $B_上$ 温区内，碳有一定扩散能力，F 片长大时，它能扩散到周围的 A 中，使其富碳。当 F 片间的 A 浓度增大到足够高时，便从中析出小条状或小片状渗碳体，断续地分布在 F 片之间，形成羽毛状 $B_上$，如图 5-10(a)所示。

$B_下$的形成过程是 F 晶核首先在 A 晶界、孪晶界或晶内某些畸变较大的地方生成，然后沿 A 的一定晶向呈针状长大。$B_下$的转变温度较低、碳原子的扩散能力较小，不能长距离扩散，只能在 F 针内沿一定晶面以细碳化物粒子的形式析出。在光学显微镜下，$B_下$为黑色针状组织，如图 5-10(b)所示。

B 的机械性能与其形态有关。$B_上$在较高温度形成，其 F 片较宽，塑性变形抗力较低；同时，渗碳体分布在 F 片之间，容易引起脆断，因此，强度和韧性都较差。$B_下$形成温度较低，其 F 针细小，无方向性，碳的过饱和度大，位错密度高，且碳化物分布均匀，弥散度大，所以硬度高，韧性好，具有较好的综合机械性能，所以在一些工模具的热处理中常常采用

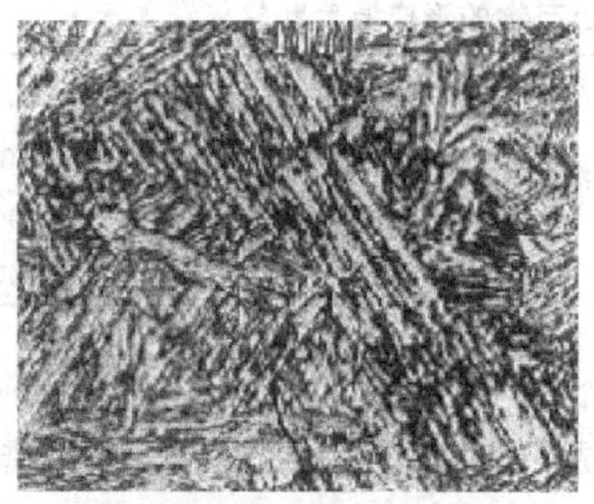

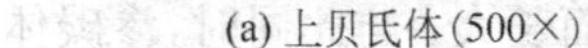

(a) 上贝氏体(500×)

(b) 下贝氏体(400×)

图 5-10　贝氏体微观组织

等温淬火法得到下贝氏体组织，以满足工模具对钢的综合力学性能的要求。$B_下$ 是一种很有应用价值的组织。

3) 低温马氏体转变

(1) 马氏体转变特点

马氏体的转变过程在 $M_s \sim M_f$ 之间，转变产物为马氏体(M)，此温度区称为 M 转变区。M 转变是指钢从 A 体状态快速冷却，来不及发生扩散分解而产生的无扩散型转变，由于 M 转变的无扩散性，因而 M 的化学成分与母相 A 完全相同。如共析钢的 A 体碳浓度为 0.8%，它转变成的 M 的碳浓度也为 0.8%，显然，M 是碳在 α-Fe 中的过饱和间隙固溶体。M 转变是通过共格切变和原子的微小调整来向 α 相转变(属复杂转变，此处不赘述)。由于没有原子的扩散，所以固溶于 A 中的碳原子被迫保留在 α 相的晶格中，造成晶格的严重畸变，成为具有一定正方度(即 c/a)的体心正方晶格(见图 5-11)，M 正方度的大小，取决于 M 中碳的质量分数，碳的质量分数越高，正方度越大。

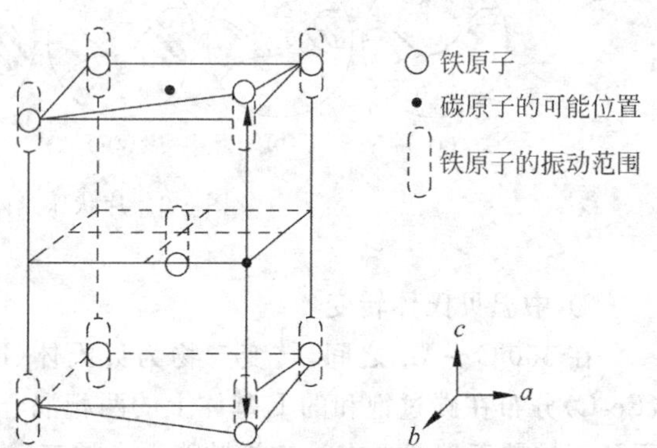

图 5-11　马氏体的体心正方晶格结构

M 的形态主要有两种，即板条状 M(见图 5-12(a))和针片状 M(见图 5-12(b))。M 的形态主要取决于 M 中碳的质量分数，碳的质量分数低于 0.20%时，M 几乎完全为板条状；碳的质量分数高于 1.0%时，M 基本为针片状；碳的质量分数为 0.20～1.0%时，M 为板条状和针片状的混合组织。

板条状 M 的立体形态呈细长的板条状。显微组织中，板条状 M 成束状分布，一组尺寸大致相同并平行排列的板条构成一个板条束。板条束内的相邻板条之间以小角度晶界分开，束与束之间具有较大的位向差。在板条状 M 内，存在着高密度位错构成的亚结构，因此板条状 M 又称为位错 M。

针片状 M 的立体形态呈凸透镜状，显微组织为其截面形态，常呈片状或针状。针片

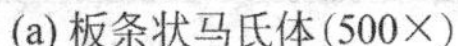

(a) 板条状马氏体(500×)

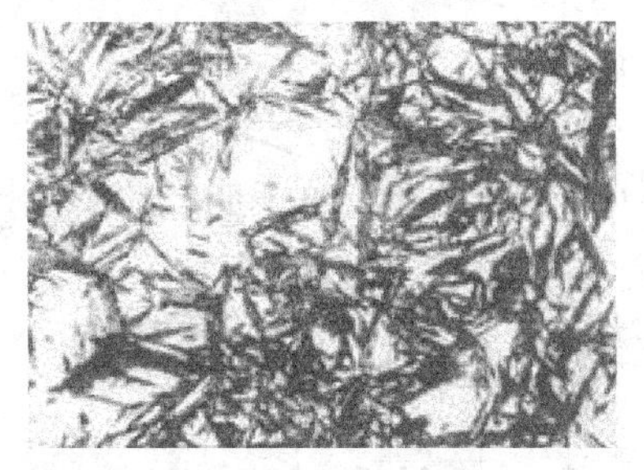

(b) 针片状马氏体(500×)

图 5-12　马氏体微观组织

状 M 之间交错成一定角度。由于 M 晶粒一般不会穿越 A 晶界，最初形成的 M 针片往往贯穿整个 A 晶粒，较为粗大；后形成的 M 针片则逐渐变细、变短。由于针片状 M 内的亚结构主要为孪晶，故又称它为孪晶 M。

(2) 马氏体的性能特点

高硬度是 M 的主要特点。M 的硬度主要受碳的质量分数的影响，在碳的质量分数较低时，M 硬度随碳的质量分数的增加而迅速上升；当碳的质量分数超过 0.6%之后，M 硬度的变化趋于平缓，如图 5-13 所示。碳的质量分数对 M 硬度的影响主要是由于过饱和碳原子与 M 中的晶体缺陷交互作用引起的固溶强化所造成。板条状 M 中的位错和针片状 M 中的孪晶也是强化的重要因素，尤其是孪晶对针片状 M 的硬度和强度影响更大。

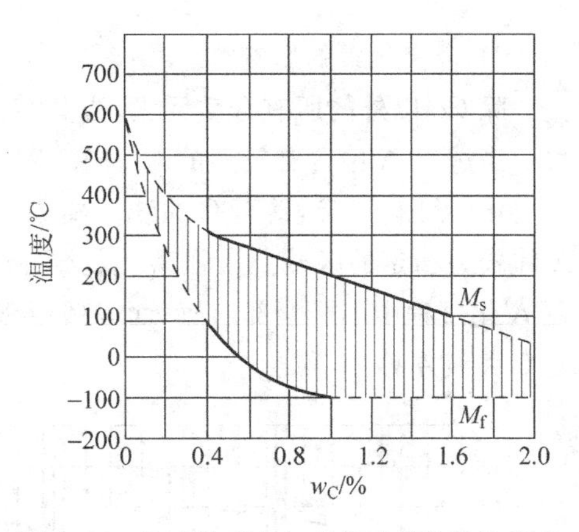

图 5-13　马氏体形态与碳的质量分数的关系

一般认为 M 的塑性和韧性都很差，实际只有针片状 M 硬而脆，而板条 M 则具有较好的韧性。尽可能细化 A 晶粒，以获得细小的 M 组织，这是提高 M 韧性的有效途径。

3. 影响 C 曲线的因素

C 曲线的位置和形状决定于过冷奥氏体的稳定性、等温转变速度及转变产物的性质。因此，凡是影响 C 曲线位置和形状的因素都会影响过冷奥氏体的等温转变。影响 C 曲线位置和形状的主要因素是奥氏体的成分与奥氏体化条件。

1) 碳的质量分数的影响

碳钢的 C 曲线，如图 5-14 所示。亚共析钢和过共析钢 C 曲线的上部各多出了一条先共析相析出线，它表示在发生 P 转变之前，亚共析钢中要先析出 F，过共析钢中要先析出渗碳体。在正常热处理条件下，亚共析钢的 C 曲线随碳的质量分数的增加而右移，过共析钢的 C 曲线随碳的质量分数的增加而左移。这是由于亚共析钢过冷 A 的碳的质量分数越高，先共析 F 析出速度越慢；过共析钢碳的质量分数越高，未溶渗碳体越多，越有利于过冷 A 分解的缘故。

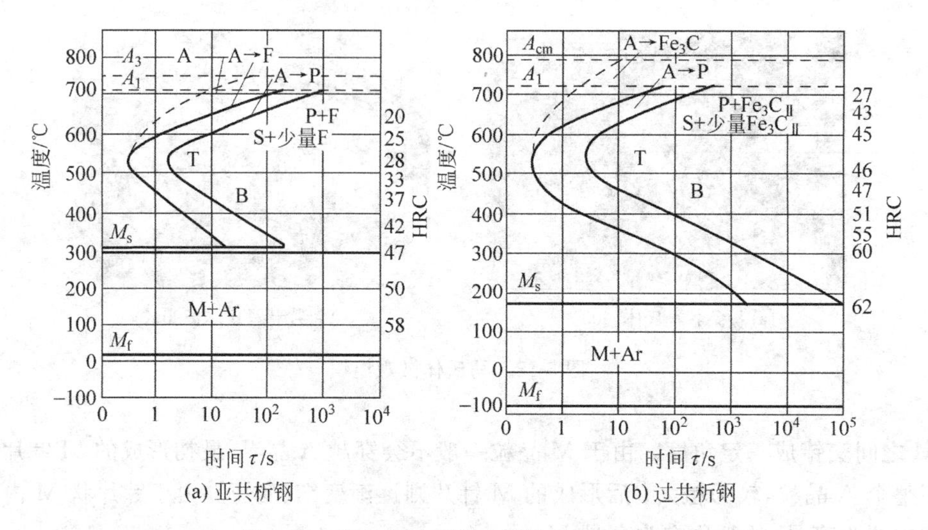

图 5-14　碳的质量分数对碳钢 C 曲线的影响

2）合金元素的影响

除 Co 以外的所有合金元素，当其溶入 A 后都能增加过冷奥氏体稳定性，使 C 曲线右移。当过冷 A 中含有较多的 Cr、Mo、W、V、Ti 等碳化物形成元素时，C 曲线的形状还发生变化(见图 5-15)，甚至 C 曲线分离成上下两部分，形成两个“鼻子”，中间出现一个过冷 A 体较为稳定的区域。当强碳化物形成元素含量较多时，若在钢中形成稳定的碳化物，在 A 化过程中不能全部溶解，而以残留碳化物的形式存在，它们会降低过冷 A 的稳定性，使 C 曲线左移。

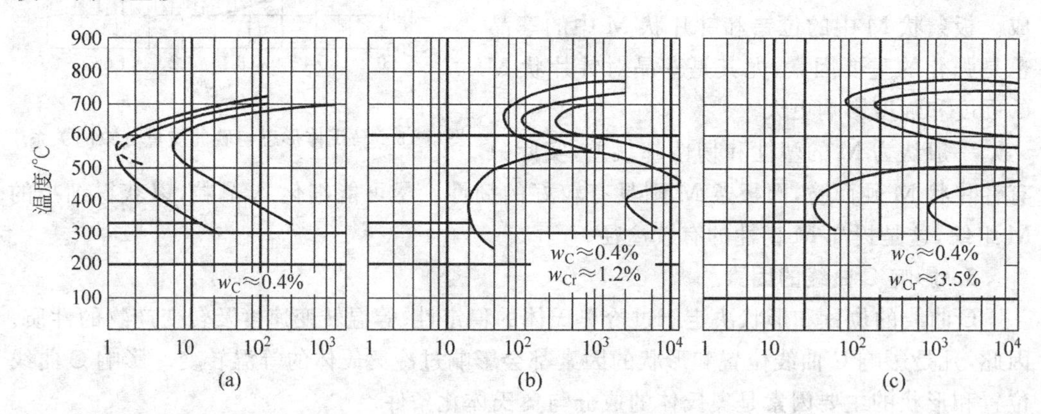

图 5-15　合金元素 Cr 对 C 曲线的影响

3）加热温度和保温时间

随着加热温度的升高和保温时间延长，碳化物溶解越完全，A 成分越均匀，A 晶粒越粗大，晶界面积越少，都降低过冷 A 转变的形核率，使其稳定性增大，从而使 C 曲线右移。

4. 过冷奥氏体连续冷却转变曲线

生产中大多数情况下 A 为连续冷却转变，所以钢的连续冷却转变(continuous cooling transformation，CCT)曲线更有实际意义。为此，将钢加热到 A 状态，以不同速度冷却，测出其 A 转变开始点和终了点的温度和时间，并标在温度-时间(对数)坐标系中，分别连接开始点和终了点，即可得到连续冷却转变曲线(见图 5-16)。图中，P_s 线为过冷 A 转变为 P 的开始线，P_f 线为转变终了线，两线之间为转变的过渡区。K_1K_2 线为转变中止线，当冷却到达此线时，过冷 A 中止转变。

由图 5-16 可知，共析钢以大于 V_1 的速度冷却时，由于遇不到 P 转变线，得到的组织为 M，这个冷却速度称为上临界冷却速度。V_1 越小，钢越易得到 M。冷却速度小于 V_2 时，钢将全部转变为 P。V_2 称为下临界冷却速度。V_2 越小，退火所需的时间越长。冷却速度处于 $V_1 \sim V_2$(例如油冷)时，在到达 K_1K_2 线之前，A 部分转变为 P，从 K_1K_2 线到 M_s 点，剩余的 A 停止转变，直到 M_s 点以下时，才开始转变为 M，过 M_f 点后 M 转变完成。

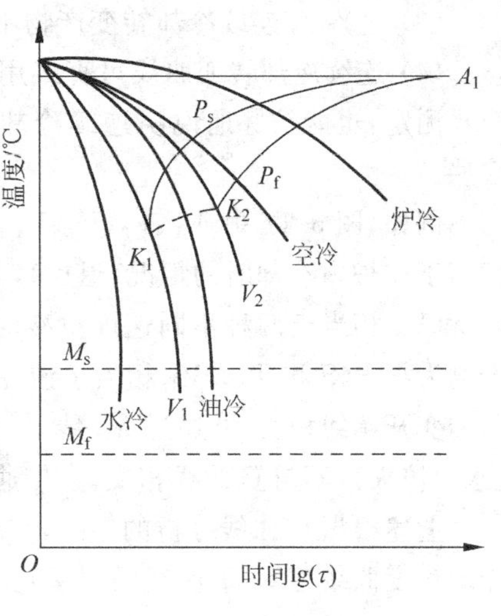

图 5-16　共析钢 CCT 曲线

5. CCT 曲线和 C 曲线的比较与应用

如图 5-17 所示，实线为共析钢的 C 曲线，虚线为 CCT 曲线。

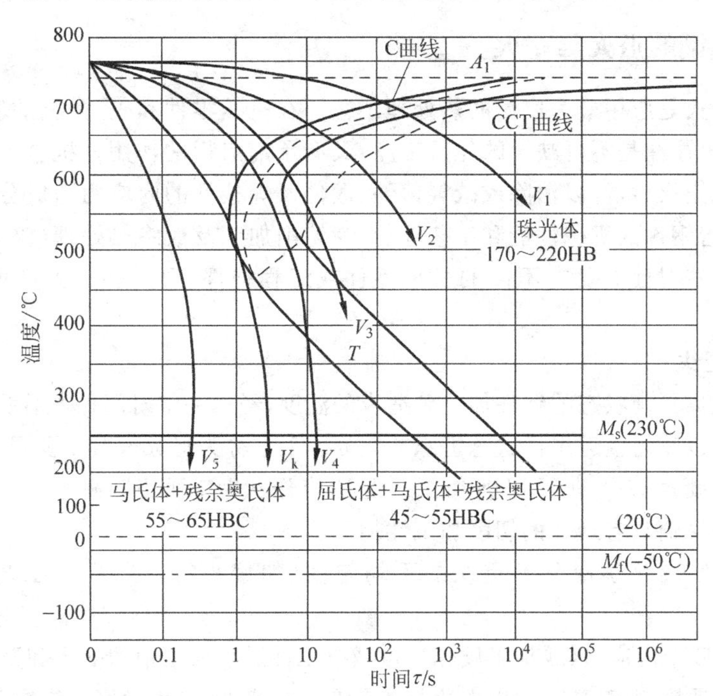

图 5-17　CCT 曲线和 C 曲线的比较

(1) 连续冷却转变曲线位于等温转变曲线的右下方,表明连续冷却时,A 完成 P 转变的温度要低些,时间要长一些。根据实验,等温转变的临界冷却速度大约为连续冷却转变的 1.5 倍。

(2) 连续冷却转变曲线中没有 A 转变为 B 的部分,所以共析碳钢在连续冷却时得不到 B 组织,B 组织只能在等温处理时得到。

(3) 过冷 A 连续冷却转变产物不可能是单一、均匀的组织。

(4) 连续冷却转变曲线可直接用于制定热处理工艺规范,但由于等温转变曲线比较容易测定,也能较好地说明连续冷却时的组织转变,所以应用都很广泛,而后者应用更多些。

例如,图 5-17 中,V_1、V_2、V_3、V_4 和 V_5 为共析钢的 5 种连续冷却速度的冷却曲线。V_1 相当于在炉内冷却时的情况(退火),与 C 曲线相交在 700～650℃范围内,转变产物为 P。V_2 和 V_3 相当于两种不同速度空冷时的情况(正火),与 C 曲线相交于 650～600℃,转变产物为细 P(S 和 T)。V_4 相当于油冷时的情况(油中淬火),在达到 550℃以前与 C 曲线的转变开始线相交,并通过 M_s 线,转变产物为 T、M 和残余 A。V_5 相当于水冷时的情况(水中淬火),不与 C 曲线相交,直接通过 M_s 线冷至室温,转变产物为 M 和残余 A。

上述根据 C 曲线分析的结果,与根据 CCT 曲线分析的结果是一致的(见图 5-17 中各冷却速度曲线与 CCT 曲线的关系)。

5.2 钢的整体热处理工艺及其特征

5.2.1 钢的退火与正火

退火和正火是应用最为广泛的热处理工艺。在机械零件和工、模具的制造加工过程中,退火和正火往往是不可缺少的先行工序,具有承前启后的作用。机械零件及工、模具的毛坯退火或正火后,可以消除或减轻铸件、锻件及焊接件的内应力与成分、组织的不均匀性,从而改善钢件的机械性能和工艺性能,为切削加工及最终热处理(淬火)做好组织、性能准备。一些对性能要求不高的机械零件或工程构件,退火和正火亦可作为最终热处理。

1. 钢的退火

将组织偏离平衡状态的钢件加热到适当的温度,经过一定时间保温后缓慢冷却(一般为随炉冷却),以获得接近平衡状态组织的热处理工艺称为退火。其主要目的如下:

(1) 调整硬度以便进行切削加工。经适当退火后,可使工件硬度调整到 170～250HBS,该硬度值具有最佳的切削加工性能。

(2) 减轻钢的化学成分及组织的不均匀性(如偏析等),以提高工艺性能和使用性能。

(3) 消除残余内应力(或加工硬化),可减少工件后续加工中的变形和开裂。

(4) 细化晶粒,改善高碳钢中碳化物的分布和形态,为淬火做好组织准备。

退火工艺种类很多,常用的有完全退火、等温退火、球化退火、扩散退火、去应力退火及再结晶退火等。不同退火的加热温度范围的工艺如图5-18所示，它们有的加热到临界点以上，有的加热到临界点以下。对于加热温度在临界点以上的退火工艺，其质量主要取决于加热温度、保温时间、冷却速度及等温温度等。对于加热温度在临界点以下的退火工艺，其质量主要取决于加热温度的均匀性。

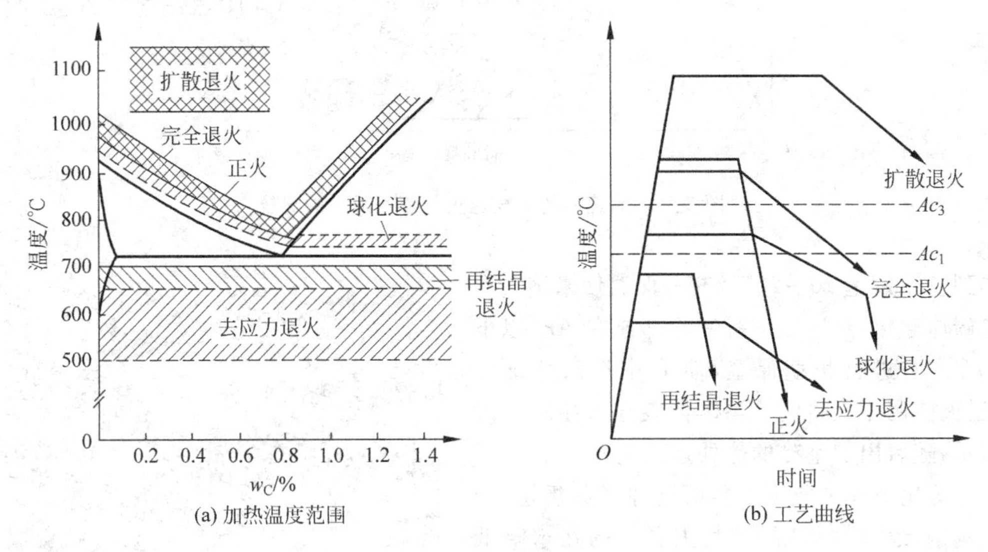

图5-18　各种退火工艺的加热温度范围

1）完全退火

完全退火（又称重结晶退火）是将亚共析钢加热到 Ac_3 以上30～50℃，保温一定时间后随炉缓慢冷却或埋入石灰和砂中冷却，以获得接近平衡组织的一种热处理工艺。它主要用于亚共析钢，其主要目的是细化晶粒、均匀组织、消除内应力、降低硬度和改善钢的切削加工性能。低碳钢和过共析钢不宜采用完全退火。低碳钢完全退火后硬度偏低，不利于切削加工。过共析钢完全退火，加热温度在 Ac_{cm} 以上，会有网状二次渗碳体沿奥氏体晶界析出，造成钢的脆化。

2）等温退火

等温退火是将钢件或毛坯加热到高于 Ac_3（w_C＝0.3%～0.8%，亚共析钢）以上30～50℃或 Ac_1（w_C＝0.8%～1.2%，过共析钢）以上10～20℃的温度，保温适当时间后较快地冷却到P区的某一温度，并等温保持，使A转变为P组织，然后缓慢冷却的热处理工艺。

完全退火所需时间很长，特别是对于某些A比较稳定的合金钢，往往需要几十个小时，为了缩短退火时间，可采用等温退火。图5-19为高速钢的完全退火与等温退火的比较，可见等温退火所需时间比完全退火缩短很多。等温退火的等温温度（Ar_1 以下某一温度）应根据要求的组织和性能由被处理钢的C曲线来确定。温度越高（距 A_1 越近），则P组织越粗大，钢的硬度越低；反之，则硬度越高。

3）球化退火

球化退火是使钢中碳化物球状化而进行的退火工艺。一般球化退火是把过共析钢加

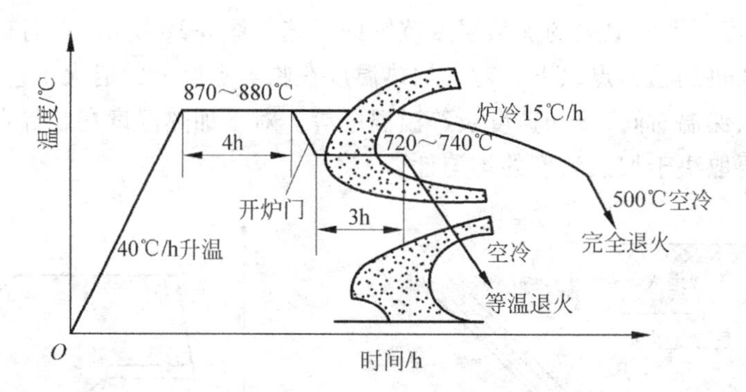

图 5-19　高速钢的完全退火与等温退火的比较

热到 Ac_1 以上 10～20℃，充分保温使未溶二次渗碳体球化，然后随炉缓慢冷却或在 Ar_1 以下 20℃左右进行长期保温，使 P 中渗碳体球化（退火前用正火将网状渗碳体破碎），如图 5-20 所示，随后出炉空冷的热处理工艺。

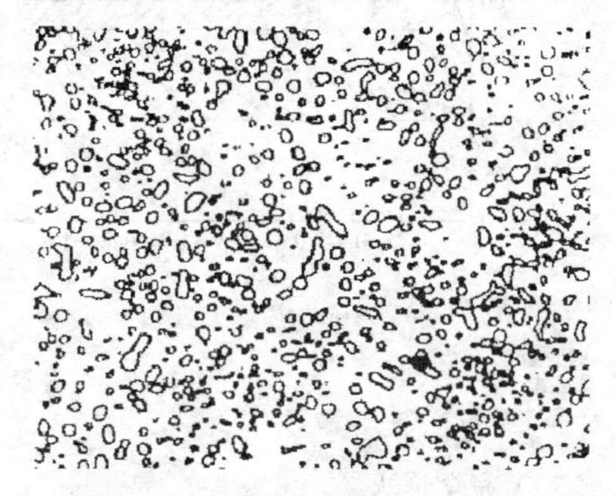

图 5-20　T12 钢球化退火后的显微组织（500×）

球化退火主要用于共析钢和过共析钢，如工具钢、滚珠轴承钢等，其主要目的在于降低硬度、改善切削加工性能，并为以后的淬火做组织准备。

近年来，球化退火也应用于亚共析钢而取得较好效果，并有利于冷变形加工。

4）扩散退火

扩散退火（或均匀化退火）是将钢锭、铸钢件或锻坯加热到略低于固相线的温度，长时间保温，然后缓慢冷却，以消除化学成分和组织不均匀现象的一种热处理工艺。扩散退火加热温度为 Ac_3 以上 150～250℃（通常为 1100～1200℃），具体加热温度视钢种及偏析程度而定，保温时间一般为 10～15h。

扩散退火后钢的晶粒非常粗大，需要再进行完全退火或正火。由于高温扩散退火生产周期长、消耗能量大、生产成本高，所以一般不轻易采用。

5）去应力退火

去应力退火是将钢件加热到低于 Ac_1 的某一温度（一般为 500～650℃），保温，然后随炉冷却，从而消除冷加工以及铸造、锻造和焊接过程中引起的残余内应力而进行的热处理工艺。去应力退火能消除内应力 50%～80%，不引起组织变化；还能降低硬度，提高尺寸稳定性，防止工件的变形和开裂。

2. 钢的正火

将钢材或钢件加热到 Ac_1 或 Ac_{cm} 以上 30～50℃，保温一定的时间，出炉后在空气中冷却的热处理工艺称为正火。

正火与退火的主要区别是：正火的冷却速度较快，过冷度较大，因此正火后所获得的组织比较细，强度和硬度比退火高一些。

正火是成本较低和生产率较高的热处理工艺，在生产中有如下应用：

(1) 对于要求不高的结构零件，可作最终热处理。正火可细化晶粒，正火后组织的力学性能较高。而大型或复杂零件淬火时，可能有开裂危险，所以正火可作为普通结构零件或大型、复杂零件的最终热处理。

(2) 改善低碳钢的切削加工性。正火能减少低碳钢中先共析相铁素体，提高珠光体的量和细化晶粒，所以能提高低碳钢的硬度，改善其切削加工性。

(3) 作为中碳结构钢的较重要工件的预先热处理。对于性能要求较高的中碳结构钢，正火可消除由于热加工造成的组织缺陷，且硬度还在 160～230HBS 范围内，具有良好切削加工性，并能减少工件在淬火时的变形与开裂，提高工件质量。为此，正火常作为较重要工件的预先热处理。

(4) 消除过共析钢中二次渗碳体网。正火可消除过共析钢中二次渗碳体网，为球化退火做组织准备。

5.2.2 钢的淬火

淬火就是把钢加热到临界温度(Ac_3 或 Ac_1)以上，保温一定时间使之奥氏体化后，再以大于临界冷却速度的冷速急剧冷却，从而获得马氏体的热处理工艺。

1. 钢的淬火工艺

1) 淬火温度的选择

亚共析钢的淬火温度为 $Ac_3+30\sim50$℃；共析钢和过共析钢的淬火温度为 $Ac_1+30\sim50$℃，如图 5-21 所示。

亚共析钢必须加热到 Ac_3 以上，否则淬火组织中会保留自由 F，使其硬度降低。过共析钢加热到 Ac_1 以上时，组织中会保留少量二次渗碳体，有利于钢的硬度和耐磨性，并且，由于降低了 A 中的碳的质量分数，可以改变 M 的形态，从而降低 M 的脆性。此外，还可减少淬火后残余奥氏体的量。而且，淬火温度太高时，会形成粗大的马氏体，使机械性能恶化；同时也增大淬火应力，使变形和开裂倾向增大。

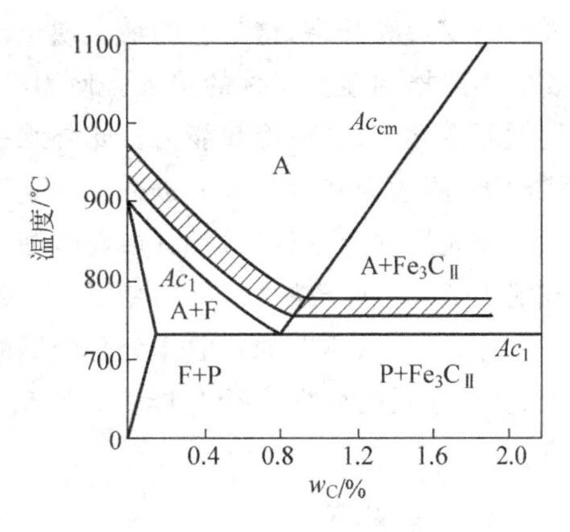

图 5-21 钢的淬火温度范围

对于合金钢，由于大多数合金元素有阻碍奥氏体晶粒长大的作用，所以淬火温度可以稍微提高一些，以利于合金元素的溶解和均匀化。

2) 加热时间的确定

加热时间包括升温和保温两个阶段。通常以装炉后炉温达到淬火温度所需时间为升温阶段，并以此作为保温时间的开始；保温阶段是指钢件烧透并完成 A 化所需的时间。

加热时间受钢件成分、尺寸和形状、装炉量、加热炉类型、炉温和加热介质等因素的影响，可根据热处理手册中介绍的经验公式来估算，也可由实验来确定。

3）淬火冷却介质

加热至奥氏体状态的钢件必须在冷速大于临界冷却速度的情况下才能得到预期的马氏体组织，即希望在C曲线“鼻子”附近的冷速越大越好。但在 M_s 点以下，为了减少因马氏体形成而造成的组织应力，又希望冷速尽量小一些，以减少热应力或组织应力，防止钢件的变形或开裂，如图5-22所示为钢淬火的理想冷却曲线。人们希望能保证钢件淬上火，又不致引起太大的变形，但至今还未找到理想的冷却介质。

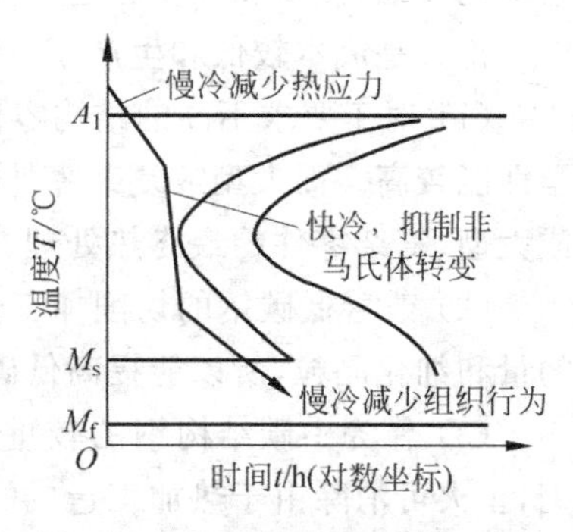

图5-22 钢的理想淬火冷却速度曲线示意图

生产中常用的淬火介质有水、油、盐或碱的水溶液，常用几种淬火介质的冷却能力如表5-2所示。

表5-2 几种常用淬火介质的冷却速度

冷却介质	冷却速度/(℃/s)		冷却介质	冷却速度/(℃/s)	
	650～550℃	300～200℃		650～550℃	300～200℃
水(18℃)	600	270	10%Na_2CO_3溶液(18℃)	800	270
水(25℃)	500	270	10%NaOH溶液(18℃)	30	200
水(50℃)	100	270	矿物油	150	30
10%NaCl溶液(18℃)	1100	300	植物油	200	35

由于水的冷却能力较强，既经济又资源丰富，因此应用最为广泛。其在650～550℃范围冷却能力较弱，在300～200℃范围内冷却能力又太强，冷却速度不理想，因此易造成零件的变形和开裂，这是它的最大缺点。水及盐水主要用于尺寸较大、形状简单、对变形要求不严格的碳钢工件的淬火。使用时温度一般控制在30℃以下，淬火时进行搅拌或采用循环冷却，以提高冷却能力。此外水中加入某些物质，如NaCl、NaOH、Na_2CO_3 和聚乙烯醇等，能改变其冷却能力以适应一定淬火用途的要求。

淬火用油为各种矿物油(如锭子油、变压器油等)。它的优点是在300～200℃范围冷却能力低，有利于减少钢件的变形和开裂；缺点是在650～550℃范围冷却能力也低，不利于钢件的淬硬，所以油一般作为合金钢的淬火介质。另外，油温不能太高，以免其黏度降低、流动性增大而提高冷却能力；油超过燃点易引起着火；油长期使用会老化，应注意维护。

4）淬火方法

常用的淬火方法有单介质淬火、双介质淬火、分级淬火和等温淬火等，见图5-23。

(1) 单介质淬火法

钢件奥氏体化后，在一种介质中冷却，如图5-23中曲线1所示。淬透性小的钢件在水中淬火；淬透性较大的合金钢件及尺寸很小的碳钢件(直径小于3mm)在油中淬火。

单介质淬火法操作简单，易实现机械化，应用较广。其缺点是水淬变形开裂倾向大；油淬冷却速度小，淬透直径小，大件淬不硬。

(2) 双介质淬火

钢件 A 化后，先在一种冷却能力较强的介质中冷却，冷却到 300℃左右后，再淬入另一种冷却能力较弱的介质中冷却。例如，先水淬后油冷，先水冷后空冷，等等。这种淬火操作如图 5-23 中曲线 2 所示。

双介质淬火的优点是马氏体转变时产生的内应力小，减少了变形和开裂的可能性；其缺点是操作复杂，要求操作人员有实践经验。

(3) 分级淬火

钢件 A 化后，迅速淬入稍高于 M_s 点的液体介质(盐浴或碱浴)中，保温适当时间，待钢件内外层都达到介质温度后出炉空冷，操作如图 5-23 中曲线 3 所示。

分级淬火能有效地减少热应力和相变应力，降低工件变形和开裂的倾向，所以可用于形状复杂和截面不均匀的工件的淬火。但受熔盐冷却能力的限制，它只能处理小件(碳钢件直径小于 10mm；合金钢件直径小于 20mm)，常用于刀具的淬火。

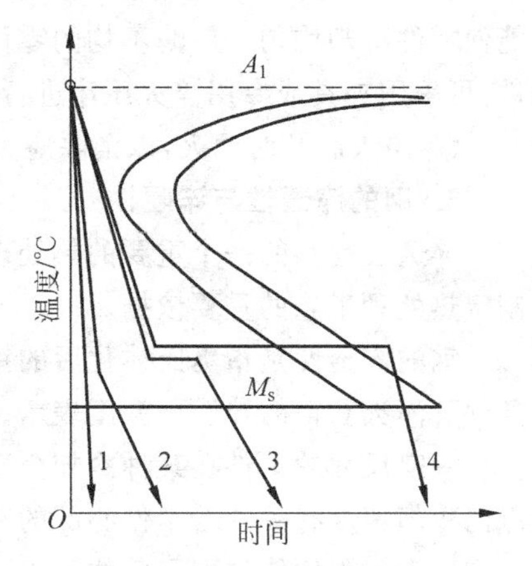

图 5-23　不同淬火方法示意图

1—单介质淬火；2—双介质淬火；3—分级淬火；4—等温淬火

(4) 等温淬火

钢件 A 化后，在淬火温度稍高于 M_s 点的熔炉中，保温足够长的时间，直至奥氏体完全转变为下贝氏体，然后出炉空冷，操作如图 5-23 中曲线 4 所示。

等温淬火大大降低钢件的内应力，减少变形，适用于处理形状复杂和精度要求高的小件，如弹簧、螺栓、小齿轮、轴及丝锥等；也可用于高合金钢较大截面零件的淬火。其缺点是生产周期长、生产效率低。

5) 淬火时易出现的缺陷及预防措施

(1) 淬火时易出现的缺陷

① 淬火后硬度不足或出现软点。产生这类缺陷的主要原因有：亚共析钢加热温度低或保温时间不充分，淬火组织中残留有 F；加热时钢件表面发生氧化、脱碳，淬火后局部生成非 M 组织；淬火时冷速不足或冷却不均匀，未全部得到 M 组织；淬火介质不清洁，工件表面不干净，影响了工件的冷却速度，致使未能完全淬硬。

② 变形和开裂。这是常见的两种缺陷，是由淬火应力引起的。淬火应力包括热应力(即淬火钢件内部温度分布不均所引起的内应力)和组织应力(即淬火时钢件各部转变为 M 时体积膨胀不均匀所引起的内应力)。淬火应力超过钢的屈服极限时，引起钢件变形；淬火应力超过钢的强度极限时，则引起开裂。变形不大的零件，可在淬火和回火后进行校直，变形较大或出现裂纹时，零件只能报废。

(2) 减少和预防变形、开裂的主要措施

① 正确选材和合理设计。对于形状复杂、截面变化大的零件，应选用淬透性好的钢种，以便采用油冷淬火。在零件结构设计中，必须考虑热处理的要求，如尽量减少不对称性、避免尖角，等等。

② 淬火前进行退火或正火，以细化晶粒并使组织均匀化，减少淬火产生的内应力。

③ 淬火加热时严格控制加热温度，防止过热使 A 晶粒粗化，同时也可减小淬火时的热应力。

④ 采用适当的冷却方法。如采用双介质淬火、分级淬火或等温淬火等。淬火时尽可能使零件冷却均匀。厚薄不均的零件，应先将厚的部分淬入介质中；薄件、细长件和复杂件，可采用夹具或专用淬火压床进行冷却。

⑤ 淬火后及时回火，以消除应力，提高工件的韧性。

2. 钢的淬透性与淬硬性

淬透性是钢的一个重要的热处理工艺性能，它是根据使用性能合理选择钢材和正确制定热处理工艺的重要依据。

钢的淬透性是指奥氏体化后的钢在淬火时获得马氏体的能力，其大小可用钢在一定条件下淬火获得的淬透层深度表示。淬透层越深，表明钢的淬透性越好。

一定尺寸的工件在某种冷却介质中淬火时，其淬透层的深度与工件从表面到心部各点的冷却速度有关。若工件心部的冷却速度能达到或超过钢的临界冷却速度 v_k，则工件从表面到心部均能得到马氏体组织，这表明工件已淬透。若工件心部的冷却速度达不到 v_k，仅外层冷却速度超过 v_k，则心部只能得到部分马氏体或全部非马氏体组织，这表明工件未淬透。在这种情况下，工件从表到里是由一定深度的淬透层和未淬透的心部组成。显然钢的淬透层深度与钢件尺寸及淬火介质的冷却能力有关。工件尺寸越小，淬火介质冷却能力越强，则钢的淬透层深度越大；反之，工件尺寸越大，介质冷却能力越弱，则钢的淬透层深度就越小。

在钢件未淬透时，如何判定淬透层的深度呢？按理，淬透层的深度应是钢件表层全部 M 区域的厚度。但是在实际测定中很难准确掌握这个标准，因为在金相组织上淬透层与未淬透区并无明显的界线，淬火组织中有少量非 M(如 5～10％T)时，其硬度值也无明显变化。当淬火组织中非 M 达到一半时，硬度发生显著变化，显微组织观察也较为方便。因此，淬透层深度通常为淬火钢件表面至半 M 区(50％M)的距离。

钢的淬透性在本质上取决于过冷 A 的稳定性。过冷 A 越稳定，临界冷却速度越小，钢件在一定条件下淬火后得到的淬透层深度越大，则钢的淬透性越好。因此，凡是影响过冷 A 稳定性的因素，都影响钢的淬透性。过冷 A 的稳定性主要决定于钢的化学成分和 A 化温度。也就是说，钢中碳的质量分数、合金元素及其含量以及淬火加热温度是影响淬透性的主要因素。

需要特别强调两个问题，一是钢的淬透性与具体工件的淬透层深度的区别。淬透性是钢的一种工艺性能，也是钢的一种属性，对于一种钢在一定的奥氏体化温度下淬火时，其淬透性是确定不变的。钢的淬透性的大小用规定条件下的淬透层深度表示。而具体工件的淬透层深度是指在实际淬火条件下得到的半马氏体区至工件表面的距离，是不确定的，它受钢的淬透性、工件尺寸及淬火介质的冷却能力等诸多因素的影响。二是淬透性与碎硬性的区别。淬硬性是指钢在淬火时的硬化能力，用淬火后马氏体所能达到的最高硬度表示，它主要取决于马氏体中的碳的质量分数。淬透性和淬硬性并无必然联系，如过共析碳钢的淬硬性高，但淬透性低；而低碳合金钢的淬硬性虽然不高，但淬透性很好。

5.2.3 钢的回火

钢件淬火后，为了消除内应力并获得所要求的组织和性能，将其加热到 Ac_1 以下的某一温度，保温一定时间，然后冷却到室温的热处理工艺叫做回火。

淬火钢一般不直接使用，必须进行回火。这是因为：

(1) 淬火后得到的是性能很脆的马氏体组织，并存在有内应力，容易产生变形和开裂；

(2) 淬火马氏体和残余奥氏体都是不稳定组织，在工作中会发生分解，导致零件尺寸的变化，而这对于精密零件是不允许的；

(3) 为了获得要求的强度、硬度、塑性和韧性，以满足零件的使用要求。

1. 钢的回火组织转变

共析钢淬火后得到的是不稳定的 M 和残余 A，它们有着向稳定组织转变的自发倾向。回火加热能促进这种自发的转变过程。随回火温度的提高，回火可分为 4 个阶段。

第一阶段(200℃以下)，马氏体分解。在 200℃以下加热时，M 中的碳以 ε 碳化物的形式析出，而使过饱和度减小，正方度降低。ε 碳化物是极细的并与母体保持共格联系的薄片，晶格结构为正交晶格，分子式为 $Fe_{2.4}C$。这时的组织为回火 M。

第二阶段(200～300℃)，残余 A 分解。M 不断分解为回火 M，体积缩小，降低了对残余 A 的压力，使其在此温度区内转变为 $B_下$。$B_下$ 和回火 M 本质是相似的。残余 A 从 200℃开始分解，到 300℃基本完成，得到的 $B_下$ 不多，所以这个阶段的组织仍主要是回火 M。

第三阶段(250～400℃)，回火 T 的形成。M 和残余 A 在 250℃以下分解形成 ε 碳化物和较低过饱和度的 α 固溶体后，继续升高温度时，因碳原子的扩散析出能力增大，过饱和固溶体很快转变成 F；同时亚稳定的 ε 碳化物也逐渐转变为稳定的渗碳体，并与母相失去共格联系，使淬火时晶格畸变所保存的内应力大大消除。此阶段到 400℃时基本完成，其所形成的尚未再结晶的 F 和细粒状渗碳体的混合物叫做回火 T。

第四阶段(400℃以上)，碳化物的聚集长大。回火 T 中的 α 固溶体已恢复为平衡碳浓度的 F，但此 F 仍保留着原 M 的针状外形，并且针状晶体内位错密度很高。所以与塑性变形的金属相似，针状 F 基体在回火加热过程中，也会发生回复和再结晶过程。开始回复的温度不易测出，但高于 400℃时，回复已很明显。随着回火温度的继续升高，逐渐发生再结晶过程，最后形成位错密度较低的等轴晶粒的 F 基体。与此同时，渗碳体粒子不断聚集长大，于约 400℃时聚集球化，600℃以上时迅速粗化。如此所形成的多边形 F 和粒状渗碳体的混合物就叫做回火 S。

2. 回火的分类与应用

淬火钢回火后的组织和性能决定于回火温度，按回火温度范围的不同，可将钢的回火分为三类。

(1) 低温回火(150～250℃)：所得组织为回火马氏体。淬火钢经低温回火后仍保持高硬度(58～64HRC)和高耐磨性。其主要目的是为了降低淬火应力和脆性。各种高碳工、模具及耐磨零件通常采用低温回火。

(2) 中温回火(350～500℃)：所得组织为回火屈氏体。淬火钢经中温回火后，硬度为 35～45HRC，具有较高的弹性极限和屈服极限，并有一定的塑性和韧性。中温回火主要用于各种弹簧的处理，如 65 钢弹簧一般在 380℃左右回火。

(3) 高温回火(500～650℃)：所得组织为回火索氏体，硬度为 25～35HRC。淬火钢经高温回火后，在保持较高强度的同时，又具有较好的塑性和韧性，即综合机械性能较好。人们通常将中碳钢的淬火加高温回火的热处理称为调质处理。它广泛应用于处理各种重要的结构零件，如在交变载荷下工作的连杆、螺栓、齿轮及轴类等。

3. 回火脆性

回火温度升高时，钢的冲击韧性变化规律如图 5-24 所示。在 250～400℃和 450～650℃两个区间冲击韧性明显下降，这种脆化现象称为钢的回火脆性。

1) 低温回火脆性(第一类回火脆性)

在 250～400℃范围内回火时出现的脆性叫低温回火脆性。几乎所有的钢都存在这类脆性，称为不可逆回火脆性。产生的主要原因是，在 250℃以上回火时，碳化物薄片沿板条状 M 的板条边界或针状 M 的孪晶带和晶界析出，破坏了 M 之间的连接，降低了韧性。在这样的温度下残余 A 的分解也增进脆性，但它不是产生低温回火脆性的主要原因。

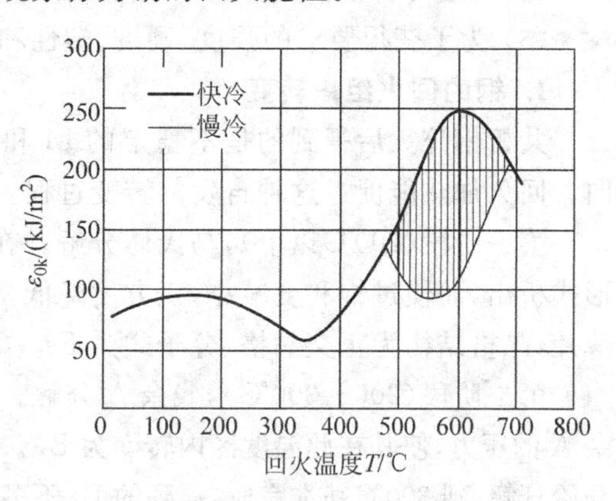

图 5-24　钢的韧性与回火温度的关系

为了防止这类脆性，一般是不在该温度范围内回火，或采用等温淬火处理。钢中加入少量硅，可使此脆化温区提高。

2) 高温回火脆性(第二类回火脆性)

在 450～650℃范围内回火时出现的脆性称为高温回火脆性，它与加热、冷却条件有关。加热至 600℃以上后，慢速冷却通过此温区时出现脆性；快速通过时不出现脆性。在脆化温度长时间保温后，即使快冷也会出现脆性。将已产生脆性的工件重新加热至 600℃以上快冷时，又可消除脆性。如再次加热至 600℃以上慢冷，则脆性又再次出现。所以此脆性称为可逆回火脆性。

高温回火脆性的断口为晶间断裂。一般认为，产生高温回火脆性的主要原因是 Sb、Sn、P 等杂质在原奥氏体晶界上偏聚。钢中 Ni、Cr 等合金元素促进杂质的这种偏聚，而且本身也能发生晶界偏聚，因此增大了产生回火脆性的倾向。

防止高温回火脆性的方法是：尽量减少钢中杂质元素的含量；或者加入 Mo 等能抑制晶界偏聚的合金元素。

5.3　钢的表面热处理与化学热处理

5.3.1　钢的表面热处理

仅对钢的表面加热、冷却而不改变其成分的热处理工艺称为表面热处理。按照加热方式，有感应加热、火焰加热、激光加热、电接触加热和电解加热等表面热处理，最常用的是前三种。

1. 感应加热表面淬火

1) 感应加热的基本原理

感应线圈中通以交流电时，即在其内部和周围产生与电流相同频率的交变磁场。若把工件置于磁场中，则在工件内部产生感应电流，并由于电阻的作用而被加热，如图 5-25 所示。由于交流电的集肤效应，感应电流在工件截面上的分布是不均匀的，靠近表面的电流密度最大，而中心几乎为零。电流透入工件表层的深度，主要与电流频率有关。对于碳钢存在以下关系：

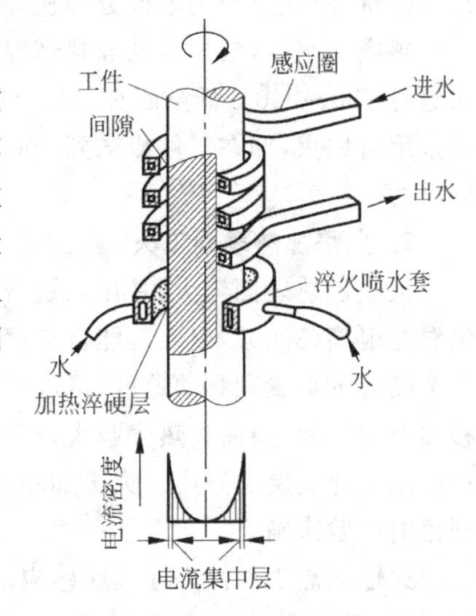

图 5-25　感应加热表面淬火工作原理

$$\delta = 500\sqrt{\frac{\rho}{\mu f}}$$

式中：δ——电流透入深度，mm；

ρ——被加热零件的电阻，$\Omega \cdot mm^2/m$；

μ——被加热零件的磁导率，H/m；

f——电流频率，Hz。

可见，电流频率越高，电流透入深度越小，加热层也越薄。因此，通过频率的选定，可以得到不同的淬硬层深度。例如，要求淬硬层 2～5mm 时，适宜的频率为 2500～8000Hz，可采用中频发电机或可控硅变频器；对于淬硬层为 0.5～2mm 的工件，可以采用电子管式高频电源，其常用频率为 200～300kHz；频率为 50Hz 的工频发电机，适于处理要求 10～15mm 以上淬硬层的工件。

2) 感应加热适用的钢种

表面淬火一般用于中碳钢和中碳低合金钢，如 45、40Cr、40MnB 钢等。这类钢经预先热处理(正火或调质)后表面淬火，心部保持较高的综合机械性能，而表面具有较高的硬度(＞50HRC)和耐磨性。高碳钢也可表面淬火，主要用于受较小冲击和交变载荷的工具、量具等。

3) 感应加热表面淬火的特点

高频感应加热时相变速度极快，一般只需几秒或几十秒钟。与一般淬火相比，其组织和性能有以下特点：

(1) 高频感应加热时，钢的奥氏体化是在较大的过热度(Ac_3 以上 80～150℃)下进行的，因此晶核多，且不易长大，淬火后组织为细隐晶 M。表面硬度高，比一般淬火高 2～3HRC，而且脆性较低。

(2) 表面层淬得 M 后，由于体积膨胀在工件表层造成较大的残余压应力，显著提高工件的疲劳强度。小尺寸零件可提高 2～3 倍，大件也可提高 20～30%。

(3) 因加热速度快，没有保温时间，工件的氧化脱碳少。另外，由于内部未加热，工件的淬火变形也小。

(4) 加热温度和淬硬层厚度(从表面到半 M 区的距离)容易控制，便于实现机械化和自动化。

由于有以上特点，感应加热表面淬火在热处理生产中得到了广泛的应用。其缺点是设备昂贵，形状复杂的零件处理比较困难。

感应加热后，根据钢的导热情况，采用水、乳化液或聚乙烯醇水溶液喷射淬火。淬火后进行180～200℃低温回火，以降低淬火应力，并保持高硬度和高耐磨性。在生产中，也常采用自回火，即在工件冷却到200℃左右时停止喷水，利用工件内部的余热来达到回火的目的。

2. 火焰加热表面淬火

火焰加热表面淬火，是用乙炔-氧或煤气-氧等火焰加热工件表面，如图5-26所示。火焰温度很高(3000℃以上)，能将工件表面迅速加热到淬火温度，然后立即用水喷射冷却。调节喷嘴的位置和移动速度，可以获得不同厚度的淬硬层。显然，喷嘴越靠近工件表面和移动速度越慢，表面过热度越大，获得的淬硬层也越厚。调节喷嘴和喷水管之间的距离也可以改变淬硬层的厚度。火焰加热表面淬火的工艺规范由试验来确定。

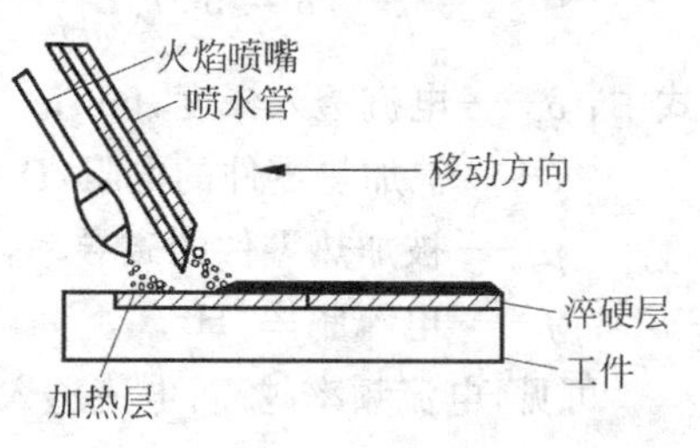

图5-26 火焰加热表面淬火示意图

火焰加热表面淬火和高频感应加热表面淬火相比，具有设备简单、成本低等优点。但火焰加热表面淬火生产率低，零件表面存在不同程度的过热，质量控制也比较困难，因此主要适用于单件、小批量生产及大型零件(如大型齿轮、轴、轧辊等)的表面淬火。

3. 激光加热表面淬火

激光加热表面淬火是利用高功率密度的激光束扫描工件表面，将其迅速加热到钢的相变点以上，然后依靠零件本身的传热，来实现快速冷却淬火。

激光淬火的硬化层较浅，通常为0.3～0.5mm。采用4～5kW的大功率激光器，能使硬化层深度达3mm。由于激光的加热速度特快，工件表层的相变是在很大过热度下进行的，因而形核率高。同时由于加热时间短，碳原子的扩散及晶粒的长大受到限制，因而得到不均匀的奥氏体细晶粒，冷却后转变成隐晶或细针状马氏体。激光淬火比常规淬火的表面硬度高15%～20%以上，可显著提高钢的耐磨性。另外，表面淬硬层造成较大的压应力，有助于其疲劳强度的提高。

由于激光聚焦深度大，在离焦点75mm范围内的能量密度基本相同，所以激光处理对工件的尺寸及表面平整度没有严格要求，能对形状复杂的零件(例如有拐角、沟槽、盲孔的零件)进行处理；激光淬火变形非常小，甚至难以检查出来，处理后的零件可直接送装配线；另外，激光加热速度极快，表面无须保护，靠自激冷却而不用淬火介质，工件表面清洁，有利于环境保护；同时工艺操作简单，也便于实现自动化。由于具有上述一系列优点，激光表面淬火二十多年来发展十分迅速，已在机械制造生产中取得了成功的应用。

5.3.2 钢的化学热处理

化学热处理是将钢件置于一定温度的活性介质中保温，使一种或几种元素渗入它的表面,改变其化学成分和组织,满足表面性能技术要求的热处理过程。按照表面渗入的元素不同,化学热处理可分为渗碳、氮化、碳氮共渗、渗硼、渗铝等,其中生产上应用最广的化学热处理工艺是渗碳、氮化和碳氮共渗(氰化)。

1. 化学热处理的作用

(1) 强化表面,提高零件某些机械性能,如表面硬度、耐磨性、疲劳强度和耐蚀性等。

(2) 保护零件表面,提高某些零件的物理化学性质,如耐高温及耐腐蚀等。因此,在某些方面可以代替含有大量贵重金属和稀有合金元素的特殊钢材。

例如,渗碳、氮化及渗硼等,一般都会显著地增加钢的表面硬度和耐磨性;渗铬可以提高耐磨性和耐腐蚀性能;渗铝可以增加高温抗氧化性及渗硅可以提高耐酸性等。

化学热处理与钢的表面淬火相比较,虽然存在生产周期长的缺点,但它具有一系列优点:

(1) 不受零件外形的限制,都可以获得分布较均匀的淬硬层。

(2) 由于表面成分和组织同时发生了变化,所以耐磨性和疲劳强度更高。

(3) 表面过热现象可以在随后的热处理过程中给以消除。

2. 化学热处理的基本过程

(1) 介质(渗剂)的分解:加热时介质分解,释放出欲渗入元素的活性原子。

(2) 表面吸收:分解出来的活性原子在钢件表面被吸收并溶解,超过溶解度时还能形成化合物。

(3) 原子扩散:溶入元素的原子在浓度梯度的作用下由表及里扩散,形成一定厚度的扩散层。

上述基本过程都和温度有关。温度越高,过程进行速度越快,扩散层越厚;但温度过高会引起奥氏体粗化,使钢变脆。所以,化学热处理在选定合适的处理介质之后,重要的是确定加热温度,而渗层厚度主要由保温时间来控制。

3. 渗碳

将低碳钢放入渗碳介质中,在900～950℃加热保温,使活性碳原子渗入钢件表面以获得高碳浓度(约1.0%)渗层的化学热处理工艺称为渗碳。在经过适当淬火和回火处理后,可提高表面的硬度、耐磨性及疲劳强度,而使心部仍保持良好的韧性和塑性。因此渗碳主要用于同时受严重磨损和较大冲击载荷的零件,如各种齿轮、活塞销、套筒等。渗碳钢中碳的质量分数一般为0.1%～0.3%,常用渗碳钢有20、20Cr、20CrMnTi等。

1) 渗碳方法

根据渗碳剂的状态不同,渗碳方法可分为三种,固体渗碳、液体渗碳和气体渗碳,其中液体渗碳应用极少而气体渗碳应用最广泛。

(1) 固体渗碳

将零件和固体渗碳剂装入渗碳箱中,加盖并用耐火泥密封(见图5-27),然后放入炉中加热至900～950℃,保温渗碳的工艺称为固体渗碳。固体渗碳剂通常是一定粒度的木炭与15%～20%碳酸盐($BaCO_3$ 或 Na_2CO_3)的混合物。木炭提供所需活性碳原子,碳酸盐起催化作用,反应如下:

$$C + O_2 \longrightarrow CO_2$$

$$BaCO_3 \longrightarrow BaO + CO_2$$

$$CO_2 + C \longrightarrow 2CO$$

在渗碳温度下 CO 不稳定，在钢件表面分解，生成活性碳原子[C]($2CO \longrightarrow CO_2 +$ [C])，被钢表面吸收。

固体渗碳的优点是设备简单，容易实现；但生产率低，劳动条件差，质量不易控制，目前应用不多。

试棒
箱盖
泥封
零件
渗碳剂
渗碳箱

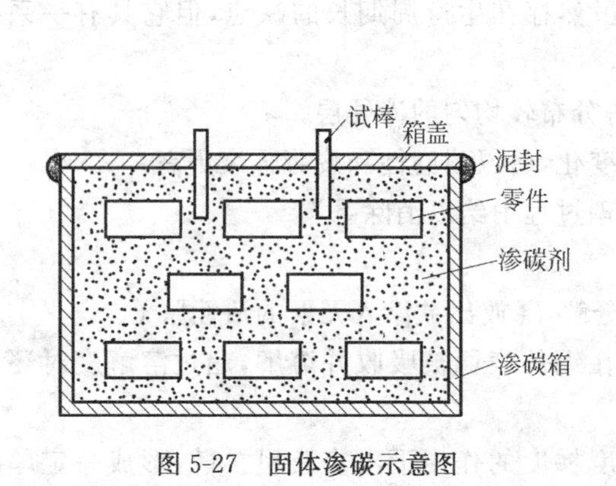

图 5-27　固体渗碳示意图

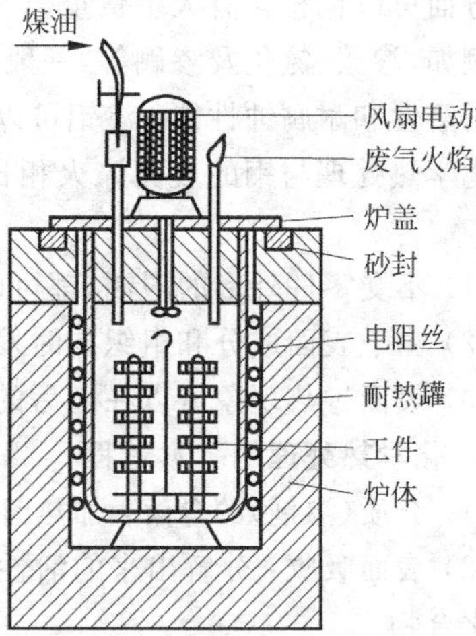

煤油
风扇电动机
废气火焰
炉盖
砂封
电阻丝
耐热罐
工件
炉体

图 5-28　气体渗碳示意图

(2) 气体渗碳

气体渗碳是将工件装在密封的渗碳炉中(见图 5-28)，加热到 900～950℃，向炉内滴入易分解的有机液体(如煤油、苯、甲醇等)，或直接通入渗碳气体(如煤气、石油液化气等)，通过下列反应产生活性碳原子，使钢件表面渗碳：

$$2CO \longrightarrow CO_2 + [C]$$

$$CO_2 + H_2 \longrightarrow H_2O + [C]$$

$$C_nH_{2n+2} \longrightarrow (n+1)H_2 + n[C]$$

气体渗碳的优点是生产率高，劳动条件较好，渗碳过程可以控制，渗碳层的质量和机械性能较好。此外，还可实行直接淬火。

2) 渗碳工艺

渗碳工艺参数包括渗碳温度和渗碳时间等。奥氏体的溶碳能力较大，因此渗碳加热到 Ac_3 以上。温度越高，渗碳速度越快，渗层越厚，生产率也越高。为了避免奥氏体晶粒过于粗大，渗碳温度一般采用 900～950℃。渗碳时间取决于对渗层厚度的要求。在 900～950℃温度下，每保温 1h，厚度增加 0.2～0.3mm。低碳钢渗碳后缓冷下来的显微组织是表层为 P 和二次渗碳体，心部为原始亚共析钢组织(P+F)，中间为过渡组织。一般规定，从表面到过渡层的一半处为渗碳层厚度。一般情况下，渗碳温度为 900～950℃时，一般渗碳气氛条件下，渗碳层厚度(δ)主要取决于保温时间(τ)，即

$$\delta = K\sqrt{\tau}$$

式中，K 为常数，可由实验确定。

3）渗碳后的热处理

为了充分发挥渗碳层的作用，使渗碳件表面获得高硬度和高耐磨性，心部保持足够的强度和韧性，工件在渗碳后必须进行热处理（淬火＋低温回火）。

渗碳件的淬火方法有如下三种。

（1）直接淬火：即工件渗碳直接淬火（见图 5-29(a)）或预冷到 830～850℃后淬火（见图 5-29(b)）。这种方法一般适用于气体或液体渗碳，固体渗碳时较难采用。

直接淬火具有生产效率高、工艺简单、成本低、减少工件变形及氧化脱碳等优点。但是，由于渗碳温度高、时间长，容易发生奥氏体晶粒长大，因而可能导致粗大的淬火组织及表层残余奥氏体量较多，影响工件的韧性和耐磨性。所以，直接淬火只适用于本质细晶粒钢或性能要求较低的零件。

（2）一次淬火：即在渗碳件缓慢冷却之后，重新加热淬火。与直接淬火相比，一次淬火可使钢的组织得到一定程度的细化。对于心部性能要求较高的工件，淬火温度应略高于心部成分的 Ac_3 点；对于心部强度要求不高，而要求表面有较高硬度和耐磨性的工件，淬火温度应略高于 Ac_1；对介于两者之间的渗碳件，要兼顾表层与心部的组织及性能，淬火温度可选在 $Ac_1 \sim Ac_3$ 之间。如图 5-29(c)所示。

（3）两次淬火：即渗碳后缓冷，然后进行两次加热淬火，以使工件的表面和心部都能获得较高的机械性能。第一次淬火加热温度在 Ac_3 以上 30～50℃，目的是细化心部组织并消除表层网状渗碳体。第二次淬火加热温度在 Ac_1 以上 30～50℃，目的是使表层获得极细的 M 和均匀分布的细粒状 Fe_3C_{II}，如图 5-29(d)所示。两次淬火工艺复杂，生产率低，成本高，且会增大工件的变形及氧化与脱碳，因此现在生产上很少应用。

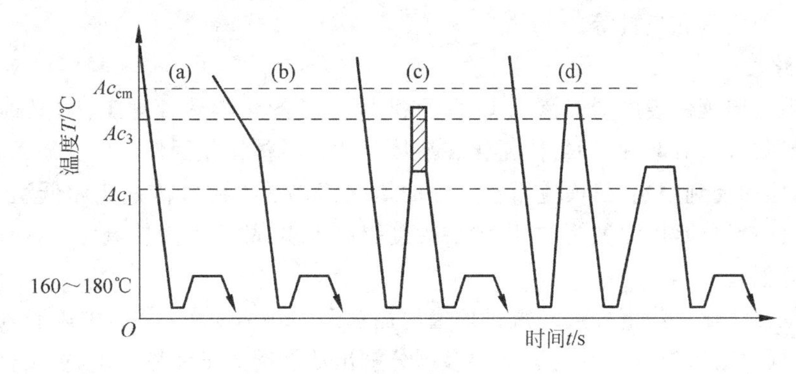

图 5-29　渗碳后热处理示意图

不论采用哪种方法淬火，渗碳件在最终淬火后都应进行低温回火（150～200℃）。渗碳钢经淬火和低温回火后，表层硬度可达 60HRC 以上，耐磨性好，疲劳强度高。心部的性能取决于钢的淬透性。心部未淬透时，为 F＋P 组织，硬度较低，塑性、韧性较好；心部淬透时，为低碳 M 或 M＋T 组织，硬度较高，具有较高的强度和韧性。

4. 氮化

氮化（渗氮）就是向钢的表面渗入氮元素的热处理工艺。氮化的目的在于更大程度地提高钢件表面的硬度和耐磨性，提高疲劳强度和耐蚀性。

与渗碳相比，钢件氮化后表层具有更高的硬度和耐磨性。氮化后的工件表层硬度高达1000～1200HV，相当于65～72HRC。这种硬度可保持到500～600℃不降低，故钢件氮化后具有很好的热稳定性。由于氮化层体积胀大，在工件表层形成较大的残余压应力，因此可以获得比渗碳更高的疲劳强度。另外，钢件氮化后表面形成一层致密的氮化物薄膜，从而使工件具有良好的耐腐蚀性能。

钢件经氮化后表层即具有高硬度和高耐磨性，氮化后无须再进行热处理。为了保证工件心部的性能，在氮化前应进行调质处理。

目前较为广泛应用的氮化工艺是气体渗氮，即将氨气通入加热到氮化温度的密封氮化罐中，使其分解出活性氮原子（$2NH_3 \longrightarrow 3H_2 + 2[N]$）。α-Fe吸收活性氮原子，先形成固溶体，当含氮量超过α-Fe溶解度时，便形成氮化物Fe_4N和Fe_2N。

由于氨的分解温度较低，所以氮化温度不高，不超过调质的回火温度，通常为500～580℃，因此氮化件的变形很小。但氮化所需的时间很长，要获得0.3～0.5mm厚的氮化层，一般需要20～50h。

为了缩短氮化时间，离子氮化获得了推广应用，其基本原理是，在真空容器内使氨气电离出氮离子，冲击阴极工件并渗入工件表面。离子氮化不仅显著缩短了氮化时间，而且能明显提高氮化层的韧性和疲劳抗力。

为了保证钢件氮化层的高硬度和高耐磨性，钢中应含有能形成稳定氮化物的合金元素，如Al、Cr、Mo、V、Ti等。目前最常用的氮化钢是38CrMoAl。

氮化虽然使钢件具有一系列优异性能，但其工艺复杂，生产周期长，成本高，因此主要用于耐磨、耐热、抗蚀和精度要求很高的零件，例如磨床主轴、镗床镗杆、精密机床丝杆、精密齿轮及热作模具和量具等。

5. 氰化

氰化就是向钢件表层同时渗入C原子和N原子的化学热处理工艺，又称为碳氮共渗。目前氰化方法有两种，即气体氰化和液体氰化。液体氰化因使用的介质氰盐有剧毒，污染环境，应用受到限制，目前应用较广泛的氰化工艺是中温气体氰化和低温气体氰化。其中低温气体氰化是以渗氮为主，因渗层硬度提高不多，故又称为软氮化。这里仅简单介绍中温气体氰化。

中温气体氰化是将钢件放入密封炉罐内加热到820～860℃，并向炉内滴入煤油或其他渗碳剂，同时通入氨气。在高温下共渗剂分解出活性碳原子和氮原子，被工件表面吸收并向内层扩散，形成一定共渗层。在钢的氰化温度下，保温时间主要取决于要求的渗层深度，例如一般零件保温4～6h，渗层深度可达0.5～0.8mm。

和渗碳件一样，中温气体氰化后的零件经淬火加低温回火后，共渗层组织为细小的针片状马氏体、适量的粒状碳氮化合物和少量残余奥氏体。

在渗层碳的质量分数相同的情况下，氰化件比渗碳件具有更高的表面硬度、耐磨性、抗蚀性、弯曲强度和接触疲劳强度，但耐磨性和疲劳强度低于渗氮件。

中温气体氰化和渗碳相比，具有处理温度低、速度快、生产效率高、变形小等优点，得到了越来越广泛的应用。但由于它的渗层较薄，主要只用于形状复杂、要求变形小、受力不大的小型耐磨零件。氰化不仅适用于渗碳钢，也可用于中碳钢和中碳合金钢。

5.4 铸铁热处理

铸铁热处理的原理、工艺与钢基本相同，但因其C、Si、Mn、S、P等元素的含量较高，故其有以下热处理特点：

(1) 共析转变温度升高。随成分的变化，铸铁的共析温度在750～860℃范围内，当铸铁加热到共析温度范围时，形成奥氏体(A)、铁素体(F)和石墨(G)等多相平衡组织，使热处理后的组织与性能多样化。

(2) C曲线右移，淬透性提高。由于铸铁中硅的质量分数高，提高了淬透性，故对中小铸铁件可在油中淬火。

(3) 奥氏体中的碳的质量分数可用加热温度和保温时间来调整。由于铸铁中有较多的石墨，当奥氏体化温度升高时，石墨不断溶入奥氏体中便获得不同碳的质量分数的奥氏体，因而可得到不同碳的质量分数的马氏体。

(4) 由于石墨的导热性差，故铸铁加热过程应缓慢进行。以下就常用铸铁的热处理方法作一简介。

5.4.1 普通灰铸铁的热处理

灰铸铁热处理只能改变基体组织，不能改变石墨的形态和分布，所以灰铸铁热处理不能显著改善其力学性能，主要用来消除铸件内应力、稳定尺寸、改善切削加工性和提高铸件表面耐磨性。

1. 消除内应力退火

在铸造过程中，产生很大的内应力不仅降低铸件强度，而且使铸件产生翘曲、变形，甚至开裂。因此，铸铁件铸造后必须进行消除应力退火，又称人工时效。即将铸件缓慢加热到500～550℃适当保温(每10mm截面保温2h)后，随炉缓冷至150～200℃出炉空冷。去应力退火的加热温度一般不超过560℃，以免共析渗碳体分解、球化，降低铸件强度、硬度和耐磨性。

此方法主要用于大型、复杂铸件或高精度的铸件，如机床车身、机座、气缸体等铸件，在切削加工前，一般要进行去应力退火。

2. 消除白口组织的退火或正火

铸件冷却时，表层及截面较薄部位由于冷却速度快，易出现白口组织使硬度升高，难以切削加工。通常将铸件加热至850～950℃保温1～4h，然后随炉缓冷，使部分渗碳体分解，最终得到铁素体基或铁素体-珠光体基灰铸铁，从而消除白口，降低硬度，改善切削加工性。正火是将铸件加热至850～950℃保温1～3h后出炉空冷，使共析渗碳体不发生分解，最终得到珠光体基灰铸铁，从而既消除了白口、改善了可加工性，又提高了铸件的强度、硬度和耐磨性。

3. 表面淬火

铸铁件和钢一样，可以采用表面淬火工艺使铸件表面获得回火马氏体加片状石墨的硬化层，从而提高灰铸铁件（如机床导轨）的表面强度、耐磨性和疲劳强度，延长其使用寿命。为了获得更好的表面淬火效果，对高、中频淬火铸铁，一般希望采用珠光体灰铸铁，最好是细片状石墨的孕育铸铁。

5.4.2　可锻铸铁的热处理

可锻铸铁的显微组织取决于石墨化退火工艺。将白口铸铁在中性介质（高炉炉渣、细砂）中加热到 950～1000℃长时间保温，珠光体转变为奥氏体，渗碳体在此温度下完全分解，形成团絮状石墨，此乃石墨化的第一阶段。然后从高温随炉缓冷到 720～750℃，以便从奥氏体中析出二次石墨。在 720～750℃之间应以极缓慢速度（3～5℃/h）通过共析转变温度区，避免二次渗碳体析出，保证奥氏体直接转变为铁素体加石墨，完成第二阶段石墨化，则可得到铁素体基体的可锻铸铁。为了便于控制第二阶段石墨化，亦可从高温加热后直接缓冷至低于共析转变温度范围（720～750℃）长时间（15～20h）等温保持，使共析渗碳体分解为铁素体加石墨。当共析渗碳体石墨化完毕后，即可随炉缓冷至 600～700℃出炉空冷。

5.4.3　球墨铸铁的热处理

球墨铸铁的主要热处理工艺有退火、正火、调质处理和等温淬火。

1. 退火

球墨铸铁退火工艺包括消除内应力退火、高温退火和低温退火三种。球墨铸铁消除内应力退火工艺与灰铸铁相同，此处不再介绍。

1）高温退火

球墨铸铁形成白口组织的倾向较大，铸态组织中常出现莱氏体和自由渗碳体，使铸件脆性增大，硬度升高，切削性能恶化。为消除白口，获得高韧性的铁素体球铁，需进行高温石墨化退火，其工艺是将铸件加热至 900～950℃，保温 2～4h，进行第一阶段石墨化，然后炉冷至 720～780℃（Ar_1～Ac_1），保温 2～8h，进行第二阶段石墨化。如果在 900～950℃保温后炉冷至 600℃空冷，则由于第二阶段石墨化没有进行，将得到铁素体-珠光体球墨铸铁。

2）低温退火

当铸态球墨铸铁组织只有铁素体、珠光体及球状石墨而无自由渗碳体时，为了获得高韧性的铁素体球墨铸铁，可采用低温退火。其工艺是将铸件加热到 720～760℃，保温 3～6h，然后随炉缓冷至 600℃出炉空冷，使珠光体中渗碳体发生石墨化分解。

2. 正火

正火的目的是使铸态下的铁素体-珠光体球墨铸铁转变为珠光体球墨铸铁，并细化组织，以提高球墨铸铁的强度、硬度和耐磨性。根据正火加热温度不同，可分为高温正火和低温正火两种。

1）高温正火

高温正火即将铸铁加热到 800～950℃保温 1～3h，使基体全部转变为奥氏体，然后出炉空冷、风冷或喷雾冷却，从而获得全部珠光体基体球墨铸铁。球墨铸铁导热性差，正火冷却时容易产生内应力，故球墨铸铁正火后需进行回火消除之，加热到550～600℃保温2～4h空冷。

2）低温正火

低温正火即将铸件加热到820～860℃（共析温度区间），保温1～4h使球墨铸铁组织处于奥氏体、铁素体和球状石墨三相平衡区，然后出炉空冷，得到珠光体加少量铁素体加球状石墨组织，可使球墨铸铁获得较高的塑性、韧性和一定的强度，具有较高的综合力学性能。前已述及，在共析温度范围内，不同温度对应着不同铁素体和奥氏体的平衡数量，温度越高，奥氏体越均匀，则珠光体数量越多。因此通过控制正火温度，可以在很宽范围内控制球墨铸铁的力学性能。

3. 调质处理

调质处理即将球墨铸铁加热到奥氏体区（850～900℃），保温2～4h后油淬，再经550～600℃回火4～6h，得到回火索氏体基体加球状石墨组织。其目的是为了得到高的强度和韧性的球墨铸铁，其综合力学性能比正火还高。尤其适于铸造受力复杂、截面较大、综合性能要求高的连杆、曲轴等重要机器零件。球墨铸铁淬透性比钢好，一般中、小铸件，甚至形状简单的较大铸件均可采用油淬，以防淬火开裂。控制球墨铸铁的淬火温度和保温时间可以获得碳质量分数不同的奥氏体，淬火后得到不同成分的马氏体，从而可以控制淬火后球墨铸铁的基体组织和性能。经回火后可以获得较好的综合力学性能。过高淬火温度将使马氏体针变粗并出现较多的残留奥氏体量，在冷却稍慢时甚至可出现网状二次渗碳体，从而使球墨铸铁性能变坏。

4. 等温淬火

球墨铸铁等温淬火是将铸件加热到850～920℃（奥氏体区）保温以后，立即放入温度为250～350℃的硝盐中等温30～90min，使过冷奥氏体转变为下贝氏体。其目的是提高球墨铸铁的综合力学性能，在获得高强度或超高强度的同时，具有较好的塑性和韧性。等温淬火后应进行低温回火，使残留奥氏体转变为下贝氏体或等温后空冷过程中形成的少量马氏体转变为回火马氏体，以进一步提高球墨铸铁的强韧性。等温淬火适用于截面不大但受力复杂的齿轮、曲轴、凸轮轴等重要机器零件。

5.5　热处理与机械零件设计制造的关系

进行热处理的零件，不仅要满足工况要求，还要适应热处理工艺要求，否则会给热处理造成困难或因变形超差、开裂而导致零件报废。

5.5.1　热处理的技术条件和结构工艺性

1. 热处理技术条件的标注

热处理零件在图纸上应注明热处理的技术条件，其内容包括最终热处理方法及热处理应达到的力学性能指标等。标定的硬度值允许有一个波动范围，一般布氏硬度波动范围为30～40个单位，洛氏硬度波动范围在5个单位左右。例如，调质硬度为220～250HBS，淬火回火硬度为40～45HRC。常见的热处理工艺代号及技术条件的标注方法如表5-3所列。

表 5-3　常见的热处理工艺代号及技术条件的标注方法

名　称	代号	说　明
退火	Th	Th：退火
正火	Z	Z：正火
固溶处理	R	R：固溶处理
调质	T	T215：调质 200～230HBS
淬火	C	C42：淬火 42～47HRC
感应淬火	G	G48：感应淬火 48～52HRC
		G0.8-48：感应淬火深度 0.8～1.6,48～52HRC
调质感应淬火	T-G	T235-G48：调质 220～250HBS,感应淬火 48～52HRC
火焰淬火	H	H42：火焰淬火 42～48HRC
		H1.6-42：火焰淬火深度 1.6～3.6,42～48HRC
渗碳、淬火	S-C	S0.8-C58：渗碳淬火深度 0.8～1.2,58～63HRC
渗碳、感应淬火	S-G	S1.0-G58：渗碳感应淬火深度 1.0～2.0,58～63HRC
碳氮共渗、淬火	Td-C	Td0.5-C5：碳氮共渗淬火深度 0.5～0.8,58～63HRC
渗氮	D	D0.3-850：渗氮深度 0.25～0.4,≥850HV
调质、渗氮	T-D	T265-D0.3-850：调质 250～280HBS,渗氮深度 0.25～0.4,≥850HV
氮碳共渗	Dt	Dt480：氮碳共渗≥480HV

2. 热处理零件的结构工艺性

热处理零件的结构工艺性，是指在设计热处理零件，特别是淬火件时，一方面要满足热处理零件的使用性能要求，另一方面应考虑热处理工艺对零件结构的要求，不然会使热处理操作困难，增加淬火变形、开裂，使零件报废。因此设计人员需考虑热处理零件的结构工艺性，尽量考虑以下原则。

1）避免尖角

零件的尖角是淬火应力集中的地方，往往成为淬火开裂的起点。因此，一般应尽量将尖角设计成圆角、倒角，以避免淬火开裂，如图 5-30 所示。

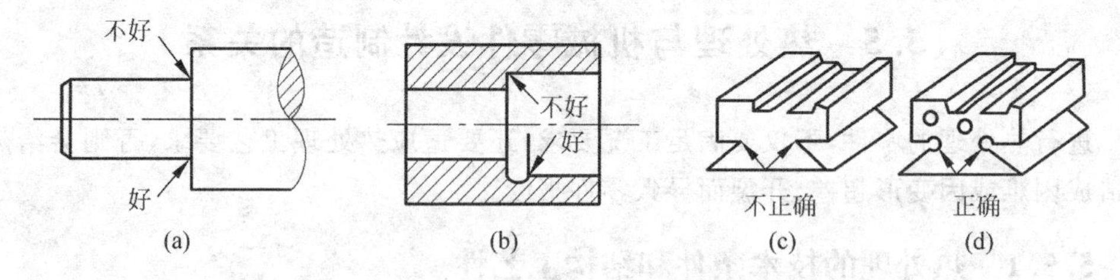

图 5-30　避免尖角、棱角的设计

2）避免厚薄悬殊的截面

厚薄悬殊的零件淬火冷却时，由于冷却不均匀造成的变形、开裂倾向较大。为了避免厚薄悬殊造成淬火变形或开裂，可在零件太薄处加厚，或采用开工艺孔、变不通孔为通孔等方法，如图 5-31、图 5-32 所示。

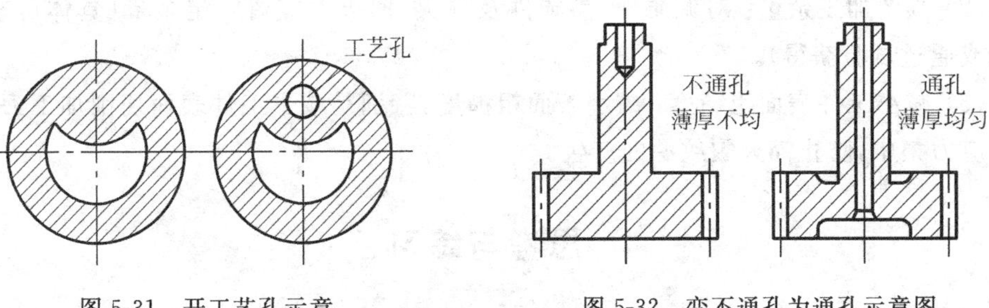

图 5-31　开工艺孔示意　　图 5-32　变不通孔为通孔示意图

3) 采用封闭、对称结构

开口或不对称结构的零件在淬火时应力分布亦不均匀,容易引起变形,应改为封闭或对称结构。图 5-33(a)所示的零件,中间单面有一槽,淬火将发生较大变形(如图中虚线所示),改成图 5-33(b)对使用无影响,却减少了淬火变形。图 5-34 所示是槽形零件,淬火前留筋形成封闭,热处理后切开或去掉。

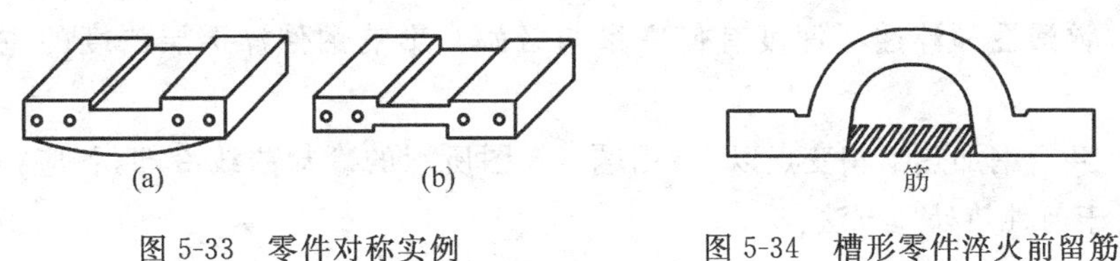

图 5-33　零件对称实例　　图 5-34　槽形零件淬火前留筋

4) 采用组合结构

某些有淬裂倾向而各部分工作条件要求不同的零件或形状复杂的零件,在可能条件下可采用组合结构或镶拼结构。图 5-35(a)所示是山字形硅钢片冲模,如果将其做成整体,热处理后要变形(如虚线所示)。若把整体改为四块组合件,如图 5-35(b)所示,热处理变形可不考虑,将单块磨削后钳工装配组合即可。

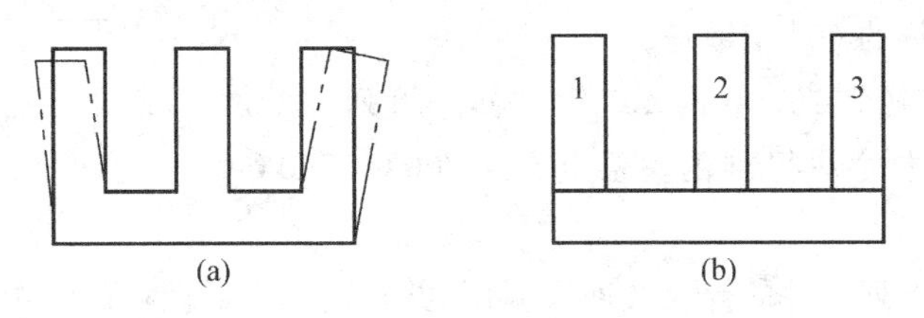

图 5-35　硅钢片冲模

5.5.2　热处理对切削加工工艺的要求

为避免工件在热处理过程中造成某些缺陷,适当调整切削加工工艺,才能达到良好的冷热加工的配合。

(1) 合理安排冷热加工工序:对精度要求较高的零件,应尽量在淬火、回火后再加工其内孔或键槽,以防变形和开裂;对要求精度高的细长或形状复杂的零件,可在半精加工和最终热处理之间安排去应力退火,如氮化件。

(2) 预留加工余量：对调质件、渗碳件及淬火、回火件应留一定余量(具体可查有关手册或通过试验获得)。

(3) 减小工件表面粗糙度：减小表面粗糙度，特别是减少工件表面切削加工刀痕，可降低应力集中，防止淬火裂纹源的产生。

思考与练习

5-1　说明共析钢C曲线各个区、各条线的物理意义，并指出影响C曲线形状和位置的主要因素。

5-2　亚共析钢热处理时快速加热可显著地提高屈服强度和冲击韧性，是何道理？

5-3　加热使钢完全转变为奥氏体时，原始组织是粗粒状珠光体为好，还是以细片状珠光体为好？为什么？

5-4　简述各种淬火方法及其适用范围。

5-5　淬透性和淬透层深度有何联系与区别？影响钢件淬透层深度的主要因素是什么？

5-6　共析钢加热到相变点以上，用题5-6图所示的冷却曲线冷却，各应得到什么组织？各属于何种热处理方法？

5-7　正火与退火的主要区别是什么？生产中应如何选择正火与退火？

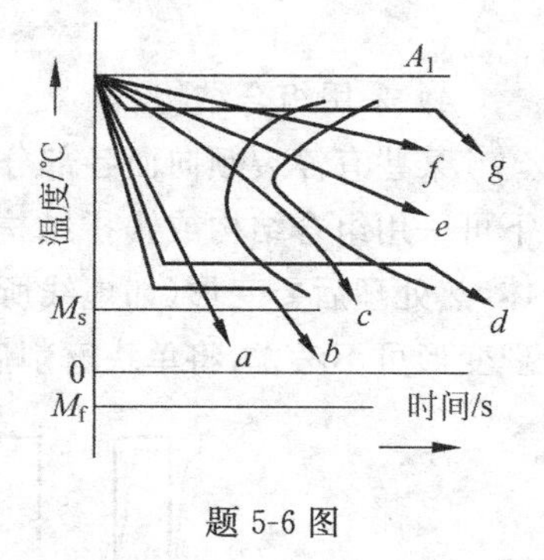

题5-6图

5-8　确定下列钢件的退火方法，并指出退火目的及退火后的组织：

(1) 经冷轧后的15#钢板，要求降低硬度；

(2) ZG35的铸造齿轮；

(3) 锻造过热的60#钢锻坯。

5-9　说明直径为10mm的45#钢试样经下列温度加热、保温并在水中冷却得到的室温组织：700℃，760℃，840℃，1100℃。

5-10　指出下列工件的淬火及回火温度，并指出回火后获得的组织。

(1) 45#钢小轴(要求综合机械性能好)；

(2) 60#钢弹簧；

(3) T12钢锉刀。

5-11　用T10钢制造形状简单的车刀，其工艺路线为：锻造→热处理→机加工→热处理→磨加工。

(1) 写出其中热处理工序的名称及作用。

(2) 制定最终热处理(即磨加工前的热处理)的工艺规范，并指出车刀在使用状态下的显微组织和大致硬度。

5-12　低碳钢(0.2%C)小件经930℃，5h渗碳后，表面碳的质量分数增至1.0%，试分析以下处理后表层和心部的组织：

（1）渗碳后慢冷；

（2）渗碳后直接水淬并低温回火；

（3）由渗碳温度预冷到820℃，保温后水淬，再低温回火；

（4）渗碳后慢冷至室温，再加热到780℃，保温后水淬，再低温回火。

第6章　金属材料的塑性变形

在工业生产中，许多金属零件都要经过压力加工，如锻造、轧制、拉丝、挤压、冲压等。压力加工的一个基本特点是金属在外力作用下，发生不能自行恢复其原形和尺寸的变形——塑性变形。

塑性变形不仅是为了得到零件的外形和尺寸，更重要的是为了改善金属的组织和性能。例如，用压力加工可以改善铸态组织中的粗大晶粒、不均匀及成分偏析等缺陷；通过锻造可击碎高速钢中的碳化物，并使其均匀分布；对于直径小的线材，由于拉丝成形而使强度显著提高。由此可见，了解金属塑性变形过程中组织变化的实质与变化规律，不仅对改进金属材料的加工工艺，而且对发挥材料的性能潜力、提高产品质量都具有实际的重要意义。

6.1　单晶体与多晶体的塑性变形

6.1.1　单晶体的塑性变形

单晶体是指原子排列方式完全一致的晶体。单晶体的晶格只有受到切应力作用，并达到临界值时，才发生塑性变形。单晶体的塑性变形主要有两种方式，一种为滑移变形，另一种为双晶变形(亦叫孪晶)，其中滑移变形为主要变形方式。

1. 滑移变形

1) 滑移带

如果将表面抛光的单晶体金属试样进行拉伸，当试样经适量的塑性变形后，在金相显微镜下可以观察到，在抛光的表面上出现许多相互平行的线条，这些线条称为滑移带，如图6-1(a)所示。用电子显微镜观察，发现每条滑移带均是由一组相互平行的滑移线所组成，这些滑移线实际上是在塑性变形后在晶体表面产生的一个个小台阶(见图6-1(b))。因此，滑移是指当应力超过材料的弹性极限后，晶体的一部分沿一定的晶面和晶向相对于另一部分发生滑移位移的现象。这种位移在应力去除后是不能恢复的，所以金属晶体经过滑移变形后，其表面会留下变形的痕迹，这种痕迹在显微镜下观察，可发现在晶体表面出现阶梯状"滑移带"，这种"滑移带"是由若干"滑移线"构成的，从图6-1(b)中可以看到，两相邻滑移带间有一定的间距，且带的厚度也不相等。这表明晶体的滑移变形是不均匀的，它只是集中发生在某一些晶面上，而滑移带或滑移线间的另一些晶面并没有滑移。

2) 滑移系

在材料学中，把这些能够进行滑移的晶面称为滑移面，而滑移面上能够发生滑动的方向称为滑移方向。一个滑移面和此面上的一个滑移方向结合起来，组成一个滑移系。滑移系表示金属晶体在发生滑移时滑移动作可能采取的空间位向。当其他条件相同时，金属晶体中的滑移系越多，则滑移时可供采用的空间位向也越多，故该金属的塑性也越好。

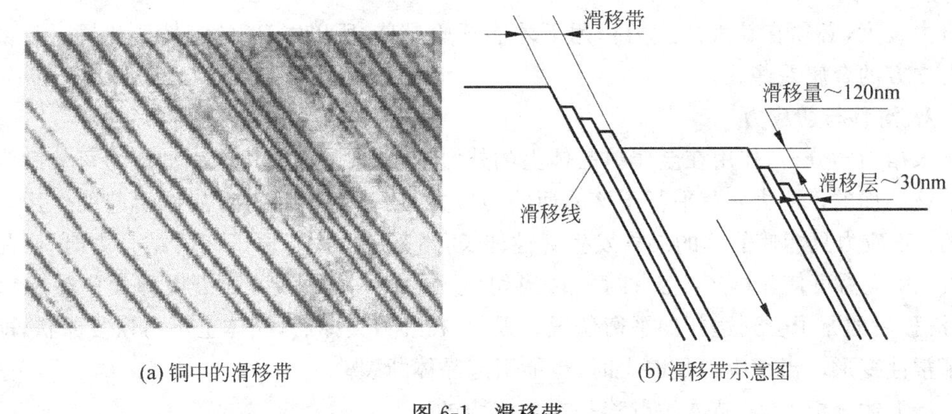

(a) 铜中的滑移带　　(b) 滑移带示意图

图 6-1　滑移带

金属的晶体结构不同，其滑移面和滑移方向也不同，几种常见金属的滑移面及滑移方向如表 6-1 所示。

表 6-1　三种典型金属晶格的滑移系

晶格	体心立方	面心立方	密排六方
滑移面	包含两相交体对角线的晶面×6	包含三邻面对角线的晶面×4	六方底面×1
滑移方向	体对角线方向×2	面对角线方向×3	底面对角线×3
简图	{110} 〈111〉 A	{111} 〈110〉 B	〈$\bar{1}\bar{1}$20〉 {0001} σ C
滑移系数目	6×2＝12	4×3＝12	1×3＝3

一般来说，滑移面总是原子排列最密的晶面，而滑移方向也总是原子排列最密的晶向。这是因为在晶体的原子密度最大的晶面上，原子间的结合力最强，而面与面之间的距离却最大，密排面之间的原子间结合力最弱，滑移的阻力最小，因而最易于滑移。沿原子密度最大的晶向滑动时，阻力也最小。

在体心立方晶格中，共有 6 个滑移面，滑移面为{110}，每个滑移面上有两个滑移方向，其滑移方向为〈111〉，故其滑移系数为 6×2＝12。如铬和常温下的 α-Fe 等属于这类结构。

在面心立方晶格中，共有 4 个滑移面，滑移面为{111}，每个滑移面上有三个滑移方向，其滑移方向为〈110〉，故其滑移系数为 4×3＝12。如铜、铝及高温下的 γ-Fe 等属于这类结构。

在密排六方晶格中，在室温时只有一个{0001}滑移面，该滑移面上有三个滑移方向，其滑移方向为〈$\bar{1}\bar{1}$20〉，故滑移系数为 1×3＝3。这类结构的金属如镁、锌等。

另外，金属塑性的好坏，不只是取决于滑移系的多少，还与滑移面上原子的密排程度和滑移方向的数目等因素有关。滑移系数越多，金属的塑性越好，特别是其中滑移方向的作用更大，这也就是铝、铜比 α-Fe 的塑性更好的原因。此外，滑移面间距离较小，原子间结合力较大，必须在较大的应力作用下才能开始滑移，所以 α-Fe 的塑性要比铜、铝、银等面心立方的金属差些。

2. 滑移与切应力

根据力学分析，作用在金属单晶体上的外力 F，在某晶面上所产生的应力可分解为垂直于该晶面的正应力 σ 及平行于该晶面的切应力 τ。这两个应力对晶体所起的作用是不同的：正应力只能使晶体的晶格发生弹性伸长，当正应力大于原子间的结合力时，则晶体断裂；切应力可使晶体产生弹性歪扭，当切应力大到一定值后，则沿滑移面产生相对滑移，滑移后的原子会到达新的平衡位置。因此，在外力去掉后，晶体也不再恢复原状，即产生了塑性变形。当切应力足够大时，也能引起晶体断裂。

从上述分析可知，晶体的滑移是在切应力的作用下发生的。值得提出的一个问题是，常见金属晶体的滑移系都不止一个，它们在切应力的作用下是同时滑移还是有先后之别呢？研究表明，只有当作用于滑移面上滑移方向的切应力分量 τ_c 或称为分切应力(见图 6-2)，等于或大于一定的临界值(称为临界切应力，它的大小取决于金属原子间的结合力)时，滑移才能进行。如图 6-2 所示，设单晶体式样的横截面积为 A，轴向拉力为 F，滑移面面积为 A'，滑移面的法线与外力 F 的夹角为 ϕ，滑移方向与外力的夹角为 λ，那么可以求出滑移面的面积为

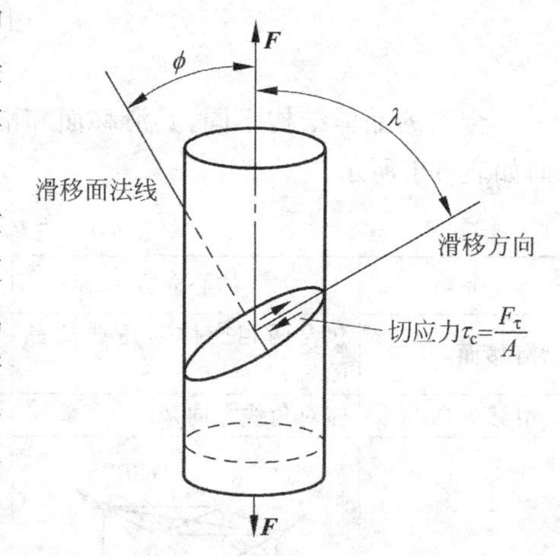

图 6-2　外力 F 在滑移方向上的分切应力

$$A' = A/\cos\phi$$

故作用在滑移面上滑移方向的切应力分量为

$$\tau_c = F/A \cdot \cos\phi \cdot \cos\lambda$$

式中，$\cos\phi \cdot \cos\lambda$ 称为取向因子。

由此不难理解，在那些空间位向不一致的滑移系中，最先达到临界切应力的滑移系，势必首先开始滑移。

随着滑移进行的同时，晶体还会发生转动，这是因为滑移面上的正应力构成了力偶所致。晶体的转动导致滑移系与外力空间位向的变化，从而使原来不能滑移的滑移系有可能进行滑移。

3. 孪生

在切应力作用下，晶体有时还以另一种形式发生塑性变形，这种变形方式就是孪生。当晶体在切应力的作用下发生孪生变形时，晶体的一部分沿一定的晶面(孪生面)和一定的晶向(孪生方向)相对于另一部分晶体作均匀地切变，在切变区域内，与孪生面平行的每层原子的切变量与它距孪晶面的距离成正比，并且不是原子间距的整数倍。这种切变不会改变晶体的点阵类型，但可使变形部分的位向发生变化，并与未变形部分的晶体以孪晶界为分界面构成了镜面对称的位向关系。通常把对称点两部分晶体称为孪晶。而将形成孪晶的过程称为孪生。如图 6-3 所示。经过孪生变形后，在孪生面两侧的晶体形成镜面

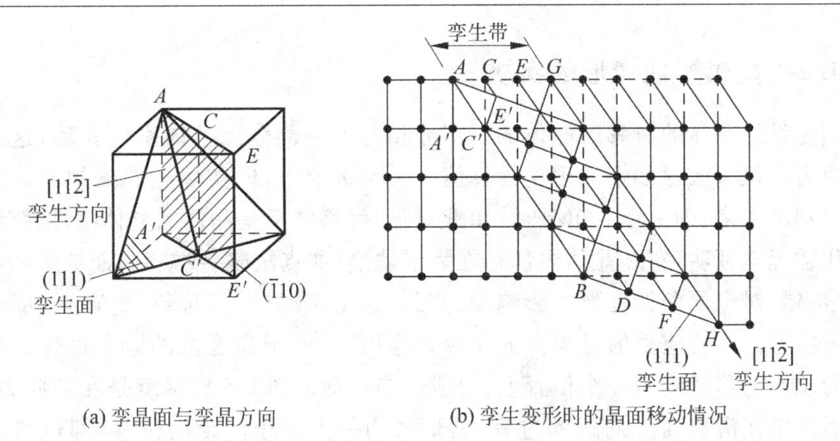

(a) 孪晶面与孪晶方向　　(b) 孪生变形时的晶面移动情况

图 6-3　面心立方晶体的孪生变形示意图

对称。发生孪生的晶体经抛光后，能在显微镜下观察到孪生带，即孪晶，如图 6-4 所示。孪生与滑移相似，只有当外力在孪生方向的分切应力达到临界分切应力值时，才开始孪生变形，一般来说，孪生的临界分切应力要比滑移的临界分切应力大得多，只有在滑移很难进行的条件下，晶体才进行孪生变形。对于密排六方金属如 Zn、Mg 等，由于它的对称性低，滑移系少，在晶体的取向不利于滑移时，常以孪晶的方式进行塑性变形。体心立方金属如 α-Fe，室温下只有承受冲击载荷时才能产生孪生变形；但在室温以下，由于滑移的临界切应力显著提高，滑移不易进行，因此在较慢的变形速度下也可引起孪生。面心立方金属的对称性高，滑移系多，其滑移面和孪生面又都是同一晶面，滑移方向与孪生方向的夹角又不大(见图 6-3(a))，因此要求外力在滑移方向上的分切应力不超过滑移的临界分切应力 τ_k，而同时要求在孪生方向分切应力达到孪生的临界分切应力值，此值又是 τ_k 的几倍甚至数十倍，所以，面心立方金属很少发生孪生变形。

图 6-4　锌中的变形孪晶

孪生对塑性变形的贡献比滑移小得多。但是，由于孪生后变形部分的晶体位向发生改变，可使原来处于不利取向的多滑移系转变为新的有利取向，这样就可以激发起晶体的进一步滑移，提高金属塑性变形能力。例如滑移系少的密排六方金属，当晶体相对于外力的取向不利于滑移时，如果发生孪生，那么孪生后的取向大多会变得有利于滑移。这样滑移和孪生两者交替进行，即可获得较大的变形量。正是由于这个原因，当金属中存在大量的孪晶时，可以较顺利地进行形变。

孪生与滑移的区别在于：首先，孪生所需要的切应力比滑移大得多，变形速度极快，接近于声速；其次，孪生通过晶格切变使晶格位向改变，使变形部分与未变形部分呈镜面对称，而滑移时滑移面两侧晶体的相对位移量是原子间距的整数倍。

6.1.2 金属塑性变形的实质

人们曾设想晶体的滑移时晶体的一部分相对另一部分做整体刚性移动，这样所需的临界切应力必须很大。如铜的理论计算值 $\tau_k=6400\text{MPa}$，但实际上使铜的晶体产生滑移的实测值却小得多，即 $\tau_k=1.0\text{MPa}$。由此可见，滑移并不是晶体的整体刚性移动。

近代物理学证明，实际晶体内部存在大量缺陷(如点缺陷、线缺陷、面缺陷)。其中，以线缺陷(位错)对金属塑性变形的影响最为明显。由于线缺陷(位错)的存在，部分原子处于不稳定状态。在比应力值低得多的切应力作用下，处于高能位的原子很容易从一个相对平衡的位置上移动到另一个位置上，形成位错运动。图 6-5 所示就是在切应力作用下，一个刃型位错在滑移面上的运动过程，其形式为一个原子间距的位移(即位错的运动)。这种结果就实现了整个晶体的塑性变形。

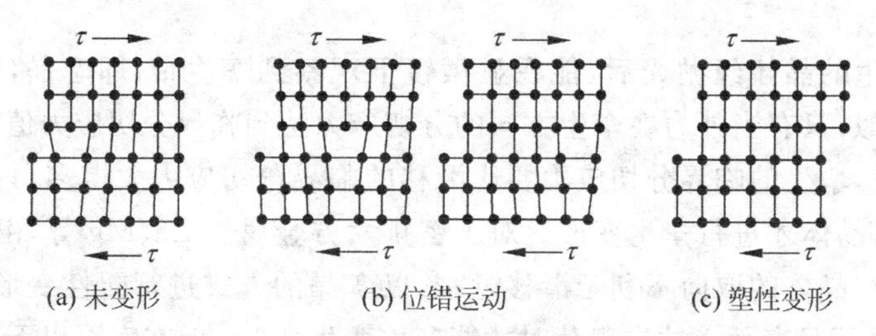

图 6-5 位错运动引起塑性变形示意图

可见，晶体的滑移过程，只需位错中心周围的少数原子做微量的位移即可实现。因此，晶体的塑性变形只需很小的临界分切应力。塑性变形的过程是位错运动的过程，也是位错增殖的过程。

6.1.3 多晶体的塑性变形

多晶体的塑性变形虽与单晶体的塑性变形有相似之处，但由于各晶粒的位向不同，加之晶粒之间还有晶界，以致它的塑性变形又表现出以下许多不同于晶粒的特点。

1. 多晶体塑性变形的特点

1) 不均匀的塑性变形过程

由于每个晶粒的位相不相同，其内部的滑移面及滑移方向分布也不一致，因此在外力的作用下，各晶粒内滑移系上的分切应力也不相同，如图 6-6 所示。有些晶粒所处的位相能使其内部的滑移系获得最大的分切应力，并将首先达到临界分切应力值而开始滑移。

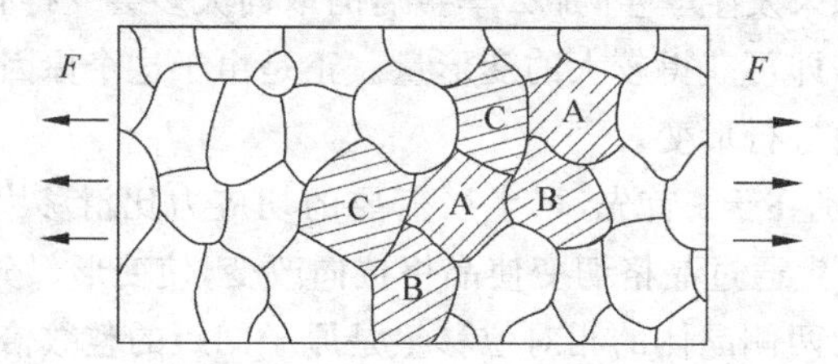

图 6-6 多晶体金属中各晶粒所处的位向

这些晶粒所处的位向为易滑移位相，又称为“软位向”。与单晶体塑性变形一样，首批处于软位向的晶粒，在滑移过程中也要发生转动。转动的结果，可能会导致从软位向逐步到硬位向，使之不再继续滑移，而引起邻位未变形的硬位向晶粒开始滑移。由此可见，多晶体的塑性变形，先发生于软位向晶粒，然后发展到硬位向晶粒，是一个不均匀的塑性变形过程。图 6-6 中的 A、B、C 示意了不同位向晶粒的滑移次序。

2）晶粒间位向差阻碍滑移

由于各相邻晶粒之间存在位相差，当一个晶粒发生塑性变形时，周围的晶粒如不发生塑性变形，就不能保持晶粒间的连续性，甚至造成材料出现孔隙或破裂。存在于晶粒间的这种相互约束，必须有足够大的外力才能予以克服，即在足够大的外力下，能使某晶粒发生滑移并能带动或引起其他相邻晶粒也发生滑移。这就意味着增大了晶粒变形的抗力，阻碍滑移的进行。

3）晶界阻碍位错运动

晶界是相邻晶粒的过渡区，原子排列不规则，当错位运动到晶界附近时，受到晶界的阻碍而堆积起来，即错位的塞积。若变形继续进行，则必须增大外力，可见晶界使金属的塑性变形抗力增大。做晶粒试样的拉伸试验，在拉伸后观察试样，发生在晶界处的变形很小，而远离晶界的晶粒内变形量较大，这说明晶界的变形抗力大于晶内。

综上所述，金属的晶粒越细，在外力的作用下，有利于滑移和能力集中，从而推迟了裂纹的产生，即使发生的塑性变形很大也不致断裂，表现出塑性的提高。在强度和塑性同时提高的情况下，金属在断裂前要消耗大量的功，因此韧性比较好。这进一步说明了实际生产中一般希望获得细晶粒金属材料的原因。

2. 多晶体的塑性变形过程

多晶体中由于晶界的存在及各晶粒位向不同，则各晶粒都处于不同的应力状态。即使受到单向均匀拉伸力的作用，有的晶粒受到拉力或压力，有的受到弯曲力或扭转力，受力大小也不一样，有的变形大，有的变形小，有的已开始变形，有的还处于弹性变形阶段等。多晶体的塑性变形就是这样极不均匀地、有先有后地进行着。最先产生滑移的将是那些滑移面和滑移方向与外力成 45°角(也称为软位向)的一些晶粒。但它们的滑移会受到晶界及周围不同位向的晶粒阻碍，使其在变形达到一定程度时，在晶界附近造成足够大的应力集中，使滑移停止。同时，激发邻近处于次软位向的晶粒中的滑移系移动，产生塑性变形，使塑性变形过程不断继续下去。此外，由于晶粒滑移时发生位向的转动，使已变形晶粒中原来的软位向逐渐转到硬位向。所以，多晶体的塑性变形实质上是晶粒一批批地进行塑性变形，直至所有晶粒都发生变形为止。晶粒越细，变形的不均匀性就越小。

6.1.4　塑性变形对金属组织和性能的影响

1. 对组织结构的影响

1）显微组织呈现纤维状

随着塑性变形量的增大，原本等轴状的晶粒相应地被拉长或压扁，晶粒内的滑移带增多，如图 6-7(a)所示。当变形量很大时各晶粒被进一步拉长或压扁成为细条状或纤维状，称为纤维组织，如图 6-7(b)所示。这种组织导致沿纤维方向的力学性能与垂直纤维方向的性能不一致。

(a) 晶粒内的滑移带

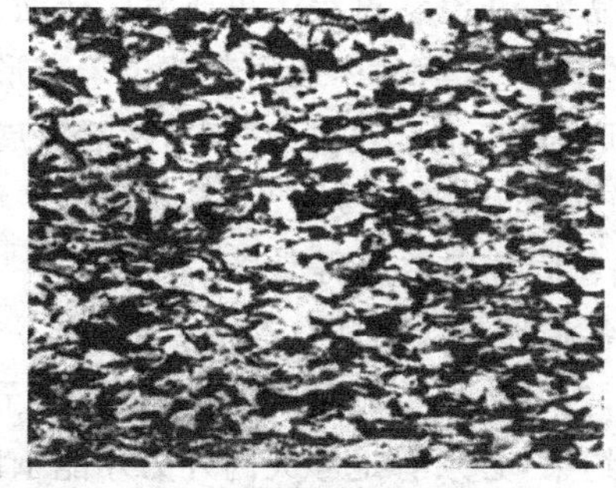
(b) 晶粒被拉长

图 6-7　塑性变形引起的组织变化

2）组织内的亚晶粒增多

金属无塑性变形或塑性变形的程度很小时，位错分布是均匀的。但在大量变形之后，由于位错运动及位错的交互作用，位错运动变得不均匀了，并使晶粒碎化成许多位向略有差异的亚晶块（或亚晶粒）。在亚晶块边界上聚集着大量位错，其内部位错量很少，如图 6-8 所示。

3）产生形变织构

由于塑性变形过程中晶粒的转动，当变形量达到一定程度（70%～90%）时会使绝大部分晶粒的某一部位与外力方向趋向一致，这种现象称为形变织构或择优取向。例如，低碳钢经高度冷拉丝、冷轧制变形后，各晶粒的〈100〉会平行于拉丝方向；各晶粒的{100}也平行于轧钢板面。变形织构使金属的力学性能呈现各向异性，对加工和使用都带来了一定困难。例如，在深冲薄皮零件时，零件的边缘不齐，造成制耳现象，如图 6-9 所示。但织构现象也有有利的一面，制造变压器的软铁芯的软磁芯钢片，在〈100〉方向最容易磁化，可以明显提高变压器的效率。

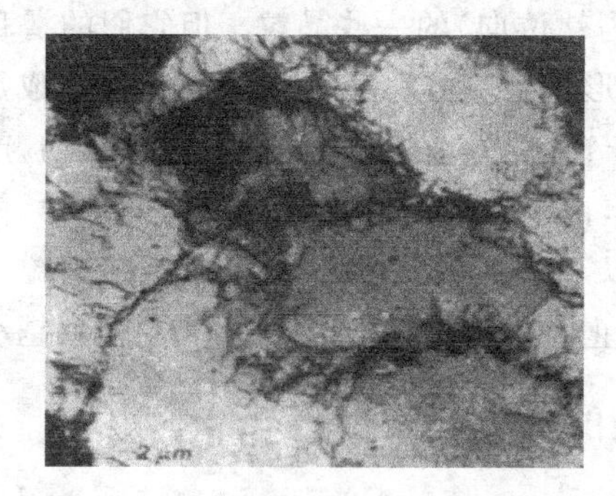

图 6-8　亚晶块边界上聚集着大量位错

(a) 无织构

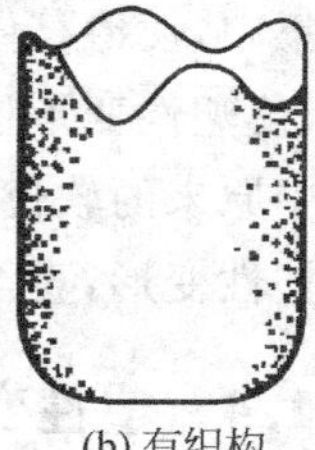
(b) 有织构

图 6-9　形变织构造成的制耳

2. 对力学性能的影响

1）出现加工硬化现象

随着塑性变形量的增加，金属的强度、硬度升高，塑性、韧性下降，这种现象称为加工硬化(也称冷变形强化)。

位错密度及其他晶体缺陷的增加是导致加工硬化的原因。随着变形量的增加,位错密度急剧增加,金属晶体中各原子失去了正常的相邻关系,晶格发生畸变,形成许多亚晶界位错畸变区,这使得位错与位错间的相互缠结及大量位错在亚晶界上的塞积加重,以致位错的运动越来越困难,金属塑性变形的抗力越来越大,塑性下降,强度、硬度升高。

2) 金属内部形成残余内应力

所谓残余内应力是指平衡于金属内部的应力,它是金属在外力作用下引起的。使金属变形的外力所做的功 90%以上消耗于滑移和孪生之中,只有不到 10%的功转变为内应力残留于金属中。残余内应力分为以下三类:

(1) 第一类内应力平衡于金属表面与心部之间,它是由于金属表面与心部不均匀造成的,又称宏观内应力。

(2) 第二类内应力平衡于晶粒之间或晶粒内不同区域之间,它是由于相邻晶粒之间变形不均匀或晶粒内不同部位变形不均匀所造成的,又称微观内应力。

(3) 第三类内应力是由晶格畸变、错位密度增加所引起,又称为晶格畸变内应力。它是变形金属的主要内应力(占 90%以上),是使金属强化的原因。

残余内应力的存在通常是不利的,它会使金属发生宏观变形,耐蚀性下降,在切削加工及热处理过程中容易变形和开裂。当机件的表面残留拉应力时,会降低承受载荷的能力尤其是会降低疲劳强度。

6.2　变形金属在加热时的组织和性能的变化

由于金属塑性变形后,出现了晶粒破碎、晶格畸变、内应力升高等变化,因此,它处于比变形前更高的能量状态,具有自发向稳定低能量状态转变的倾向,只是在室温下,这种自发转变需要的时间长。若对塑性变形后的金属加热,使原子活动能力增强,则大大加快转变过程,有利于金属迅速恢复到稳定的组织状态。研究表明,这一转变的过程随加热温度的升高表现为图 6-10 所示的三个阶段。

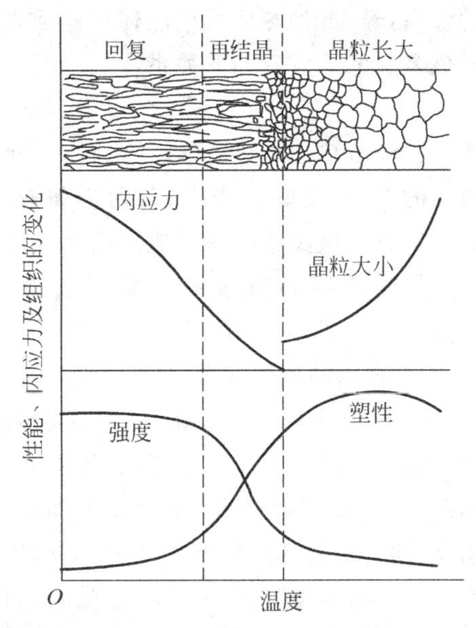

图 6-10　变形金属在不同加热温度时晶粒大小与性能的变化

6.2.1　回复

由图 6-10 可见,回复阶段的加热温度不高,原子活动能力有限,还不能使拉长的显微组织发生变化,但塑性变形造成的空位缺陷可以与间隙原子结合而消失。点缺陷数量明显减少,使金属电阻率降低。此外,位错也可以迁移,同一滑移面上的位错在迁移中相遇重排,表现出有序分布,从而降低了晶格畸变程度,使内应力明显下降。此时,金属的强度、硬度略有下降,塑性略有升高。但总的来看,恢复阶段仍保持加工硬化的特征。

在生产上,常利用回复现象将冷变形金属进行低温加热,既可稳定组织又保留了加工硬化效果,这种方法称为去应力退火。例如,用冷拉钢丝卷制弹簧,在卷成之后都要进行一次 250～300℃的低温处理,以消除内应力使其定形。

6.2.2　再结晶

1. 再结晶简介

当变形金属被加热到较高温度时,由于原子活动能力增大,晶粒的形状开始发生变化,被拉长及破碎的晶粒通过重新形核、长大,变成新的均匀、细小的等轴晶粒,这个过程称为再结晶。再结晶的核心通常出现在原先亚晶界上的位错聚集处,这是因为该处原子能量最高,最不稳定,故容易转变。值得指出的是,再结晶过程不是相变过程,因为再结晶前后新旧晶粒的晶格类型和成分完全相同。再结晶过程仅是一种组织转变过程。

变形金属经再结晶后,其金属的强度和硬度明显降低,塑性和韧性大大提高,加工硬化现象被消除。因此再结晶在生产上主要用于冷塑性变形加工过程的中间处理,以消除加工硬化作用,便于下道工序的继续进行。例如冷拉钢丝,在最后成形前常常要经过几次中间再结晶退火处理。此外,发生再结晶以后,残留在金属中的内应力全部被消除,物理和化学性能基本上恢复到变形前的水平。

2. 再结晶温度及其影响因素

再结晶不是一个恒温过程,而是发生在一个温度范围之内。能够进行再结晶的最低温度称为再结晶温度。生产中再结晶的温度通常用经大变形量(70%以上)的冷塑性变形的金属,经 1h 加热后再结晶体积达到总体积 95%的温度来表示。纯金属的再结晶温度与该金属的熔点有如下关系:

$$T_{再} = (0.35 \sim 0.40) T_{熔}$$

式中的温度单位为热力学温度(K)。可见金属的熔点越高,其再结晶温度也越高。值得指出的是,在实际生产中,已习惯将热力学温度换算为摄氏温度来表达再结晶温度。

影响再结晶温度的主要因素有以下几点。

1) 金属的预先变形程度

如图 6-11 所示,金属预先变形量越大,再结晶温度越低。变形量越大,则位错密度越高,晶格畸变越严重,即所处的能量状态越高,向稳定的低能状态转变的倾向就越强烈。所以再结晶形核可以在较低的温度下进行。从图 6-11 中还可以看出,当预先变形程度达到一定数值之后,再结晶温度趋于

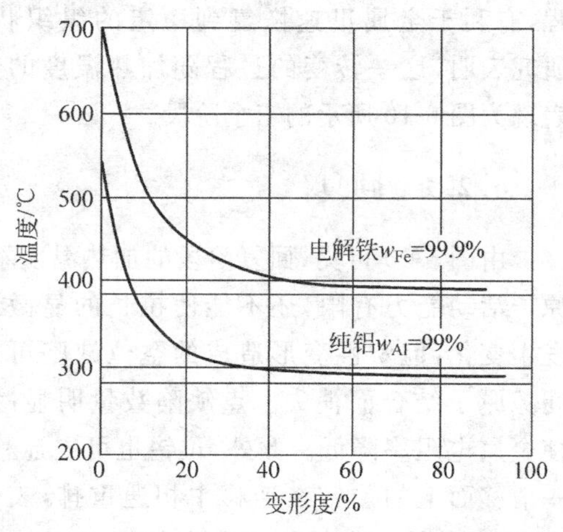

图 6-11　预先变形度对金属再结晶温度的影响

定值。

2）金属的纯度

金属纯度越低，则再结晶温度越高，这是由于金属中存在的微量杂质和合金元素，特别是那些高熔点元素，常常会阻碍原子的扩散和晶界的迁移，如纯铁的 $T_{再}=450℃$，碳钢的 $T_{再}=500\sim650℃$，含有大量高熔点金属 W、Mn、V 的高温合金，其 $T_{再}>700℃$。在一般生产中，实际使用的再结晶退火温度常比 $T_{再}$ 高 150～250℃。

3）加热速度和保温时间

再结晶是一个扩散过程，因此再结晶温度是时间的函数。提高加热速度会使再结晶温度被推迟到较高温度下发生。而保温时间越长，再结晶温度越低。因为保温时间长，可以使动能不大的原子充分进行迁移、扩散，以利于形核和长大。

6.2.3　晶粒长大

再结晶阶段结束后，金属获得均匀细小的等轴晶粒。这些细小的晶粒潜伏着长大的趋势，因为小晶粒长大后可以减少晶界的总面积，降低总的晶界能量。只要条件满足，晶粒长大就会自动进行。实践证明，再结晶后晶粒的长大受以下因素影响。

1. 加热温度和时间的影响

加热温度越高，保温时间越长，金属的晶粒就长得越大，其中加热温度的影响尤为显著。

2. 预先变形程度的影响

当变形程度很小时，由于金属的晶格畸变很小，变形储能很低，不能满足形核所需能量，不足以引起再结晶，故晶粒没有变化。

当变形程度达到 2%～10%时，金属中只有部分晶粒发生变形，变形极不均匀，变形储能仅在局部地区满足形核能量条件，以至于只能形成少量的核心，并得以充分长大，从而导致再结晶后的晶粒特别粗大。这个变形程度称为临界变形度，如图 6-12 所示，生产中应尽量避开这一变形度。

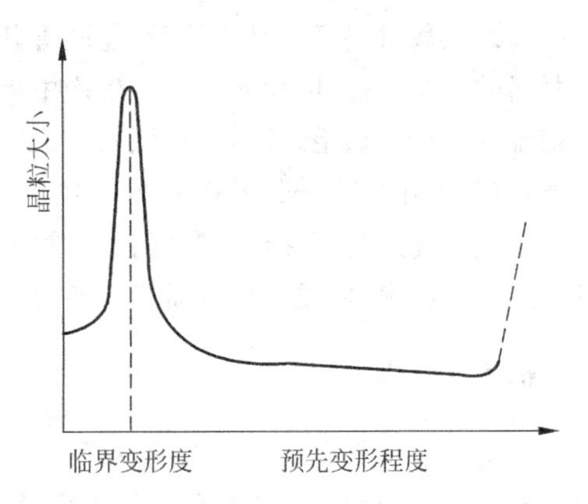

图 6-12　变形程度与再结晶晶粒的大小示意图

超过临界变形度之后，随变形程度的增加，变形越来越均匀，再结晶时形成的核心数大大增多，故可以获得细小的晶粒，并且在变形量到达一定程度之后，晶粒大小基本不变。

以上讨论的是金属在再结晶温度以下进行塑性变形（如实际生产中的冷拔、冷冲压等加工）后的加热变化，表 6-2 列出了各阶段变化的特点及实用性。

表 6-2　回复、再结晶、晶粒长大的特点及应用

	回　复	再　结　晶	晶粒长大
发生温度	较低温度	较高温度	更高温度
转变机制	原子活动能量小，空位移动使晶格扭曲恢复；位错短程移动，适当集中形成规则排列	原子扩散能力大，新晶粒在严重畸变组织中形核和生长直至畸变晶粒完全消失，但无晶格类型转变	新生晶粒中，大晶粒吞并小晶粒，晶界位移
组织变化	金相显微镜下观察，组织无变化	形成新的等轴晶粒，有时还出现再结晶结构，位错密度大大下降	晶粒明显长大
性能变化	强度、硬度略有下降，塑性略有升高，电阻率明显下降	强度、硬度明显下降，加工硬化基本消除，塑性上升	使性能恶化，特别是塑性明显下降
应用说明	去应力退火，可消除内应力，稳定组织	再结晶退火，可消除加工硬化效果，消除组织各向异性	应在工艺处理过程中防止产生

6.3　金属的热塑性变形

金属塑性成形技术又称压力加工，是指固态金属在外力作用下产生塑性变形，获得一定形状、尺寸和力学性能的原材料、毛坯或零件的成形加工方法。

塑性成形属于质量不变的成形技术，改变固态金属原来的形状和尺寸，是为了获得预期的形状和尺寸。因此，要求被成形材料应具备一定塑性，且要受到力的作用迫使其变形，如低、中碳钢及大多数非铁金属的塑性好，可进行塑性成形加工，而铸铁等脆性材料塑性很差，不能进行塑性成形。

固态金属材料经塑性变形后，能改善其内部组织，使晶粒细化、组织致密，有效地提高了材料的力学性能，因而其产品在生产中得到广泛应用。机械设备中受力大的重要零件，一般都采用锻件做毛坯。在电器、仪表和日用品中，冲压件占绝大多数；在飞机、汽车等生产部门，锻压件占全部零件的80%以上(质量比例)。但一般来说，固态塑性成形不能获得形状较复杂的制件，且制件的尺寸精度较低，表面粗糙度值较大。近年来，不断发展的新工艺新技术，使成形件的质量不断提高，制造成本和周期大幅下降。

6.3.1　冷加工

金属在再结晶温度以下的塑性变形称为冷塑性变形，简称冷变形。冷变形过程只产生冷变形强化而无再结晶现象。经冷变形的工件，其尺寸、形状精度高，表面质量好。但金属的变形抗力大，塑性降低，变形程度小，成形件内部残余应力大，若变形量过大，会引起金属的破裂。在力学性能上表现为：随变形程度的增大，材料的强度、硬度升高，塑性、韧性下降，这种现象称为冷变形强化，又称加工硬化。冷变形强化是生产中常用的强化金属的重要手段，如各类冷冲压件、冷拔冷挤压型材、冷卷弹簧、冷拉线材、冷镦螺栓等构件，经冷塑性变形后，其强度和硬度均获得提高。对于纯金属和不能用热处理强化的合金，如奥氏体不锈钢、形变铝合金等，也可通过冷轧、冷挤、冷拔或冷冲压(见图 6-13)等加工方

法提高其强度和硬度。冷变形强化也是金属能用塑性变形方法成形的重要原因，但冷变形强化给金属进一步的塑性变形带来困难。因此，冷变形量大时，需在工序间增加再结晶退火工艺（即加热到再结晶温度以上100～200℃，进行再结晶处理，以重新获得良好塑性）。生产中冷变形常用于对已热变形过的坯料再进行冷轧、冷拉、冷冲压等，以提高产品的性能。

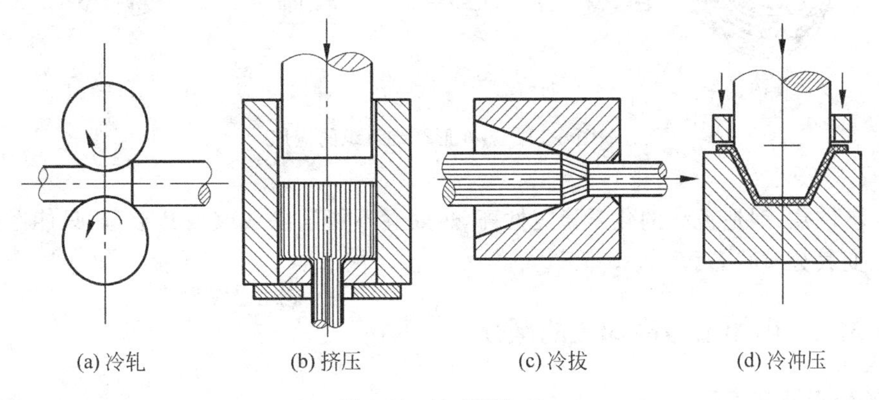

(a) 冷轧　(b) 挤压　(c) 冷拔　(d) 冷冲压

图6-13　冷变形加工

6.3.2　热加工

金属在再结晶温度以上的塑性变形称为热塑性变形，简称热变形。热变形时，变形中出现的强化和硬化随即被再结晶过程所消除，使变形后的金属无冷变形强化组织。变形过程中金属始终保持良好的塑性，变形抗力小，可进行大量的塑性变形，且不需安排中间退火。因此，大变形量的热轧、热挤及高强度高韧度毛坯的锻造生产均采用热变形。

热变形后金属致密度提高，再结晶组织使晶粒得到细化，力学性能显著提高，如铸锭经热变形后，其内部缩松、气孔或空隙等被压合，粗大的柱状晶粒被再结晶细化，金属致密性提高，化学成分更均匀，强度可提高1.5～2倍，塑韧性提高得更多。

热变形还使晶粒和分布在晶界上的非金属夹杂物的形状都被拉长。当变形程度足够大时，这些夹杂被拉成线条状。拉长的晶粒经再结晶变成等轴细晶粒，而夹杂物形态不会改变，便以细线条状形式保留下来，形成锻造流线，又称纤维组织。

锻造流线使金属的力学性能呈各向异性，即锻件纵向（平行流线方向）塑性和韧性增加，而横向（垂直流线方向）塑性和韧性降低，但强度在不同方向上的差别不大。因此，在设计和制造零件时，应注意使零件工作时承受最大正（拉）应力的方向与纤维方向平行；承受最大切应力的方向与纤维方向垂直；并尽量使锻造流线的分布与零件外形轮廓相符合而不被切断。如图6-14所示，生产中用模锻的方法制造的吊钩和曲轴，用局部镦粗法制造的螺栓，用轧制法制造的齿轮，形成的锻造流线能适应零件的受力情况，比较合理。

锻造流线形成的明显程度与金属的变形程度有关，变形程度越大，锻造流线越明显。

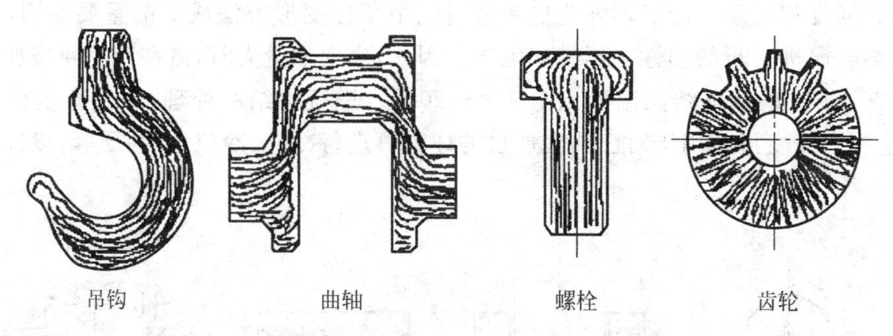

图 6-14 热变形纤维组织的应用

应该注意，锻造流线的化学稳定性高，热处理不能消除或改变其形态，只能经热变形才能改变其分布状态。

6.3.3 热加工与冷加工的区分

1. 变形温度不同

再结晶温度以上进行的压力加工称为热加工，而将再结晶温度以下进行的压力加工称为冷加工。例如，钨的再结晶温度约为 1200℃，因此，即使在 1000℃进行变形加工也属于冷加工。

2. 加工过程组织不同

冷加工变形时，在组织上有晶粒的变形（见图 6-15(a)），同时，晶粒内和晶界上位错数目增加，导致加工硬化。

热加工变形时，同时经历加工硬化和再结晶两个过程，加工中发生变形的晶粒也会立即发生再结晶，通过形核、长大成为新的晶粒（见图 6-15(b)）。因此，热加工后加工硬化现象消失，最后终止在再结晶状态。

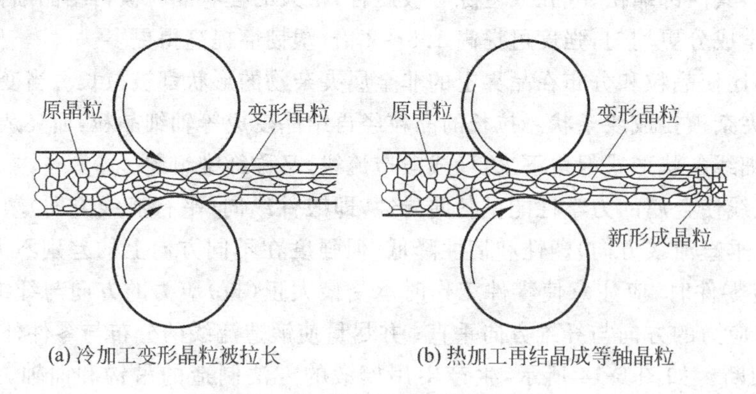

图 6-15 冷、热加工的晶粒组织变化

3. 特点不同

表 6-3 为热加工与冷加工在特点上的不同比较。

表 6-3　热加工与冷加工在特点上的不同比较

比较内容	冷加工	热加工
能量	大	小
变形量	小	大
变形抗力	大	小
工具耗损	大	小
零件尺寸	中、小薄板和型材	中、大型零件、毛坯
精度/表面质量	高/好	低/差
组织	冷变形的组织	再结晶组织
力学性能	加工硬化	不产生明显加工硬化

6.3.4　材料塑性变形抗力的提高

塑性好的金属在成形与制造过程中，较容易被加工成预定的形状与尺寸的零件。但在工程使用中，绝大多数零件都是不允许塑性变形的，因为变形会使它们丧失原有的功能。如精密机床的丝杠，在工作中如果产生塑性变形，其精度就会明显下降；炮筒如果有微量塑性变形，就会是炮弹偏离射击目标；至于所有的弹簧件不管其形状如何，都必须在弹性范围内工作，也不是不难理解的。实验证明，在给定位加载荷的条件下，零件是否发生塑性变形，取决于它的截面大小及所有材料的屈服强度。材料的屈服强度越高，变形抗力越大，则发生塑性变形的可能性越小。可见提高材料的变形抗力，以使零件在使用工程中不因发生塑性变形或过量塑性变形而丧失工作能力是必要的。

提高塑性变形抗力的过程称为材料的强化。由于金属的塑性变形主要是由位错的滑移运动造成的，因此金属的强化在于设法增大位错运动的阻力。常用的强化方法有以下几种。

1. 细化晶粒

晶界是错位运动难以克服的障碍。因为晶界上原子排列紊乱，存在晶格畸变，位错只能在晶界附近堆积，从而形成阻碍其他位错继续向晶界移动的反向应力。金属的晶粒越细，这一阻碍作用越强。计算表明，金属的强度于晶粒大小存在以下关系：

$$\sigma_s = \sigma_0 + Kd^{-\frac{1}{2}}$$

式中：d——晶粒尺寸；

σ_0，K——材料常数，前者代表位错在晶内运动的总阻力，后者表征晶界对变形的影响，与晶界结构有关。

2. 成形固溶体

由于溶质原子与基体金属（溶剂）原子的大小不同，形成固溶体后晶体晶格发生畸变，导致滑移面变得“粗糙”，增强了位错运动的阻力，因此提高了金属塑性变形的抗力。这是强化金属的重要方法，例如钢的淬火。

3. 形成第二相

前两章已叙及，通常把在合金中呈连续分布且数量占多数的相称为基本相，把数量少的“析出相”或利用机械、化学等方法加入的极细小分散离子称为第二相。弥散分布的第二相可以提高金属塑性变形的抗力，因为它有效阻碍了位错的运动。研究表明，当运动的位错在滑移面上遇到第二相粒子时必须提高外加应力，才能克服它的阻碍，使滑移继续进行，并且只有当第二相粒子的尺寸小于 0.5μm 时，这种阻碍效果才是最好的。

在金属材料中，利用过饱和固溶体的析出，是获得第二相的手段之一。前面已述及，由于回火时析出了呈细小弥散的合金碳化物微粒，产生弥散硬化而使刚的屈服强度升高的现象。

4. 采用冷加工变形

前已述及，金属在发生塑性变形的过程中，欲使变形继续进行下去，必须不断增加外力，这说明金属中产生了阻碍塑性变形的抗力。而这种抗力就是由于变形过程中位错密度不断增加、位错运动受阻碍所引起的(即加工硬化)。

采用冷加工变形对于提高金属板材与线材的强度有着很大的实用价值。例如，经冷拉拔的琴弦，可具有很高的强度。此外，对于那些在热处理过程中不发生相变的金属，加工硬化则更是极为重要的强化手段。

思考与练习

6-1　金属塑性变形的主要方式是什么？解释其含义。

6-2　何为滑移面和滑移方向？它们在晶体中有什么特点？

6-3　为什么原子密度最大的晶面比原子密度小的晶面更容易滑移？

6-4　什么是滑移系？滑移系对金属的塑性变形有什么影响？体心立方、面心立方、密排六方金属，哪种金属的塑性变形强？为什么面心立方和体心立方的金属滑移系相同，但面心立方金属的塑性变形能力更好？

6-5　用位错理论说明金属的组织与性能变化的特点。

6-6　为什么室温下钢的晶粒越细，强度、硬度越高，塑性、韧性越好？

6-7　塑性变形使金属的组织与性能发生了哪些变化？

6-8　什么是加工硬化现象？指出产生的原因及消除的措施。

6-9　说明冷加工后的金属在回复再结晶两阶段中组织及性能的变化的特点。

6-10　如何区分冷加工与热加工？它们在加工过程中形成的纤维组织有何不同？

6-11　用下述三种方法制成齿轮，哪种方法较为合理？同图示对比分析其理由。

(1) 用热轧厚钢板切除圆饼直接加工成齿轮；

(2) 有热轧粗圆钢锯下圆饼直接加工成齿轮；

(3) 由一段圆钢镦锻成圆饼，再加工成齿轮。

6-12　提高材料的塑性变形有哪几种方法？其基本原理是什么？

6-13　以直径为 10mm 的圆柱形纯铜单晶体作为拉伸试样。拉伸时，当滑移方向与拉伸轴的夹角为 45°，且滑移面的法线与拉伸方向的夹角也为 45°时，此滑移系的切应力分量最大的为 0.98MPa，问该晶体拉伸屈服载荷为多少？

6-14　三个低碳钢试样，其变形度分别为 5%、15%、30%，如果将它们加热至 800℃，指出哪个试样会出现粗晶粒？为什么？

第7章 合 金 钢

由于碳钢存在着强度低、淬透性低、热硬性差和不能满足某些特殊的物理化学性能等缺点,因而其应用受到一定限制。

为了提高钢的力学性能或获得某些特殊性能,有目的的在冶炼钢的过程中加入一些元素,这种钢就称为合金钢,所加入的元素称为合金元素(Me)。在合金钢中,经常加入的合金元素有锰(Mn)、硅(Si)、铬(Cr)、镍(Ni)、钼(Mo)、钨(W)、钒(V)、钛(Ti)、铌(Nb)、锆(Zr)及稀土元素(Re)等,磷、硫、氮在某些情况下也起合金元素的作用。

由于合金元素与铁、碳以及合金元素之间的相互作用,改变了钢的内部组织结构,从而能提高和改善钢的性能。

7.1 概 述

7.1.1 合金钢的分类

(1) 按合金元素含量多少分类,分为低合金钢(合金元素总量低于5%)、中合金钢(合金元素总量为5%~10%)、高合金钢(合金元素总量高于10%)。

(2) 按所含的主要合金元素分类,分为铬钢(Cr-Fe-C)、铬镍钢(Cr-Ni-Fe-C)、锰钢(Mn-Fe-C)、硅锰钢(Si-Mn-Fe-C)。

(3) 按小试样正火或铸态组织分类,分为珠光体钢、马氏体钢、铁素体钢、奥氏体钢、莱氏体钢。

(4) 按用途分类,分为合金结构钢、合金工具钢、特殊性能钢。

7.1.2 合金钢的编号

1. 合金结构钢

1) 低合金结构钢

其牌号是用代表屈服强度的字母Q、最小屈服强度数值(单位MPa)、质量等级符号(A、B、C、D、E)三个部分按顺序来表示的,例如,Q390A表示屈服强度为390MPa的A级低合金结构钢。

2) 其他合金结构钢

规定合金结构钢牌号首部用数字标明碳的质量分数的万分数(两位数),在表明其后用元素的化学符号表明钢中主要合金元素,其质量分数由其后面的数字标明,平均质量分数少于1.5%时不标数,平均质量分数为1.5%~2.49%、2.5%~3.49%、…时,相应地标以2、3、…。如合金结构钢40Cr,表示其平均碳的质量分数为0.40%,主要合金元素Cr的质量分数在1.5%以下。

对于高级优质合金结构钢，则在钢的末尾加“A”字表明，例如 20Cr2Ni4A 等。

2. 合金工具钢

合金工具钢中的平均碳的质量分数小于 1.0%时，用一位数字表示其平均碳的质量分数的千分数，平均碳的质量分数大于或等于 1.0%时，不标出碳的质量分数。合金元素的标注方法同合金结构钢。例如，9SiCr 表示钢中的平均碳的质量分数为 0.9%，Si、Cr 的质量分数均小于 1.5%的合金工具钢；Cr12MoV 表示碳的质量分数大于或等于 1.0%，平均 Cr 的质量分数约 12%，Mo、V 的质量分数小于 1.5%的合金工具钢；5CrMnMo 表示平均碳的质量分数为 0.5%，主要合金元素 Cr、Mn、Mo 的质量分数均在 1.5%以下的合金工具钢。

专用钢用其用途的汉语拼音字首来标明。如：滚珠轴承钢，在钢号前冠以“滚”或“G”，其后为铬(Cr)＋数字来表示，数字表示铬的质量分数平均值的千分之几。该类钢碳的质量分数标注方法同合金工具钢。如 GCr15 表示碳的质量分数约 1.0%、铬的质量分数约1.5%(这是一个特例，铬含量以千分之一为单位的数字表示)的滚珠轴承钢。Y40Mn，表示碳的质量分数为 0.4%、锰的质量分数少于 1.5%的易切削钢等等。

3. 特殊性能钢

这类钢钢号前面的数字表示碳的质量分数的千分之几，如 9Cr18 表示该钢平均碳的质量分数为 0.9%，铬的质量分数为 18%。只是当碳的质量分数≤0.03%及≤0.08%时，在钢号前分别冠以“00”及“0”，如 00Cr18Ni10，表示平均碳的质量分数小于或等于 0.03%，铬的质量分数约等于 18%，镍的质量分数约等于 10%的不锈钢。

7.2 常用合金结构钢

合金结构钢是在碳素结构钢的基础上适当地加入一种或数种合金元素(Mn、Si、Cr、Mo、V、Cu、P 等)冶炼而成的，其性能特点是具有高的强度、良好的塑性，而且其淬透性能好，有可能使零件在整个截面上得到均匀一致的、良好的综合力学性能，可以保证长期安全使用。

合金结构钢主要包括普通低合金钢、合金渗碳钢、合金调质钢、合金弹簧钢、滚动轴承钢等几类。

7.2.1 普通低合金钢

普通低合金钢是在碳素结构钢的基础上加入少量(不大于 3%)的合金元素而制成的。由于我国普通低合金结构钢品种日益增加，质量不断提高，成本又与碳素结构钢相近，因此推广使用该类钢具有重大的经济意义。

该类钢多在热轧、正火状态下使用，组织为铁素体＋珠光体，也有淬火成低碳马氏体或热轧空冷后获得贝氏体组织使用的。

普通低合金钢通常按照钢的屈服强度(σ_s)的高低，将其分为 6 个级别，其中前 4 个级别(即 σ_s＜450MPa)的普通低合金钢，均以轧制时得到大量铁素体＋少量珠光体为基体组织，后两个级别的普通低合金钢，一般以贝氏体为基体组织。常用的普通低合金钢的牌号、化学成分、力学性能与用途见表 7-1。

表 7-1 我国常用的普通低合金钢的牌号、化学成分、力学性能与用途

级别	牌号	化学成分/%									厚度或直径/mm	力学性能			用途
		C	Mn	Si	V	Ti	Nb	P	Re	其他		σ_b/MPa	$\sigma_{0.2}$/MPa	δ/%	
300 MPa 级	12Mn	≤ 0.16	1.1 ～ 1.5	0.2 ～ 0.6	—	—	—	—	—	—	≤16 17～25	300 280	450 440	21 19	船舶、低压锅炉、容器、油罐
	09MnNb	≤ 0.12	0.8 ～ 1.2	0.2 ～ 0.6	—	—	0.015 ～ 0.05	—	—	—	≤16 17～25	300 280	420 400	23 21	桥梁、车辆
350 MPa 级	16Mn	0.12 ～ 0.20	1.2 ～ 1.6	0.2 ～ 0.6	—	—	—	—	—	—	≤16 17～25	350 290	520 480	21 19	船舶、桥梁、车辆、大型容器、大型钢结构、起重机
	12MnPRe	≤ 0.16	0.6 ～ 1.0	0.2 ～ 0.5	—	—	—	0.07 ～ 0.12	≤ 0.2	—	6～20	350	520	21	建筑结构、船舶、化工容器
400 MPa 级	16MnNb	0.12 ～ 0.20	1.0 ～ 1.4	0.2 ～ 0.6	—	—	0.015 ～ 0.05	—	—	—	≤16 17～25	400 380	540 520	19 18	桥梁、起重机
	10Mn-PNbRe	≤ 0.14	0.8 ～ 1.2	0.2 ～ 0.6	—	—	0.015 ～ 0.05	0.06 ～ 0.12	≤ 0.2	—	≤10	400	520	19	港口工程结构、造船、石油井架
450 MPa 级	14Mn-VTiRe	≤ 0.18	1.3 ～ 1.6	0.2 ～ 0.6	0.04 ～ 0.1	0.09 ～ 0.16	—	—	≤ 0.2	—	≤12 13～20	450 420	560 540	18 18	桥梁、高压容器、电站设备、大型船舶
	15MnVN	0.12	1.2 ～ 1.6	0.2 ～ 0.5	0.05 ～ 0.12	—	—	—	—	N：0.012 ～0.02	≤10 ≤17	480 450	650 600	17 19	大型焊接结构、大桥、造船、车辆
500 MPa 级	14MnMo-VBRe	0.10 ～ 0.16	1.1 ～ 1.7	0.2 ～ 0.4	0.04 ～ 0.1	—	—	—	—	Mo：0.35 ～0.65 B：0.0015 ～0.006	6～10	500	650	16	中温高压容器（<500℃）
	18Mn-MoNb	0.17 ～ 0.23	1.35 ～ 1.65	0.17 ～ 0.37	—	—	0.025 ～ 0.050	≤ 0.045	—	Mo：0.45 ～0.65 S：≤0.04	16～38 40～55	≥520 ≥500	≥650 ≥6	≥17 ≥16	锅炉、化工、石油的高压厚壁容器（<500℃）
650 MPa 级	14CrMn-MoVB	0.10 ～ 0.15	1.1 ～ 1.6	0.17 ～ 0.40	0.03 ～ 0.06	—	—	—	—	Mo： 0.32～ 0.42 B： 0.002～ 0.006	6～20	650	750	15	中温高压容器（400～560℃）

7.2.2 合金渗碳钢

由于碳钢的淬透性低，一些大截面或性能要求较高的零件，均采用合金渗碳钢。合金渗碳钢中，常加入铬、锰、镍、硼等合金元素，目的是提高钢的淬透性，以保证渗碳淬火后表面与心部都能得到强化。

常用合金渗碳钢的牌号、热处理、性能与用途见表 7-2。

表 7-2　常用合金渗碳钢的牌号、热处理、力学性能与用途

种类	牌号	试样尺寸/mm	热处理/℃				力学性能(不小于)					用途
			渗碳	第一次淬火	第二次淬火	回火	σ_b/MPa	$\sigma_{0.2}$/MPa	δ/%	ψ/%	α_K/(J/cm^2)	
低淬透性	20Cr	15	930	880 水、油	780 水 820 油	200	835	540	10	40	60	用于 30mm 以下、形状复杂而受力不大的渗碳件，如机床齿轮、齿轮轴、活塞销等
	20MnV	15	930	880 水、油	—	200	785	590	10	40	70	代替 20Cr，也可作锅炉、压力容器、高压管道等
中淬透性	20CrMnTi	15	930	880 油	870 油	200	1080	853	10	45	70	用于截面在 30mm 以下，承受高速、中载或重载以及摩擦的重要渗碳件，如齿轮、凸轮等
	20SiMnVB	15	930	850～880 油	780～800 油	200	1175	980	10	45	70	代替 20CrMnTi
高淬透性	12Cr2Ni4	15	930	880 油	780 油	200	1175	1080	10	45	80	用于承受高载荷的重要渗碳件，如大型齿轮和轴类件
	18Cr2Ni4WA	15	930	950	850	200	1175	835	10	45	100	同 12Cr2Ni4，作高级渗碳零件

7.2.3 合金调质钢

通常将需经淬火和高温回火（即调质处理）强化而使用的钢种称为调质钢。

合金调质钢中所加合金元素总的质量分数一般为3%～7%，所加的合金元素有硅、锰、铬、镍、钨、铜、铌、钛、硼等，其主要目的是提高其淬透性、强化铁素体、细化晶粒并提高回火稳定性。

合金调质钢具有较高的淬透性，调质处理后具有高强度与良好的塑性及韧性的配合，即具有良好的综合力学性能。

常用合金调质钢的牌号、热处理规范、性能与用途见表7-3。

表7-3　常用合金调质钢的牌号、热处理规范、性能与用途

种类	牌号	试样尺寸/mm	热处理/℃		力学性能(不小于)					用途
			淬火	回火	σ_b/MPa	$\sigma_{0.2}$/MPa	δ/%	ψ/%	α_K/(J/cm²)	
低淬透性	40Cr	25	850油	500水、油	930	785	10	45	60	用作重要调质件，如轴类件、连杆螺栓、汽车转向节、半轴、齿轮等
	40MnB	25	850油	520水、油	1100	900	10	45	50	代替40Cr
中淬透性	30CrMnSi	25	880油	550水、油	980	835	12	45	80	用于飞机重要件，如起落架、螺栓、对接接头、冷气瓶等
	35CrMo	25	850油	640水、油	980	835	14	50	90	用作重要调质件，如大型电机轴、锤杆、轧钢机曲轴。是40CrNiMoA的代用钢
	38CrMoAlA	30	940水、油	600水、油	1000	800	10	45	80	用作需氮化的零件，如镗杆、磨床主轴、精密丝杠、高压阀门、量规等
高淬透性	40CrMnMo	25	850油	600水、油	980	835	12	55	78	用作冲击载荷的高强度件，可用来代替40CrNiMo钢
	40CrNiMoA	25	850油	520水、油	980	785	9	45	60	用作重型机械中高负荷的轴类件、直升机的旋翼轴、汽轮机轴、齿轮等

7.2.4　合金弹簧钢

弹簧钢是指用来制造各种弹簧或有类似性能的零件的钢。

合金弹簧钢主要加入硅和锰，以强化铁素体，提高淬透性、回火稳定性及屈强比(σ_s/σ_b)。少量钼、铬、钒的加入，可进一步提高淬透性和回火稳定性并细化晶粒，减少硅锰弹簧钢的脱碳和过热倾向。

常用合金弹簧钢的牌号、成分、热处理、力学性能及用途见表 7-4。

表 7-4　常用合金弹簧钢的牌号、成分、热处理、力学性能及用途(摘自 GB/T 1222—1984)

牌号	化学成分/%					热处理/℃		力学性能(≥)				用途举例
	C	Si	Mn	Cr	V(W)	淬火	回火	σ_b/MPa	σ_s/MPa	δ/%	ψ/%	
55Si2Mn	0.52～0.60	1.50～2.00	0.60～0.90			870 油	480	1275	1177	6 (δ_{10})	30	工作温度低于 250℃,直径 20～30mm,汽车、拖拉机、机车上的减振板簧和螺旋弹簧,气缸安全阀簧,电力机车用升弓钩弹簧,止回弹簧
60Si2Mn	0.56～0.64	1.50～2.00	0.60～0.90			870 油	480	1275	1177	5 (δ_{10})	25	
50CrVA	0.46～0.54	0.17～0.37	0.50～0.80	0.80～1.10	0.10～0.20	850 油	500	1275	1128	10 (δ_5)	40	用作较大截面(直径 30～50mm)的高载荷重要弹簧及工作温度小于 400℃ 的阀门弹簧、活塞弹簧、安全阀弹簧等
60Si2CrA	0.56～0.64	1.40～1.80	0.40～0.70	0.70～1.00		870 油	420	1765	1569	6 (δ_5)	20	用于直径小于 50mm、工作温度低于 250℃ 的重载板簧与螺旋弹簧
30W4Cr2VA	0.26～0.34	0.17～0.37	≤0.40	2.00～2.50	V:0.50～0.80 (W:4.00～4.50)	1050～1100 油	600	1471	1324	7 (δ_5)	40	用于 500℃ 以下工作的耐热弹簧,如锅炉安全阀弹簧、汽轮机汽封弹簧

注:表列性能适用于截面单边尺寸≤80mm 的钢材。

7.2.5　滚动轴承钢

滚动轴承钢是指制造滚动轴承套圈和滚动体的专用钢。它除制作滚动轴承外,还广泛用于制造各类工具和耐磨零件,如刃具、量具等。

轴承钢中碳的质量分数为 0.95%～1.15%,主加的合金元素为铬(w_{Cr}<1.65%),以提高淬透性,并使钢材经热处理后形成细小而均匀分布的合金渗碳体,从而显著提高钢的强度、接触疲劳强度和耐磨性。制造大型轴承时,为进一步提高钢的淬透性,可加入硅、锰

等合金元素。

常用滚动轴承钢的牌号、成分、热处理及用途见表 7-5。目前我国应用最广的是铬滚动轴承钢(占 90%),其中又以 GCr15、GCr15SiMn 应用最多。前者用于制造中、小型轴承的内外套圈及滚动体,后者用于制造较大型滚动轴承,如壁厚大于 12mm、外径大于 250mm 的套圈及直径大于 50mm 的钢球。

表 7-5　常用滚动轴承钢的牌号、成分(YB(T)1—80)、热处理及用途

牌号	化学成分/%				热处理		回火后硬度/HRC	用途举例
	C	Cr	Si	Mn	淬火温度/℃	回火温度/℃		
GCr9	1.00～1.10	0.90～1.20	0.15～0.35	0.25～0.45	810～830 水、油	150～170	62～64	油中最大淬透直径为 14～15mm,主要用于制造直径小于 20mm 的滚珠、滚柱及滚针;还可制造耐磨性零件,如坦克发动机上的喷油嘴芯杆、油滤衬套等
GCr9SiMn	1.00～1.10	0.90～1.20	0.45～0.75	0.95～1.25	810～830 水、油	150～160	62～64	壁厚小于 12mm、外径小于 250mm 的套圈,直径为 25～50mm 的钢球,直径小于 22mm 的滚子
GCr15	0.95～1.05	1.40～1.65	0.15～0.35	0.25～0.45	820～840 水、油	150～160	62～64	油中最大淬透直径为 23～25mm,用途最广的一种铬轴承钢,用于制造一般要求的微型、小型、中型、部分大型滚动轴承;并且还可作为合金工具钢,常用来制造冷冲模、量具、丝锥等;也常用于制造柴油机的精密构件
GCr15SiMn	0.95～1.05	1.40～1.60	0.45～0.75	0.95～1.25	820～840 水、油	150～170	62～64	油中最大淬透直径为 50～65mm,主要用于制造部分大型和部分特大型滚动轴承,如壁厚不小于 12mm 或外径大于 250mm 的套圈,直径为 50～200mm 的钢球,直径不小于 23mm 的圆柱滚子等

7.3　合金工具钢

工具钢是用来制造各种加工工具的钢，如量具、刃具、模具等。工具钢按用途不同，可分为刃具钢、量具钢、模具钢三大类；按化学成分可分为非合金工具钢(碳素工具钢)、合金工具钢和高速工具钢三类。

7.3.1　量具刃具钢

量具刃具钢具有高碳成分，$w_C=0.8\%\sim1.50\%$，以保证高的硬度和耐磨性。加入的合金元素有Cr、Si、Mn、W等，用以提高钢的淬透性、耐回火性、热硬性和耐磨性。量具刃具钢主要用于制造低速切削刃具(如木工工具、钳工工具、钻头、铣刀、拉刀等)及测量工具(如卡尺、千分尺、块规、样板等)。

常用量具刃具钢的牌号、化学成分、热处理、力学性能及用途见表7-6。

表7-6　常用量具刃具钢的牌号、化学成分、热处理、力学性能及用途(摘自GB 1299—2000)

牌号	化学成分/%						力学性能				应　用
	C	Si	Mn	Cr	S	P	淬火温度/℃	硬度/HRC	回火温度/℃	硬度/HRC	
9SiCr	0.85～0.95	1.20～1.60	0.30～0.60	0.95～1.25	≤0.30		820～860油	≥62	180～200	60～62	制作板牙、丝锥、铰刀、钻头、齿轮铣刀、拉刀等，也可制作冷冲模、冷轧辊等
Cr06	1.30～1.45	≤0.40	≤0.40	0.50～0.70	≤0.30		780～810水	≥64			制作刮刀、锉刀、剃刀、外科手术刀、刻刀等
Cr2	0.95～1.10	≤0.40	≤0.40	1.30～1.65	≤0.30		830～860油	≥62			制作车刀、插刀、铰刀、钻套、量具、样板、偏心轮、拉丝模、大尺寸冷冲模等

注：表中Cr06钢的平均$w_C>1\%$，为与结构钢区别，不标含碳量数字。其平均$w_{Cr}=0.6\%$。

量具刃具钢的预先热处理为球化退火，最终热处理为淬火加低温回火，热处理后硬度达60～65HRC。高精度量具在淬火后可进行冷处理，以减少残余奥氏体量，从而增加其尺寸稳定性。为了进一步提高尺寸稳定性，淬火回火后，还可进行时效处理。

7.3.2　模具钢

用于制造各种锻造、冲压或压铸成形工件模具的钢称为模具钢。常用的模具钢，根据其用途和工作条件分为三大类，即冷作模具钢、热作模具钢和塑料模具钢。

1. 冷作模具钢

冷作模具钢主要用于制造在冷状态(室温)条件下进行压制成形的模具，如冷冲压模具、冷拉伸模具、冷镦模具、冷挤压模具、压印模具、辊压模具等。冷作模具品种多、应用范围广，其产值占模具总产值的 30%～40%。

根据工艺性能和承载能力不同，可将冷作模具钢分为 6 类，见表 7-7。

表 7-7　冷作模具钢的分类

组别	名　称	代表钢号
Ⅰ	低淬透性冷作模具钢	T7A、T8A、T10A、T12A、V、MnSi、Cr2、9C2、CrW5
Ⅱ	低变形冷作模具钢	9Mn2V、9Mn2、CrWMn、MnCrWV、9CrWMn、SiMnMo
Ⅲ	高耐磨微变形冷作模具钢	Cr6WV、Cr12MoV、Cr12、Cr4W2MoV、Cr2Mn2SiWMoV
Ⅳ	高强度冷作模具钢	W6Mo5Cr4V2、W18Cr4V
Ⅴ	高强韧性冷作模具钢	6W6Mo5Cr4V、6Cr4Mo3Ni2WV、65Cr4W3Mo2VNb、7Cr7Mo3V3Si
Ⅵ	抗冲击冷作模具钢	4CrW2Si、5CrW2Si、6CrW2Si、4CrW2Si、60Si2Mn、5CrNiMo、5CrMnMo、5SiMnMoV、9CrSi

在同一组中，具有某些共同特点的钢种，在一定条件下可以互相代替使用。

常用冷作模具钢的牌号、化学成分、热处理及用途见表 7-8。

表 7-8　常用冷作模具钢的牌号、化学成分、热处理及用途(摘自 GB/T 1299—2000)

牌号	化学成分/%							交货状态（退火）/HBS	热处理		应　用
	C	Si	Mn	Cr	其他	P 不大于	S 不大于		淬火温度/℃	硬度/HRC不小于	
CrWMn	0.90～1.05	≤0.40	0.80～1.10	0.90～1.20	W：1.20～1.60	0.03	0.03	207～255	800～830 油	62	制作淬火要求变形很小、长而形状复杂的切削刀具，如拉刀、长丝锥及形状复杂、高精度的冷冲模
Cr12	2.00～2.30	≤0.40	≤0.40	11.50～13.00		0.03	0.03	217～269	950～1000 油	60	制作耐磨性高、不受冲击、尺寸较大的模具，如冷冲模、冲头、钻套、量规、螺纹滚丝模、拉丝模等
Cr12MoV	1.45～1.70	≤0.40	≤0.40	11.00～12.50	Mo：0.40～0.60；V：0.15～0.30	0.03	0.03	207～255	950～1000 油	58	制作截面较大、形状复杂、工作条件繁重的各种冷作模具及螺纹搓丝板等

2. 热作模具钢

热作模具钢是指使金属在加热状态下或液体状态下成形的模具用钢，主要用于制造对高温状态的金属进行热成形的模具，如热锻模具、热挤压模具、压铸模具、热剪切模具等。

我国常用热作模具钢的钢种见表 7-9。

表 7-9　常用热作模具钢的钢种

名　　称	代表钢号
锤锻模具钢	5CrMnMo、5CrNiMo、5SiMnMoV、5Cr4Mo
机锻模具钢、压铸模具钢	3Cr2W8V、4Cr5MoSiV、4Cr5MoSiV1、5Cr4W5Mo2V
热冲裁模具钢	3Cr2W8V、8Cr3

我国常用热作模具钢的牌号、化学成分、热处理及用途见表 7-10。

表 7-10　常用热作模具钢的牌号、化学成分、热处理及用途(摘自 GB/T 1299—2000)

牌号	化学成分/%							交货状态(退火)/HBS	淬火温度/℃	应　用
	C	Si	Mn	Cr	其他	P	S			
						不大于				
5CrMnMo	0.50～0.60	0.25～0.60	1.20～1.60	0.60～0.90	Mo：0.15～0.30	0.03	0.03	197～241	820～850 油	制作中小型热锻模(边长≤300～400mm)
5CrNiMo	0.50～0.60	≤0.40	0.50～0.80	0.50～0.80	Ni：1.40～1.80；Mo：0.15～0.30	0.03	0.03	197～241	830～860 油	制作形状复杂、冲击载荷大的各种大、中型热锻模(边长>400mm)
3Cr2W8V	0.30～0.40	≤0.40	≤0.40	2.20～2.70	W：7.50～9.00；V：0.20～0.50	0.03	0.03	≤255	1075～1125 油	制作压铸模，平锻机上的凸模和凹模、镶块，铜合金挤压模等
4Cr5W2VSi	0.32～0.42	0.08～1.20	≤0.40	4.50～5.50	W：1.60～2.40；V：0.60～1.00	0.03	0.03	≤229	1030～1050 油或空	可用于高速锤用模具与冲头，热挤压用模具及芯棒，有色金属压铸模等

3. 塑料模具钢

近 40 年来，随着石油化工工业的发展，塑料已成为重要的工业原材料。因此，塑料制品成形用的模具需求量迅速增长，不少工业发达国家塑料模具的产值已经超过冷作模具的产值，在模具制造业中居首位。

由于塑料模对力学性能的要求不高，所以材料选择有较大的机动性。目前常用的塑料模具及其用钢见表 7-11。表中所列钢号大多为国产塑料模具钢号，现阶段仍有许多塑料模采用国外钢号(如日本、美国、德国、瑞典等)或根据国外钢号生产的改良钢种。

表 7-11 常用塑料模具及其用钢

模具类型及工作条件	推荐用钢
中、小模具，精度要求不高，受力不大，生产批量小	45，40Cr、T10(T10A)、10、20、20Cr
受磨损及动载荷较大，生产批量较大的模具	20Cr、12CrNi3、20Cr2Ni4、20CrMnTi
大型复杂的注射成形模或挤压成形模，生产批量大	4Cr5MoSiV、4Cr5MoSiV1、4Cr3Mo3SiV、5CrNiMnMoVSCo
热固性成形模，要求高耐磨、高强度的模具	9Mn2V、CrWMn、GCr15、Cr12、Cr12MoV、7CrSiMnMoV
耐腐蚀性、高精度模具	2Cr13、4Cr13、9Cr18、Cr18MoV、3Cr2Mo、Cr14Mo4V、8Cr2MnWMoVS、3Cr17Mo
无磁模具	7Mn15Cr2Al3V2WMo

常用塑料模具钢的牌号、性能及用途见表 7-12。

表 7-12 常用塑料模具钢的牌号、性能及用途

种类	牌号	应用
预硬型①	3Cr2Mo 3Cr2MnNiMo	工艺性能优良，切削加工性和电火花加工性良好，镜面抛光性好，表面粗糙度 *Ra* 值可达 0.025μm，可渗碳、渗硼、氮化和镀铬，耐蚀性和耐磨性好，具备了塑料模具钢的综合性能，是目前国内外应用最广的塑料模具钢之一，主要用于制造形状复杂、精密、大型模具，各种塑料模具和低熔点金属压铸模
非合金型	国产 45、50 和 S45C～S58C(日本)	形状简单的小型塑料模具或精度要求不高、使用寿命不需要很长的塑料模具
	T7、T8、T10、T11、T12	形状较简单的、小型的热固性塑料模具，要求较高耐磨性的模具
整体淬硬型	9Mn2V、CrWMn、9CrWMn、Cr12、Cr12MoV、5CrNiMo、5CrMnMo	用于压制热固性塑料、复合强化塑料产品的模具以及生产批量很大、要求模具使用寿命很长的塑料模具
渗碳型	20、12CrMo、20Cr	较高的强度，而且心部具有较好的韧性，表面高硬度、高耐磨性、良好的抛光性能，塑性好，可以采用冷挤压成形法制造模具。缺点是模具热处理工艺较复杂、变形大。用于受较大摩擦、较大动载荷、生产批量大的模具
耐腐蚀型	9Cr18、4Cr13 、1Cr17Ni2	用于在成形过程中产生腐蚀性气体的聚苯乙烯等塑料制品和含有卤族元素、福尔马林、氨等腐蚀介质的塑料制品模具

① GB/T 1299—2000《合金工具钢》中的列出的塑料模具钢种。

7.3.3 高速工具钢

高速工具钢(简称高速钢)是为适应高速切削而逐渐发展起来的一种高碳高合金工具

钢，它具有较高的红硬性和耐磨性，又称高速刃具用钢。它的红硬性很高，在 600℃时，硬度仍能保持在 60HRC 以上，主要用来制造中、高速切削刀具，如车刀、铣刀、铰刀、拉刀、麻花钻等。W18Cr4V、W6Mo5Cr4V2 和 W9Mo3Cr4V 为较常用的高速钢，这三个钢号的产量占目前国内生产和使用的 95%以上。

高速钢中碳的质量分数为 0.7%～1.65%。同时加入大量的合金元素，如 W、V、Mo、Cr 等，其大致的质量分数分别为 5.5%～19% W、1.0%～2.4% V、0%～5.5% Mo、3.8%～4.4% Cr。W 和 Mo 主要是提高钢的红硬性；V 在钢中可形成稳定碳化物 VC；Cr 可显著提高淬透性、耐磨性和红硬性；淬火加热时未溶解的 W 或 Mo 或 V 的碳化物可细化晶粒；Co 可提高红硬性。

由于高速钢属于莱氏体钢，铸态组织中有粗大鱼骨状的合金碳化物，必须用反复锻打的方法将其击碎，使碳化物细化并均匀分布在基体上。锻后进行退火，以消除内应力，降低硬度改善切削加工性能，并为淬火做好组织准备。所得到的组织为索氏体(基体)＋粒状碳化物，硬度为 207～255HB。

高速钢的优越性能须经正确的淬火、回火后才能发挥出来。图 7-1 为 W18Cr4V 钢的热处理工艺示意图。

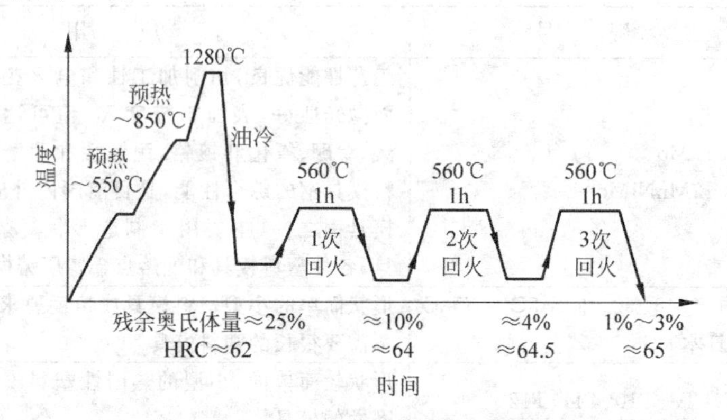

图 7-1　W18Cr4V 钢的热处理工艺示意图

由图 7-1 可见，W18Cr4V 钢的最终热处理为高温淬火和多次回火。该钢属于高合金钢，塑性与导热性较差，淬火温度又高，为减少热应力与变形，防止开裂，常在 800～850℃预热，形状复杂、截面大者还应增加一次 500～600℃的预热。淬火加热温度很高，可达 1270～1280℃。在不使钢发生过热的前提下，温度越高，溶入奥氏体中的合金元素越多，钢的红硬性越高。加热、保温时间应视刃具的形状、尺寸及加热设备而定。淬火冷却多用盐浴分级淬火、等温淬火或油冷。正常淬火组织为隐晶马氏体＋粒状碳化物＋20%～25%残余奥氏体。

为消除淬火应力，减少残余奥氏体量，稳定组织以获得所需性能，淬火后应及时回火。常用的回火工艺是：550～570℃回火，保温 1h，重复三次。其目的是使淬火后大多数的残余奥氏体转变为马氏体，并使回火时产生二次硬化及二次淬火现象。回火后的组织为极细的回火马氏体＋较多的粒状碳化物＋少量(1%～3%)的残余奥氏体，硬度为 63～66HRC。

常用高速钢的牌号、化学成分、热处理及用途见表 7-13。

表 7-13　常用高速钢的牌号、化学成分、热处理及用途(摘自 GB/T 9943—1988)

牌号	化学成分/%					热处理				应　用
	C	Cr	W	V	Mo	淬火温度/℃	硬度/HRC不小于	回火温度/℃	硬度/HRC	
W18Cr4V	0.70～0.80	3.80～4.40	17.50～19.00	1.00～1.40	≤0.30	1260～1280油冷	63	550～570(三次)	63～66	制作中速切削用车刀、刨刀、钻头、铣刀等
W6Mo5Cr4V2	0.80～0.90	3.80～4.40	5.50～6.75	1.75～2.20	4.50～5.50	1220～1240油冷	63	540～560(三次)	63～66	制作要求耐磨性和韧性相配合的中速切削刀具,如丝锥、钻头等
W9Mo3Cr4V	0.77～0.87	3.80～4.40	8.50～9.50	1.30～1.70	2.70～3.30	1210～1230油冷	63	540～560(三次)	≥63	通用型高速钢

7.4　特殊性能钢及合金

特殊性能钢是指具有特殊物理、化学和力学性能的钢种,其种类很多,并正在迅速发展,广泛应用于机械制造、石油、化工、国防、仪表等行业中。本节仅介绍机械工程中最常用的不锈钢、耐热钢和耐磨钢。

7.4.1　不锈钢

不锈钢是不锈钢和耐酸钢的统称,它能够抵抗空气、蒸汽、酸、碱、盐等腐蚀性介质的腐蚀。不锈钢主要用来制造在各种腐蚀介质中工作的零件或构件,例如化工装置中的管道、阀门、泵、医疗手术器械、防锈刃具和量具等。

我国常用不锈钢的牌号、成分、热处理、力学性能及主要用途见表 7-14。

表 7-14　常用不锈钢的牌号、成分、热处理、力学性能及主要用途

类别	牌号	化学成分/%			热处理		力学性能				用途举例
		C	Cr	其他	淬火温度	回火温度	σ_b/MPa	$\sigma_{0.2}$/MPa	ψ/%	硬度不小于	
马氏体型	1Cr13	≤0.15	11.5～13.50		950～1000℃油冷	700～750℃快冷	≥539	≥343	≥55	159HB	制作能抗弱腐蚀性介质、能承受冲击载荷的零件如汽轮机叶片、水压机阀、结构架、螺栓,螺帽等
	2Cr13	0.16～0.25	12～14		920～980℃油淬	600～750℃快冷	≥635	≥40	≥50	192HB	

续表

类别	牌号	化学成分/%			热处理		力学性能				用途举例
		C	Cr	其他	淬火温度	回火温度	σ_b /MPa	$\sigma_{0.2}$ /MPa	ψ/%	硬度/HRC不小于	
马氏体型	3Cr13	0.26～0.40	12～14		920～980℃油冷	200～300℃快冷				50	制作刃具、喷嘴、阀座、阀门、医疗器具等
马氏体型	3Cr13Mo	0.28～0.35	12～14	Mo0.5～1.0	1025～1075℃油冷	200～300℃快冷				50	制作高温及高耐磨性的热油泵轴、轴承、阀片、弹簧等
铁素体型	1Cr17	≤0.12	16～18		退火 780～850℃空冷或缓冷		≥451	≥205	≥50	183	制作建筑内装饰、家庭用具、重油燃烧件、家用电器部件等
铁素体型	00Cr30	≤0.01	28.5～32.0	Mo1.5～2.5			≥451	≥294	≥45	228	耐腐蚀性很好，用作苛性碱设备及有机酸设备
奥氏体型	0Cr19Ni9	≤0.08	18～20	Ni8～10	1010～1150℃快冷		≥520	≥206	≥60	187	用于食品设备、一般化工设备、原子能工业
奥氏体型	1Cr18Ni9	≤0.15	18～19	Ni8～10	1010～1150℃快冷	≥451	≥520	≥206	≥60	187	制造建筑用装饰部件及耐有机酸、碱溶液腐蚀的设备零件、管道等
奥氏体型	0Cr19Ni13-Mo3	≤0.08	18～20	Ni11～15 Mo3.0～4.0	1010～1150℃快冷		≥520	≥206	≥60	187	耐点蚀性好，制造染色设备零件
奥氏体型	00Cr19Ni13-Mo3	≤0.03	18～20	Ni11～15 Mo3.0～4.0	1010～1150℃快冷		≥481	≥177	≥60	187	制作要求耐晶间腐蚀好的零件

7.4.2　耐热钢

在航空、锅炉、汽轮机、动力机械、化工、石油、工业用炉等行业中，许多零件是在高温下使用的，要求钢具备高温抗氧化性和高温强度。在高温下具有一定热稳定性和热强性的钢称为耐热钢。

常用耐热钢的牌号、热处理、力学性能及用途见表7-15。

表 7-15　常用耐热钢的牌号、热处理、力学性能及用途

类别	牌号	热处理/℃	力学性能					最高使用温度/℃		用途
			σ_b /MPa	$\sigma_{0.2}$ /MPa	δ/%	ψ/%	硬度 /HBS	抗氧化	热强性	
珠光体耐热钢	15CrMo	正火 900～950 空冷 高回 630～700 空冷	≥410	≥296	≥22	≥60		<560		用于介质温度不大于 550℃ 的蒸汽管道、垫圈等
	12CrMoV	正火 960～980 空冷 高回 740～760 空冷	≥440	≥225	≥22	≥50		<590		用于介质温度不大于 570℃ 的过热器管、导管等
	35CrMoV	淬火 900～920 油、水 高回 600～650 空冷	≥1080	≥930	≥10	≥50		<580		用于长期在 500～520℃下工作的汽轮机叶轮等
马氏体耐热钢	1Cr13Mo	淬火 970～1020 缓冷 高回 650～750 快冷	≥700	≥500	20	≥60	≤192	800	500	用于小于 800℃ 的耐氧化件，小于 480℃蒸汽用机械部件
	1Cr12WMoV	淬火 1000～1050 缓冷 高回 680～700 空冷	≥750	≥600	≥15	≥45		750	580	用于小于 580℃ 的汽轮机叶片、叶轮、转子、紧固件等
	4Cr9Si2	淬火 1020～1040 油冷 高回 700～780 油冷	≥900	≥600	≥19	≥50		800	650	用于小于 700℃ 的发动机排气阀、料盘等
	4Cr10Si2Mo	淬火 1010～1040 油冷 高回 720～760 空冷	≥900	≥700	≥10	≥35		850	650	同 4Cr9Si2
奥氏体耐热钢	0Cr18Ni11Nb	980～1150 快冷 固溶处理	≥520	≥205	≥40	≥50	187	850	650	用作 400～900℃ 腐蚀条件下使用的部件、焊接结构件等
	4Cr14Ni14W2Mo	820～850 快冷 退火处理	≥705	≥315	≥20	≥35	≤248	850	750	用于 500～600℃ 汽轮机零件、重载荷内燃机排气阀
	0Cr25Ni20	1030～1180 快冷 固溶处理	≥520	≥205	≥40	≥50	≥187	1035		用于小于 1035℃ 的炉用材料、汽车净化装置

7.4.3 耐磨钢

耐磨钢主要是指在冲击载荷下发生冲击硬化的高锰钢，它的主要成分是含 0.9%～1.5%C、11%～14%Mn。由于这种钢极易加工硬化，切削加工困难，所以大多数高锰钢零件是铸造成形后直接使用或少许加工。

耐磨钢铸件的牌号前冠以“ZG”(代表铸钢)，其后是化学元素符号“Mn”，最后为锰的平均质量分数的百分数。如 ZGMn13-1 表示平均的锰质量分数为 13%，“1”表示序号。铸造高锰钢的牌号、化学成分及适用范围见表 7-16。

表 7-16　铸造高锰钢的牌号、化学成分及适用范围(摘自 GB 5680—1985)

<table>
<tr><th rowspan="2">牌　号</th><th colspan="5">化学成分/%</th><th rowspan="2">适用范围</th></tr>
<tr><th>C</th><th>Mn</th><th>Si</th><th>S</th><th>P</th></tr>
<tr><td>ZGMn13-1</td><td>1.10～1.50</td><td rowspan="4">11.00～14.00</td><td rowspan="2">0.30～1.00</td><td rowspan="4">≤0.05</td><td></td><td>低冲击件</td></tr>
<tr><td>ZGMn13-2</td><td>1.00～1.40</td><td>≤0.09</td><td>普通件</td></tr>
<tr><td>ZGMn13-3</td><td>0.90～1.30</td><td rowspan="2">0.30～0.80</td><td>≤0.08</td><td>复杂件</td></tr>
<tr><td>ZGMn13-4</td><td>0.90～1.20</td><td>≤0.07</td><td>高冲击件</td></tr>
</table>

高锰钢的铸态组织基本是奥氏体＋残余碳化物$(Fe、Mn)_3C$，其性能硬而脆(约420HB，δ 为 1%～2%)。为了改善钢的韧性，应对其进行水韧处理。

所谓水韧处理是把钢的铸件加热到临界温度以上(1000～1100℃)，适当保温，使碳化物完全溶入奥氏体中，然后迅速水淬，使碳化物不能析出而获得单相奥氏体组织。

水韧处理后的高锰钢制件在受到外来的压力、摩擦力或冲击力作用时，会发生塑性变形，表面层产生强烈的加工硬化，同时也可能发生形变诱发奥氏体向马氏体转变，使表面硬度升至 500～550HB，获得高的耐磨性，而心部仍为具有高韧性的奥氏体组织，故高锰钢具有很高的抗冲击能力和耐磨性。

高锰钢主要用于制造承受冲击及压力并要求耐磨的零件，如挖掘机、坦克、拖拉机的履带板、碎石机颚板、球磨机衬板以及防弹钢板、保险箱钢板等。另外，还因为高锰钢是非磁性的，也可用于制造既耐磨又抗磁化的零件，如吸料器的电磁铁罩等。

思考与练习

7-1　合金钢和碳素钢相比，具有哪些特点？

7-2　在合金钢中，常加入的合金元素有哪些？

7-3　有一根ϕ30mm 的轴，受中等的交变载荷作用，要求零件表面耐磨、心部具有较高的强度和韧性，供选择的材料有 16Mn、20Cr、45 钢、T8 钢和 Cr12 钢。要求：

(1) 选择合适的材料；

(2) 编制简明的热处理工艺路线；

(3) 指出最终组织。

7-4　W18Cr4V 钢的淬火温度为什么要选 1275℃±5℃？淬火后为什么要经过三次

560℃回火？回火后的组织是什么？回火后的组织与淬火组织有什么区别？能否用一次长时间回火代替三次回火？

7-5　为什么轴承钢要具有较高的碳的质量分数？

7-6　说明下列钢号属于何种钢？数字的含意是什么？其主要用途是什么？

T8、16Mn、20CrMnTi、ZGMn13-2、40Cr、GCr15、60Si2Mn、W18Cr4V、1Cr18Ni9Ti、1Cr13、Cr12MoV、12CrMoV、5CrMnMo、38CrMoAl、9CrSi、Cr12、3Cr2W8、4Cr5W2VSi、15CrMo、60 钢、CrWMn、W6M05Cr4V2。

第8章　有色金属及其合金

有色金属及其合金是指铁和铁基合金以外的金属及其合金。与铁和铁基合金相比，有色金属的冶炼比较复杂，成本高。但是，由于有色金属具有许多优良特性，例如，强度高、密度小、导电性好、耐蚀性和耐热性高等，因而已成为现代工业，特别是航空航天工业中不可缺少的材料。

8.1　铝及其合金

8.1.1　工业纯铝

工业纯铝不像化学纯铝那样纯，它或多或少含有杂质，其显著特点是密度小($2.7g/cm^3$)、强度比较低、塑性较好、导电性和导热性较好、抗大气腐蚀性能好等。因此，工业纯铝主要用于制作电线、电缆，以及要求具有导热和抗大气腐蚀性能而对强度要求不高的一些用品或器皿。

工业纯铝中的有害杂质主要为铁和硅等，其牌号正是依其杂质的限量来编制的，如L1、L2、L3等("L"为"铝"字的汉语拼音字首，其后所附顺序数字越大，其纯度越低)。铝的质量分数在99.93%以上的高纯铝牌号表示为L01～L04，其后所附顺序数字越大，其纯度越高。

8.1.2　铝合金的分类

根据铝合金的成分和生产工艺特点，可将铝合金分为变形铝合金和铸造铝合金两类，这可用铝合金相图来说明。铝合金一般都具有如图8-1所示的有限固溶型共晶相图。凡位于D'点左边的合金，在加热时能形成单相固溶体组织，其塑性较高，适于压力加工而被用作变形铝合金。成分位于D'点右边的合金，都具有共晶组织，适于铸造而被用作铸造铝合金。

由图8-1还可知，成分位于F点左边的合金不能进行热处理强化；而成分在F和D'点之间的合金则能热处理强化。

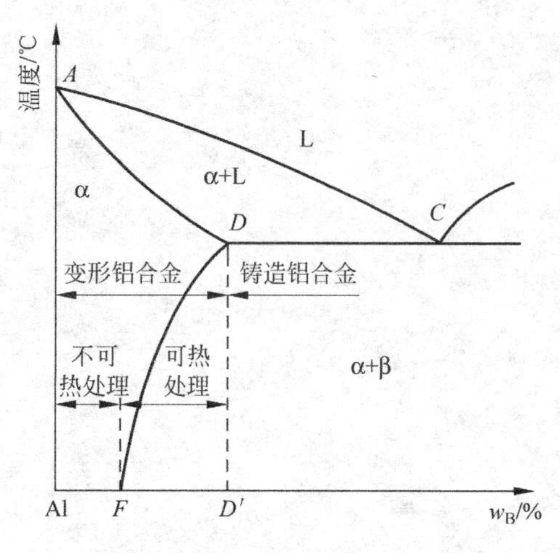

图8-1　铝合金分类示意图

8.1.3　变形铝合金

变形铝合金按性能特点分为4类，即防锈铝、硬铝、超硬铝和锻铝。这是我国传统的变形铝合金分类方法，其牌号采用汉语拼音字母加顺序号表示，其中，防锈铝用“铝”、“防”二字汉语拼音字首“L”和“F”加顺序号表示，如 5 号防锈铝用 LF5 表示；硬铝、超硬铝、锻铝分别用 LY、LC、LD 表示，后加顺序号，如 LY10、LC5、LD6 等。

目前，为了与世界各国的铝合金牌号标识接轨，以 ISO 209—2007 为基础，制订了新的变形铝合金牌号与化学成分标准(GB/T 3190—2008)，其牌号分别用 1×××～8×××表示。

表 8-1 为常用变形铝合金的牌号、化学成分和力学性能。

表 8-1　常用变形铝合金的牌号、化学成分和力学性能

类别	合金系统	牌号(旧牌号)	化学成分/%					产品状态	力学性能		
			Cu	Mg	Mn	Zn	其他		σ_b/MPa	δ/%	HBW
防锈铝合金	Al-Mg	5A02(LF2)		2.0～2.8	0.15～0.4			O	195	17	47
		5A05(LF5)		4.8～5.5	0.3～0.6			O	280	20	70
	Al-Mn	3A21(LF21)			1.0～1.6			O	130	20	30
硬铝合金	Al-Cu-Mg	2A01(LY1)	2.2～3.0	0.2～0.5				线材 T4	300	24	70
		2A11(LY11)	3.8～4.8	0.4～0.8	0.4～0.8			包铝板材 T4	420	18	100
		2A12(LY12)	3.8～4.9	1.2～1.8	0.3～0.9			包铝板材 T4	470	17	105
	Al-Cu-Mn	2A16(LY16)	6.0～7.0		0.4～0.8		Ti0.1～0.2	包铝板材 T4	400	8	100
超硬铝合金	Al-Zn-Mg-Cu	7A04(LC4)	1.4～2.0	1.8～2.8	0.2～0.6	5.0～7.0	Cr0.10～0.25	包铝板材 T6	600	12	150
		7A09(LC9)	1.2～2.0	2.0～3.0	0.15	5.1～6.1	Cr0.16～0.30	包铝板材 T6	680	7	190
锻铝合金	Al-Cu-Mg-Si	2A50(LD5)	1.8～2.6	0.4～0.8	0.4～0.8		Si0.7～1.2	包铝板材 T6	420	13	105
		2A14(LD10)	3.9～4.8	0.4～0.8	0.4～1.0		Si0.6～1.2	包铝板材 T6	480	19	135
	Al-Cu-Mg-Fe-Ni	2A70(LD7)	1.9～2.5	1.4～1.8			Ti0.02～0.10 Ni0.9～1.5 Fe0.9～1.5	包铝板材 T6	415	13	120

8.1.4　铸造铝合金

铸造铝合金是用来制作铸件的铝合金，其力学性能不如变形铝合金，但铸造性能好，适宜各种铸造成形，生产形状复杂的铸件。

铸造铝合金按其主要合金元素不同，分为 Al-Si、Al-Cu、Al-Mg、Al-Zn 等合金，其中 Al-Si 系应用最广泛。

铸造铝合金的牌号用“铸”、“铝”两字的汉语拼音字首“ZL”加三位数字表示。第一位数字表示合金类别（如 1 为 Al-Si 系、2 为 Al-Cu 系、3 为 Al-Mg 系、4 为 Al-Zn 系）；第二、三位数字为合金顺序号，顺序号不同，其化学成分也不同，比如 105 表示 5 号 Al-Si 系铸造铝合金。

常用铸造铝合金的牌号、代号、主要特点及用途举例见表 8-2。

表 8-2　常用铸造铝合金的牌号、代号、主要特点及用途举例

类别	牌　　号	代号	主 要 特 点	用 途 举 例
铝硅合金	ZAlSi12	ZL102	熔点低，密度小，流动性好，收缩和热倾向小，耐蚀性、焊接性好，可切削性差，不能热处理强化，有足够的强度，但耐热性低	适合铸造形状复杂，耐蚀性和气密性高，强度不高的薄壁零件，如飞机仪器零件船舶零件等
	YZAlSi12	YL102		
	ZAlSi5Cu1Mg	ZL105	铸造工艺性能好，不需变质处理，可热处理强化，焊接性、切削性好，强度高，塑韧性低	形状复杂工作温度≤250℃的零件如气缸体、气缸盖、发动机箱体等
	ZAlSi12Cu2Mg YZAlSi12Cu2	ZL108 YL108	铸造工艺性能优良，线收缩小，可铸造尺寸精确的铸件，强度高、耐磨性好，需要变质处理	汽车、拖拉机的活塞，工作温度≤250℃的零件
铝铜合金	ZAlCu5Mn	ZL201	铸造性能差，耐蚀性能差，可热处理强化，室温强度高，韧性好，焊接、切削性能好，耐热性好	承受中等载荷，工作温度≤300℃的飞行受力铸件、内燃机气缸头
	ZAlRE5Cu3Si2	ZL207	铸造性能好，耐热性高，可在 300～400℃下长期工作室温力学性能较低，焊接性能好	适合铸造形状复杂，在 300～400℃下长期工作的液压零部件
铝镁合金	ZAlMg10	ZL301	铸造性能差，耐热性不高焊接性差，切削性能好，能耐大气和海水腐蚀	承受高静载荷、冲击载荷，工作温度≤200℃、长期在大气和海水中工作的零件如船舰配件等
	ZAlMg5Si1	ZL303	铸造性能比 ZL301 好，热处理不能明显强化，但切削性能好，焊接性好，耐蚀性一般，室温力学性能较低	承受中等载荷，工作温度≤200℃的耐蚀零件如轮船、内燃机配件
铝锌合金	ZAlZn11Si7	ZL401	铸造性能优良，需变质处理，不经热处理可以达到高的强度，焊接性和切削性能优良，耐蚀性低	承受高静载荷、形状复杂工作温度≤200℃的铸件如汽车、仪表零件
	ZAlZn6Mg	ZL402	铸造性能优良，耐蚀性能好，可加工性能好，有较高的力学性能；但耐热性能低，焊接性一般；铸造后能自然失效	承受高的静载荷或冲击载荷，不能进行热处理的铸件，如活塞、精密仪表零件等

8.2　铜及其合金

铜及其合金是人类应用最早的一种有色金属。目前我国的铜产量仅次于钢和铝而居世界第三位。铜及其合金是电力、电工、仪表、造船等工业中不可缺少的材料。

铜及其合金按其表面颜色，分为紫铜(又称纯铜)、黄铜、青铜和白铜，下面主要简单介绍应用较广的纯铜及其合金。

8.2.1　纯铜

纯铜属于重有色金属，其熔点为1083℃，密度为8.9g/cm^3。它具有玫瑰红色，表面形成氧化膜后呈紫色，故一般称为紫铜，具有面心立方晶格，无同素异构转变，塑性高、强度低，并有良好的低温韧性，可进行冷、热压力加工。

纯铜突出的优点是具有优良的导电性、导热性及良好的耐蚀性(抗大气及淡水腐蚀)。

工业纯铜中常含有0.1%～0.5%的杂质(如铅、铍、氧、硫、磷等)，这些杂质对纯铜的导电性、力学性能和物理性能影响极大，应严格限制其含量。

工业上根据氧的含量和生产方法不同，将纯铜分为工业纯铜和无氧铜两类。

1. 工业纯铜

工业纯铜又称韧铜，是含氧量为0.02%～0.1%的纯铜，用符号“T”表示，其后数字为牌号顺序号。我国有4个牌号，即T1、T2、T3、T4等，其成分、所含杂质及主要用途见表8-3。T1、T2主要用作导电材料和熔制高纯度铜合金，T3、T4用作一般铜材及铜合金。

表8-3　工业纯铜的牌号、成分、所含杂质及主要用途

牌　号	含铜量	杂质/%		杂质总量/%	主要用途
		Bi	Pb		
T1	99.95	0.002	0.005	0.05	电线、电缆、雷管、储藏器等
T2	99.90	0.002	0.005	0.1	
T3	99.70	0.002	0.01	0.3	电器开关、垫片、铆钉、油管等
T4	99.50	0.002	0.01	0.5	

注：含量均为质量分数。

2. 无氧铜

无氧铜是在碳和还原性气体保护下进行熔炼和铸造的，含氧量极低，不超过0.003%。其牌号用“T”和“U”加顺序号表示，如TU1、TU2，U表示无氧，一号和二号无氧铜主要用于电真空仪器、仪表用材。用磷或锰进行脱氧而得到的无氧铜，分别称为磷脱氧铜和锰脱氧铜，用符号TUP、TUMn表示，前者主要用于焊接方面，后者主要用于电真空器件。用真空去氧而得到的无氧铜，称为真空铜，用TK表示。

8.2.2　铜合金

纯铜强度低，不宜直接用作结构材料，常加入合金元素来改善其性能。铜合金是以铜为基体，加入合金元素形成的合金。铜合金与纯铜相比，不仅强度高，而且具有优良的物理、化学性能，故工业中广泛应用的是铜合金。

铜合金按合金元素及化学成分分为黄铜、青铜、白铜三大类。

常用铜合金的牌号、成分及性能见表 8-4。

表 8-4　常用铜合金的牌号、成分及性能

类别	牌号	主要化学成分/%						状态	力学性能		
		Zn	Sn	Al	Be	Ni	其他		σ_b/MPa	$\sigma_{0.2}$/MPa	δ/%
黄铜	H70	28～31						退火	360	110	49
	H62	36.5～39.5						退火	360	110	49
	H59	40～43						退火	390	150	44
	HPb59-1	39～42					0.8～1.9Pb	退火	420	150	36～50
	HAl60-1-1	37～40					0.75～1.5Fe 0.75～1.5Al	退火	400	200	50
青铜	QSn4-3	2.7～3.3	3.5～4					退火	350		40
	QSn6.8-0.1		6～7					退火	300		38
	QSn6.5-0.4		6～7					退火	350～450	200～250	60～70
	QSn7-0.2		6～8					退火	360	230	64
	ZQSn10		9～11					金属型铸造	250～350		3～10
	QAl5			4～6				退火	380～420	160	60～65
	QAl7			6～8				退火	420～500	250	70
	ZQAl9-4			8～10				退火	400～500	200	10～20
	ZQAl10-3-1.5			9～11				退火	600		20
	QBe2				1.9～2.2	0.2～0.5		淬火时效	1250	1000	2.5
白铜	B19					19		退火	400		35
	BZn15-20					15		退火	350～450	140	35～45

8.3　镁及其合金

镁及其合金曾一度被称为贵族金属，只限于航空航天等领域的运用。随着镁及其合金的生产条件的日益改进，特别是镁价格的降低，这类金属的运用已推广到汽车、电子、通信等行业，被誉为“21 世纪的绿色工程材料”。

8.3.1　镁及其合金的性能特点

镁是最轻的工程材料，比铝轻 1/3，有非常好的综合性能。镁合金的特点为：熔点低、密度小(1.8g/cm^3)、强度高、弹性模量大、消振性好、承受冲击载荷能力比铝合金大，耐有机物和碱的腐蚀性能好，另外还有高的导热和导电性能、无磁性、屏蔽性好、无毒，可以简单地再生使用等特点。

8.3.2　镁及其合金的牌号

纯镁牌号以 Mg 加数字的形式表示，Mg 后的数字表示 Mg 的质量分数。

镁合金牌号以英文字母加数字再加英文字母的形式表示。前面的英文字母是其最主要的合金组成元素代号；其后的数字表示其最主要的合金组成元素的大致含量；最后面的英文字母为标识代号，用以标识各具体组成元素相异或元素含量有微小差别的不同合金。

镁及其合金的合金元素代号及其牌号的表示方法见表 8-5、表 8-6。

表 8-5　合金元素的代号

元素代号	元素名称	元素代号	元素名称
A	铝 Al	M	锰 Mn
B	铋 Bi	N	镍 Ni
C	铜 Cu	P	铅 Pb
D	镉 Cd	Q	银 Ag
E	稀土 Re	R	铬 Cr
F	铁 Fe	S	硅 Si
G	钙 Ca	T	锡 Sn
H	钍 Th	W	镱 Yb
K	锆 Zr	Y	锑 Sb
L	锂 Li	Z	锌 Zn

表 8-6　镁及其合金牌号表示方法

名称	牌号举例			说　明
	汉字牌号	牌号	代号	
镁锭	一级镁锭	Mg99.95		Mg 表示重熔用镁锭，其后数字为纯度的最低百分含量
纯镁	二号纯镁	Mg2		Mg 表示加工纯镁，其后数字为顺序号
镁合金	一号镁合金	MB1		见下图示
镁合金	八号镁合金	MB8R		见下图示

MB 8 R

- MB——变形镁合金
- 8——合金的顺序号
- R——状态：

代号	R	M	C	CY	CZ	CS	y	y_1, y_2 y_3, y_4
含义	热加工	退火	淬火	淬火后冷轧作硬化	淬火自然时效	淬火人工时效	硬	3/4硬，1/2硬 1/3硬，1/4硬

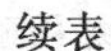
续表

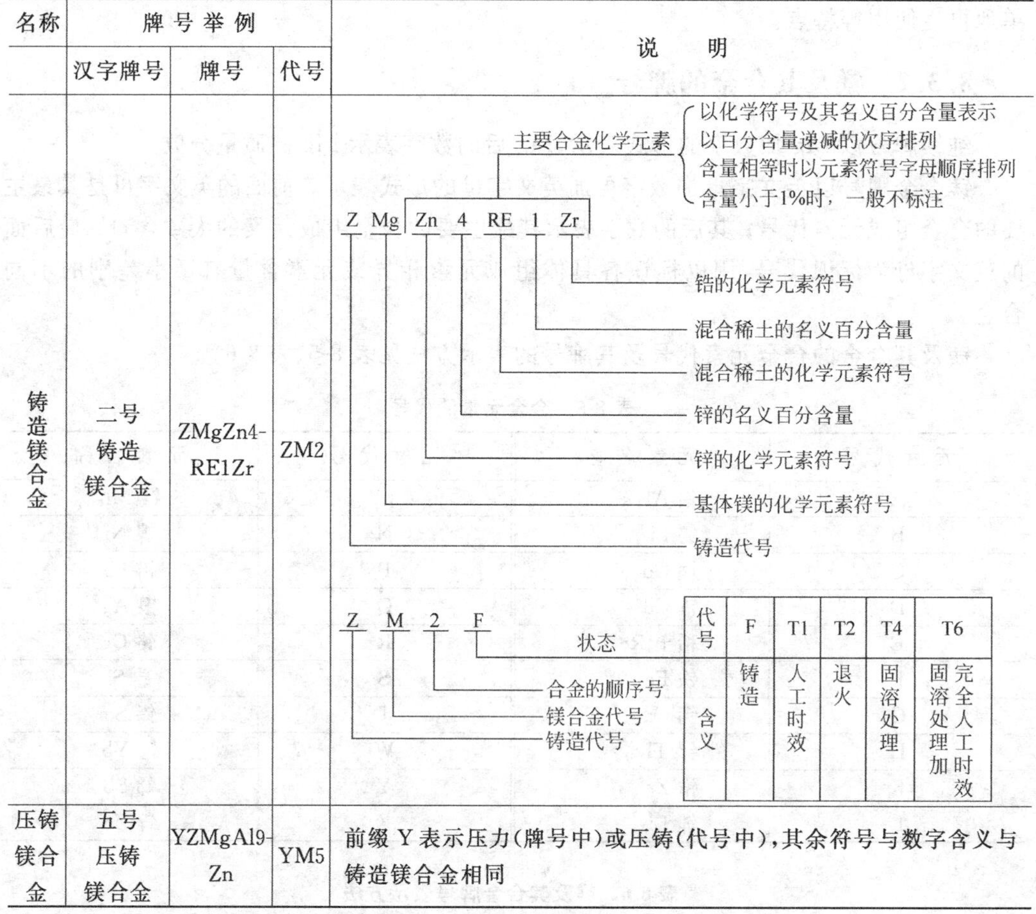

名称	牌号举例			说明
	汉字牌号	牌号	代号	
铸造镁合金	二号铸造镁合金	ZMgZn4-RE1Zr	ZM2	（见上图）
压铸镁合金	五号压铸镁合金	YZMgAl9-Zn	YM5	前缀 Y 表示压力(牌号中)或压铸(代号中),其余符号与数字含义与铸造镁合金相同

注：① 名义百分含量的数值按 GB/T 8170 规定进行数值修约化处理；
② 本表依据 GB/T 340、GB/T 8063、JB/T 3070 综合而成。

8.3.3 镁合金的分类

镁合金可按照化学成分、成形工艺和是否含铝进行分类。

(1) 按化学成分,镁合金主要可分为 Mg-Al、Mg-Mn、Mg-Zn、Mg-RE、Mg-Zr、Mg-Li、Mg-Th 等二元系,以及 Mg-Al-Zn、Mg-Al-Mn、Mg-Zn-Zr、Mg-RE-Zr 等三元系及其他多元系镁合金。其中,由于 Th 具有放射性,目前已很少使用。

(2) 按成形工艺,镁合金可分为铸造镁合金和变形镁合金,两者在成分和组织性能上有很大差别。另外,镁合金的半固态成形作为一种新型铸造技术也得到了广泛的研究与应用。

(3) 按有无铝,镁合金可分为含铝镁合金和无铝镁合金。

1. 铸造镁合金

铸造镁合金主要通过铸造获得镁合金产品,包括砂型铸造、永久型铸造、熔模铸造、消失模铸造、压铸等。其中压铸是最成熟、应用最广的技术。铸造镁合金比变形镁合金的应用要广泛得多。目前,90％以上的镁合金产品是压铸成形的。表 8-7 给出了常用铸造镁合金的牌号及其化学成分。铸造镁合金的室温力学性能见表 8-8。

表 8-7　铸造镁合金的牌号及其化学成分

合金牌号	合金代号	化学成分①/%										
		Zn	Al	Zr	Re	Mn	Ag	Si	Cu	Fe	Ni	杂质总量
ZMgZn5Zr	ZM1	3.5～5.5	—	0.5～1.0	—	—	—	—	0.10	—	0.01	0.3
ZMgZn4Re1Zr	ZM2	3.5～5.0	—	0.5～1.0	0.75②～1.75	—	—	—	0.10	—	0.01	0.3
ZMgRe3ZnZr	ZM3	0.2～0.7	—	0.4～1.0	2.5②～4.0	—	—	—	0.10	—	0.01	0.3
ZMgRe3Zn2Zr	ZM4	2.0～3.0	—	0.5～1.0	2.5②～4.0	—	—	—	0.10	—	0.01	0.3
ZMgAl83Zn	ZM5	0.2～0.8	7.5～9.0	—	—	0.15～0.5	—	0.30	0.20	0.05	0.01	0.5
ZMgRe2ZnZr	ZM6	0.2～0.7	—	0.4～1.0	2.0③～2.8	—	—	—	0.10	—	0.01	0.3
ZMgRe2ZnZr	ZM7	7.5～9.0	—	0.5～1.0	—	—	0.6～1.2	—	0.10	—	0.01	0.3
ZMgAl10Zn	ZM10	0.6～1.2	9.0～10.2	—	—	0.1～0.5	—	0.30	0.20	0.05	0.01	0.5

注：① 合金可加入铍，其含量不大于0.002%；

② 含铈量不小于45%的铈混合稀土金属，其中稀土金属总量不小于98%；

③ 含钕量不小于85%的钕混合稀土金属，其中Nd+Pr不小于95%；

④ 表中有上、下限的为主要组元，只有一个数值的为非主要组元所允许的上限含量。

表 8-8　铸造镁合金的室温力学性能(GB/T 1177—1991)

合金牌号	合金代号	热处理状态	抗拉强度/MPa	0.2%屈服强度/MPa	伸长率/%
			不小于		
ZMgZn5Zr	ZM1	T1	235	140	5
ZMgZn4Re1Zr	ZM2	T1	200	135	2
ZMgRe3ZnZr	ZM3	F	120	85	1.5
		T2	120	85	1.5
ZMgRe3Zn2Zr	ZM4	T1	140	95	2
ZMgAl83Zn	ZM5	F	145	75	2
		T4	230	75	6
		T6	230	100	2
ZMgRe2ZnZr	ZM6	T6	230	135	3
ZMgRe2ZnZr	ZM7	T4	265	—	6
		T6	275	—	4
ZMgAl10Zn	ZM10	F	145	85	1
		T4	230	85	4
		T6	230	130	1

注：① 力学性能试样采用直径为(12±0.25)mm的砂型单铸试样；

② 当需方有要求时方检测屈服强度。

2. 变形镁合金

变形镁合金是通过在300～500℃温度范围内挤压、轧制、锻造的方法固态成形。通过变形可以生产尺寸多样的板、棒、管、型材及锻件产品。由于变形加工消除了铸造组织缺陷及细化了晶粒，故与铸造镁合金相比，变形镁合金具有更高的强度、更好的延展性和更好的力学性能，从而满足更多结构件的需要，而且生产成本更低。

变形镁合金的牌号由汉语拼音字母MB加合金序号表示，例如MB8表示8号镁合金。

变形镁及镁合金牌号和化学成分见表8-9。

表8-9　变形镁及镁合金牌号和化学成分

合金名称	合金牌号	元素含量/%											
		Al	Mn	Zn	Ce	Zr	Cu	Ni	Si	Fe	Be	其他杂质总和	Mg
一号纯镁	Mg1	—	—	—	—	—	—	—	—	—	—	—	99.50
二号纯镁	Mg2	—	—	—	—	—	—	—	—	—	—	—	99.00
一号镁合金	MB1	0.2	1.3～2.5	0.30	—	—	0.05	0.007	0.10	0.05	0.01	0.20	余量
二号镁合金	MB2	3.0～4.0	0.15～0.5	0.2～0.8	—	—	0.05	0.005	0.10	0.05	0.01	0.30	余量
三号镁合金	MB3	3.7～4.7	0.3～0.6	0.8～1.4	—	—	0.05	0.005	0.10	0.05	0.01	0.30	余量
五号镁合金	MB5	5.5～7.0	0.3～0.6	0.15～0.5	—	—	0.05	0.005	0.10	0.05	0.01	0.30	余量
六号镁合金	MB6	5.5～7.0	0.2～0.5	2.0～3.0	—	—	0.05	0.05	0.10	0.05	0.01	0.30	余量
七号镁合金	MB7	7.8～9.2	0.15～0.5	0.2～0.8	—	—	0.05	0.005	0.10	0.05	0.01	0.30	余量
八号镁合金	MB8	0.2	1.3～2.2	0.3	0.15～0.35	—	0.05	0.007	0.10	0.05	0.01	0.30	余量
十五号镁合金	MB15	0.05	0.10	5.0～6.0	—	0.30～0.9	0.05	0.005	0.05	0.05	0.0	0.30	余量

注：① 纯镁的Mg含量＝100%-(Fe+Si)%-(含量大于0.01%的其他杂质之和)；

② 表中镁合金栏中只有一个数值的为杂质元素上限含量。

镁合金作为目前密度最小的金属结构材料之一，广泛应用于航空航天工业、军工领域、交通领域(包括汽车工业、飞机工业、摩托车工业、自行车工业等)、3C领域等。

表8-10列举了镁及镁合金的性能特点和用途。

表 8-10 镁及镁合金的性能特点和用途

镁及镁合金类型	性能特点	用途
镁	低密度(1.74g/cm^3,约为铝的2/3),较高的电导率和热导率,很高的阻尼性能,高的化学活性。以镁为基的合金有高的"强度/重量"比(抗拉强度/密度)	在整个镁的使用量中,一半作为铝合金中的合金元素;在镍合金和铜合金的生产中用作脱氧剂和脱硫剂,在钢铁生产中用作脱硫剂,在铍、钛、锆等金属的生产中用作还原剂;镁是有机化工Grignard反应物中的主要组分之一;高分散度的镁制作烟火剂,镁在金属防腐中起阴极保护作用;镁在球墨铸铁生产中是主要的石墨球化剂;由于镁具有高的、但可控的侵蚀倾向和低的密度,在光刻工艺中有重要作用
压铸镁合金 Mg-Al-Zn-Mn (YM5) Mg-Al-Mn Mg-Al-Si-Mn	低的凝固潜热使压铸件有较高的凝固速率和生产效率;镁合金不与模具发生化学反应,不粘模,使模具有长的使用寿命(比铝合金压铸时长1~2倍); 良好的力学性能和物理性能,同时兼有优良的铸造性能和耐海水腐蚀性能。控制Fe、Ni、Cu等杂质元素的含量对保证优良的耐蚀性能十分重要。高纯度的Mg-Al-Mn合金比Mg-Al-Zn-Mn合金能提供更好的韧性	在汽车工业中制作仪表盘支架、制动器、离合器踏板、进气格栅、驾驶盘及驾驶柱支板、座位支架及底座、电池箱体(电动汽车)等; 在纺织及印刷机械中,制作高速运动部件; 在民用产品中可制作手动或电动工具零件,便携式计算机箱体、移动电话外壳等; 镁合金在航空航天工业中是优良的结构材料,如直升机的主传动箱体、齿轮箱体等
砂型及永久型铸造镁合金 Mg-Al-Mn-Zn (ZM5,ZM10) Mg-Zn-Zr(ZM1) Mg-Zn-Zr-Re (ZM2,ZM3,ZM4) Mg-Re-Zn-Zr (ZM6) Mg-Zn-Ag-Zr (ZM7)	Mg-Al系的ZM5、ZM10合金具有良好的铸造性能,良好的韧性和中高的屈服强度(≤120MPa)。铝含量增加可提高屈服强度,但降低韧性。ZM5、ZM10可焊接; Mg-Zn-Zr中的ZM1合金热裂倾向较大,焊接性能差,但强度高,耐蚀性能好; Mg-Zn-Zr-Re系的ZM2、ZM3、ZM4合金,其室温力学性能较ZM1低,但高温性能较好,热裂倾向小,可焊接; Mg-Re-Zn-Zr系的ZM6合金具有良好的高温力学性能,可在175~260℃范围内工作。铸造性能较ZM5和ZM10差; Mg-Zn-Ag-Zr系的ZM7合金具有较高的锌含量,在铸造镁合金中可提供最高的室温强度。铸造性能良好,可铸造复杂形状铸件,但其价格比ZM5和ZM10高	使用范围基本上与压铸镁合金相同。当铸件复杂,生产批量不大时可选择砂型及永久型铸造镁合金; 主要根据室温或高温力学性能,对铸造性能和焊接性能的要求以及耐蚀性能的要求等选择不同的合金系列和牌号

续表

镁及镁合金类型	性能特点	用　　途
变形镁合金 Mg-Mn (MB1,MB8)	强度较低,但耐蚀性好;高温塑性好,便于变形加工;非热处理强化型;焊接性能及切削加工性能好;MB8的强度较MB1高,高温性能也优于MB1	制作板、棒、带、管、型材、锻件在强度要求不太高,但对耐蚀性和焊接性要求较高的场合可选用MB1;强度要求较高时可选用MB8
变形镁合金 Mg-Al-Mn (MB2,MB3,MB5,MB6,MB7)	可热处理强化,强度高于Mg-Mn系,但耐蚀性差。随铝含量增加,热塑性下降。MB2、MB3合金的焊接性能较好,MB7合金次之,MB5合金的可焊性差;MB7焊接后需要进行消除内应力处理。 该系列镁合金的切削加工性能良好	MB2可制作板、棒、型材、锻件等,使用温度为100℃以下;MB3主要制作板材,如汽车、飞机的壁板等;MB5可制作板、带及锻件等,用于承受较大工作载荷的部件;MB6、MB7可制作挤压棒材、型材等,提供较高的强度;改型的Mg-Al-Mn系合金可制作平整度优异的光刻薄板
变形镁合金 Mg-Zn-Zr(MB15)	在变形镁合金中具有最高的强度以及良好的韧性,并有较好的蠕变抗力,常在T5状态下使用。切削加工性能良好,但焊接性能较差	制作挤压棒材、型材、管材等。当杂质含量控制良好,并加入3.25%钍的合金能在315℃以下工作;不加入钍的MB15合金,最高使用温度为150℃。可制作飞机的机翼长桁、翼肋等

8.4　钛及其合金

钛及其合金密度小、强度高,在大多数腐蚀介质中,特别是在中性或氧化性介质(如硝酸、氯化物、湿氯气、有机药物等)和海水中均具有良好的耐蚀性。另外,钛及其合金的耐热性比铝合金和镁合金高,因而已成为航空、航天、机械工程、化工、冶金工业中不可缺少的材料。但由于钛在高温时异常活泼,熔点高,熔炼、浇铸工艺复杂且价格昂贵,成本较高,因此使用受到一定限制。

8.4.1　纯钛

钛是银白色的高熔点轻金属,密度为4.51g·cm^{-3},熔点为1700℃,钛有两种同素异构体:温度低于882℃为α-Ti,具有密排六方晶格;温度高于882℃为β-Ti,具有体心立方晶格。

纯钛的强度很高,退火状态下σ_b=300～500MPa,与碳素结构钢相似;热处理后强度可达到σ_b=1000～1400MPa,与高强度结构钢相似,且高温下仍具有较高的强度。另外,它的塑性也极好,因此,适宜进行压力加工。钛金属材料的主要性能见表8-11。

表8-11　钛金属材料的主要性能

名　称	单　位	数　据	名　称	单　位	数　据
原子序数		22	比热	cal/g·℃	0.138
原子量		47.9	热膨胀系数	$\times10^{-6}$/℃ (0～100℃)	8.2
克原子体积	cm^3/克原子	10.7	弹性模量	kg/mm^2	10850
密度	g/cm^3	4.505	拉伸模量	kg/mm^2	10340
熔点	℃	1668±4	压缩模量	kg/mm^2	10550
沸点	℃	3535	剪切模量	kg/mm^2	4500
熔化潜热	kcal/克分子	5	导热系数	cal/cm·s·℃	0.036
汽化潜热	kcal/克分子	(112.5±0.3)%	电阻系数	$\times10^{-6}\Omega\cdot cm$	47.8
同素异晶转变温度	℃	882	转变时体积的变化	%	5.5
转变时熵的变化	℃	0.587	磁化率	$\times10^{-6}cm^3/g$	3.2
转变潜热	kcal/克分子	(678±10)%	泊松比		0.41

8.4.2　工业用钛合金

钛合金是以钛为基体，加入合金元素铝、锡、铬、钼、锰等合金元素组成的合金。按合金使用状态下的组织分类，可将钛合金分为三类：α钛合金，β钛合金，α+β钛合金。钛合金牌号用“T+合金类别代号+顺序号”表示，T是钛的拼音字首，合金类别代号分别用A、B、C分别表示α型、β型、α+β型钛合金。例如：TA6表示6号α型钛合金，TC4表示4号α+β型钛合金。

1. α钛合金

α钛合金中的主要合金元素有Al、Sn、Zr等，它们主要起固溶强化作用，有时也加入少量β稳定元素。退火组织为单相α固溶体或α固溶体+微量金属间化合物。此类合金不能热处理强化，强度较低，但焊接性能好，在300～550℃具有优良的耐热性及抗氧化性，可通过冷变形强化。

α钛合金有8个牌号，其中TAl～TA3为工业纯钛；TA4主要用作钛合金的焊丝；TA5合金含微量硼使弹性模量提高；TA6(Ti-5Al)合金强度稍高；可制作400℃以下工作的零件(锻件及焊件)和飞机蒙皮、骨架等；TA7和TA8是应用较多的α-Ti合金。

TA7合金有较高的室温强度、高温强度和优良的抗氧化性及耐蚀性，并具有很好的低温性能，适宜制作使用温度不超过500℃的零件，如导弹的燃料缸、火箭、宇宙飞船的高压低温容器等。

TA8合金是在TA7中加入1.5%Zr和3%Cu而形成的一种耐热性较高的α钛合金。锆可强化基体和提高蠕变抗力，不降低合金的塑性；铜既强化α相又形成Ti_2Cu化合物以提高合金的耐热性。总之，TA8比TA7有更优异的力学性能，同时具有优良的热塑性、焊接性能和抗氧化性，可制作在500℃长期工作的零件，如超音速飞机的涡轮壳等。

2. β钛合金

β钛合金具有较高的强度、优良的冲压性，但耐热性差、抗氧化性能低。当温度超过700℃时，合金很容易受大气中的杂质气体污染。它的生产工艺复杂，且性能不太稳定，因而限制了它的应用。β钛合金可进行热处理强化，一般可用淬火和时效强化。

TB1 和 TB2 均经淬火及时效处理后使用，前者经两次时效处理后可获得优良的综合力学性能。它们多以板材和棒材供应，主要用来制造飞机结构零件及螺栓、铆钉、轴、轮盘等。TB1 是应用最广的β钛合金，淬火后容易得到介稳定的单相β组织，这时该合金具有良好的冷成形性。时效过程中，β相析出细小的α相，使合金强化（$\sigma_b=1300$MPa，$\delta=5\%$）。该合金使用温度在 350℃以下，多用于制造飞机构件和紧固件。

3. α+β钛合金

α+β钛合金的室温组织为α+β，它兼有α钛合金和β钛合金的优点，强度高，塑性好，耐热性高，耐蚀性和冷、热加工性及低温性能都很好，并可以通过淬火和时效进行强化，是钛合金中应用最广的合金。

此类合金牌号达 10 种以上，分别属于 Ti-Al-Mn 系（TC1、TC2）、Ti-Al-V 系（TC3、TC4 和 TC10）、Ti-Al-Cr 系（TC5、TC6）和 Ti-Al-Mo 系（TC8、TC9）等。

TC4（Ti-6Al-4V）合金是现今应用最多、最广的一种α+β钛合金。经热处理后具有良好的综合力学性能，强度较高、塑性良好。退火状态下抗拉强度为 950MPa，延伸率为 10%，断面收缩率为 30%。对要求较高强度的零件可进行淬火+时效处理，处理后抗拉强度可达 1160MPa，延伸率为 13%。该合金在 400℃时有稳定的组织和较高的蠕变抗力，又有很好的抗海水和抗热盐应力腐蚀的能力。该类合金广泛用来制作在 400℃长期工作的零件，如飞机压气机盘、航空发动机叶片、火箭发动机外壳及其他结构锻件和紧固件。

常用工业纯钛和钛合金的牌号、成分、力学性能及用途见表 8-12。

表 8-12 常用工业纯钛和钛合金的牌号、成分、力学性能及用途（摘自 GB/T 2965—1996）

种类	牌号	质量分数		力学性能					特点及应用
		Al/%	其他元素/%	σ_b/MPa	δ/%	ψ/%	a_K/J·cm^{-2}	硬度/HBS	
工业纯钛	TA1	杂质元素不大于	0.495	343	25	50	105		机械：350℃以下工作的受力零件及冲压件，压缩机气阀，造纸混合器 造船：耐海水腐蚀的管道、阀门泵水翼、柴油机活塞、连杆、叶簧 宇航：飞机骨架、蒙皮、发动机部件等
	TA2		0.815	441	20	40	90		
	TA3		1.015	539	15	35	—		

续表

种类	牌号	质量分数		力学性能					特点及应用
		Al/%	其他元素/%	σ_b/MPa	δ/%	ψ/%	a_K/J·cm^{-2}	硬度/HBS	
钛合金	TA5	3.3～4.7	—	686	15	40	58.8	—	用途与工业纯钛相仿
	TA7	4.0～6.0	Sn：2.0～3.0	785	10	27	29.4	241～321	飞机蒙皮、骨架、零件、压气机壳体、叶片，400℃以下工作的焊接零件等
	TA8	4.5～5.5	Sn：2.0～3.0 Cu：2.5～3.2 Zr：1.0～1.5	981	10	25	19.6～29.4	—	500℃以下长期工作的结构件和各种零件
	TB2	2.5～3.5	Cr：7.5～8.5 Mo：4.7～5.7 V：4.7～5.7	淬火：≤981 时效：1373	18 7	40 10	29.4 14.7	—	焊接性能和压力加工性能好
	TC1	1.0～2.5	Mn：0.7～2.0	588	15	30	44.1	—	400℃以下的板材冲压和焊接零件
	TC4	5.5～6.8	V：3.5～4.5	902	10	30	39.2	≥329	400℃以下长期工作的零件，结构用的锻件，各种容器，泵，低温部件，舰艇耐压壳体，坦克履带
	TC10	5.8～6.5	Sn：1.5～2.5 V：5.5～6.5	锻棒：1030 轧棒：1030	12 12	25 30	34.3 39.2	—	450℃以下工作的零件，如飞机结构零件、起落架，导弹发动机外壳、武器结构件等

思考与练习

8-1 铝合金是如何分类的？

8-2 不同铝合金可通过哪些途径达到强化目的？

8-3 为什么铸造铝合金具有良好的铸造性能？

8-4 镁合金如何分类？镁合金的性能特点与应用是什么？

第9章 其他常用工程材料

除了金属材料以外,其他工程材料如高分子材料、无机非金属材料以及复合材料,由于具有一些特殊性能,已成为一类不可缺少的材料。

9.1 高分子材料

高分子材料又称为高聚物,是低分子化合物通过聚合反应而形成的。本节主要介绍最常用的塑料与橡胶。

9.1.1 塑料

1. 塑料的组成

塑料是以合成树脂为主要成分,加入一些用来改善使用性能和工艺性能的添加剂而制成的高分子材料。

可见,塑料的主要组成是合成树脂和添加剂。合成树脂是具有可塑性的高分子化合物的统称,它是塑料的基本组成物,它决定了塑料的基本性能,塑料中合成树脂含量一般为30%~100%。树脂在塑料中还起胶粘剂的作用,许多塑料的名称是以树脂来命名的,如聚苯乙烯塑料的树脂就是聚苯乙烯。添加剂的作用主要是改善塑料的某些性能或降低成本,常用的添加剂有填充剂、增塑剂、稳定剂、润滑剂、固化剂、着色剂等。

2. 塑料的分类

(1) 按照树脂的热性能,可分为热塑性塑料和热固性塑料。常用的热塑性和热固性塑料的特性及常用品种见表9-1。

表9-1 热塑性和热固性塑料的特性及常用品种

类别	热 性 能	常用塑料及代号
热塑性塑料	能溶于有机溶剂,加热可软化,易于加工成形,并能反复塑化成形,一般耐热性较差	聚氯乙烯(PVC)、聚乙烯(PE)、聚酰胺(PA)、聚甲醛(POM)、聚碳酸酯(PC)、聚丙烯(PP)、聚苯乙烯(PS)、聚四氟乙烯(PTFE,F-4)、聚砜(PSF)、聚甲基丙烯酸甲酯(PMMA)、苯乙烯-丁二烯-丙烯腈共聚体(ABS)
热固性塑料	固化后重新加热不再软化和熔融、亦不溶于有机溶剂,不能再成形使用。一般耐热性较好	酚醛塑料(PF)、氨基塑料(UF)、有机硅塑料(SI)、环氧树脂(EP)、聚氨酯塑料(PUR)

(2) 按照应用范围,塑料分为通用塑料、工程塑料和特种塑料3种。

3. 常用塑料的性能及用途

1) 通用塑料

通用塑料应用范围广,产量大,主要有聚氯乙烯、聚苯乙烯、聚烯烃、酚醛塑料和氨基塑料等，是一般工农业生产和日常生活不可缺少的廉价材料。

2）工程塑料

工程塑料通常是指力学性能较好，并能在较高温度下长期使用的塑料，它们主要用于制作工程构件，如ABS、聚甲醛、聚酰胺、聚碳酸酯等。

3）特种塑料

特种塑料是指具有某些特殊性能、满足某些特殊要求的塑料。这类塑料产量少，价格贵，只用于特殊需要的场合，如医用塑料等。

常用塑料的机械性能和主要用途见表9-2。

表9-2 常用塑料的机械性能和主要用途

塑料名称	抗拉强度	抗压强度	抗弯强度	冲击韧性 /(kJ/m²)	使用温度 /℃	主要用途
	/MPa					
聚乙烯	8～36	20～25	20～45	＞2	－70～100	一般机械构件，电缆包覆，耐蚀、耐磨涂层等
聚丙烯	40～49	40～60	30～50	5～10	－35～121	一般机械零件，高频绝缘，电缆、电线包覆等
聚氯乙烯	30～60	60～90	70～110	4～11	－15～55	化工耐蚀构件，一般绝缘，薄膜、电缆套管等
聚苯乙烯	≥60	—	70～80	12～16	－30～75	高频绝缘，耐蚀及装饰，也可作一般构件
ABS	21～63	18～70	25～97	6～53	－40～90	一般构件，减摩、耐磨、传动件，一般化工装置、管道、容器等
聚酰胺	45～90	70～120	50～110	4～15	＜100	一般构件，减摩、耐磨、传动件，高压油润滑密封圈，金属防蚀、耐磨涂层等
聚甲醛	60～75	～125	～100	～6	－40～100	一般构件，减摩、耐磨、传动件，绝缘、耐蚀件及化工容器等
聚碳酸酯	55～70	～85	～100	65～75	－100～130	耐磨、受力、受冲击的机械和仪表零件，透明、绝缘件等
聚四氟乙烯	21～28	～7	11～14	～98	－180～260	耐蚀件、耐磨件、密封件、高温绝缘件等
聚砜	～70	～100	～105	～5	－100～150	高强度耐热件、绝缘件、高频印刷电路板等
有机玻璃	42～50	80～126	75～135	1～6	－60～100	透明件、装饰件、绝缘件等
酚醛塑料	21～56	105～245	56～84	0.05～0.82	－110	一般构件，水润滑轴承、绝缘件、耐蚀衬里等；作复合材料
环氧塑料	56～70	84～140	105～126	～5	－80～155	塑料模、精密模、仪表构件、电气元件的灌注、金属涂复、包封、修补；作复合材料

9.1.2 橡胶

橡胶是一种具有极高弹性的高分子材料，其弹性变形量可达100%～1000%，而且回弹性好，回弹速度快。同时，橡胶还有一定的耐磨性，很好的绝缘性和不透气、不透水性。它是常用的弹性材料、密封材料、减振防振材料和传动材料。

1. 橡胶的组成

橡胶制品是以生胶为基础，并加入适量的配合剂和增强材料组成的。

1）生胶

生胶是未加配合剂的天然或合成橡胶，是橡胶制品的主要组分。生胶不仅决定了橡胶的性能，还能把各种配合剂和增强材料粘成一体。不同的生胶可制成不同性能的橡胶制品。

2）配合剂

配合剂的作用是提高橡胶制品的使用性能和工艺性能。配合剂的种类很多，一般有硫化剂、硫化促进剂、增塑剂、填充剂、防老化剂等。其中硫化剂的作用是使橡胶变得富有弹性，目前生产中多采用硫磺作为硫化剂。硫化促进剂的主要作用是促进硫化，缩短硫化时间并降低硫化温度，常用的硫化促进剂有MgO、ZnO、CaO等。增塑剂的主要作用是提高橡胶的塑性，使之易于加工和与各种配料混合，并降低橡胶的硬度、提高耐寒性等，常用增塑剂主要有硬脂酸、精制蜡、凡士林等。防老化剂可防止橡胶制品在受光、受热、介质的作用时出现变硬、变脆，提高使用寿命，主要加入石蜡、蜂蜡或其他比橡胶更易氧化的物质，在橡胶表面形成稳定的氧化膜，抵抗氧的侵蚀。填充剂的作用是提高橡胶的强度和降低成本，常用的有炭黑、MgO、ZnO、CaO等。

3）增强材料

其作用是提高橡胶的力学性能，如强度、硬度、耐磨性和刚性等。常用的增强材料是各种纤维织物、金属丝及编织物，如在传送带、胶管中加入帆布、细布，在轮胎中加入帘布、在胶管中加入钢线等。

2. 橡胶的分类

按其来源不同橡胶可分为天然橡胶与合成橡胶两类。天然橡胶是橡胶树的液状乳汁经采集和适当加工而成，其主要化学成分是聚异戊二烯。合成橡胶的主要成分是合成高分子物质，其品种较多，丁苯橡胶和顺丁橡胶是较常用的合成橡胶。

按其用途可分为通用橡胶和特种橡胶。通用橡胶的用量一般较大，主要用于制作轮胎、输送带、胶管、胶板等，主要品种有丁苯橡胶、氯丁橡胶、乙丙橡胶等。特种橡胶主要用于高温、低温、酸、碱、油和辐射介质条件下的橡胶制品，主要有丁腈橡胶、硅橡胶、氟橡胶等。

3. 常用橡胶及其应用

橡胶主要用于制作轮胎；密封元件（旋转轴密封、管道接口密封）；各种胶管（输送水、油、气、酸、碱）；减振、防振件（机座减振垫片、汽车底盘橡胶弹簧）；传动件（如三角胶带、传动滚子）；运输胶带；电线、电缆和电工绝缘材料；制动件等。通用橡胶价格较低，用量较大，其中丁苯橡胶是产量和用量最大的品种，占橡胶总产量的60%～70%，顺丁橡胶的发展最快。特种橡胶的价格较高，主要用于要求耐寒、耐热、耐腐蚀等场合。

常用橡胶品种的性能、特点及用途见表 9-3。

表 9-3　常用橡胶品种的性能、特点及用途

类别	品种	抗拉强度 $\sigma_b/10^5$ Pa	断后伸长率 δ/%	使用温度 t/℃	性能特点	应用举例
通用橡胶	天然橡胶(NR)	25～30	650～900	−50～120	高弹性、耐低温、耐磨、绝缘、防振、易加工。不耐氧、不耐油、不耐高温	通用制品，轮胎、胶带、胶管等
	丁苯橡胶(SBR)	15～20	500～800	−50～140	耐磨性突出，耐油、耐老化。但不耐寒、加工性较差、自粘性差、不耐屈挠	通用制品，轮胎、胶板、胶布、各种硬质橡胶制品
	顺丁橡胶(BR)	18～25	450～800	−73～120	弹性和耐磨性突出，耐寒性较好，易与金属粘合。但加工性差、自粘性和抗撕裂性差	轮胎、耐寒胶带、橡胶弹簧、减振器，电绝缘制品
	氯丁橡胶(CR)	25～27	800～1000	−35～130	耐油、耐氧、耐臭氧性良好，阻燃、耐热性好。但电绝缘性、加工性较差	耐油、耐蚀胶管、运输带、各种垫圈、油封衬里、胶黏剂、汽车门窗嵌件
特种橡胶	丁腈橡胶(NBR)	15～30	300～800	−35～175	耐油性突出，耐溶剂、耐热、耐老化、耐磨性均超过一般通用橡胶，气密性、耐水性良好。但耐寒性、耐臭氧性、加工性均较差	输油管、耐油密封垫圈、耐热及减振零件、汽车配件
	聚氨酯橡胶(UR)	20～35	300～800	80	耐磨性高于其他橡胶，耐油性良好，强度高。但耐碱、耐水、耐热性均较差	胶辊、实心轮胎、同步齿形带及耐磨制品
	硅橡胶	4～10	50～500	−70～275	耐高温、耐低温性突出，耐臭氧、耐老化、电绝缘、耐水性优良，无味无毒。强度低，不耐油	各种管接头，高温使用的垫圈、衬垫、密封件，耐高温的电线、电缆包皮
	氟橡胶(FPM)	20～22	100～500	−50～300	耐腐蚀性突出，耐酸、碱、强氧化剂能力高于其他橡胶。但价格贵，耐寒性及加工性较差	化工容器衬里，发动机耐油、耐热制品，高级密封圈，高真空橡胶件

9.2　无机非金属材料

无机非金属材料，是指除金属材料、高分子材料以外的所有材料的总称。无机非金属材料种类繁多，用途各异，目前还没有统一完善的分类方法，一般将其分为传统的(普通的)和新型的(先进的)无机非金属材料两大类。而常见的传统无机非金属材料有玻璃、水泥、陶瓷、耐火材料,先进无机非金属材料有先进陶瓷、无机涂层、无机纤维等。

本节主要介绍最常用的无机非金属材料——陶瓷材料。

1. 陶瓷的概念

传统意义上的陶瓷是指以黏土为主要原料与其他天然矿物原料经过粉碎—混炼—成形—煅烧等过程而制成的各种制品,主要是指陶器和瓷器,还包括玻璃、搪瓷、耐火材料、砖瓦、水泥、石灰、石膏等人造无机非金属材料制品。

近20年来,随着科学技术的发展,出现了许多新的陶瓷品种,如氧化物陶瓷、压电陶瓷、金属陶瓷、纳米陶瓷等各种高温和功能陶瓷。它们的生产过程基本上和传统陶瓷相同,但其成分已远远超出硅酸盐的范畴,扩大到化工原料和合成矿物,组成范围也延伸到无机非金属材料的整个领域,并出现了许多新的成形工艺。因此,在广义上,可以认为陶瓷概念是用陶瓷生产方法制造的无机非金属材料和制品的通称。

2. 陶瓷的分类

(1) 按化学成分分类。按化学成分可将陶瓷材料分为氧化物陶瓷、碳化物陶瓷、氮化物陶瓷及其他化合物陶瓷。

(2) 按使用的原材料分类。按使用的原材料可将陶瓷材料分为普通陶瓷和特种陶瓷。

(3) 按性能和用途分类。按性能和用途可将陶瓷材料分为结构陶瓷和功能陶瓷两类。在工程结构上使用的陶瓷称为结构陶瓷;利用陶瓷特有的物理性能制造的陶瓷材料称为功能陶瓷。

3. 常用陶瓷材料

1) 普通陶瓷

普通陶瓷(传统陶瓷)是以黏土、长石和石英等天然原料,经过粉碎、成形和烧结制成,它产量大、应用广,大量用于日用陶器、瓷器、建筑工业、电器绝缘材料、耐蚀要求不很高的化工容器、管道,以及机械性能要求不高的耐磨件,如纺织工业中的导纺零件等。

2) 特种陶瓷

特种陶瓷是采用高纯度的人工合成原料(如氧化物、氮化物、碳化物、硅化物、硼化物等)制成的具有各种独特而优异的力学性能、物理性能或化学性能的陶瓷,又称先进陶瓷、新型陶瓷、现代陶瓷或精细陶瓷。

表9-4为常用普通陶瓷和特种陶瓷的种类和性能。

表9-4 常用普通陶瓷和特种陶瓷的种类和性能

陶瓷种类		性能				
		密度/g·cm^{-3}	抗弯强度/MPa	抗拉强度/MPa	抗压强度/MPa	断裂韧性/MPa·m$^{1/2}$
普通陶瓷	普通工业陶瓷	2.2～2.5	65～85	26～36	460～680	—
	化工陶瓷	2.1～2.3	30～60	7～12	80～140	0.98～1.47

续表

陶瓷种类			性能				
			密度 $/g \cdot cm^{-3}$	抗弯强度	抗拉强度	抗压强度	断裂韧性 $/MPa \cdot m^{1/2}$
				/MPa			
特种陶瓷	氧化铝陶瓷		3.2～3.9	250～490	140～150	1200～2500	4.5
	氮化硅陶瓷	反应烧结	2.20～2.27	200～340	141	1200	2.0～3.0
		热压烧结	3.25～3.35	900～1200	150～275	—	7.0～8.0
	碳化硅陶瓷	反应烧结	3.08～3.14	530～700	—	—	3.4～4.3
		热压烧结	3.17～3.32	500～1100	—	—	—
	氮化硼陶瓷		2.15～2.3	53～109	110	233～315	—
	立方氧化锆陶瓷		5.6	180	148.5	2100	2.4
	Y-TZP 陶瓷		5.94～6.10	1000	1570	—	10～15.3
	Y-PSZ 陶瓷 (ZrO_2+3%molY_2O_3)		5.00	1400	—	—	9
	氧化镁陶瓷		3.0～3.6	160～280	60～98.5	780	—
	氧化铍陶瓷		2.9	150～200	97～130	800～1620	—
	莫来石陶瓷		2.79～2.88	128～147	58.8～78.5	687～883	2.45～3.43
	赛隆陶瓷		3.10～3.18	1000	—	—	5～7

9.3 复合材料

随着近代科学技术的发展，特别是航天、核工业等尖端技术的突飞猛进，复合材料越来越引起人们的重视，新型复合材料的研制和应用也越来越多。有人预言，21 世纪将是复合材料的时代。

9.3.1 复合材料的概念

复合材料是由两种或两种以上化学性质或组织结构不同的材料组合而成的材料。复合材料是多相材料，主要包括基体相和增强相。基体相是一种连续相，它把改善性能的增强相材料固结成一体，并起传递应力的作用；增强相起承受应力（结构复合材料）和显示功能（功能复合材料）的作用。

对于复合材料，人们并不陌生，人类应用它已有几个世纪的历史，如木材、泥土掺稻草、钢筋水泥、复相金属材料（如沉淀强化合金、共晶合金）等等。

复合材料广泛用于交通运输、建筑、能源、化工、医疗、电器、军事、宇航和体育等领域，并推动着飞行器系统、车辆系统、建筑等领域的迅速发展。

9.3.2 复合材料的分类

复合材料按基体类型可分为金属基复合材料、高分子基复合材料和陶瓷基复合材料三类。

复合材料按性能可分为结构复合材料和功能复合材料。已经大量研究和应用的主要是结构复合材料，功能复合材料目前还处于研制阶段。

复合材料按增强相的种类和形状可分为颗粒增强复合材料、纤维增强复合材料和层状增强复合材料。其性能比其组成材料好，改善了组成材料的弱点，发挥了其优点，并能进行材料最佳设计，创造新的性能或功能。其中，发展最快、应用最广的是各种纤维（玻璃纤维、碳纤维、硼纤维、SiC 纤维等）增强复合材料。

9.3.3　复合材料的特点

1. 比强度和比模量高

由于复合材料的增强物一般都采用了高强度、低密度的材料，所以其比强度和比弹性模量在各类材料中是最高的，见表 9-5。

表 9-5　各种材料的性能比较

材 料 名 称	密度 /g·cm^{-3}	弹性模量 /10^2 MPa	比模量 /10^7 m	抗拉强度 /MPa	比强度 /10^5 m
高强度钢	7.8	2100	0.27	1030	0.130
硬铝	2.8	750	0.26	470	0.170
玻璃钢	2.0	400	0.21	1060	0.530
碳纤维-环氧树脂	1.45	1400	0.21	1500	1.030
硼纤维-环氧树脂	2.1	2100	1.00	1380	0.660

注：比模量＝弹性模量/密度；比强度＝抗拉强度/密度。

2. 抗疲劳性能好

纤维复合材料，特别是树脂基的复合材料对缺口、应力集中敏感性小，而且纤维和基体的界面可以使扩展裂纹尖端变钝或改变方向，即阻止了裂纹的迅速扩展，所以复合材料具有较好的抗疲劳性。

图 9-1 所示为三种材料的疲劳性能的比较。

3. 减振能力强

构件的自振频率与结构有关，并且同材料弹性模量与密度之比（即比模量）的平方根成正比。复合材料的比模量大，所以它的自振频率很高，在一般加载速度或频率的情况下，不容易发生共振而快速脆断。另外，复合材料是一种非均质多相体系，其中有大量（纤维与基体之间）的界面。界面对振动有反射和吸收作用；一般基体的阻尼也较大。因此在复合材料中振动的衰减都很快。

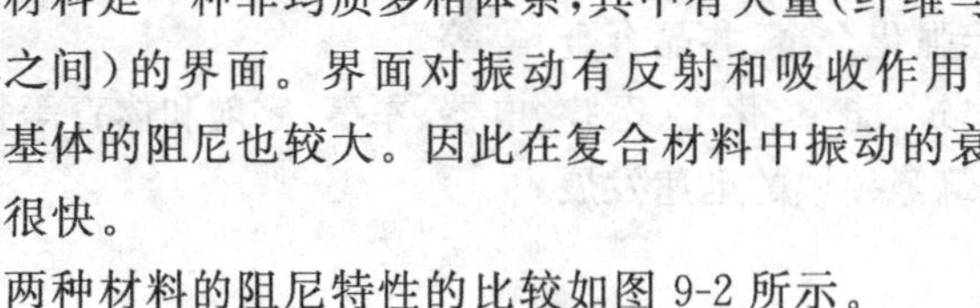

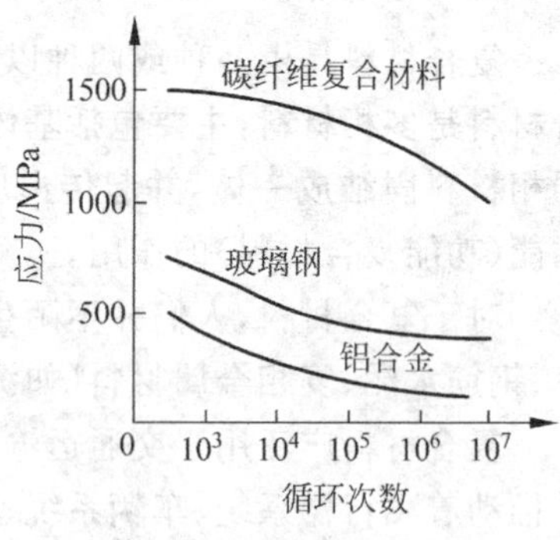

图 9-1　三种材料的疲劳性能的比较

两种材料的阻尼特性的比较如图 9-2 所示。

4. 高温性能好

由于各种增强纤维一般在高温下仍可保持高的强度，所以用它们增强的复合材料的高温强度和弹性模量均较高，特别是金属基复合材料。例如 7075-76 铝合金，在 400℃时，弹性模量接近于零，强度值也从室温时的 500MPa 降至 30～50MPa。而碳纤维或硼纤维增强组成的复合材料，在 400℃时，强度和弹性模量可保持接近室温下的水平。碳纤维增强的镍基合金也有类似的情况。图 9-3 是几种增强纤维的高温强度。

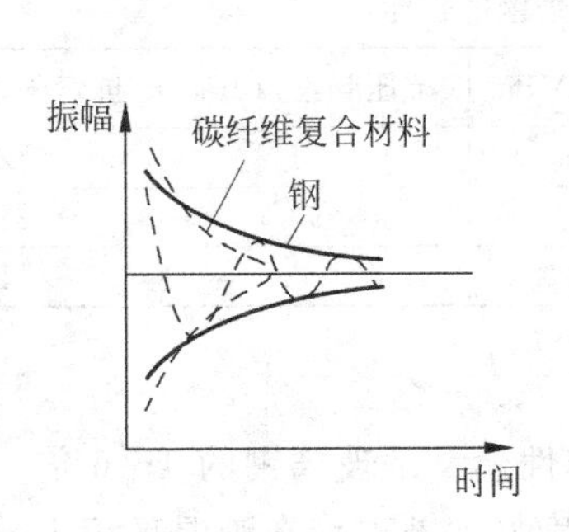

图 9-2　两种材料的阻尼特性的比较

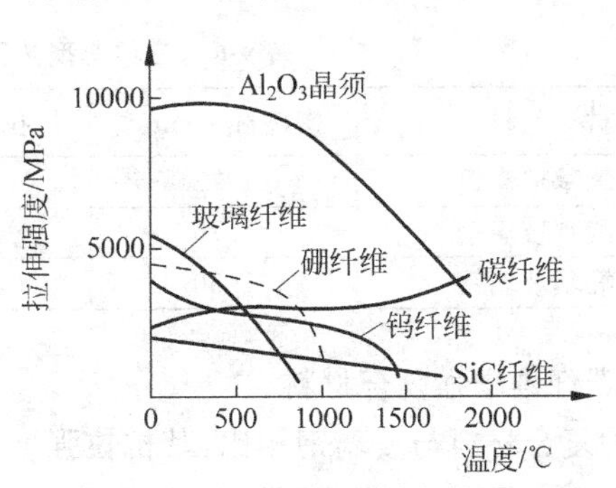

图 9-3　几种增强纤维的高温强度

5. 断裂安全性高

纤维增强复合材料每平方厘米截面上有成千上万根隔离的细纤维，当其受力时，将处于力学上的静不定状态。过载会使其中部分纤维断裂，但随即迅速进行应力的重新分配，而由未断纤维将载荷承担起来，不会造成构件在瞬间完全丧失承载能力而断裂，所以工作的安全性高。

除上述几种特性外，复合材料的减摩性、耐蚀性以及工艺性能也都较好。

应该指出，复合材料为各向异性材料，横向拉伸强度和层间剪切强度是不高的，同时伸长率较低，冲击韧性有时也不很好，而且成本太高，所以目前应用还很有限。

9.3.4　常用复合材料

1. 纤维增强复合材料

1) 玻璃纤维增强复合材料(俗称玻璃钢)

第二次世界大战期间出现了用玻璃纤维增强工程塑料的复合材料，即玻璃钢，使机器构件不用金属成为可能。从此，玻璃钢开始迅速发展，并以 25%～30%的年增长率增长，现在已成为一种重要的工程结构材料。玻璃钢分热塑性和热固性两种。

热塑性玻璃钢是以玻璃纤维为增强剂和以热塑性树脂为黏结剂制成的复合材料。同热塑性塑料相比，基体材料相同时，强度和疲劳性能可提高 2～3 倍以上，冲击韧性提高 2～4 倍(脆性塑料时)，蠕变抗力提高 2～5 倍，达到或超过了某些金属的强度。例如，40%玻璃纤维增强尼龙的强度超过了铝合金而接近于镁合金的强度，因此可以用来取代这些金属，用于制作轴承、齿轮、仪表盘、收音机壳体等。

热固性玻璃钢是以玻璃纤维为增强剂和以热固性树脂为黏结剂制成的复合材料。玻璃钢的性能是随玻璃纤维和树脂种类不同而异，同时也和组成相的比例、组成相之间结合情况等因素有密切关系。如酚醛树脂耐热性较好，价格低廉；但工艺性差，需高压高温成形，收缩率大，吸水性大，固化后较脆。环氧树脂玻璃钢的机械强度高，收缩率小，尺寸稳定和耐久性好，可在常温常压下固化；但成本高，某些固化剂毒性大。有机硅树脂玻璃钢耐热性较高，有优异的憎水性，耐电弧性能好，防潮、绝缘；但与玻璃纤维粘接力差，固化后机械强度不太高，主要制作要求自重轻的受力件，例如汽车车身、直升机旋翼、氧气瓶、轻型船体、耐海水腐蚀件、石油化工管道和阀门等。

表 9-6 给出了三种典型热固性玻璃钢的性能。

表 9-6　三种典型热固性玻璃钢的性能

材　料	密度/g·cm^{-3}	抗拉强度/MPa	抗压强度/MPa	抗弯强度/MPa
环氧基玻璃钢	1.73	341	311	520
聚酯基玻璃钢	1.75	290	93	237
酚醛基玻璃钢	1.80	100		110

2）碳纤维增强复合材料

这种复合材料与玻璃钢相比，其抗拉强度高，弹性模量是玻璃钢的 4～6 倍。玻璃钢在 300℃以上，强度会逐渐下降，而碳纤维的高温强度好。玻璃钢在潮湿环境中强度会损失 15%，碳纤维的强度不受潮湿影响。

此外，碳纤维复合材料还具有优良的减摩性、耐蚀性、导热性和较高的疲劳强度。

2. 层叠复合材料

层叠复合材料是由两层或两层以上不同材料复合而成。用层叠法增强的复合材料可使强度、刚度、耐磨、耐蚀、绝热、隔声、减轻自重等性能分别得到改善，常见的有双层金属复合材料、塑料-金属多层复合材料和夹层结构复合材料等。

3. 颗粒复合材料

颗粒复合材料是由一种或多种材料的颗粒均匀分散在基体材料内所组成的。金属陶瓷就是颗粒复合材料，它是将金属的热稳定性好、塑性好、高温易氧化和蠕变，与陶瓷脆性大、热稳定性差但耐高温、耐腐蚀等性能进行互补，将陶瓷微粒分散于金属基体中，使两者复合为一体。例如，钨钴类硬质合金刀具就是一种金属陶瓷。

表 9-7 给出了常用复合材料的名称、性能与用途。

表 9-7　常用复合材料的名称、性能与用途

种类	名称	性能特点	用途举例
纤维增强复合材料	玻璃纤维增强塑料（玻璃钢）	热塑性玻璃钢：与未增强的塑料相比，具有更高的强度和韧性和抗蠕变的能力，其中以尼龙的增强效果最好，聚碳酸酯、聚乙烯、聚丙烯的增强效果较好	轴承、轴承座、齿轮、仪表盘、电器的外壳等
		热固性玻璃钢：强度高、比强度高、耐蚀性好、绝缘性能好、成形性好、价格低，但弹性模量低、刚度差、耐热性差、易老化和蠕变	主要用于制作要求自重轻的受力构件，如直升机的旋翼、汽车车身、氧气瓶。也可用于耐腐蚀的结构件，如轻型船体、耐海水腐蚀的结构件、耐蚀容器、管道、阀门等
	碳纤维增强塑料	保持了玻璃钢的许多优点，强度和刚度超过玻璃钢，碳纤维-环氧复合材料的强度和刚度接近于高强度钢。此外，还具有耐蚀性、耐热性、减摩性和耐疲劳性	飞机机身、螺旋桨、涡轮叶片、连杆、齿轮、活塞、密封环、轴承、容器、管道等

续表

种类	名称	性能特点	用途举例
层叠复合材料	夹层结构复合材料	由两层薄而强的面板、中间夹一层轻而弱的芯子组成，密度小，刚度好，绝热，隔声，绝缘	飞机上的天线罩隔板、机翼、火车车厢、运输容器等
	塑料-金属多层复合材料	如 SF 型三层复合材料，表面层是塑料(自润滑材料)、中间层是多孔性的青铜、基体是钢，自润滑性好、耐磨性好、承载能力和热导性比单一塑料大幅提高、热膨胀系数降低 75%	无润滑条件下的各种轴承
颗粒复合材料	金属陶瓷	陶瓷微粒分散于金属基体中，具有高硬度、高耐磨性、耐高温、耐腐蚀、膨胀系数小等特性	作工具材料

思考与练习

9-1　简述塑料的组成、分类。

9-2　何谓热塑性塑料和热固性塑料？

9-3　简述常用橡胶的组成、分类及应用。

9-4　简述陶瓷的概念与分类。

9-5　什么是复合材料？有哪些种类？其性能有什么特点？

9-6　简述常用纤维增强复合材料的性能特点及应用。

第2篇　机械制造基础

现代科学技术发展的前沿决定因素是替代性能源研发、材料研发和制造技术研发。人类科学技术的发展与进步无不是建立在新能源的开发与利用、新材料的研发与利用和新的制造技术的开发与利用基础之上的。因而，材料成形工艺是现代制造技术研发的基础技术。例如，只有在良好的材料成形与制造技术成熟的条件下，从微观上讲，微电子制造和生物医学材料成形才成为可能；从宏观上讲，现代航海远洋技术和现代航空航天技术才有赖以实现的技术载体。

人类的制造技术水平也决定人类对自然的开发与探索能力。人类借助现代科学技术仪器，借助现代制造装备，在探索自然和宇宙的征途上取得了长足的进步，但这一切是科学技术仪器和现代制造装备首先被制造出来。只有制造技术发展到能够实现技术理论得以实现的客观要求，技术理论才会得以推广应用，进而改变人类的生产能力和生活水平。

制造技术从本质上讲是材料成形工艺原理、方法及其综合运用。制造技术得以实现的载体主要是制造装备及其控制两大部分，得以体现的载体主要是金属材料与非金属材料两大类。制造技术的发展演进，体现为成形与制造产品的种类增加、质量进步和效率提高，但基本的原理是从材料的本质特性出发，选择和优化成形工艺；从成形的基本原理出发，选择和优化组成与结构。

机械制造基础是研究金属材料常用的成形技术原理及其实现的过程要求与特征，是学习、应用和研发现代制造工艺和现代制造技术的基础理论与基础方法。在了解和掌握金属材料及其特性的基础之上，学习和研究常规的金属材料成形工艺即铸造、锻造、焊接和切削加工，为现代成形制造工艺与技术的研发打下良好基础。

第10章　铸造工艺性

铸造成形是将液态金属浇注到具有一定形状、尺寸的铸型型腔中，经过冷却凝固，以获得毛坯或零件的生产方法。

铸造生产应用广泛，在各种类型的机器零件中都占据较大比重，铸造生产大多提供零件的毛坯，但是随着小余量与无余量铸造技术的发展，有的铸件可以不需切削加工即能满足零件精度和表面粗糙度的要求。

10.1　铸造的理论基础

10.1.1　合金的铸造性能

合金的铸造性能是指液态合金在铸造过程中获得外形准确、内部健全的铸件的能力，是材料工艺性能中的一种。铸造性能主要包括合金的流动性、收缩性、吸气性和偏析等性能，对铸件的质量有很大的影响。

1. 液态合金的流动性

液态合金本身的流动能力，称为合金的流动性。合金的流动性对铸件的质量有很大影响。合金的流动性越好，越容易获得形状完整、轮廓清晰、壁薄或形状复杂的铸件，同时也越有利于合金中气体和非金属夹杂物的上浮和排除，越有利于合金凝固时的补缩。

合金的流动性的好坏常以“螺旋形流动性试样”的长度来衡量，一般采用如图10-1所示螺旋形试样。测定方法是：将金属液体浇入螺旋形试样铸型中，在相同的浇注条件下，浇出的试样越长，金属的流动性越好。

影响合金流动性的因素很多，主要有合金的化学成分、浇注温度和铸型结构。

1）化学成分

合金的流动性取决于合金的凝固方式，而凝固方式又是由合金的化学成分决定的。不同成分的合金凝固时具有不同的结晶特点，其流动性也不同。共晶成分的合金是在恒温下结晶的，结晶温度低，流动性好；其他成分的合金是在一个温度范围内完成的，先结晶的固体必然会影响熔融金属的流动性；而且每种成分结晶温度差别越大，其流动性越差。

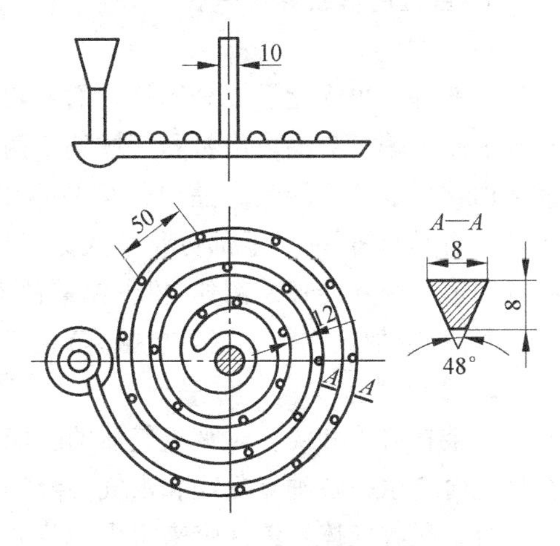

图10-1　螺旋形试样

2）浇注温度

浇注温度越高，液态合金的流动性越好。但是温度过高会使合金收缩增加，吸气氧化严重，增加了铸件产生缺陷的可能。

3）铸型结构

液态合金在砂型中的流动性优于在金属型中的流动性，此外提高直接浇口高度、增设出气冒口等都可以增加合金的流动性。

2. 铸造合金的收缩

合金从浇注、凝固到冷却至室温，在整个冷却过程中，其体积或尺寸缩小的现象称为收缩。收缩是合金的物理本性。液态合金由许多原子团和空气穴组成，其原子间距比固态要大得多，随着温度的下降，空穴减少，原子间距缩短，因此，合金体积较小。当液态合金转变为固态合金时，空穴消失，原子间距更小，这些会使合金产生收缩。收缩给铸造工艺带来许多困难，是多种铸造缺陷产生的根源。

合金的收缩过程包括以下三个阶段。

（1）液态收缩：从浇注温度到凝固开始温度间的收缩；

（2）凝固收缩：从凝固开始温度到凝固结束温度间的收缩；

（3）固态收缩：从凝固终止温度到室温间的收缩。

合金的液态收缩和凝固收缩表现为合金体积的收缩，常用单位体积收缩量来表示。合金的固态收缩不仅引起合金体积上的缩小，而且更明显地表现在铸件尺寸上的收缩，因此固态收缩通常用单位长度上的收缩量来表示。

影响收缩的因素有：

（1）化学成分。不同成分的合金，收缩率不同。在常用的铸造合金中，铸钢收缩最大，灰口铸铁收缩量最小。因为灰口铸铁中大部分碳是以石墨状态存在的，石墨的比体积大，在结晶过程中，石墨析出所产生的体积膨胀抵消了合金的部分收缩。铸钢中随含碳量的增大，收缩率增大；灰口铸铁随着含碳量和含硅量的增大，收缩率下降。

（2）浇注温度。合金浇注温度越高，过热度越大，液体收缩越大。

（3）铸件结构与铸型条件。在铸型中冷却凝固时，受到铸件各部位因冷速不同、相互制约而产生的阻力及铸型和型芯对收缩产生的机械阻力的影响，不能够自由收缩。

3. 合金的偏析和吸气性

1）偏析

在铸件中出现化学成分不均匀的现象称为偏析。偏析使铸件性能不均匀，严重时会造成废品。偏析有晶内偏析和区域偏析两种。晶内偏析结晶温度范围大，造成枝晶发达、晶粒内化学成分不均匀。晶内偏析是难以避免的，但是可以通过扩散退火和加热消除。区域偏析是指铸件上、下部分化学成分不均匀的现象，为防止区域偏析，浇注时应充分搅拌或加速合金液冷却。例如，铅青铜铸件容易产生铅下沉的偏析，生产上常采取浇注时搅拌金属液，或加大冷却速度等措施，防止区域偏析。

2）吸气性

合金在熔炼和浇注时吸收气体的性能称为合金的吸气性。气体来源于炉料熔化和燃料燃烧时产生的各种氧化物和水气、浇注时带入铸型的空气、造型材料中的水分等。

合金吸收气体给铸件带来很大危害：一是气体与铸件合金中元素作用，形成夹杂残存于铸件中；二是液态合金吸收大量的气体，在铸件冷却时溶解度下降，析出的气体来不及逸出铸件或铸型,形成铸件内部气孔或表面气孔。气体在合金中的溶解度随温度和压力的提高而增加,故生产上常采用精炼除气、真空熔炼,或者控制熔炼温度和缩短熔炼时间等措施,防止气孔和夹杂的产生。

4. 液态金属的充型能力

液态合金填充铸型,获得形状完整、轮廓清晰铸件的能力,称为液态合金的充型能力。充型能力好的合金,在液态成型过程中有利于液态合金中非金属夹杂物和气体的上浮与排除;有利于合金凝固收缩时的补缩作用,避免产生浇不足、冷隔、夹渣、气孔和缩孔等缺陷。充型能力不仅与合金的流动性有关,还受到浇注条件和铸型条件等因素的影响。

1) 浇注条件

浇注条件影响充型能力的因素主要是浇注温度和充型压力。浇注温度越高,合金的黏度下降,且因过热度高,合金在铸型中保持流动的时间长,充型能力越强。但是温度过高铸件容易产生缩孔、缩松、粘砂等缺陷,故在保证充型能力的前提下,不宜选择过高的浇注温度。

2) 铸型条件

(1) 铸型材料。铸型材料的比热容和热导率越大,对液态合金的激冷能力越强,合金的充型能力越差。

(2) 铸型温度。在铸造前将铸型预热,会减缓金属液的冷却速度,使得充型能力提高。

(3) 铸型结构。铸件壁厚过小、过渡面过多、水平面大等结构,都使金属液流动困难。

10.1.2　金属的凝固方式

铸件在凝固过程中,其横截面上普遍存在三个区域:固相区、凝固区和液相区,如图 10-2 所示。对铸件质量影响较大的是液相和固相并存的凝固区的宽度($T_L \sim T_S$)。根据凝固区的宽度将铸件的凝固方式划分为逐层凝固方式、糊状凝固方式和中间凝固方式,如图 10-3 所示。

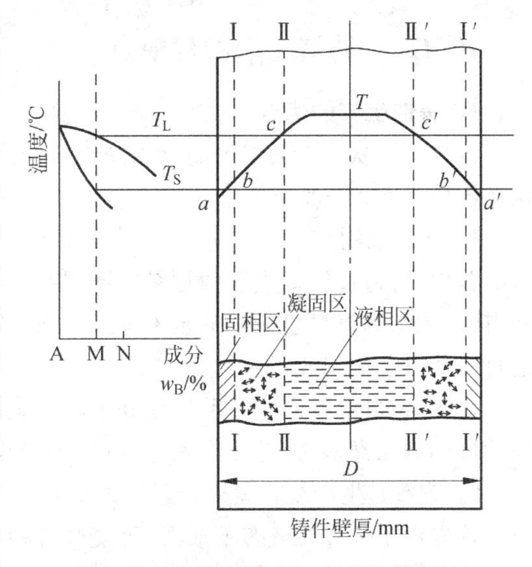

图 10-2　金属凝固时某时刻的凝固区域

1. 逐层凝固方式

纯金属或共晶成分的合金在凝固过程中不存在液相和固相并存区域,如图 10-3(a)所示,其横截面上表层的固相和内层的液相由一条界限(凝固前沿)明显地分开。随着温度的下降,固相层不断地加厚、液相层不断减少,直至铸件中心,此种凝固方式称为逐层凝固。由于凝固前沿与合金液相直接接触,使合金具有良好的充型能力和补缩条件。如果合金的结晶温度范围很小,铸件断面的凝固区域很窄,也属于逐层凝固。

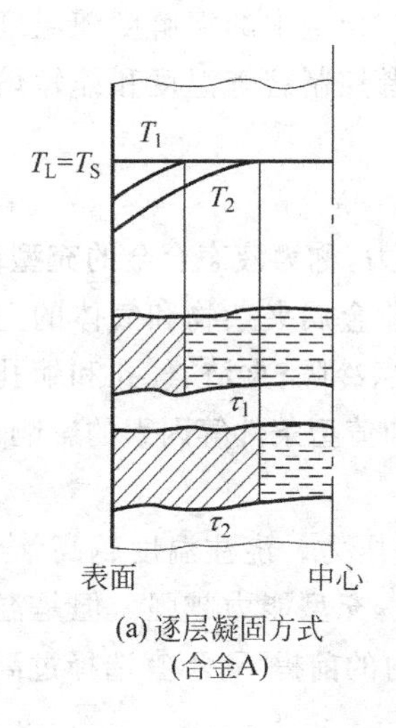

(a) 逐层凝固方式
(合金A)

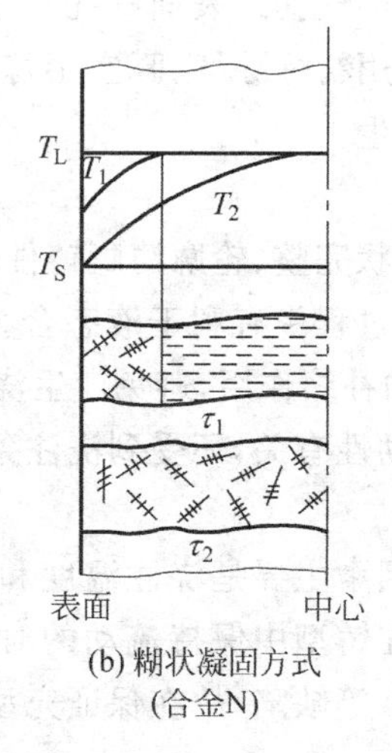

(b) 糊状凝固方式
(合金N)

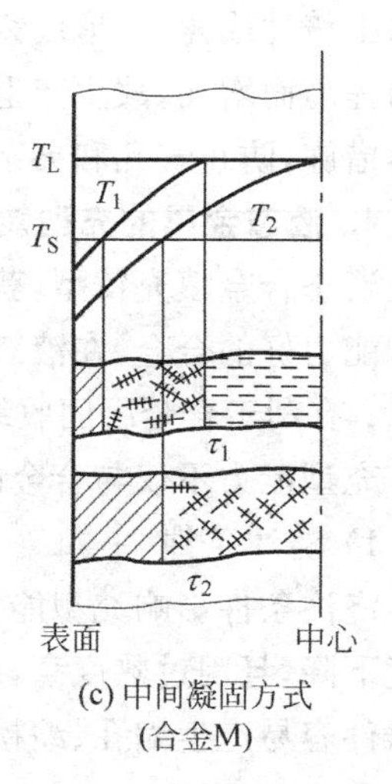

(c) 中间凝固方式
(合金M)

图 10-3　铸件的凝固方式

2. 糊状凝固方式

对于凝固温度范围宽(见图 10-3(b))的合金或温度梯度很小的铸件,凝固的某段时间内铸件断面上的凝固区很宽,甚至贯穿整个铸件断面,凝固过程可能同时在断面各处都进行着,液相共存的糊状区域充斥整个铸件断面,这种凝固方式为糊状凝固或体积凝固。一般球墨铸铁、高碳钢和某些黄铜等都是糊状凝固的合金。

3. 中间凝固方式

如果合金的结晶温度范围较窄,如图 10-3(c)所示,或因铸件断面的温度梯度较大,铸件断面上的凝固区域介于前二者之间时,称为中间凝固方式。这种凝固方式的凝固初期类似于逐层凝固,但其凝固区域较宽,并迅速扩展至铸件中心。

10.1.3　铸造生产的优缺点

1. 铸造生产的优点

铸造生产从古老的殷商时期出现至今,能够一直应用,是因为铸造与其他金属加工方法相比较具有以下优点。

1) 使用范围广

首先,可通过铸造成形的材料广泛,除了传统的材料,如铸铁、铸钢、铜、铝等合金外,还有钛、镍等为基的合金;甚至不能通过塑性加工和切削加工的非金属(陶瓷除外)也能通过铸造方法加工成形。

其次,铸造能够制造各种尺寸和形状复杂的铸件,如设备的箱体、机座等,铸件的轮廓尺寸可小到几毫米、大至几十米,重量可小到几克、大至数百吨。

2) 铸造是生产复合铸件最经济的成形方法

首先由于铸件在液态下成形,可复合各种材质成形,其次还可以通过一次结晶过程的控制,使铸件的各个部位获得不同的结晶组织和性能。

3）成本低廉

在一般机器中，铸件重量占 40%～80%，但其成本只占 25%～30%。铸件的形状及尺寸与零件十分接近，因此节省了金属材料、加工工时和切削加工的费用。铸造设备的投资少，所用的原材料来源广泛而且价格较低，这些因素最终决定铸件的成本低廉。

2. 铸造生产的缺点

液态成形也给铸造带来一些缺点和问题：

(1) 铸造组织疏松，晶粒粗大，内部易产生缩孔、缩松、气孔等缺陷。

(2) 铸件的力学性能（特别是冲击韧性）较差。

(3) 铸造工序多，难以精确控制。

10.1.4　铸件常见缺陷及防止措施

液态合金在冷凝过程中，若其液态收缩和凝固收缩所缩减的容积得不到补充，成形的铸件易产生缩孔和缩松缺陷；如果固态收缩受阻碍将会产生铸造内应力，导致铸件变形开裂。铸件常见的缺陷有缩孔、缩松及内应力、变形开裂两个方面。

1. 缩孔和缩松

1）缩孔

缩孔是金属在凝固过程中，体积收缩部分得不到及时的补充时，在铸件最后凝固的地方出现一些容积大而集中的孔洞，如图 10-4 所示。

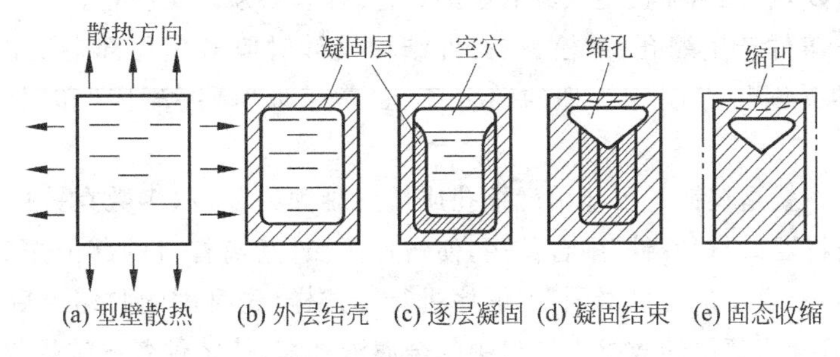

图 10-4　缩孔的形成过程

在铸造过程中，首先液态合金充满型腔，由于型壁的散热作用，表层液体温度不断下降（见图 10-4(a)），至凝固温度 T_L 时，铸件外形形成封闭薄壳（见图 10-4(b)）。继续降温时，内部合金液继续收缩而使液面下降，固体外壳不断增厚并发生凝固收缩，壳内出现真空度，合金液脱离顶部外壳而开始形成缩孔（见图 10-4(c)）。随后冷却中硬壳继续加厚，液面不断下降直至凝固结束，最后在铸件上部形成了倒锥形缩孔（见图 10-4(d)）。继续冷却至室温，由于固态收缩，铸件外形尺寸和缩孔体积有所减小（见图 10-4(e)）。缩孔在外观上由于附近的壁厚较薄，在气压的作用下形成缩凹（见图 10-4(d)、(e)中虚线所示），若铸型散热方向不均匀，顶面合金液不结壳，形成明缩孔。

缩孔产生在铸件最后凝固的区域，如壁的上部或中心处。此外，铸件两壁相交处因金属积聚凝固较晚，也易产生缩孔，称为热节。

2）缩松

缩松产生的原因和缩孔相似，也是由于铸件最后凝固区域的液态收缩和凝固收缩得不到补充，当合金以糊状凝固的方式凝固时，被树枝状晶体分割开的小液体区难以得到液体补充就易形成分散性的缩孔，导致缩松，如图 10-5 所示。缩松分宏观缩松和显微缩松两种。宏观缩松是用肉眼或放大镜可以看出的小孔洞，多分布在铸件中心轴线或缩孔的下方。显微缩松是分布在晶粒之间的微小孔洞，要用放大镜才能观察到，这种缩松的分布更为广泛，有时遍及整个截面。

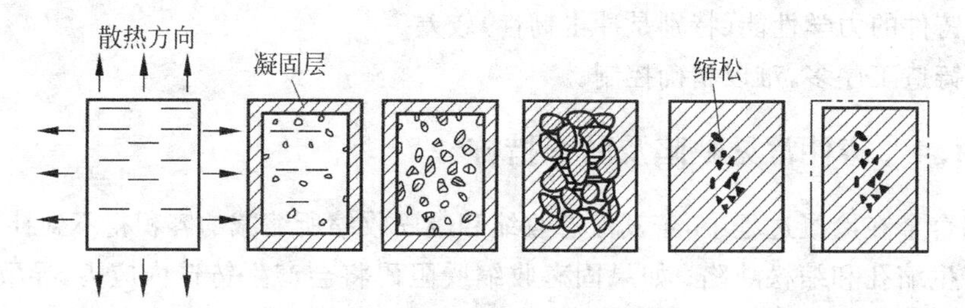

图 10-5　缩松的形成过程

3）缩孔类缺陷防止措施

不论是缩孔还是缩松，都使铸件的力学性能、致密性和物理化学性能大大降低，以致成为废品。所以，缩孔和缩松是极其有害的铸造缺陷，必须设法防止。

为了防止铸件产生缩孔、缩松，在铸件结构设计时应避免局部金属积聚。工艺上，应针对合金的凝固特点制定合理的铸造工艺，常采取“顺序凝固”和“同时凝固”两种措施。

“顺序凝固”就是在铸件可能出现缩孔或最后凝固的部位(多数在铸件厚壁或顶部)，设置“冒口”或将冒口与“冷铁”配合使用，使铸件按照“远离冒口的部位先凝固，靠近冒口的部位后凝固，最后才是冒口凝固”的顺序进行。这样，先凝固的收缩由后凝固部位的液体金属补缩，后凝固部位的收缩由冒口中的金属液补缩，使铸件各部位的收缩均得到金属液补缩，而缩孔则移至冒口，最后将冒口切除，如图 10-6 所示。顺序凝固适于收缩大的合金铸件，如铸钢件、可锻铸铁件、铸造黄铜件等，还适于壁厚悬殊以及对致密性要求高的铸件。顺序凝固使铸件的温差大、热应力大、变形大，容易引起裂纹，必须妥善处理。

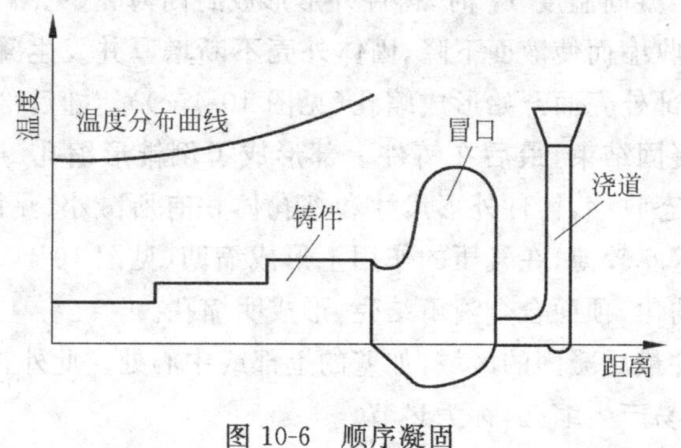

图 10-6　顺序凝固

所谓"同时凝固"就是使铸件各部位几乎同时冷却凝固,以防止缩孔产生。例如,在铸件厚部或紧靠厚部处的铸型上安放冷铁,如图 10-7 所示。同时凝固可减轻铸件热应力,防止铸件变形和开裂,但是容易在铸件心部出现缩松,故仅适于收缩小的合金铸件,例如,碳、硅含量较高的灰口铸铁件。

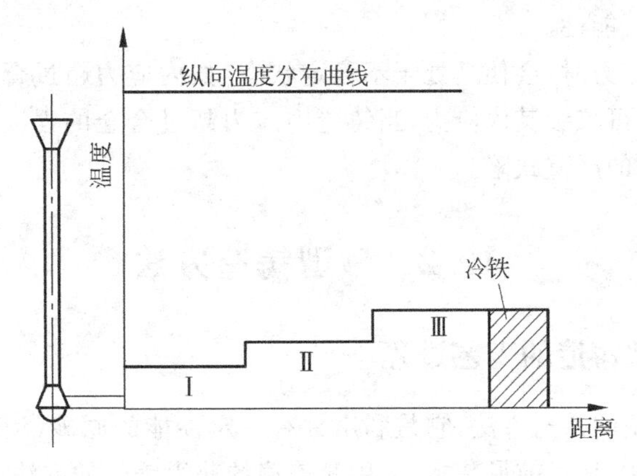

图 10-7　同时凝固

2. 铸造内应力、变形和裂纹

铸件在凝固后继续冷却时,若在固态收缩阶段受到阻碍,则将产生应力,此应力称为铸造内应力。它是铸件产生变形、裂纹等缺陷的主要原因。

1) 内应力的形成

铸造内应力可分为热应力和机械应力两种。热应力是由于铸件的壁厚不均匀,各部分的冷却速度不同,以致在同一阶段内各部分收缩不一致而引起的。

图 10-8 中,图(a)表示高温状态的固态铸件,常无应力产生。图(b)表示铸件开始固态收缩,侧杆细,冷却快,收缩早,受到较粗的中杆的阻碍,使上、下杆产生变形。此时,中杆处于压应力状态,侧杆处于拉应力状态。图(c)表示中杆温度尚高,强度低,受压产生塑性变形缩短,应力消失。图(d)表示侧杆收缩终止(室温),而中杆因冷却慢、继续收缩并受到侧杆的阻碍,不能充分收缩。此时,中杆处于拉应力状态,侧杆处于压应力状态并产生弯曲变形。图(e)表示中杆承受的拉应力超过抗拉强度而断裂。

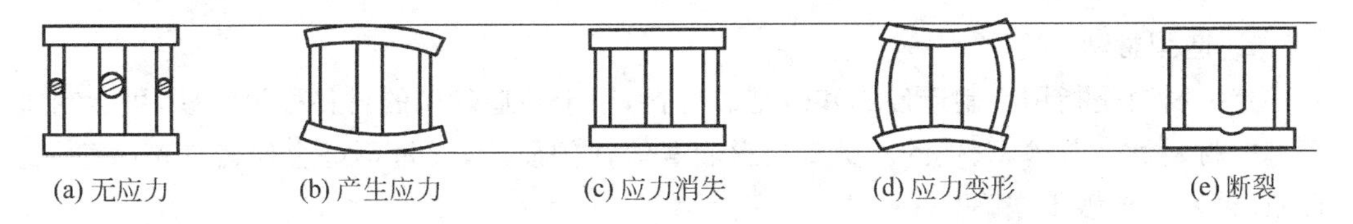

图 10-8　铸造热应力与变形

2) 减小内应力的措施

减少铸造热应力的根本措施是采用同时凝固原则。同时凝固原则是指通过设置冷铁、布置浇口位置等措施,使铸件各部分温差尽可能小的凝固过程。

采用同时凝固原则,不必设置冒口,节省金属材料,又简化了工艺,但铸件内部容易产生缩松缺陷。收缩率小的灰铸铁件常常采用同时凝固原则铸造成形。

铸件在固态收缩时,因受到铸型、型芯、浇冒口等方面的阻碍而产生的应力称为机械应力,也称收缩应力。机械应力一般使铸件产生拉伸或剪切应力,这种应力是暂时的,铸件经落沙、清理后,应力便可消失。但是,机械应力在铸型中能与热应力共同起作用,增加了铸件产生裂纹的可能性。

当铸件中有内应力时,会使其处于不稳定状态,如内应力超过合金的屈服点时,常使铸件产生变形,变形可减缓其内应力,当铸造内应力超过合金的强度极限时,铸件便会产生裂纹,裂纹是铸件的严重缺陷。

10.2　砂型铸造方法

10.2.1　砂型铸造的工艺过程

砂型铸造是传统的铸造方法,它是利用具有一定性能的原砂(型砂和芯砂)作为主要造型材料的铸造方法,是目前最基本、应用最普遍的获得铸件的方法。其基本工艺过程如图 10-9 所示,主要包括以下几个工序:模样与芯盒准备;型砂与芯砂配制;造型、造芯;合箱、浇注;落砂、清理;检验入库。

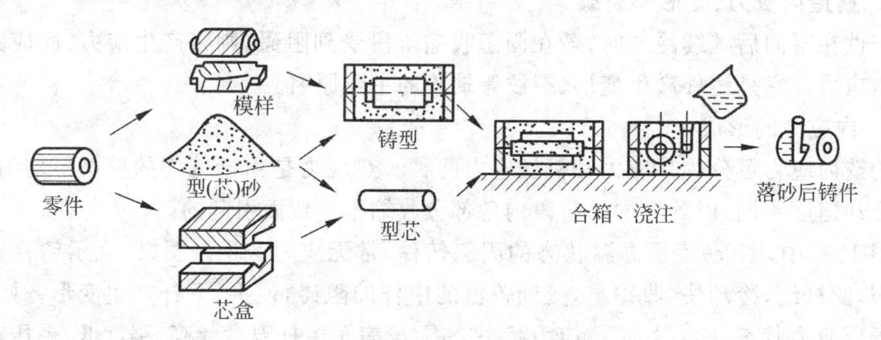

图 10-9　砂型铸造的工艺过程

10.2.2　造型

1. 造型材料

造型材料是指用于制造砂芯和砂型的材料,用于制造砂型的材料称为型砂,用于制造型芯的材料称为芯砂,型砂的质量直接影响着铸件的质量,质量不好会使铸件产生气孔、砂眼、粘砂和夹砂等缺陷。

一般砂型铸造用原材料主要由原砂(石英砂)、黏结剂(黏土、膨润剂、合脂)、附加物(煤粉、木屑)和水组成。各种造型材料须按一定比例配料,并经混砂机混制后才能成为型砂和芯砂。

2. 造型方法

造型方法按机械化程度可分为手工造型和机器造型两大类。

1）手工造型

手工造型是指用手工或手动工具完成造型各工序的方法。这种方法操作灵活，工艺装备简单，生产准备时间短，适应性强，可用于各种大小、形状的铸件。造型方法按砂箱特征可分为两箱造型、三箱造型、脱箱造型、地坑造型等。按模样特征可分为整箱造型、分模造型、挖砂造型、活块造型、假箱造型、刮板造型等。

(1) 整箱造型

如图 10-10 所示，模型是整个的，铸型型腔全部放在半个铸型内，另外半个铸型通常为一平面。这种造型方法的特点是铸型简单、起模方便，不会产生堵型缺陷。

(2) 分模造型

如图 10-11 所示，模型分为两半，铸型型腔位于上、下两个半铸型内。这种造型方法造型容易，应用最为广泛。分模造型主要用于某些没有平整的表面，而最大截面在模型中部，难以进行整模造型的铸件，将模型在最大断面处分开，进行分模造型。

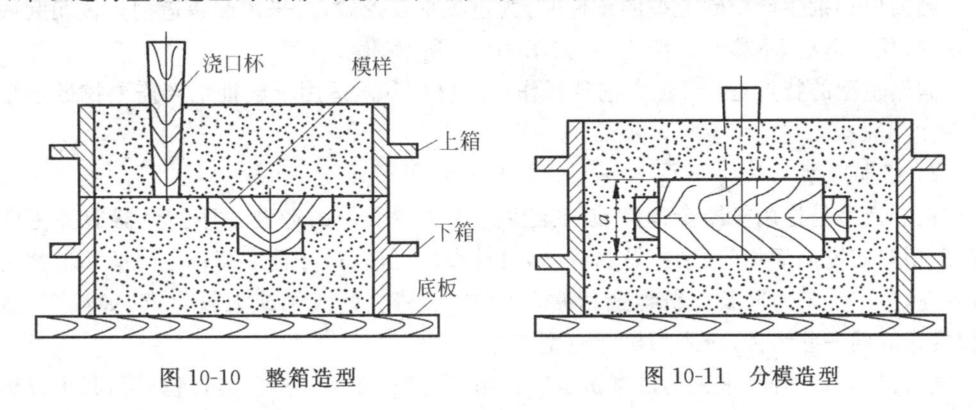

图 10-10 整箱造型　　图 10-11 分模造型

(3) 挖砂造型

如图 10-12 所示，当铸件的最大截面不在端部，模样又不便分开时，常将模样做成整体结构，造型时将妨碍起模的型砂挖掉，以便起模。挖砂造型的特点是：分型面不是平面，需要将妨碍起模的型砂起掉。

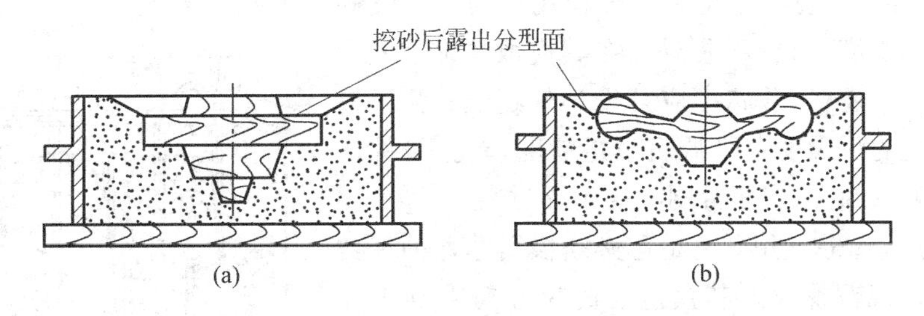

图 10-12 挖砂造型

(4) 活块造型

有些铸件上有一些小的凸台等，妨碍起模，可做成活块，在主体模型起出后仍留在铸型内，然后自侧面取出。这种造型方法要求工人操作技能高，生产率低，多用于单件和小批量生产中，如图 10-13 所示。

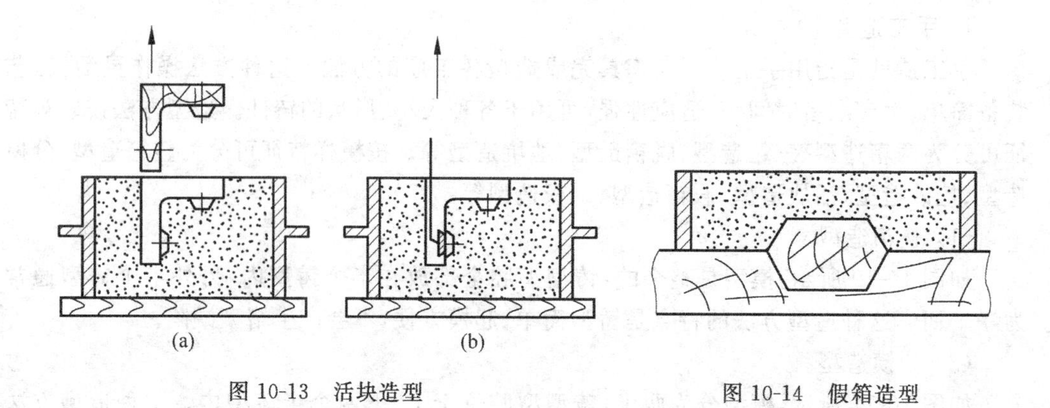

图 10-13　活块造型　　　　图 10-14　假箱造型

(5) 假箱造型

当需要小批生产挖砂造型的铸件时，为避免重复挖砂，可采用假箱造型。假箱起底板作用，只用于造型，不参与合型浇注，如图 10-14 所示。

假箱造型的特点是：可免去挖砂操作，提高生产率，适用于成批生产需要挖砂造型的铸件。

2) 机器造型

机器造型是指用机器全部完成或至少完成紧砂操作的造型工序。机器造型生产率高，砂型紧实度高而均匀，型腔轮廓清晰，铸件表面光洁、尺寸精度高；但设备和工艺装备费用高，生产准备时间长。机器造型常用于中、小铸件的成批或大量生产，如汽车、拖拉机、机床等的一些铸件，应采用机器造型。

按紧砂方式不同，常用的造型机有震压造型、高压造型、空气冲击造型等，其中以震压式造型机最为常用。

10.2.3　砂芯的制备

砂芯由砂芯主体和芯头两部分组成，如图 10-15 所示，砂芯的主体用来形成铸件的内腔，芯头起导向、支撑、定位和排气作用。为了加强砂芯的强度和刚度，制造砂芯时应在其内放置芯骨；为了使砂芯排气通畅，砂芯中应开设排气通道；为了提高砂芯表面的耐火度和降低表面粗糙度，防止铸件产生粘砂缺陷，砂芯的表面常刷一层耐火材料。

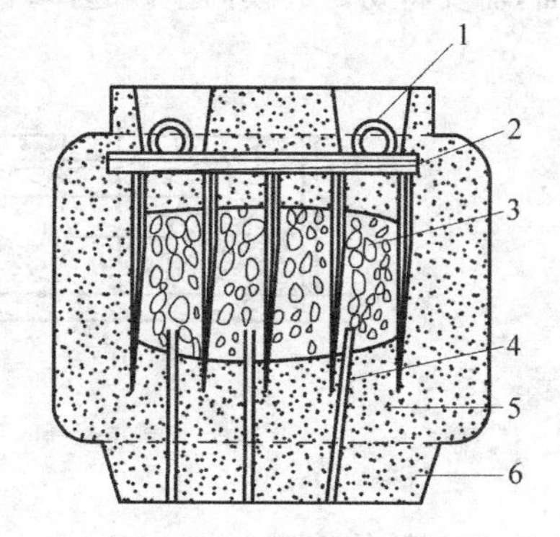

图 10-15　砂芯的结构

1—吊环；2—芯骨；3—焦炭；4—通气孔；5—砂芯主体；6—芯头部位

(1) 芯盒造芯。用芯盒造芯必须根据芯盒的种类及结构进行规范操作。芯盒造芯的尺寸精度和生产效率高，可以制造各种形状的砂芯，适用范围广，是普遍采用的造芯方法。

(2) 刮板造芯。根据刮板移动方式的不同，有不同的刮板造芯方法，如水平刮板造芯和移动刮板造芯。

10.2.4　合箱

合箱就是把砂型、砂芯和浇口等按要求组合成一个完整铸型的操作过程。铸型的合箱是制备铸型的最后工序,也是铸造生产的重要环节,直接影响铸件的质量,一般操作步骤为:

(1) 全面检查、清扫、修理所有砂型和砂芯,特别要注意检查砂芯的烘干程度和通气道是否通畅。

(2) 按下芯次序依次将砂芯装入砂型,并严格检查和保证铸件壁厚、砂芯固定、芯头排气和填补接缝处间隙。无牢固支撑的砂芯,要用芯撑在上下和四周加固,以防止砂芯在浇注时移动、漂浮。装在上箱的砂芯,要插栓吊紧。

(3) 仔细清除型内散沙,全面检查下芯质量。

(4) 放上压铁或用螺栓、金属卡子紧固铸型,放好浇口杯、冒口圈,在分型面四周接缝处抹上沙泥以防止跑火。最后全面清理场地,以便安全方便地浇注。

10.2.5　浇注

把液体金属浇入铸型的操作称为浇注。浇注不当,会引起浇不足、冷隔、跑火、夹渣和缩孔等铸件缺陷。

1. 浇注前的准备

(1) 了解浇注合金的种类、牌号、待浇注铸型的数量和估算所需金属液的重量。

(2) 检查浇包的修理质量、烘干预热情况及其运输与倾转机构的灵活性和可靠性。

(3) 熟悉各种铸型在车间的位置,以确定浇注次序。

(4) 检查浇口、冒口圈的安放及铸型的紧固情况。

(5) 清理浇注场地,保证浇注安全。

2. 浇注条件

1) 浇注温度

浇注温度对铸件质量影响很大。浇注温度低则铁液的流动性差,易产生浇不足和冷隔等缺陷。温度过高则铸件晶粒粗大,同时易产生缩孔、裂纹和粘砂等缺陷。形状复杂、薄壁的灰铸铁件浇注温度为1400℃左右;形状简单、厚壁的灰铸铁件,浇注温度为1300℃左右;铸钢件浇注温度为1500～1550℃。

2) 浇注速度

浇注速度太慢,金属降温太大,则会出现浇不足、冷隔、气孔等缺陷;浇注速度太快,会使型腔中的气体来不及跑出而产生气孔,易出现冲砂、抬箱、跑火等缺陷。一般在浇注过程中,开始慢浇,且不能直冲浇口,以免冲毁砂型;中间慢浇,以充满浇注系统;浇口杯中应始终保持一定数量的金属液,以防渣、气进入型腔;快充满时应慢浇,以防止溢出和减小抬箱力。

10.2.6　铸件的落砂和清理

1. 落砂

用手工或机械使铸件和型砂、砂箱分开的操作称为落砂。落砂要在铸件与铸型中凝固并适当冷却到一定温度后进行。

2. 清理

为了提高铸件的表面质量，需进一步对铸件进行清理，切除浇冒口、清除型芯和铸件表面粘砂、型砂及多余金属。

3. 检验

铸件检验采用宏观法，就是用肉眼或借助于尖嘴槌找出铸件表层或皮下的铸造缺陷。对内部的缺陷采用耐压试验、磁粉探伤、超声波探伤、金相检验等方法。

10.3　特种铸造方法

特种铸造是区别于砂型铸造的其他铸造方法。特种铸造方法很多，各有其特点和适用范围，它们从各个不同的侧面来弥补普通砂型铸造的不足。常用的特种铸造方法有以下几种。

10.3.1　金属型铸造

金属型铸造是将金属液浇入到金属铸型内而获得铸件的方法。由于金属型可重复使用多次，故又称为永久型。

1. 金属型铸造的特点

(1) 与砂型铸造相比，金属型铸造实现了“一型多铸”，生产效率高、成本低、便于机械化和自动化。

(2) 铸件精度较高，表面质量较好，尺寸公差等级可达 IT14～IT12，表面粗糙度可达 Ra 12.5～6.3μm，减少了铸件的机械加工余量。

(3) 由于铸件冷却速度快、晶粒细，故力学性能好。

(4) 金属型制造成本高、周期长，不适合单件、小批量生产；铸件冷却快，不适于浇注薄壁铸件，铸件形状不宜太复杂。

2. 金属型的构造

按照分型面的位置不同，金属型分为整体式、垂直分型式、水平分型式和复合分型式。如图 10-16 所示，其中垂直分型式便于布置浇注系统，铸型开合方便，容易实现机械化，应用较广。

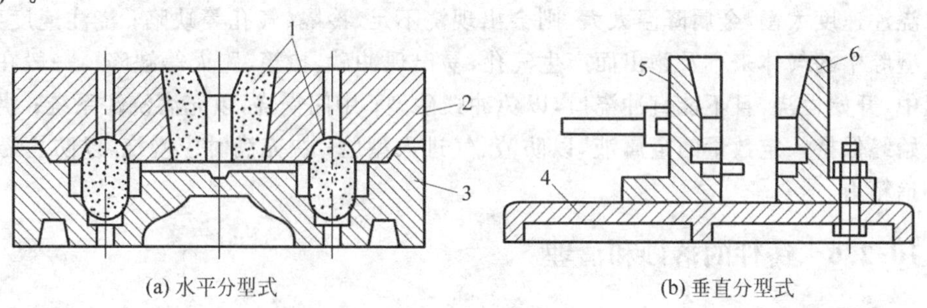

(a) 水平分型式　　(b) 垂直分型式

图 10-16　金属型结构

1—型芯；2—上型；3—下型；4—模底板；5—动型；6—定型

3. 金属型铸造工艺

1）金属型的预热

未预热的金属型不能进行浇注。这是因为金属型导热性好，液态金属冷却快，流动性剧烈降低，容易使铸件出现冷隔、浇不足、夹杂、气孔等缺陷。未预热的金属型在浇注时，铸型受到强烈的热击，应力倍增，使其极易破坏。因此，金属型在开始工作前，应该预热，一般情况下，金属型的预热温度不低于 1500℃。

2）金属型的浇注

金属型的浇注温度，一般比砂型铸造时高，可根据合金种类、化学成分、铸件大小和壁厚，通过实验确定。

3）铸件的出型和抽芯时间

如果金属型芯在铸件中停留的时间过长，由于铸件的收缩对型芯产生的包紧力就过大，脱模困难。铸件在金属型中停留的时间过长，型壁温度升高，需要更多的冷却时间，也会降低金属型的生产率，最合适的拔芯与铸件出型时间，一般用实验方法确定。

4）金属型工作温度的调节

要保证金属型铸件的质量温度，生产正常，要使金属型在生产过程中温度变化恒定。所以每浇一次，就需要将金属型打开，冷却后再浇。

5）金属型的涂料

在金属型铸造过程中，需要在金属型的工作表面喷刷涂料。涂料的作用是：调节铸件的冷却速度；保护金属型，防止高温金属对型壁的冲蚀；利用涂料层蓄气排气。

10.3.2　熔模铸造

熔模铸造是用易熔材料制成模样，然后在表面涂覆多层耐火材料，待硬化干燥后，将蜡模熔去，而获得具有与蜡模形状相应空腔的型壳，再经焙烧后进行浇铸而获得铸件的一种方法。

1. 熔模铸造的工艺过程

熔模铸造的工艺过程如图 10-17 所示，具体如下所述。

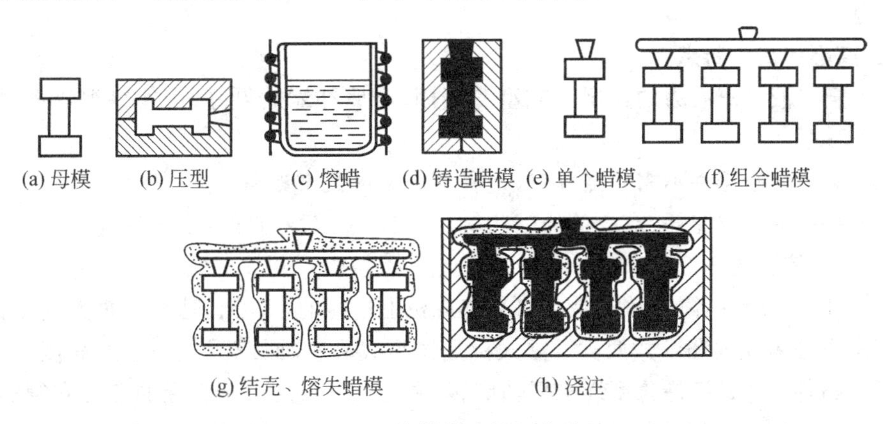

图 10-17　熔模铸造的工艺过程

(1) 母模是铸件的基本模样,材料为钢或铜,用它制造压型。

(2) 压型是用来制造蜡模的特殊铸型。为保证蜡模质量,压型必须具有很高的精度和低粗糙度。当铸件精度高或大批量生产时,压型常用钢或铝合金加工而成;小批量生产时,可采用易熔合金、塑料或石膏直接向母模上浇注而成。

(3) 制造蜡模的材料有石膏、蜂蜡硬脂酸和松香等,为了一次能铸出多个铸件,还需要将单个蜡模粘焊在预制的蜡质烧口棒上,制成蜡模组。

(4) 蜡模制成后,再进行制壳。

(5) 为进一步排除型壳中的挥发物,蒸发水分,提高型壳的质量、强度,防止浇注时型壳变形或破裂,可将型壳放在铁箱中,周围用干砂填紧,将装着型壳的铁箱在900~950℃下焙烧。

(6) 焙烧后应立即浇注,提高金属液的充型能力。

(7) 冷却凝固后,将型壳打碎取出铸件,进行一系列清理。

2. 熔模铸造的特点

(1) 熔模铸造是一种精密的铸造方法,生产的铸件尺寸精度和表面质量均较高,尺寸公差等级一般可达IT14~IT11,表面粗糙度可达Ra12.5~1.6μm,机械加工余量小,可实现少、无切削加工。

(2) 可铸出形状复杂的薄壁铸件,最小壁厚可达0.3mm,最小铸出孔的直径可达0.5mm。

(3) 能够生产各种合金铸件,尤其适于生产高熔点合金及难以切削加工的合金铸件,如耐热合金、不锈钢、磁钢等。

(4) 生产批量不受限制,从单件、成批到大量生产均可。

(5) 熔模铸造工序多,生产周期长,原材料的价格贵,铸件成本比砂型铸造高,而且铸件不能太大,一般限于25kg以下,以1kg以下的较多。

10.3.3 离心铸造

离心铸造是将液态金属浇入旋转的铸型里,在离心力的作用下充型并凝固成铸件的铸造方法。

1. 离心铸造的特点

(1) 金属液在离心力的作用下充型和凝固,金属补缩效果好,铸件组织致密,机械性能好。

(2) 铸造空心铸件不需要浇冒口,金属利用率可大大提高。

(3) 是一种节省能耗、高效益的工艺,但是应注意采取有效的安全措施。

2. 离心铸造的方法

如图10-18所示,离心铸造是在离心铸造机上进行的,离心铸造机根据旋转轴的空间位置不同可分为立式和卧式两类。立式机是铸型绕垂直轴旋转,主要生产高度小于直径的圆环类铸件;卧式机是铸型绕水平轴旋转,主要生产长度大于直径的套类和管类铸件。金属型的旋转速度根据铸件结构和金属液体重力决定,应保证铁液在金属型内有足够的离心力,不产生淋落现象,离心铸造常用旋转速度范围为250~1500r/min。

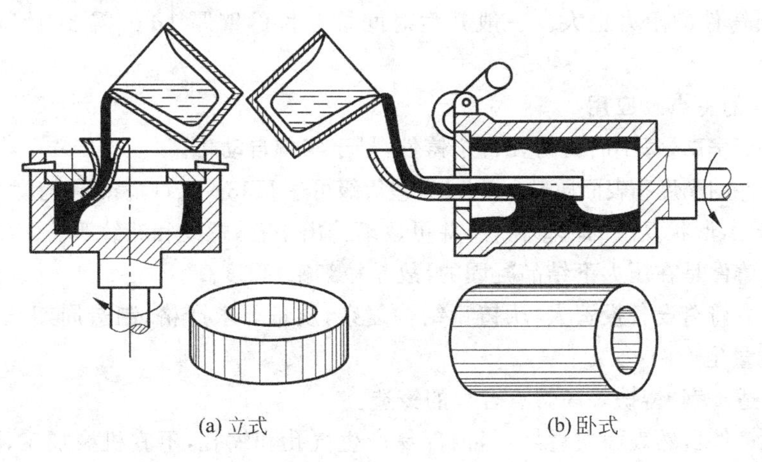

图 10-18　离心铸造示意图

10.3.4　压力铸造

压力铸造是将熔融金属在高压下快速压入金属铸型中，并在压力下凝固，易获得铸件的方法。压力铸造是现代金属加工中发展较快、应用较广的一种少、无切削的工艺方法。压铸时所用的压射比压为 5～150MPa，充填速度为 5～100m/s，充满铸型的时间为 0.05～0.15s。高压和高速是压铸区别于一般金属型铸造的两大特征。

1. 压力铸造工艺

在压铸生产中，压铸机、压铸合金和压铸型是三大要素。压铸工艺则是将三大要素作有机的组合并加以运用的过程。

(1) 压力和速度的选择。压射比压的选择，应根据不同合金和铸件结构特性确定。对充填速度的选择，一般对于厚壁或内部质量要求较高的铸件，应选择较低的充填速度和高的增压压力；对于薄壁或表面质量高的铸件以及复杂的铸件，应选择较高的比压和高的充填速度。

(2) 浇注温度。浇注温度是指从压室进入型腔时液态金属的平均温度，由于对压室内的液态金属温度测量不方便，一般用保温炉内的温度表示。

(3) 压铸型的温度。压铸型在使用前要预热到一定温度，一般多用煤气、喷灯、电器或感应加热。在连续生产中，压铸型温度往往升高，温度过高会使晶粒粗大，因此在铸造过程中，应采取冷却措施，通常用压缩空气、水或化学介质进行冷却。

(4) 充填、持压和开型时间。充填时间是自液态金属开始进入型腔起到充满型腔止所需的时间。充填时间长短取决于铸件的体积和复杂程度。对大而简单的铸件，充填时间要相对长些，对复杂和薄壁铸件充填时间要短些。

持压时间是从液态金属充填型腔到内浇口完全凝固时，继续在压射冲头作用下的持续时间，持压时间的长短取决于铸件的材质和壁厚。

开型时间是指从压射终了到铸型打开的时间，开型时间应控制准确。开型时间果断，可能在铸件顶出和自压铸型落下时引起变形。过长，则铸件温度过低，收缩大，对抽芯和顶出铸件的阻力也大。一般开型时间按铸件的壁厚 1mm 需 3s 计算，然后经试验调整。

2. 压铸的特点及应用

(1) 生产率高，每小时可铸几百个铸件，易于实现自动化。

(2) 铸件的精度和表面质量高，尺寸公差等级可达 IT13～IT11，表面粗糙度可达 $Ra3.2$～0.8μm，可铸出形状复杂的薄壁铸件，并可逐渐铸出小孔、螺纹和花纹等。

(3) 压铸件是在压力下结晶凝固的，故晶粒细密，强度高。

(4) 压力铸造设备投资大，压铸型结构复杂，质量要求严格，制造周期长，成本高，仅适用于大批量生产。

(5) 不适于钢、铸铁等高熔点合金的铸造。

(6) 压铸件虽然表面质量好，但内部易产生气孔和缩孔，不宜机械加工，更不宜进行热处理或在高温下工作。

10.3.5　消失模铸造

消失模铸造是用涂有耐火材料涂层的泡沫聚苯乙烯塑料模样代替普通模样，造好型后不取出模样就浇入金属液，在灼热液态金属的热作用下，泡沫塑料汽化、燃烧而消失，金属液取代了原来泡沫塑料模所占的空间位置，冷却凝固后即可获得所需铸件的铸造工艺，也称实型铸造和汽化模铸造。消失模铸造的工艺过程如图 10-19 所示。

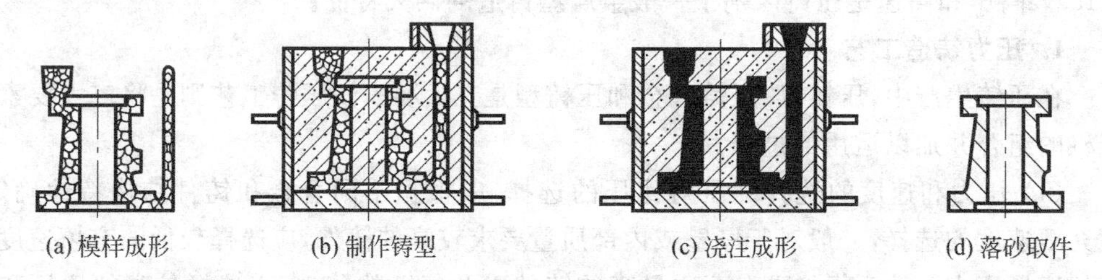

(a) 模样成形　(b) 制作铸型　(c) 浇注成形　(d) 落砂取件

图 10-19　消失模铸造工艺过程

1. 模样成形

模样多采用聚苯乙烯泡沫塑料制成，由于塑料呈蜂窝状结构，故密度小、汽化迅速。泡沫塑料模样的制造方法有发泡成形法、加工成形法两种。

发泡成形法是将预发泡并熟化好的聚苯乙烯珠粒置于专用的发泡模内，通入热空气或蒸汽加热，使珠粒进一步膨胀成形，用于大批量生产制造。

加工成形法通称以厚度为 100mm 的泡沫塑料板为原材料，先用机械加工或电热丝切割等方法制成形状简单的部件，然后用黏结剂将这些部件粘合成模样。这种方法不需要制作模具，适合单件、小批量生产。

模样在使用之前，必须存在适当时间使其熟化稳定，典型的模型存放周期多达 30 多天，而对于用设计独特的模具所成型的模样仅需存放 2h。模样熟化稳定后，可对分块模样进行胶粘结合，分块模样结合使用热熔胶在自动胶合机上进行。

2. 制作铸型

如图 10-19(b)所示，为了每次成形更多的铸件，有时将许多模样胶接成簇，把模样簇浸入耐火涂料中，然后在 30～60℃的空气循环烘炉中干燥 2～3h，干燥后，将模样簇放入砂箱，填入干砂振动紧实，必须使所有模样簇内部空腔和外围的干砂都得到紧实和支撑。最后在砂箱表面覆上塑料薄膜，形成一个密封的铸型。

3. 浇注成形

如图 10-19(c)所示，先用真空泵对制作好的铸型进行抽真空，当真空度达到一定值时，立即将熔融金属液浇入具有一定真空度的铸型中，连续不断地将泡塑模型加热裂解汽化，金属液置换泡塑模型的位置，凝固形成铸件。

4. 落砂取件

浇注后，铸件在砂箱中凝固、冷却，然后落砂。铸件落砂相当简单，倾倒砂箱，铸件从松散的干砂中掉出。

5. 消失模铸造的特点

(1) 铸件精度高，是一种近无余量、精确成形的新工艺。

(2) 内部质量提高。因为填砂采用干砂，且型砂中无水分、无黏结剂以及其他附加物，减少由此带来的缺陷。

(3) 对环境无公害，易实现清洁生产。

(4) 方便了铸件结构的设计。

(5) 简化了砂处理工序，减少了设备占地面积，从而降低设备费用。

10.4　铸造工艺设计

在砂型铸造中，首先应根据产品的结构特征、技术要求、生产批量及生产条件等因素进行工艺设计。其主要内容包括浇注位置、分型面的选择，浇注系统的设计，工艺参数的确定和铸造工艺图的绘制。合理地制定铸造工艺方案，对获得优质铸件、简化工艺过程、提高生产效率、降低铸件成本等起着决定性作用。

10.4.1　浇注位置的选择

浇注位置是指浇注时铸件在铸型中所处的空间位置。铸件浇注位置的合理与否直接决定着金属液的充型能力、铸件的质量。所以，为保证铸件的质量应考虑以下原则。

(1) 铸件上的重要加工面、耐磨表面、受力部位等应朝下面和侧面。如图 10-20 所示，由于车床床身导轨是主要工作面和加工面，要求组织均匀致密和硬度高，不允许有明显的铸造缺陷，故采用图中的浇注位置。图 10-21 为起重机卷扬筒的浇注位置方案，因为卷扬筒的圆周表面质量要求高，故采用图示立铸形式；若采用卧铸，圆周上朝上表面质量难以保证。

(2) 铸件中的大平面应朝下。铸件的大平面朝下可以避免气孔和夹渣及砂眼等一些缺陷，图 10-22 为平板铸件的浇注位置示意图。

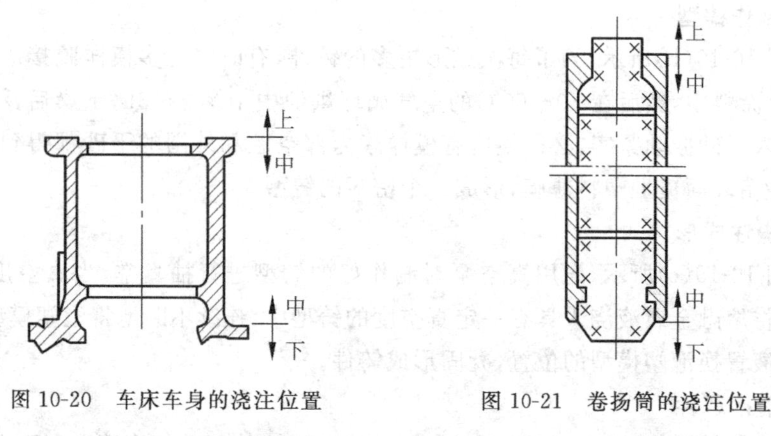

图 10-20　车床车身的浇注位置　　图 10-21　卷扬筒的浇注位置

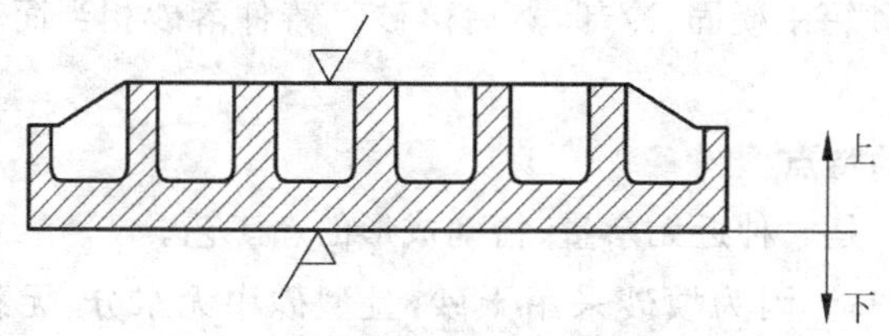

图 10-22　平板铸件的浇注位置

(3) 铸件中薄壁部分应置于铸型下部或垂直、倾斜位置，防止铸件的薄壁部分产生冷隔、浇不足等缺陷。图 10-23 所示是曲轴箱的浇注位置。

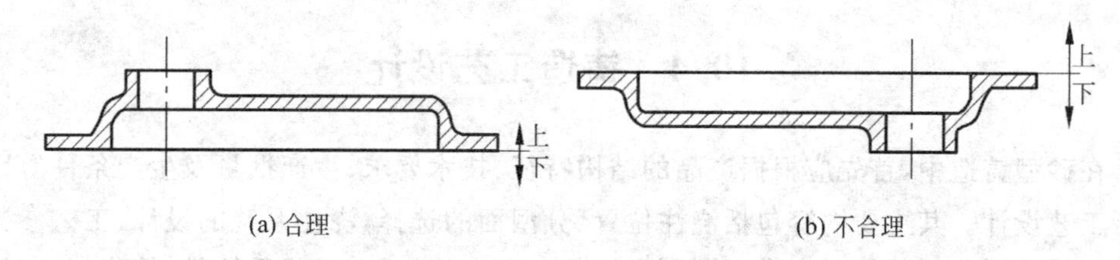

(a) 合理　　(b) 不合理

图 10-23　曲轴箱的浇注位置

(4) 易产生缩孔的铸件，应按定向凝固的原则，将壁厚较大的部位和铸件的热节部位置于上部或侧部，以便设置冒口进行补缩。

(5) 应尽量减少型芯的数量，且使型芯便于安放、固定和排气。如图 10-24 所示为机床床脚的浇注位置。

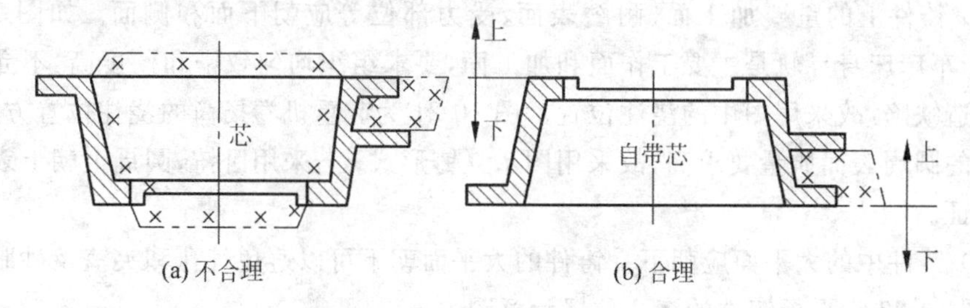

(a) 不合理　　(b) 合理

图 10-24　机床床脚的浇注位置

10.4.2　分型面的选择

两个铸型相互接触的表面，称为分型面。它对于铸件质量、制模、制芯、合箱和切削加工等工艺的复杂程度有很大影响。选择时在保证铸件质量的前提下，应考虑以下原则。

(1) 应保证顺利起模。图10-25是起重臂铸件分型面的选择方案。按图中所示的分型面为一平直面，可用分模造型，起模方便。如果采用俯视图弯曲对称面为分型面，则需要采用挖砂或假箱造型，使造型过程复杂化。

(2) 应使铸件的全部或大部处于同一砂箱内。如不能，要将加工基准面和尽可能多的加工面放在同一砂箱内。这样可以避免错箱和产生加大的披缝和毛刺，以提高铸件精度和减少清理工作量。

图10-26为箱体，分型面选在Ⅰ处，以箱体底面为基准加工 A、B 面时，就很难保证凸台的高度，若在Ⅱ处，使整个铸件位于一个砂箱内，便解决了上述问题。

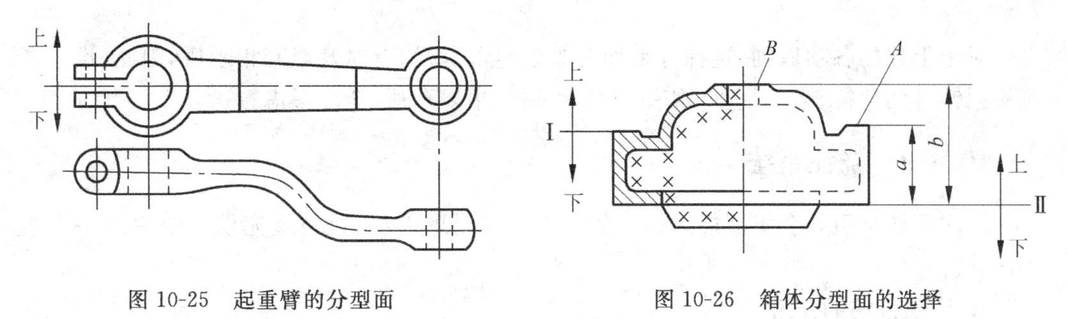

图10-25　起重臂的分型面　　　图10-26　箱体分型面的选择

(3) 分型面的数量尽可能少，在保证方便取出模样的原则上，数量越少越好，最好只一个。如图10-27所示，滑轮采用外型芯的两箱造型较好(图(b))，而图(a)则有两个分型面，属于三箱造型。

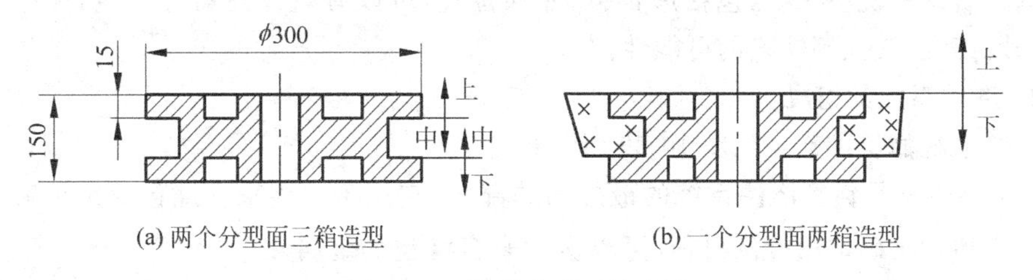

(a) 两个分型面三箱造型　　　(b) 一个分型面两箱造型

图10-27　滑轮分型面的选择

(4) 分型面的选择应尽可能减少型芯和活块的数目。型芯数目增加，意味着与制芯有关的工作量和费用增加；活块数目增加，会使制造模型的难度增加，并使造型操作复杂化。

(5) 分型面的选择应有利于下芯、合箱和便于检查型腔尺寸。为此，应将主要型芯放在下箱。如图10-28所示机床支柱，图(a)所选分型面不合理，因上半型内铸件壁厚难于检查，且合箱时容易将铸型或型芯碰坏；而图(b)的选择，可使主要型芯全部位于下箱内，因此，型芯的固定、检查型腔尺寸和合箱都比较方便。

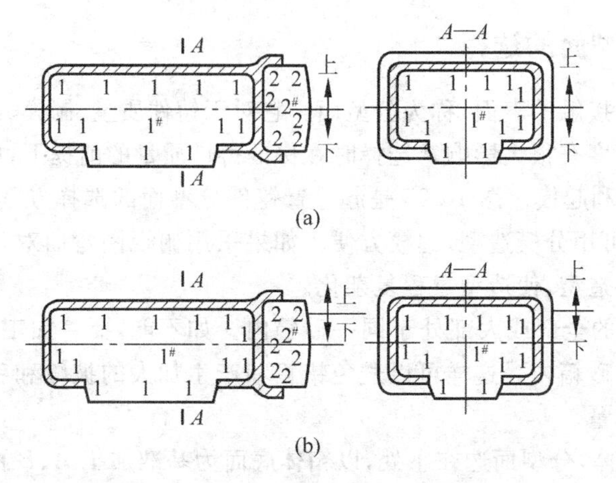

图 10-28　机床立柱分型面选择

对于上述的各项原则,选择分型面时难以全部满足,有时甚至互相矛盾,因此,设计者应根据铸件的特征、生产批量、现有条件等,抓住主要矛盾,全面考虑。

10.4.3　浇注系统

浇注系统是引导金属液进入铸型的一系列通道的总称,是铸型充填系统中的一个组成部分。

1. 浇注系统的作用

(1) 能平稳地将金属液导入并充满型腔,避免冲坏型壁和型芯;

(2) 防止熔渣、砂粒或其他杂质进入型腔;

(3) 能调节铸件的凝固顺序。

选择合理的浇注系统,包括形状、尺寸和位置,可以有效提高铸件质量,减少出现冲砂、夹砂、缩孔、气孔等缺陷的可能性。

2. 浇注系统的组成

浇注系统的组成部分如图 10-29 所示。

(1) 浇口杯是铸型浇注系统的最外面的部分,它用于承接来自浇包的金属液并将它引入直浇道。正确地设计浇口杯,可以缓冲来自浇包的金属液及挡渣、浮渣的作用。

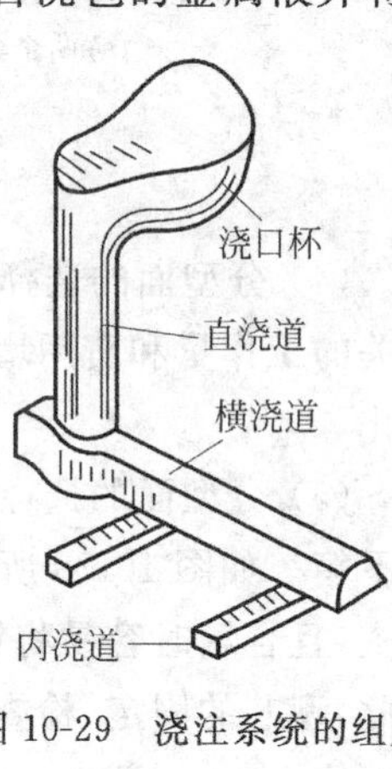

(2) 直浇道是浇注系统中的垂直通道,作用是把金属液从浇口杯引入横浇道或直接导入型腔,并且建立金属液充填整个铸型的压力头。直浇道越高,产生的充填压力越大。一般直浇道要高出型腔最高处 100～200mm。

(3) 横浇道是浇注系统中连接直浇道和内浇道并将金属液平稳而均匀地分配给各个内浇道的重要单元,它是浇注系统中最后一道挡渣关口。

(4) 内浇道也称内浇口,是金属流经浇注系统进入型腔的

图 10-29　浇注系统的组成

最后通道。它与铸件直接相连,可以控制金属液流入型腔的速度和方向。

10.4.4 工艺参数的确定

铸造工艺参数是与铸造工艺过程有关的一些量化数据,主要包括机械加工余量、最小铸孔、起模斜度、收缩率、型芯头尺寸等工艺参数。

1. 机械加工余量

在铸件上为了切削加工面加大的尺寸称为机械加工余量,加工余量必须认真选取,余量过大,切削加工费时,且浪费金属材料;余量过小,制品会因残留黑皮而报废。机械加工余量的具体数值取决于铸件的生产批量、合金种类、铸件大小、加工面与基准面的距离及加工面在浇注时的位置等。大量生产时,因采用机器造型,铸件精度高,余量可减小;反之,手工造型误差大,余量应加大。铸钢件因表面粗糙,余量加大;非铁合金铸件价格甚贵,且表面光洁,余量应减小。表10-1列出了灰口铸铁件的机械加工余量。

表10-1 灰口铸铁件的机械加工余量

铸件最大尺寸/mm	浇注时位置	加工面与基准面的距离/mm					
		<50	50~120	120~260	260~500	500~800	800~1250
<120	顶面底、侧面	3.5~4.5 2.5~3.5	4.0~4.5 3.0~3.5				
120~260	顶面底、侧面	4.0~5.0 2.0~4.0	4.5~5.0 3.5~4.0	5.0~5.5 4.0~4.5			
260~500	顶面底、侧面	4.5~6.0 3.5~4.5	5.0~6.0 4.0~4.5	6.0~7.0 4.5~5.0	6.5~7.0 5.0~6.0		
500~800	顶面底、侧面	5.0~7.0 4.0~5.0	6.0~7.0 4.5~5.0	6.5~7.0 4.5~5.5	7.0~8.0 5.0~6.0	7.5~9.0 6.5~7.0	
800~1250	顶面底、侧面	6.0~7.0 4.0~5.5	6.5~7.5 5.0~5.5	7.0~8.0 5.0~6.0	7.5~8.0 5.5~6.0	8.0~9.0 5.5~7.0	8.5~10 6.5~7.5

2. 最小铸孔

铸铁件上直径小于60mm和铸钢件上直径小于60mm的孔,在单件小批生产时可不铸出,待机械加工时钻孔。否则,不仅会使造型工艺复杂,还会因孔的偏斜给机械加工带来困难,经济上也不合算。

3. 起模斜度

使用母模时,把默认斜度选择为3°;铸件法兰较厚,可在远离分型面处减少2mm加工余量,以获得起模斜度。

4. 收缩率

由于合金的线收缩,铸件冷却后的尺寸将比型腔略微缩小,为保证铸件应有的尺寸,模样尺寸必须比铸件放大一个该合金的收缩量。

5. 型芯头

支撑台具有锥形空腔,宜设计整体型芯,型芯尺寸及装配间隙可查手册确定。

10.4.5　铸造工艺图

将上面几项内容，用规定的颜色、符号描绘在零件的主要投影图上，即绘制出铸造工艺图。一般分型面、加工余量、浇注系统均用红线表示，分型线用红色写出“上、下”，不铸出的孔、槽用红线打叉。芯头边界用蓝色线表示，芯用蓝色“×”标出。根据铸造工艺图就可画出铸件图，铸件图是反映铸件实际形状、尺寸和技术要求的图样，是铸造生产、铸件检验与验收的主要依据。

10.5　铸造结构工艺性

10.5.1　砂型铸造工艺对铸件结构的要求

铸件的结构不仅应有利于保证铸件的质量，而且应考虑到造型、制芯和清理等操作的方便，以利于简化铸造工艺过程，稳定质量，提高生产率和降低成本。

1. 铸件的外形

在满足铸件使用要求的前提下应尽量采用规则的易加工平面、结构简单等，避免不必要的曲面，以便于制模和造型，除此以外，还应该考虑以下方面。

(1) 铸件上的凸台不应妨碍起模，减少活块的使用。图 10-30(a)所示凸台通常采用活块才能起模，若改为图(b)结构，可以避免活块或型芯，造型简单。

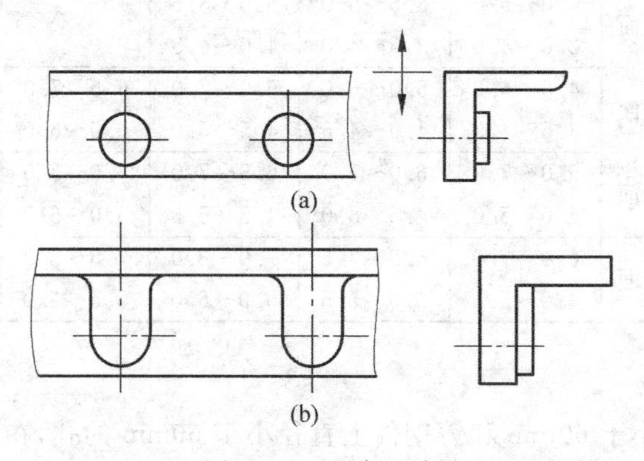

图 10-30　凸台设计

(2) 应使铸件具有最少的分型面。减少分型面的数量，可以减少砂箱的用量，减少错箱、偏芯等缺陷，从而提高铸件的精度。

(3) 设计斜度以便起模。铸件上凡垂直于分型面的不加工表面，均应设计出斜度，如图 10-31 所示。

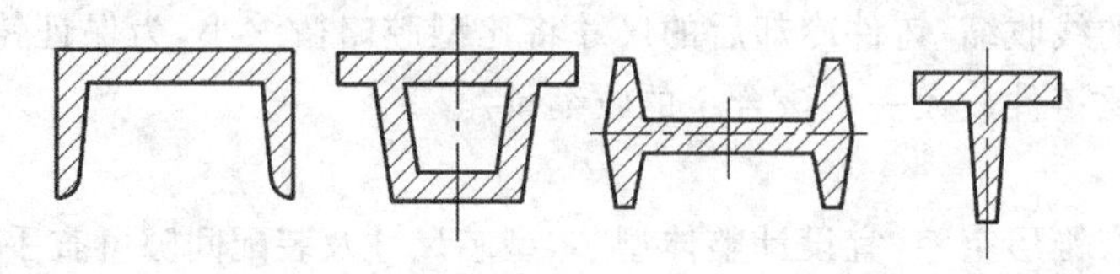

图 10-31　结构斜度设计

(4) 避免零件外部出现侧凹。图 10-32 所示零件，图(a)中带有侧凹，需要三箱造型，采用图(b)结构仅用两箱就可以成形了。

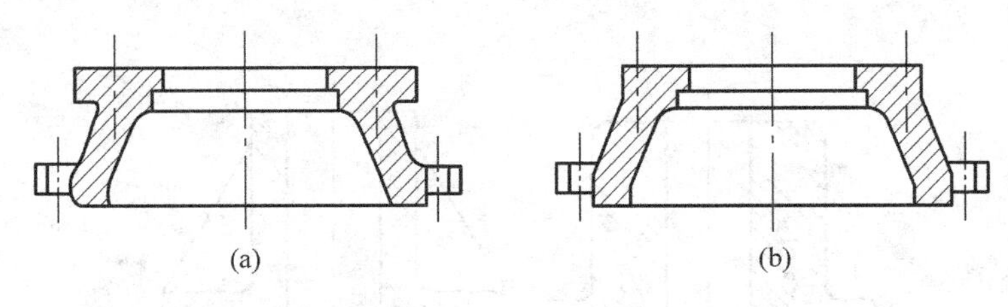

图 10-32　避免侧凹

2. 铸件的孔和内腔

铸件上的孔和内腔使用型芯来形成的。合理的内腔设计既要求减少型芯的数量，又要保证型芯的固定、排气和清理，防止偏芯、气孔等缺陷。

(1) 减少型芯的数量。开式结构代替闭式结构，如图 10-33(a)所示为悬空支架铸件，其具有闭式中空结构，改为图 10-33(b)所示的开式结构，省去了芯。

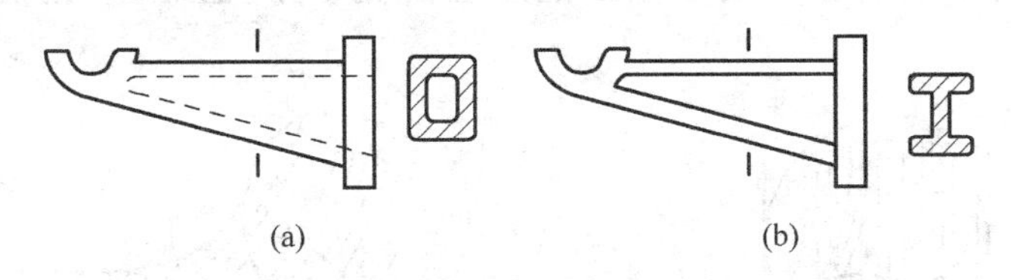

图 10-33　悬空支架

(2) 铸件的内腔设计应使型芯安放稳固、排气容易、清砂方便。图 10-34 所示的轴承架铸件，图(a)的结构需要两个型芯，其中大的型芯呈悬臂状态，需用芯撑支撑，若改为图(b)结构，为整体型芯，稳定性大大提高，排气通畅，清砂方便。

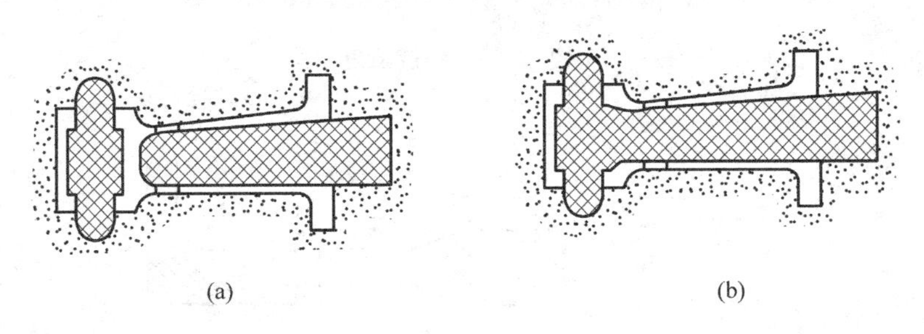

图 10 34　轴承架铸件

10.5.2　合金铸造性能对铸件结构的要求

(1) 壁厚要合理，均匀，避免大截面，限制最小壁厚。在一定的工艺条件下，由于受铸造合金流动性的限制，能铸出的铸件壁厚有一个最小值。若实际壁厚小于它，就会产生浇不足、冷隔等缺陷。不同合金砂型铸造时都有一个允许的最小壁厚可查相关手册得到。

另外，壁厚不应过大，铸件壁的中心冷却较慢，会使晶粒粗大，还会引起缩孔、缩松缺陷。设计时一般采用加强筋或合理的截面结构满足薄壁铸件的强度要求，如图 10-35 所示。

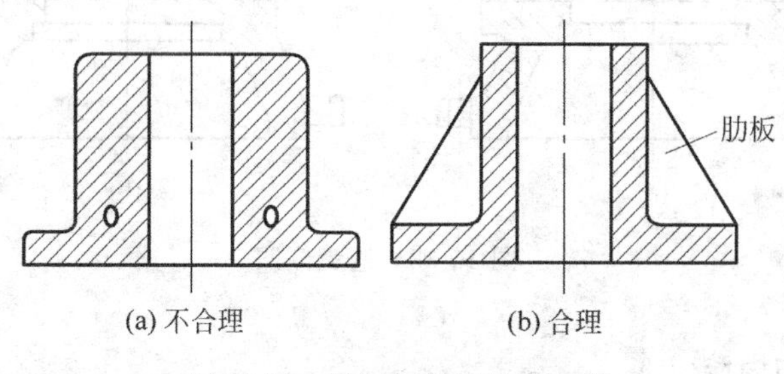

(a) 不合理　(b) 合理

图 10-35　采用加强筋减小壁厚

(2) 铸件的连接要合理。为减少热节，防止缩孔，减少应力，防止开裂，壁间连接应有铸造圆角，如图 10-36 所示。不同壁厚的连接应逐步过渡，图 10-37 所示，以防止热量集中和应力集中。铸件上的肋或壁的连接应避免十字交叉和锐角连接，如图 10-38 所示。

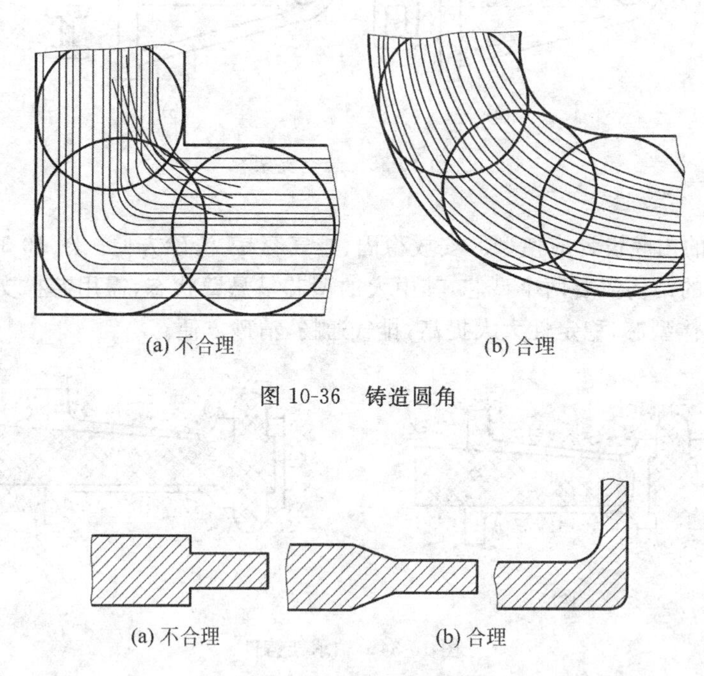
(a) 不合理　(b) 合理

图 10-36　铸造圆角

(a) 不合理　(b) 合理

图 10-37　壁厚过渡形式

(3) 避免铸件收缩受阻的设计。铸件收缩受阻时，易产生内应力，从而产生裂纹。图 10-39 所示手轮铸件，图(a)为直条形偶数轮辐，在合金线收缩时手轮轮辐中产生的收缩力相互抗衡，容易出现裂纹。可改用奇数轮辐(见图(b))或弯曲轮辐(见图(c))，这样可借助轮缘、轮毂和弯曲轮辐的微量变形自行减缓内应力，防止开裂。

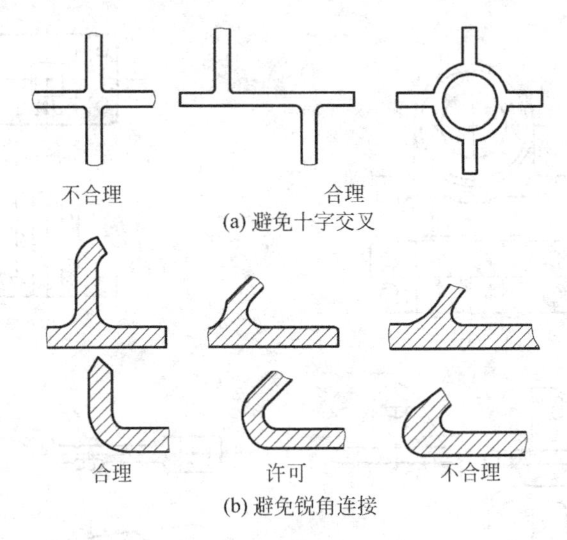

图 10-38　铸件接头结构

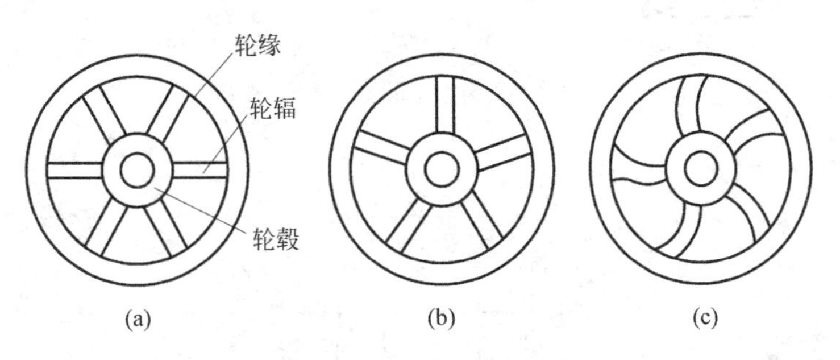

图 10-39　手轮轮辐的设计

思考与练习

10-1　提高合金流动性的主要措施有哪些？从 $Fe-Fe_3C$ 相图分析，什么样的合金成分具有较好的流动性？

10-2　缩孔和缩松是怎么形成的？防止的措施有哪些？

10-3　什么是顺序凝固和同时凝固原则？

10-4　怎么确定浇注位置和分型面？

10-5　为什么要规定铸件的最小壁厚？灰口铸件的壁厚过大或局部过薄会出现哪些问题？

10-6　题 10-6 图中各铸件在单件生产时应采用哪种砂型铸造方法？并标出其分型面。

10-7　题 10-7 图中所示铸件可有几种分型方案？试比较各方案的优缺点。

10-8　分析砂型铸造、金属型铸造、压力铸造、熔模铸造、离心铸造的特点及适用范围。

10-9　题 10-9 图所示铸件的结构是否合理？应如何改正？

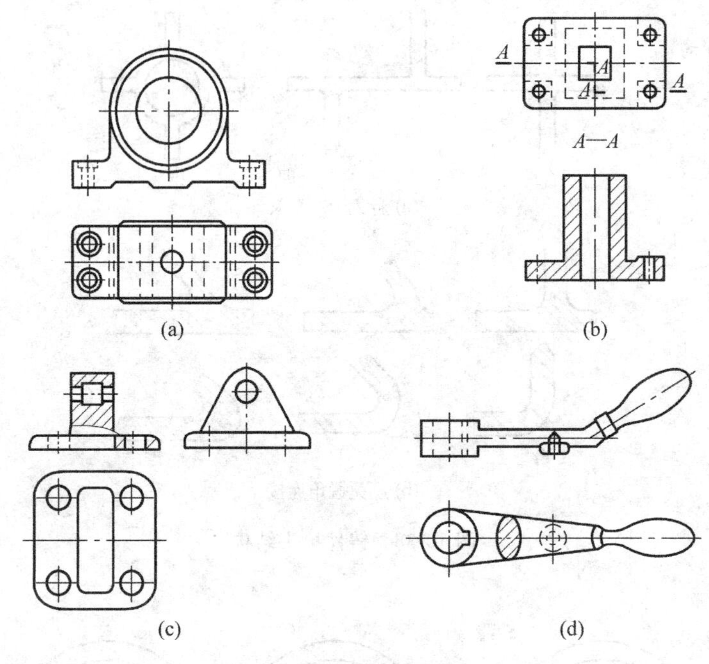
A
A
A
A
A—A
(a)
(b)
(c)
(d)

题 10-6 图

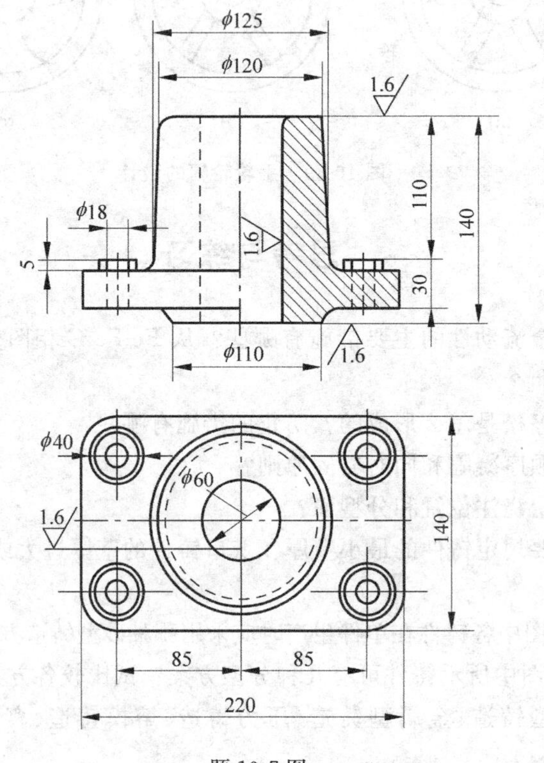
ϕ125
ϕ120
1.6
ϕ18
5
1.6
110
140
30
ϕ110
1.6
ϕ40
ϕ60
1.6
140
85
85
220

题 10-7 图

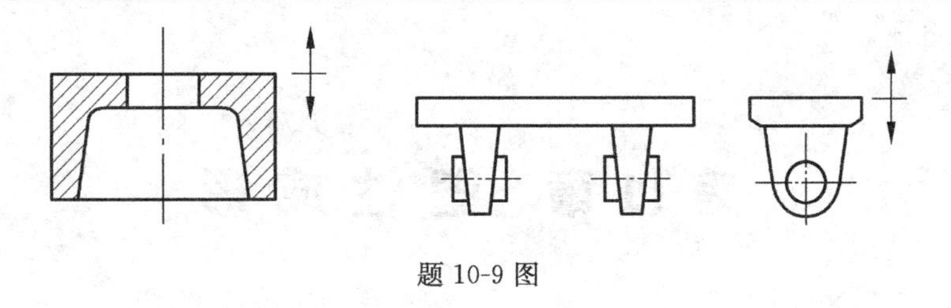

题 10-9 图

10-10　分析题 10-10 图中砂箱箱带的两种结构各有何优缺点，为什么？

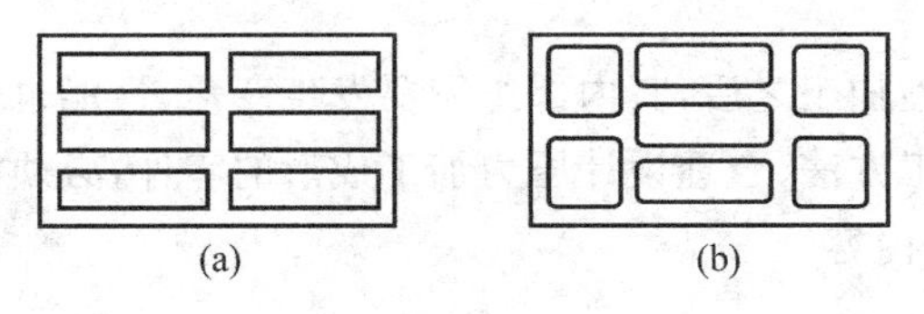

题 10-10 图

10-11　如题 10-11 图所示铸件的两种结构设计，应选用哪一种较为合理？为什么？（提示：从工艺方面分析）

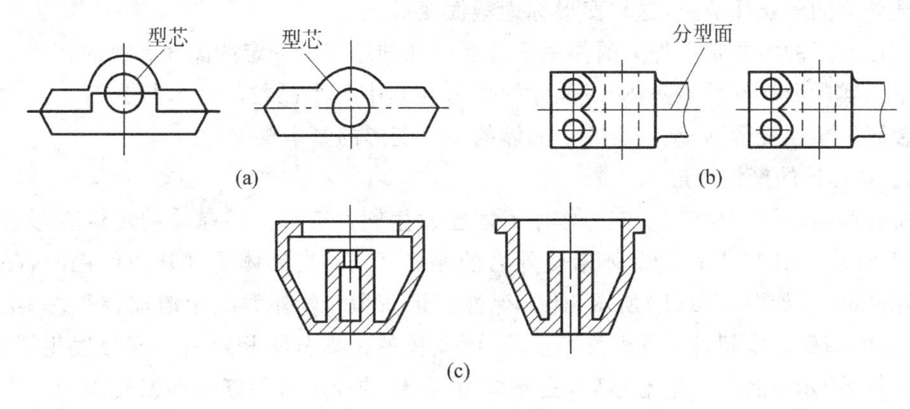

题 10-11 图

10-12　题 10-12 图所示的支架在大批量生产中应该如何改进其设计才能使铸造工艺得以简化？

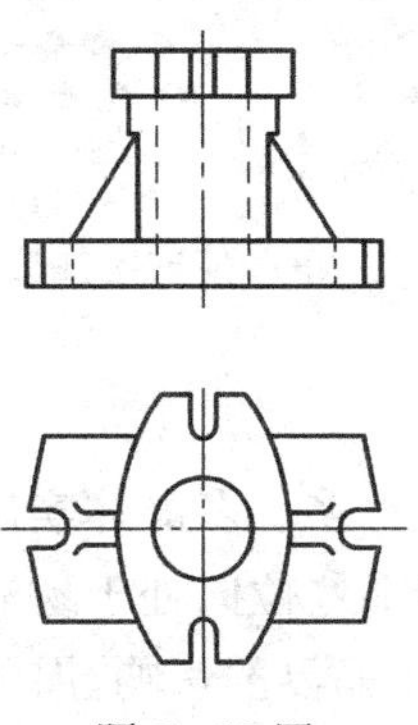

题 10-12 图

第11章　塑性成形

11.1　塑性成形理论基础

金属材料经过塑性加工之后，其内部组织要发生变化，性能也会得到改善和提高。为了正确地选用压力加工方法、合理设计压力加工成形的零件，必须深入掌握塑性变形的实质、规律和影响因素等内容。

11.1.1　金属塑性变形机理

金属在受外力作用下，内部就会产生变形。由于外力作用的大小不同，材料的变形情况也不一样。一种是变形随着外力的停止而消失，这种变形称为弹性变形；另一种是变形不随外力的停止而消失，这种变形称为塑性变形。

塑性变形的实质是在外力的作用下金属内部的原子沿一定的晶面和晶向产生了滑移的结果。实际金属都是多晶体，多晶体的变形与其中各个晶粒的变形行为有关。故为了研究金属的塑性变形，必须先研究单晶体的塑性变形的基本规律。

1. 单晶体的塑性变形

实验表明，晶体只有在切应力作用下才会发生塑性变形。单晶体的塑性变形过程如图11-1所示。图11-1(a)为晶体未受外力的原始状态；当晶体受到外力作用时，晶格将产生弹性畸变，如图11-1(b)所示，此为弹性变形阶段；若外力继续增加，超过一定限度后，晶格的畸变程度超过了弹性变形阶段，则晶体的一部分将相对另一部分发生滑移，如图11-1(c)所示；晶体发生滑移后，去除外力，晶体的变形将不能全部恢复因而产生了塑性变形，如图11-1(d)所示。

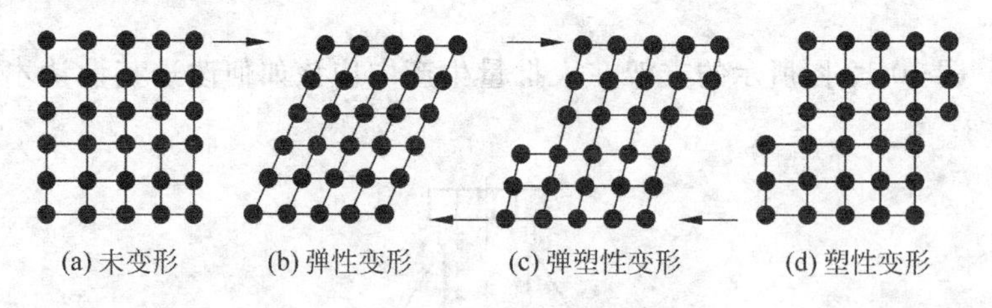

图11-1　单晶体的塑性变形过程

2. 多晶体的塑性变形

多晶体的变形要比单晶体复杂得多。多晶体实际是由许多晶粒组成的，每个晶粒的位向各不相同，在受到外力作用时，那些位向处于易滑移位向的晶粒首先发生晶内滑移而变形。当首批晶粒发生变形时，由于晶界的影响，周围尚未发生塑性变形的晶粒只能以弹性变形相适应，并向有利于发生变形的位向产生微量的转动，同时在首批变形晶粒的晶界处形成位错的堆集，引起越来越大的应力集中。当应力集中达到一定程度时，变形便越过晶界传递到另一批晶粒中去。因此多晶体的塑性变形是在一批批晶粒中逐步发生，从少数晶粒开始逐步扩大到大量的晶粒中，从不均匀变形逐步发展为比较均匀的变形。

11.1.2　塑性变形后金属的组织和性能

金属在常温下经过塑性变形后，其内部组织发生了很大的变化：晶粒沿变形最大方向上伸长并发生转动；在晶粒内部及晶粒间产生了碎晶粒；晶格发生了扭曲并产生了内应力。随着金属内部组织的变化，其力学性能也发生了很大变化。

1. 加工硬化

金属在低温下进行塑性变形时，金属的强度和硬度升高，而其塑性和韧性下降，这一现象称为加工硬化。随着变形程度的增加，其冷变形强化的现象更趋于严重。仅以低碳钢在低温变形时对其机械性能的影响为例，如图 11-2 所示。

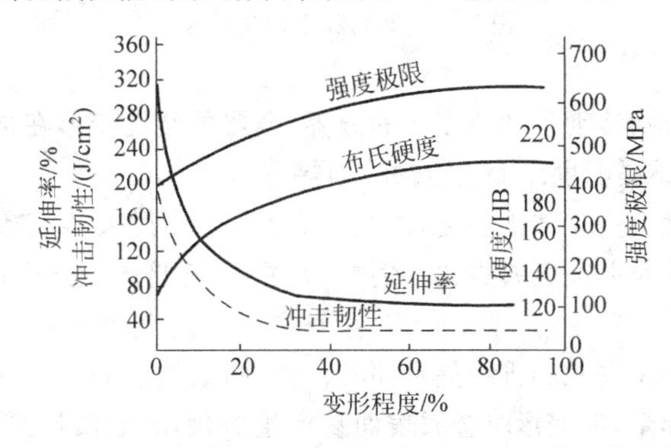

图 11-2　常温下塑性变形对低碳钢的力学性能的影响

产生加工硬化的原因是由于在滑移面上产生了碎晶块，这些碎晶块本身及其附近晶格都产生了强烈的晶格扭曲(见图 11-3)，内应力也加大，从而增加了滑移的阻力，使滑移的继续进行比较困难。

塑性变形过程中的加工硬化现象给金属的进一步压力加工带来困难，当变形程度较大时，在加工过程中必须穿插再结晶退火工序，以消除硬化使加工能继续进行。

图 11-3　滑移面附近的碎晶粒和扭曲的晶粒

金属的加工硬化现象可以用来作为提高金属强度和硬度的一种重要方法，如发电机上的重要零件护环就是用加工硬化来提高强度和硬度的。

加工硬化是一种不稳定现象，具有自发地回复到稳定状态的倾向。在低温下原子活动能力较低，几乎觉察不到，当温度升高时金属原子获得了热能，热运动加剧，便产生了一系列的回复和再结晶。

2. 回复和再结晶

对于经过加工硬化的金属，当其提高温度时，原子因获得热能，热运动加剧，使原子排列回复到正常状态，从而消除晶格扭曲，消除部分加工硬化，这个过程称为回复。回复所具有的温度称为回复温度 $T_{回}$，一般 $T_{回}=(0.25\sim0.3)T_{熔}$（$T_{回}$、$T_{熔}$ 分别为用绝对温度表示的回复温度和熔点）。回复后的材料中的点缺陷大量消除，电阻率恢复到正常值。

当温度升高到 $0.4T_{熔}$ 时，在变形晶粒的晶界和晶格畸变严重的地方会生成新的结晶核心，并向周围长大，形成新的等轴晶粒，消除了全部加工硬化现象，这个过程称为再结晶，这时的温度称为再结晶温度。回复和再结晶过程如图 11-4 所示。

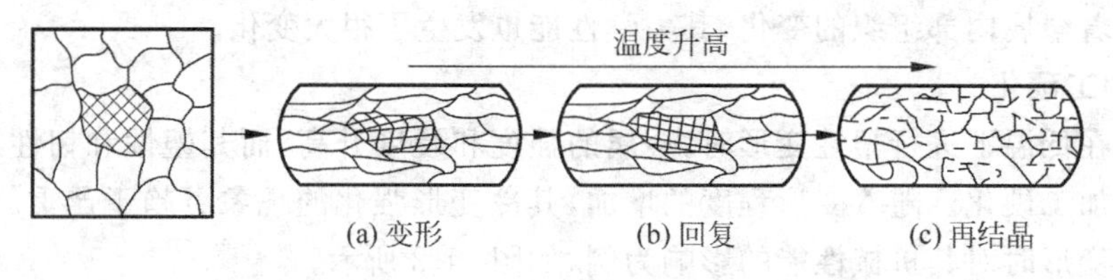

图 11-4 回复和再结晶示意图

再结晶温度是金属冷变形和热变形的分界，金属的塑性变形在再结晶温度以下进行的，称为冷变形；在结晶温度以上进行的称为热变形。

金属冷变形必然会产生加工硬化，因此变形程度不宜过大，以避免制件破裂。冷变形能获得较高的表面质量并使金属强化。例如，冷冲压、冷挤压等方法对大多数金属均属于冷变形。

金属热变形时加工硬化和再结晶是同时存在的，故塑性好，变形抗力小，可用较小的能量得到较大的变形量，但变形时金属表面易产生氧化，表面质量差，尺寸精度低。比如热锻、热轧等方法对大多数金属均属于热变形。

3. 纤维组织和锻造比

铸锭在压力加工中产生塑性变形的同时，坯料中的塑性夹杂物（MnS，FeS 等）沿最大变形方向伸长，而脆性夹杂物（FeO，SiO_2 等）被打碎呈链状，这种点条状或链状的结构被称为纤维组织。

纤维组织使金属在性能上具有方向性，平行于纤维方向上塑性和韧性明显高于垂直于纤维方向上的相应性能。纤维组织的稳定性很高，不能用热处理方法加以消除，只有通过锻压使金属产生变形，才能改变其方向和形状。

因此，在设计和制造机械零件时，都应使零件在工作中产生的最大正应力方向和纤维方向重合，最大切应力方向与纤维方向垂直，并使纤维分布与零件的轮廓相符合，尽量使纤维组织连续。图 11-5 所示为曲轴毛坯的锻造纤维组织的分布情况。图 11-5(a)所示的曲轴是经弯曲锻造而成，其纤维组织沿曲轴轮廓分布。曲轴工作时最大拉应力与纤维组织方向平行，而冲击力与纤维组织方向垂直，这样的曲轴不易发生断裂。而图 11-5(b)所示的曲轴是经切割而成的，因其纤维组织方向分布不合理，曲轴工作时极易沿轴肩处发生断裂。

图 11-6 为用不同成形法制造齿轮，从图中可以看出其锻造流线分布状况。图 11-6(a)

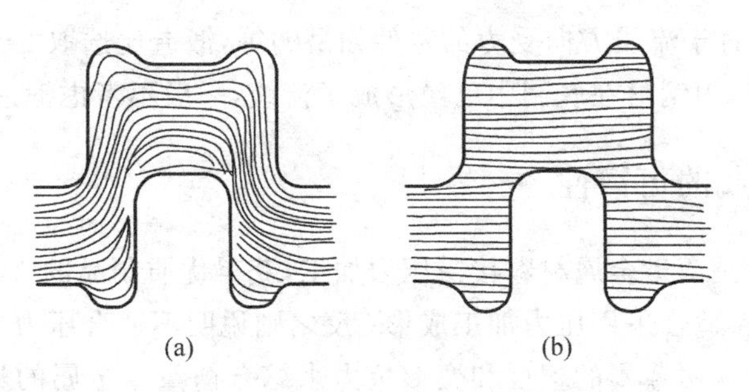

图 11-5　锻钢曲轴中纤维组织分布

由轧制棒料用切削加工方法制成齿轮，原棒料的锻造流线被切断，受力时齿根产生的正应力与流线方向垂直，质量不好。图 11-6(b)轧制棒料采用局部镦粗锻成齿轮坯，锻造流线被弯曲呈放射状，加工成齿轮后，在受力时，所有齿根处的正应力与流线方向近于平行，质量较好。图 11-6(c)用热轧成形法制造齿轮，齿轮轮廓锻造流线全是连续的，承受力的情况好，质量最好。

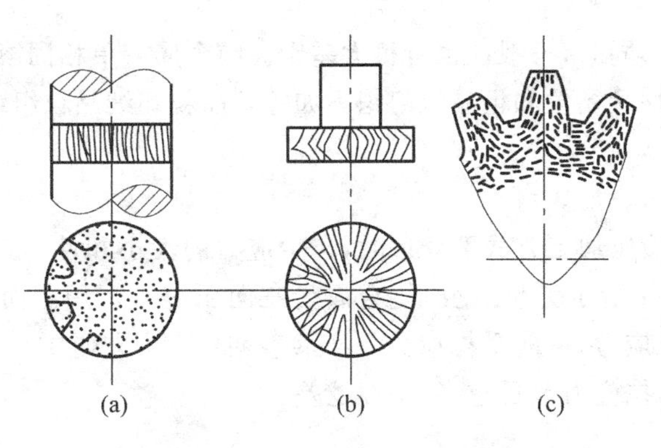

图 11-6　齿轮的纤维流向图

塑性加工过程中，为了反映变形体经受变形的大小，常用锻造比 $Y_{锻}$ 来表示变形程度。不同锻压方法锻造比的计算方法为

拔长时的锻造比　　$Y_{拔}=\frac{F_0}{F}$

镦粗时的锻造比为　　$Y_{镦}=\frac{H_0}{H}$

式中：H_0，F_0——坯料变形前的高度和横截面积；

H，F——坯料变形后的高度和横截面积。

生产实践表明，当锻造比 $Y_{锻}=2$ 时，原始铸态组织中的疏松、气孔被压合，组织得到细化。工件在各个方向上的力学性能均有显著提高。当 $Y_{锻}=2\sim5$ 时，工件组织中的流线明显，其力学性能呈各向导性。沿流线方向的力学性能略有提高，但垂直于流线方向的力学性能开始下降。当 $Y_{锻}>5$ 时，工件在沿流线方向的力学性能不再提高，而沿垂直于流线方向的力学性能则急剧下降。因此，以钢锭为坯料进行锻造时，应按零件的力学性能要求来选择锻造比。对于主要在流线方向受力的零件如拉杆等，选择的锻造比应稍大一些；对于主要在垂直于流线方向受力的零件如吊钩等，锻造比选取 2～2.5 即可。若用钢材为坯料进行锻造，因钢材在轧制中已经形成了流线，一般不考虑锻造比。

11.1.3　金属的可锻性

金属的可锻性是衡量金属材料接受压力加工，获得优质制品的难易程度的工艺性能。可锻性好，说明材料适合采用压力加工成形；反之则说明不适合压力加工成形。

金属的可锻性常用金属的塑性和变形抗力来综合衡量。金属的塑性高，则变形时不易开裂；变形抗力小，则锻压省力，而且不易磨损工具和模具。这样的金属可锻性良好；反之，可锻性差。

影响金属可锻性的因素主要有化学成分、金属组织和加工条件等。

1. 化学成分

不同化学成分的金属可锻性不同，纯金属的可锻性比合金好。钢中含有强碳化物形成元素如铬、钨、钼、钒等时，可锻性显著下降。

2. 金属组织

同一金属组织不同时，可锻性也有很大差别。纯金属或单相固溶体可锻性好，而碳化物可锻性差。铸态柱状晶粒和粗晶粒组织不如等轴晶粒和细晶粒组织的可锻性好。

3. 加工条件

1）加工方式

金属在不同的锻压加工方式下变形时，产生应力的大小和性质（压应力或拉应力）是不同的。例如图 11-7 所示为挤压变形，金属受三向压应力作用。而图 11-8 所示为拉拔变形，金属二向受压应力，一向受拉应力。实验表明：三个方向中压应力的数目越多，变形金属的塑性越好，拉应力数目越多，塑性越差。

2）变形温度

温度升高，塑性提高，塑性成形性能得到改善。变形温度升高到再结晶温度以上时，加工硬化不断被再结晶软化消除，金属塑性进一步提高。加热温度过高，会使晶粒急剧长大，导致金属塑性减小，塑性成形性能下降，这种现象称为“过热”。如果加热温度接近熔点，会使晶界氧化甚至熔化，导致金属的塑性变形能力完全消失，这种现象称为“过烧”，坯料如果过烧将报废，所以锻造时应严格控制加热温度。图 11-9 表示碳钢的锻造温度范围。

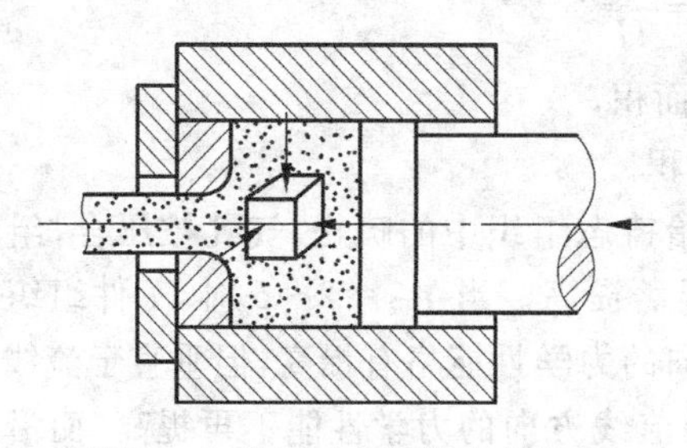

图 11-7　挤压时金属的应力状态

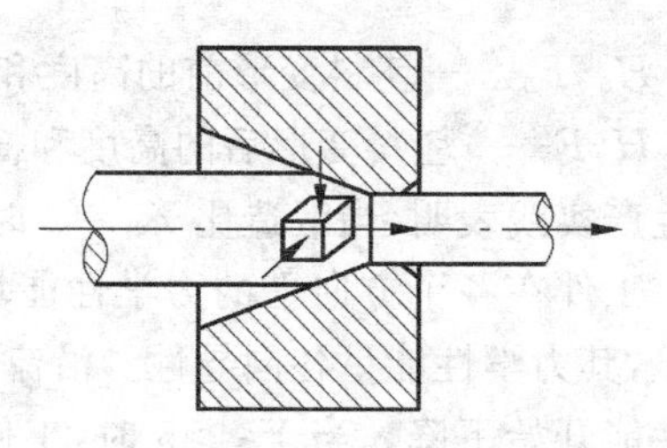

图 11-8　拉拔时金属的应力状态

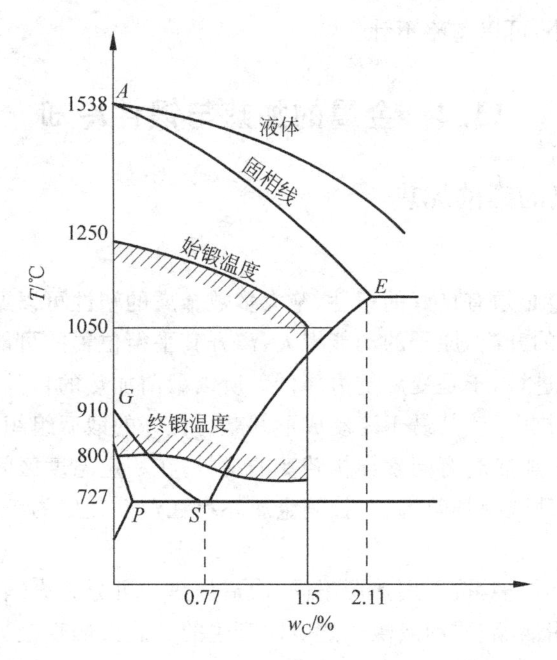

图 11-9　碳钢的锻造温度范围

金属加热后开始锻造的温度称为始锻温度。为了降低钢的变形抗力，提高塑性，增大锻造温度范围，减少锻造火次，始锻温度可提高到接近固相线 AE 的位置。但为了防止发生过热、过烧，始锻温度应低于 AE 线以下 200℃左右。

金属锻造中允许的最低变形温度称为终锻温度。在保证毛坯具有足够塑性，并且锻后能获得再结晶组织的前提下，应尽量降低终缎温度。如果终锻温度过高，不但会得到粗大晶体组织，而且没有充分利用有利的变形条件，增加了锻造火次，使生产率降低。一般低、中碳钢的终锻温度控制在 800℃左右。

11.1.4　金属的变形规律

塑性加工是依据金属塑性变形进行的，在制定工艺规程时，需要掌握金属的变形规律，正确使用工具和掌握操作要领，才能实现预期的变形。金属的变形规律一般有以下两点。

1. 最小阻力定律

最小阻力定律是指在塑性变形过程中，如果金属质点有向几个方向移动的可能，则金属各质点将向阻力最小的方向移动。阻力最小的方向就是通过该质点向金属变形的周边所作的法线方向，因为质点沿此方向移动的距离最短，所需的变形功最小。最小阻力定律是塑性加工中最基本的规律。

2. 体积不变定律

体积不变定律是指金属材料在塑性变形前、后体积不变。金属塑性变形过程实际上是通过金属流动而使坯料体积进行再分配的过程。但实际上，由于钢锭在锻造时可消除内部的微裂纹、疏松等缺陷，使金属的密度提高，因此，体积总会有一些减小，只不过这种体积变化量极其微小，可以忽略不计。

11.2　金属的加热与锻件冷却

11.2.1　金属的锻前加热

1. 加热的目的

用于锻造的材料必须有良好的塑性，绝大多数金属的塑性可以通过加热来提高，而金属加热时，随着温度的升高，原子的动能增大，离开其平衡位置的可能性也增大，与常温相比，位错和滑移容易进行，于是变形抗力降低。所以锻前加热的目的可以概括为：提高金属的塑性、降低变形抗力，使其易于流动成形并获得良好的锻后组织。用加热后金属进行锻造称为热锻。对于加热时有同素异构转变的材料，在一定温度区间有相态转变，正确地利用这一规律，恰当地选择加热温度，控制金属坯料在塑性良好的组织状态下进行成形。

2. 加热设备

锻造加热炉种类很多，按所用热源不同，锻造加热炉可分为火焰加热炉和电加热炉。

火焰加热是利用烟煤、重油或煤气燃烧时产生的高温火焰直接加热金属，一般有手锻炉、反射炉和油炉或煤气炉等。

电加热是利用电能转化为热能加热金属，包括电阻加热、接触加热和感应加热装置。

一般小型工厂常用反射炉和电阻炉加热金属坯料。

3. 锻造温度范围

锻造的温度范围是指开始锻造的温度和终止锻造的温度之间的温度间隔。在保证不出现加热缺陷的前提下，始锻温度一般应取高一些，以便有充裕的时间锻造成形，减少加热次数，降低材料、能源消耗，提高生产率。在保证坯料有足够塑性的前提下，终锻温度应尽量低一些，这样能使坯料在一次加热后完成较大的变形，减少加热次数，提高锻件质量。常用钢材的锻造温度范围如表 11-1 所示。

表 11-1　常用钢材的锻造温度范围

材料种类	始锻温度/℃	终端温度/℃	材料种类	始锻温度/℃	终端温度/℃
低碳钢	1200～1250	800	碳素工具钢	1050～1150	750～800
中碳钢	1150～1200	800	合金结构钢	1150～1200	800～850

金属加热的温度可以用仪表来测量，也可以通过观察加热毛坯的火色来判断。碳素钢加热温度与火色的关系如表 11-2 所示。

表 11-2　碳素钢加热到各温度时的颜色

颜　色	锻造温度/℃	颜　色	锻造温度/℃
暗红色	650～750	深黄色	1050～1150
樱红色	750～800	亮黄色	1150～1250
橘红色	800～900	亮白色	1250～1300
橙红色	900～1050		

11.2.2 锻件的锻后冷却

锻件锻后的冷却方式对锻件的质量有一定的影响，选择时应根据材料的化学成分、组织特点、锻前状态和锻件尺寸等因素，制定合理的冷却规范。根据冷却速度不同，冷却方法有空冷、坑冷和炉冷。

1. 空冷

锻造后单个或成堆放在车间地面上在空气中冷却，但是不要放在潮湿的地面或金属板上，也不要放在风口中，以免冷却过快产生缺陷。空冷适合于中小型的低、中碳钢及合金结构钢锻件。

2. 坑冷

锻件锻后置于充填有石棉灰、砂子或炉灰等绝热材料的坑中冷却，适合于合金工具钢锻件。碳素工具钢应先空冷至650～700℃后再坑冷。

3. 炉冷

锻件锻后直接放入炉中缓慢冷却，入炉温度一般不低于600～650℃，而入炉的炉温应与锻件相同。出炉温度一般不高于100～150℃为宜。炉冷适合于高合金钢、特殊钢及各种大型锻件。

11.3 塑性成形方法

塑性成形方法包括轧制、拉拔、挤压、锻造和板料冲压等基本加工方法。

11.3.1 轧制

轧制加工方法是利用金属坯料与轧辊接触面间的摩擦力，使得金属在两个回转轧辊的特定空间中产生塑性变形，以获得一定截面形状并改变其性能的塑性加工工艺。轧制生产的坯料主要是金属锭，如图11-10所示。轧制的产品一般为钢板、钢管和各种型钢。

轧制根据轧辊轴线与坯料轴线在空间的相互位置不同，分为纵轧、横轧和斜轧三种。

(1) 纵轧是轧辊轴线与坯料轴线在空间互相垂直的轧制方法。各种型材和板材的轧制均采用纵轧法。

(2) 横轧是轧辊轴线与坯料轴线互相平行的轧制方法，如齿轮轧制、滚压螺纹等均属于此法。

(3) 斜轧是轧辊轴线与坯料轴线在空间交叉成一定角度的轧制方法。如钢球和滚柱的轧制，周期轧制均是斜轧法。

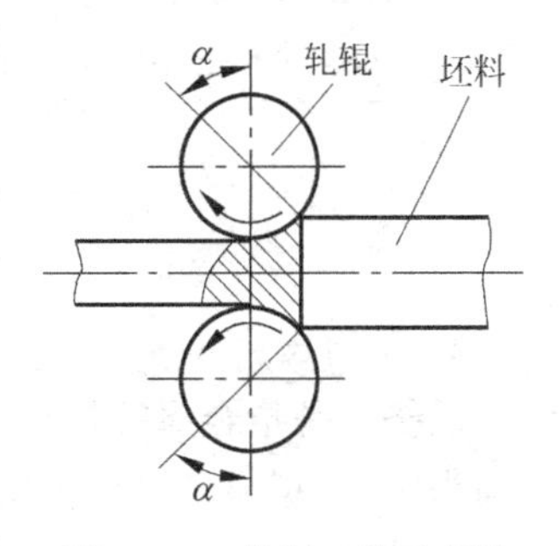

图11-10 轧制工艺示意图

斜轧时两个具有螺旋型槽的轧辊，互相交叉成一定角度做同方向旋转，使坯料绕自身轴线转动又向前递进，与此同时，坯料受压变形获得所需产品。

13.3.2 拉拔

拉拔加工方法是金属材料在拉力作用下，通过一定形状、尺寸的模孔使其产生塑性变形，以获得与模孔形状、尺寸相同的小截面材料的塑性成形方法，如图 11-11 所示。

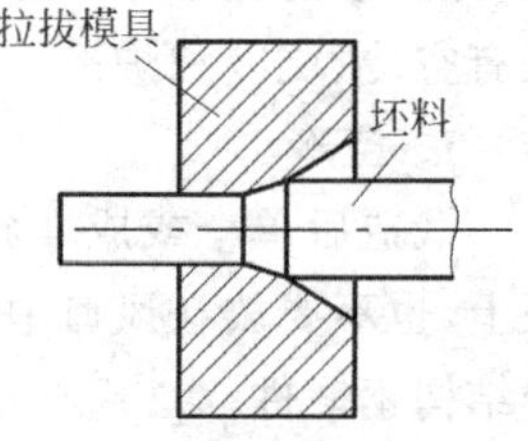

图 11-11 拉拔工艺示意图

拉拔工艺分为冷拔和热拔两种，在多数情况下采用冷拔以提高产品的质量和尺寸精度。拉模孔的制造材料一般选用硬质合金，该种模具材料可以提高拉模孔几何形状的准确性和使用寿命。拉拔产品主要是各种细线材、薄壁管和各种特殊几何形状的型材，如电缆等。

13.3.3 挤压

挤压工艺是将金属毛坯放入模具中，在强大的压力作用下，迫使金属从型腔挤出，从而获得所需形状、尺寸及具有一定力学性能的零件。按金属流动方向与凸模运动方向之间的关系，挤压可分为正挤压、反挤压和复合挤压三种。

1. 正挤压

正挤压是指金属的流动方向与凸模运动方向一致。挤压件的断面形状可以是圆形、椭圆形、扇形和矩形，也可以是非对称的等截面挤压件和型材。正挤压如图 11-12(a)、(b)所示。

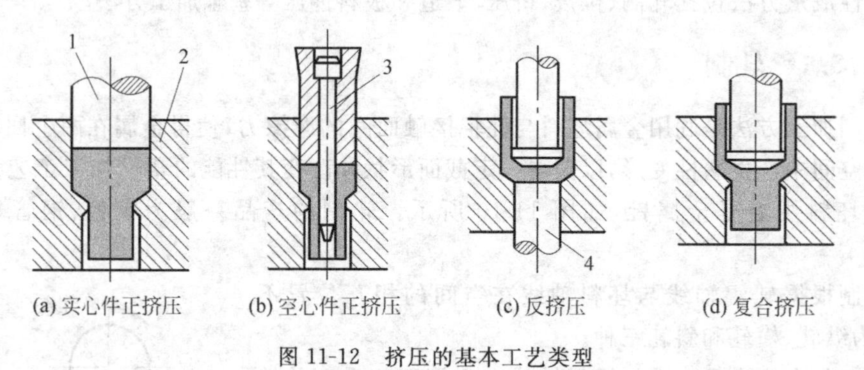

图 11-12 挤压的基本工艺类型

1—凸模；2—凹模；3—芯棒；4—顶杆

2. 反挤压

反挤压是指金属被挤出的方向与凸模运动方向相反，如图 11-12(c)所示，适合于制造断面为圆形、矩形、扇形、多层圆筒和多格盒形的空心件。

3. 复合挤压

复合挤压是指一部分金属的挤出方向与凸模运动方向相同，另一部分金属的挤压方向与凸模运动方向相反，如图 11-12(d)所示。复合挤压适合于制造断面是圆形、方形、六角形等的杯杯类、杯杆类、杆杯类零件，也可以是不对称的零件。

13.3.4　锻造

锻造是指在锻锤或模锻设备及工、模具的作用下,使坯料、铸锭产生局部或全部的塑性变形,以获得一定几何尺寸、形状和质量的锻件的加工方法。锻造包括自由锻和模锻。加工过程一般都是在热态下进行的。

(1) 自由锻是利用冲击力或压力,使金属在上、下砧铁之间产生塑性变形而获得所需形状、尺寸以及内部质量的锻件的加工方法,自由锻时金属除了受上、下砧铁的约束外,其他方向均能自由流动,所以无法精确控制工件的形状和尺寸。

(2) 模锻是在模锻设备上利用高强度锻模,使金属坯料在模膛内受压产生塑性变形,而获得所需形状、尺寸以及内部质量的锻件的加工方法。在变形过程中金属受到模膛的限制,因而可以获得较精确的工件。

13.3.5　板料冲压

板料冲压是利用装在压力机上的冲模对板料加压,使其产生分离或变形以获得零件的加工方法。板料冲压的坯料厚度一般小于4mm,通常在常温下进行,故又称为冷冲压。当板料超过8～10mm时,才采用热冲压。

冲压加工的基本工序有分离工序和变形工序两大类。加工应用广泛,几乎在所有制造金属制品的工业部门都被广泛应用,尤其在汽车、拖拉机、家用电器、仪表仪器、飞机及日用品生产中占有重要地位。

11.4　塑性成形工艺设计

11.4.1　自由锻造工艺设计

1. 自由锻的特点

(1) 采用工具简单、通用性强,生产准备周期短。

(2) 锻造工件的重量范围大,由不及1kg到300t,对于大型零件,自由锻是唯一的加工方法。如水轮机主轴、多拐曲轴、大型连杆、重要的齿轮等要求具有较高的力学性能,可采用自由锻生产毛坯。

(3) 工人劳动强度大,生产效率低,加工零件靠工人操作控制,锻件精度低。

考虑以上特点,自由锻造一般用于单件、小批量生产,修配以及大型锻件的生产和新产品的试制。

2. 自由锻造设备

常用的自由锻造设备有空气锤、蒸汽-空气锤或液压机等。

空气锤是通过电动机带动活塞,产生压缩空气,以驱动锤头动作。蒸汽-空气锤是利用蒸汽或压缩空气作为动力源,把蒸汽或压缩空气的能量转变为锻锤下落部分的动能,对坯料进行加工的设备。

液压机是以液体为介质传递能量,以实现多种锻压工艺的设备。液压机的工作介质有两种：一是以乳化液为介质的称为水压机；二是以油为介质的称为油压机。

3. 自由锻基本工序

自由锻的工序根据性质和变形量不同可分为基本工序、辅助工序和修整工序三大类。

基本工序是指能够较大幅度地改变坯料形状和尺寸的工序，是自由锻造过程中的主要变形工序，有镦粗、拔长、冲孔、芯轴扩孔、芯轴拔长、弯曲、错移、扭转等工序。

辅助工序是指在坯料进入基本工序前预先进行的工序，如压钳口、切肩等。

修整工序是指用以减少锻件表面缺陷而进行的工序，如镦粗后的鼓形滚圆、凸起、凹下及不平和有压痕的平整、端面平整、拔长后的弯曲校直和锻斜后的校正等工序。

1）镦粗

使毛坯横断面积增大、高度减小的锻造工序称为镦粗。镦粗常用来锻造盘类零件，并使其具有较好的纤维分布；或作为冲孔前的准备工序，以减小冲孔深度，或用以提高下一工序拔长时的锻比，提高锻件机械性能与减小机械性能的各向异性。

镦粗根据变形部位的关系可分为完全镦粗、局部镦粗和漏盘镦粗，如图 11-13 所示。对于带有凸座的盘类锻件或带有较大头部的杆类锻件，可使用漏盘镦粗某个局部，如图 11-13(c)所示。

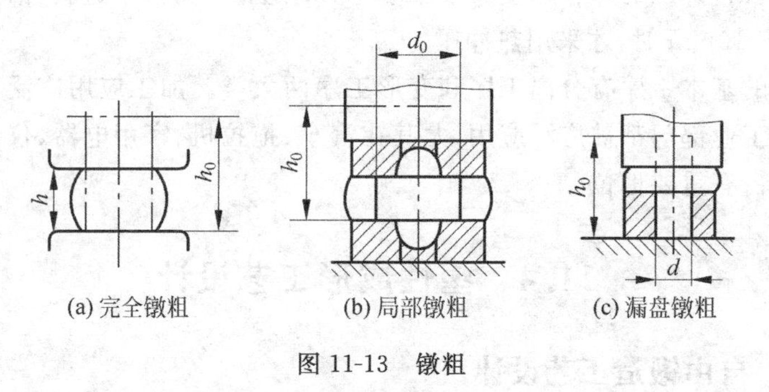

图 11-13　镦粗

镦粗的变形程度用坯料变形前后的高度比值表示，称为镦粗锻造比。镦粗时坯料的原始高度与直径之比不宜超过 2.5～3，否则会出现轴线弯曲。

2）拔长

拔长是使坯料横截面减小、长度增加的锻造工序。用于锻制轴类或长筒形工件。对于圆形坯料，一般先锻打成方形后再进行拔长，最后锻造成所需形状，或使用 V 形砧铁进行拔长，如图 11-14 所示，在锻造过程中要将坯料绕轴线不断翻转。

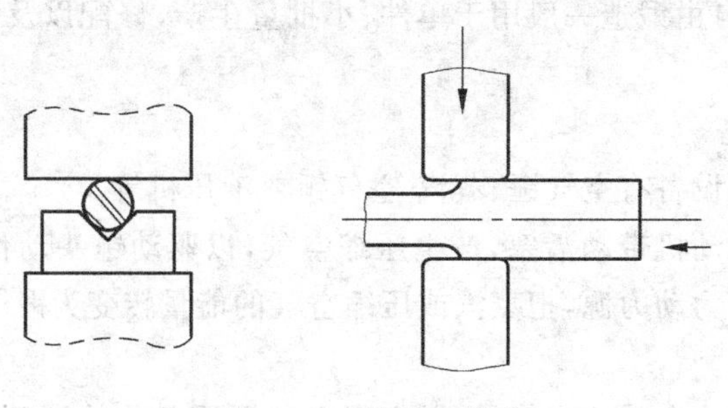

图 11-14　拔长示意图

3）冲孔或扩孔

在锻件上铸造出通孔或不通孔的锻造工序称为冲孔。较厚的锻件可采用双面冲孔，较薄的锻件采用单面冲孔，如图 11-15 所示。冲孔的基本方法可分为实心和空心冲孔，直径 d<450mm 的孔用实心冲头冲孔，直径 d>450mm 的孔用空心冲头冲孔。直径小于 25mm 的孔一般不冲。冲孔常用于齿轮、套筒和圆环等锻件。

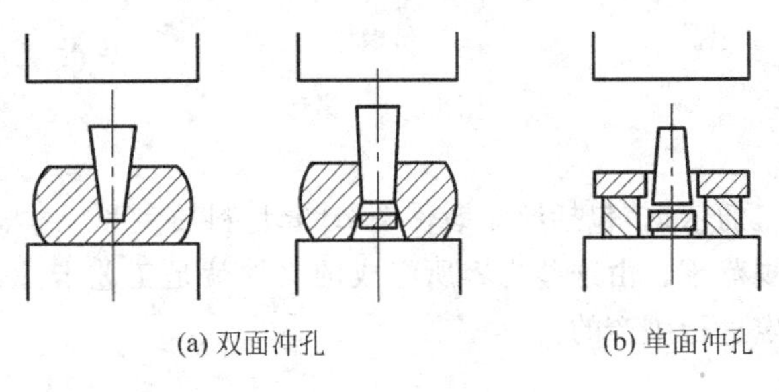

(a) 双面冲孔　　(b) 单面冲孔

图 11-15　冲孔

为了减小空心毛坯壁厚而增加内径、外径的锻造工序称为扩孔。常用扩孔方法有冲头扩孔和芯轴扩孔，如图 11-16 所示。当锻件为外径与内径之比大于 1.7 的小孔锻件时可采用冲头扩孔，如图 11-16(a)所示；对于大孔径的薄壁锻件采用芯轴扩孔，如图 11-16(b)所示。

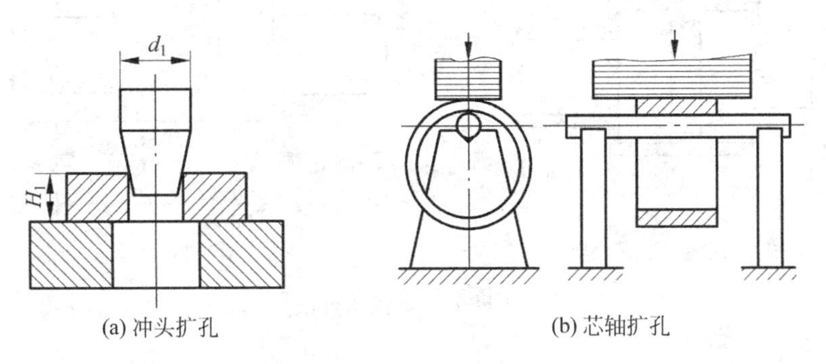

(a) 冲头扩孔　　(b) 芯轴扩孔

图 11-16　扩孔

4）弯曲

弯曲是采用一定的工模具将坯料锻弯成所需形状的锻造工序，可用于吊环、链环等工件的锻制。图 11-17 为在空气锤上弯曲工件的示意图。

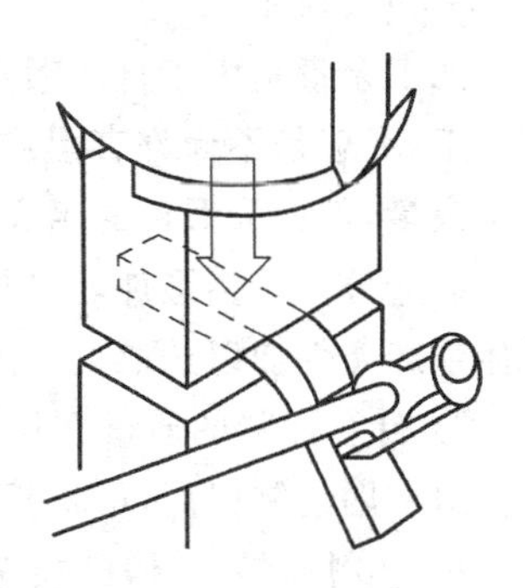

图 11-17　在空气锤上弯曲工件

5）错移

错移是将坯料的一部分相对另一部分平行错移开的锻造工序，主要用于锻造曲轴类锻件。如图 11-18 所示，先在错移部位压肩，然后加垫板及支撑，锻打错开，最后修整。

4. 自由锻造工艺规程

自由锻造工艺规程是组织生产过程、制定操作规范、

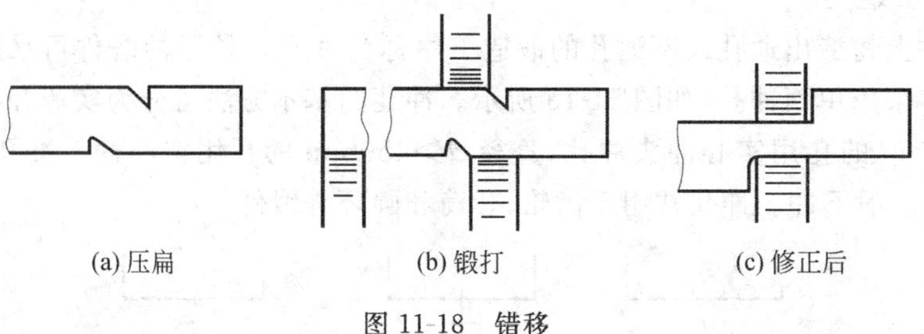

(a) 压扁　　(b) 锻打　　(c) 修正后

图 11-18　错移

控制和检查产品质量的依据，包括绘制锻件图、计算坯料质量和尺寸、选择锻造工序、选择锻造和加热设备及规范等。由这些内容所组成的文件就是工艺卡片，车间里就是根据工艺卡片中的各项规定进行生产的。

1）绘制锻件图

锻件图是指在零件图的基础上，考虑加工余量、锻件公差、工艺余块等所绘制的图样。锻件的轮廓用粗实线表示；零件的轮廓用双点画线表示。锻件的基本尺寸与公差标注在尺寸线的上面或左面；零件的基本尺寸标注在尺寸线的下面或右面，并且用圆括号括住，如图 11-19 所示。锻件图是锻造生产、锻件检验与验收的主要依据。

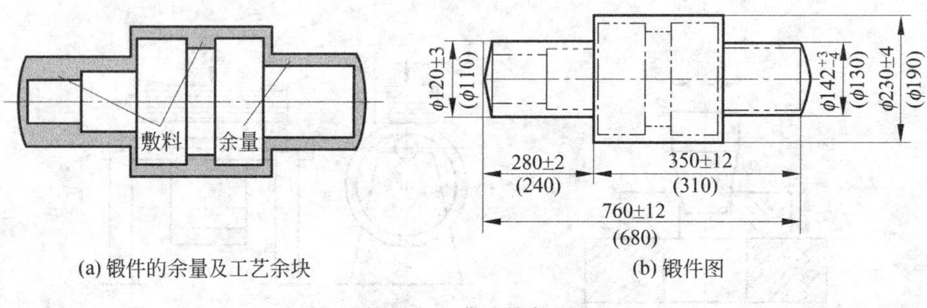

(a) 锻件的余量及工艺余块　　(b) 锻件图

图 11-19　典型锻件图

工艺余块是为了简化锻件形状、便于进行锻造而在零件难于锻造成形的复杂形状部位增加的料。一般零件有凹坑、小孔、台阶、斜面、沟槽等形状时，都需要增加余块，如图 11-19(a)所示。

加工余量是由于自由锻造锻件精度和表面质量都很差，所以零件的全部表面都应切削加工，一般是不允许有黑皮表面的，因此，增加了工艺余块后，零件尺寸上都要加放机械加工余量，就成为锻件的名义尺寸。

锻造公差是指锻件名义尺寸的允许变动量。公差值的大小根据锻件的形状、尺寸及具体生产条件加以选取。一般锻件公差为加工余量的 1/4～1/3。

2）计算坯料的质量和尺寸

锻件图绘制好后，可根据它确定坯料尺寸和质量：

锻件的坯料质量 ＝ 锻件质量＋烧损质量＋冲孔芯料的质量＋锻造时切取料头的质量

锻件的质量是根据锻件的名义尺寸计算的。金属氧化烧损的质量与选择的加热炉的种类有关。在火焰加热炉中加热钢料时，第一次加热取被加热金属质量的 2%～3%，以后各次取 1.5%～2%。冲孔芯料的质量根据孔的尺寸和冲孔的方式进行计算，实心冲子冲孔时，冲孔芯料的

$$质量 = (1.18 \sim 1.57)d^2H$$

式中：d——孔的直径；

H——冲孔坯料的高度。

坯料的质量计算出后，根据材料的密度即可计算出坯料的体积。具体坯料的截面的尺寸还应和选取的锻造工序有关。

3）确定锻造工序

选择锻造工序时，根据工件的结构特点和锻造基本工序的加工特点进行选择，但是，由于生产中长期实践所积累的经验不同，锻造工序的选择有较大的灵活性。

4）确定锻造设备及其型号

根据锻件的尺寸和质量，同时考虑现有的设备条件，中小型锻件一般选用锻锤，大型锻件选用水压机。常用的自由锻设备为空气锤。

5）确定锻造温度范围

前面章节已经介绍，这里不再赘述。

6）填写锻造工艺卡

将锻件锻造过程的各项因素及加工方法填写在工艺卡中，指导工件的生产和检验。表 11-3 为某型号半轴自由锻锻造工艺卡。

表 11-3　半轴自由锻锻造工艺卡

锻件名称	半　　轴	图　　例
坯料质量	25kg	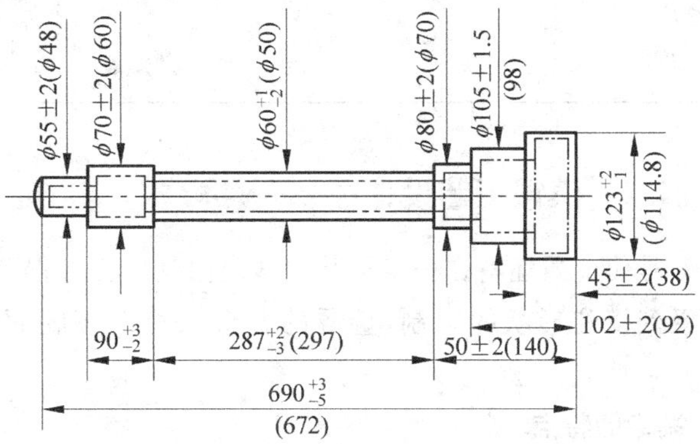 $\phi55\pm2(\phi48)$　$\phi70\pm2(\phi60)$　$\phi60^{+1}_{-2}(\phi50)$　$\phi80\pm2(\phi70)$　$\phi105\pm1.5$ (98)　$\phi123^{+2}_{-1}$ ($\phi114.8$)　$45\pm2(38)$　$102\pm2(92)$　90^{+3}_{-2}　$287^{+2}_{-3}(297)$　$50\pm2(140)$　690^{+3}_{-5} (672)
坯料尺寸	ϕ130mm×240mm	
材料	18CrMnTi	
设备	0.75t 空气锤	

续表

锻件名称	半　轴	图　例
火次	变形工序	变形过程
1	镦出头部	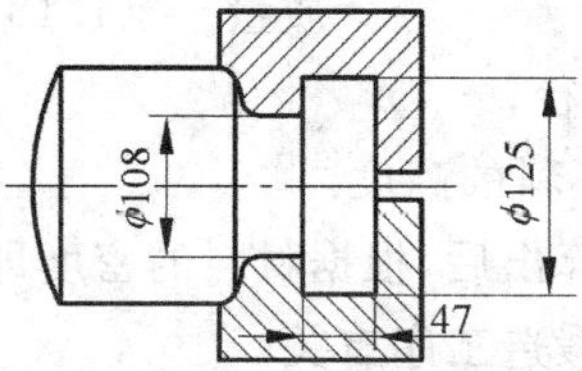 φ108　φ125　47
	拔长	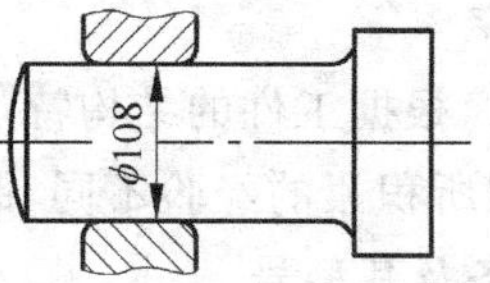 φ108
	拔长及修正台阶	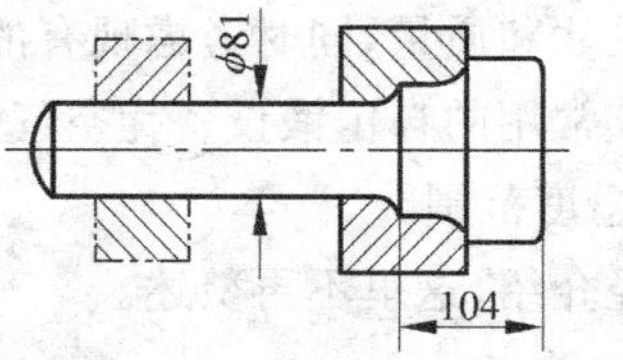 φ81　104
	拔长并留出台阶	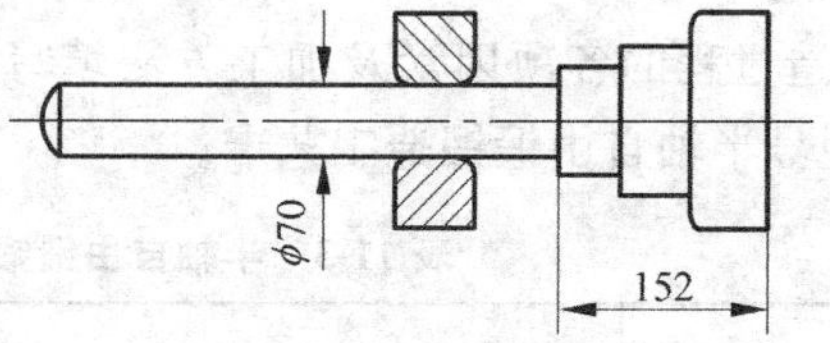 φ70　152
	锻出凹挡 拔长端部并修整	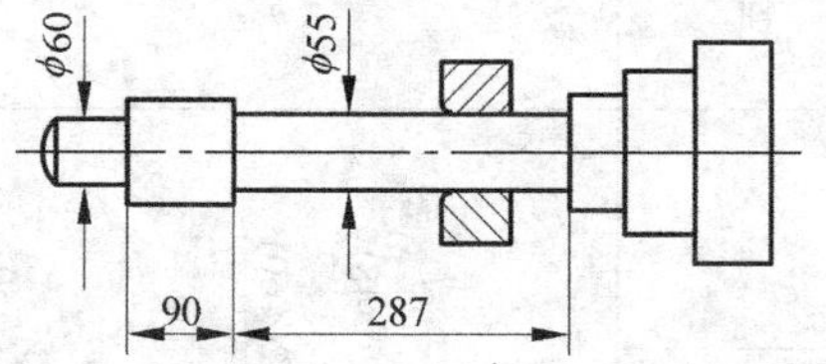 φ60　φ55　90　287

11.4.2　模锻工艺设计

模锻是使金属坯料在一定形状的锻模内受压变形得到所需零件的锻造方法。金属在变形时受到模腔形状的限制,金属的变形以充满模腔而结束,得到与模腔形状相同的锻件。

1. 模锻的特点

与自由锻相比,模锻具有以下特点:

(1) 生产效率高。

(2) 能锻造形状复杂的零件,金属流线分布受模腔的限制,更为合理。

(3) 锻件尺寸精确,表面质量好,加工余量小。

(4) 模锻操作简单，劳动强度低。

(5) 模锻所用锻模价格较贵，适合大批量生产。

(6) 锻造零件受设备的限制，目前锻件一般在 150kg 以下。

2. 模锻设备

常用的模锻设备有模锻锤、压力机等，应用最为广泛的为蒸汽-空气模锻锤。

1) 蒸汽-空气模锻锤

模锻锤的结构如 11-20 所示，工作原理与蒸汽-空气锤相同，仅在结构上有所不同。锻模固定在锤头和砧板上。模锻生产要求精度高，锻锤锤头与导轨之间的间隙比自由锻锤小，机架直接与砧座连接，保证锤头运动精确，上、下锻模对准。

模锻锤的吨位以锤头落下部分的质量标定，一般为 0.5～16t，模锻件质量为 0.5～150kg。

2) 热模锻曲柄压力机

热模锻曲柄压力机的传动系统如图 11-21 所示。电动机通过带轮、齿轮带动曲轴转动，曲轴带动连杆和滑块作往复运动。锻模装在滑块与楔形工作台之间。滑块及工作台内装有顶杆，可将锻件从模具中顶出。其规格为 6300～125 000kN。

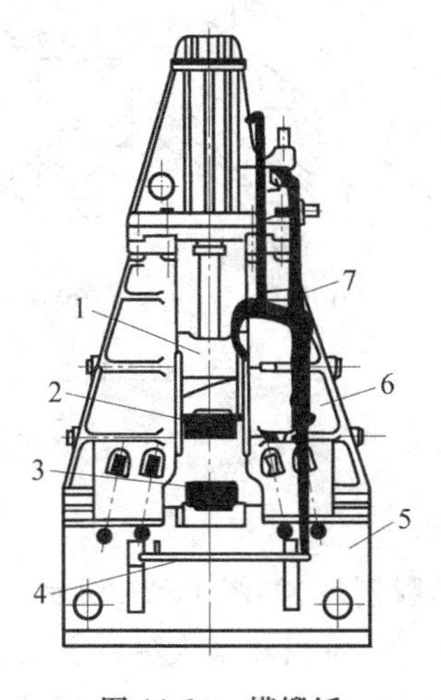

图 11-20　模锻锤

1—锤头；2—上模；3—下模；4—踏杆；
5—砧座；6—锤身；7—操纵机构

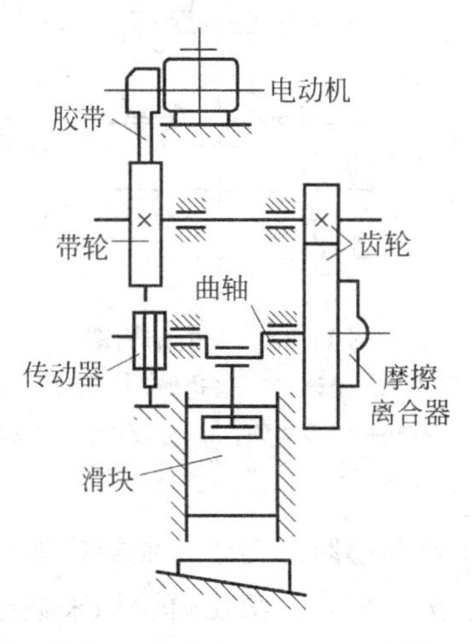

图 11-21　曲柄压力机传动图

3) 平压机

平压机的主要结构与曲柄压力机相同，不同的是滑块作水平方向运动，所以称为平压机。平压机的规格以凸模最大压力表示，一般是 50～3150t，可加工直径为 25～230mm 的棒料。

在平压机上一般锻造带有头部的杆类和有孔的锻件，也可锻造模锻锤和热模，不能锻造汽车半轴、倒车齿轮等。平压机模锻生产率高，锻件质量好，但是平压机价格昂贵。

3. 锤上模锻工艺

1) 锻模

锻模是用高强度合金钢制造的成型锻件的模具，如图 11-22 所示，由上、下两部分组成。下模通过燕尾和楔铁与锻锤工作台的模垫连接，上模通过燕尾和楔铁与设备的锤头连接。

根据模膛的作用可将模膛分为制坯模膛和模锻模膛两大类，按模膛的数量可分为单膛模膛和多膛模膛。

(1) 制坯模膛

对于形状复杂的模锻件，为了使坯料形状基本接近模锻件形状，使金属能合理分布和有效地充满模膛，必须预先在制坯模膛内制坯。主要的制坯模膛有以下几种。

① 拔长模膛。拔长模膛如图 11-23 所示，用来减小坯料某部分的横断面积，同时增大该处的长度，具有分配金属的作用；有开式和闭式两种，一般布置在锻模的边缘。加工时除了送料以外还要反复翻转。

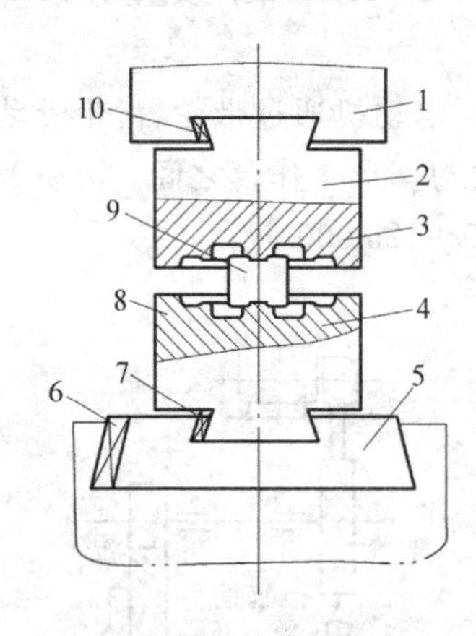

图 11-22　锻模结构图

1—锻锤；2—上模；3—飞边槽；4—下模；5—模垫；6,7,10—紧固楔铁；8—分模面；9—模膛

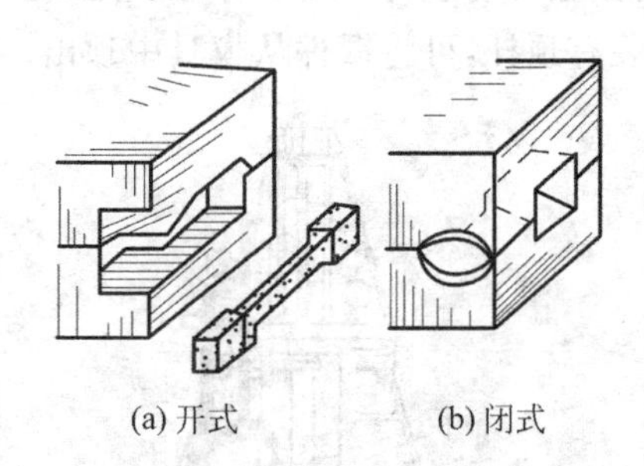

(a) 开式　(b) 闭式

图 11-23　拔长模膛

② 弯曲模膛。对于弯曲类模锻件，需要用弯曲模膛制坯，如图 11-24 所示。

③ 滚压模膛。滚压模膛用来减小坯料某部分的横断面积和增大另一部分的横断面积，并有少量坯料长度的增加，设置时通常在终锻模膛的旁边，适合于横断面积相差很大的长轴类零件，如图 11-25 所示。

此外还有切断模膛、镦粗模膛的凝固制坯模膛形式。

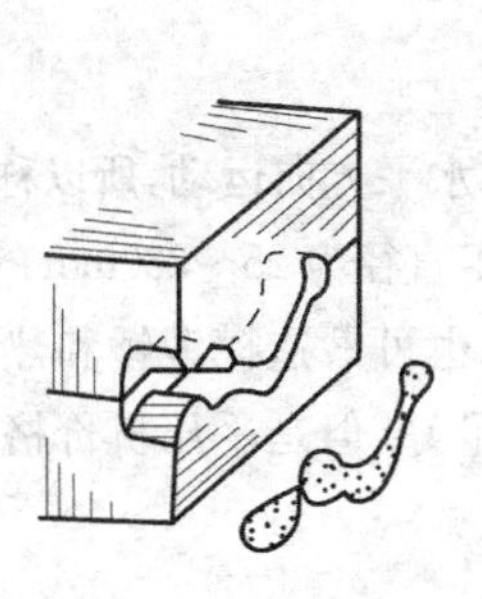

图 11-24　弯曲模膛

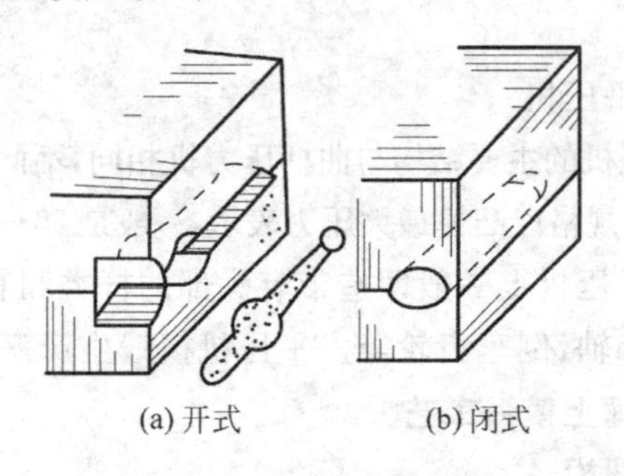

(a) 开式　(b) 闭式

图 11-25　滚压模膛

(2) 模锻模膛

模锻模膛按作用又分为预锻模膛和终锻模膛。

① 预锻模膛是使坯料变形到接近锻件的形状和尺寸,终锻时容易充满终锻模膛;减少终锻模膛的磨损,延长模具寿命。

② 终锻模膛是指使坯料变形到锻件的最终形状和尺寸。得到的锻件带有飞边和连皮,需要后续的加工,如图 11-26 所示。

2) 模锻工艺

锤上模锻工艺的主要内容是:绘制模锻件图,计算坯料的质量和尺寸,确定模锻工步、修整工序和热处理等。

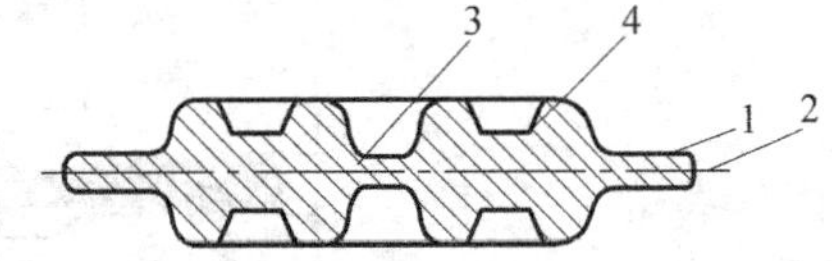

图 11-26　终锻得到的锻件

1—飞边;2—分模面;3—冲孔连皮;4—锻件

(1) 绘制模锻件图

模锻件图是制定变形工艺、设计锻模、计算坯料质量等的依据,绘制模锻件图时应考虑以下几个方面的问题。

① 确定分模面。分模面是上下模在锻件上的分界面,选择时应保证锻件容易从锻模中取出,锻模容易制造加工,保证模膛深度最浅等。

② 确定加工余量和公差。模锻件由于尺寸精确、表面光洁,加工余量和公差比自由锻小,一般加工余量在 0.4～4mm 之间,尺寸公差在 0.3～3mm 之间。

③ 模锻斜度。模锻件上平行于锤击的方向的表面必须有一定的倾斜角度,以便从模膛中取出锻件。一般取 5°～15°。

④ 圆角半径。为了便于金属在型腔内流动,避免产生折伤并保持金属流线的连续性、提高锻模的使用寿命,锻件上不应有尖角。

⑤ 冲孔连皮。具有通孔的零件,在模锻时不能直接锻出通孔,而在孔内留有一定厚度的金属层,称为冲孔连皮。连皮的厚度和孔的直径有关。

以上参数确定后,绘制模锻件图。

(2) 计算坯料质量和尺寸

模锻件坯料质量=模锻件质量+氧化烧损质量+飞边质量

式中:飞边质量与锻件形状和大小有关,一般按锻件质量的 20%～25%计算;氧化烧损质量按锻件质量和飞边质量总和的 3%～4%计算;其他规则可参考自由锻坯料计算。

(3) 确定模锻工步

根据模锻件形状的复杂程度确定模锻的工步,然后根据已确定的工步设计模膛。一般来说,对于长轴类模锻件,毛坯一般经过拔长、滚压、弯曲、预锻和终锻工步;对于盘类零件锻件,常选用镦粗、终锻工步。

(4) 确定修整工序

坯料经过锻模加工后,还须经过一系列修整工序,以保证和提高锻件质量。修整工序主要有以下几种。

① 切边和冲孔。模锻件一般有飞边,零件上有通孔时还有锻造连皮,必须在压力机上将它们切除。

② 校正。切边和冲孔都可能引起工件的变形,因此模锻件,特别是形状复杂的锻件,在切边和冲孔之后都应进行校正。校正可在锻模的终锻模膛或专用校正模具上进行。

③ 精压。模锻件的精压有两种,分别为平面精压和体积精压。平面精压主要是提高锻件在一个方向上的精度和表面质量。体积精压可提高锻件在三个方向上的精度和表面质量,多余部分金属被挤出成为锻件的飞边,再切边后成为最终锻件,如图 11-27 所示。

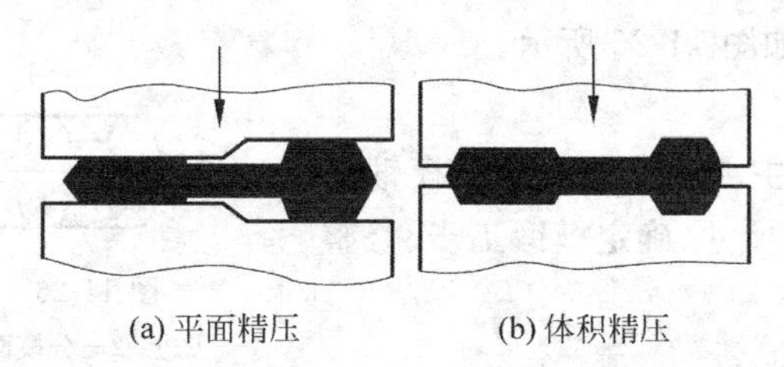

图 11-27　精压

(5) 热处理

模锻件的热处理主要有正火和退火,其目的是消除锻件的粗大晶粒和锻造应力,使锻件获得所需的组织结构和力学性能。

11.4.3　胎模锻工艺

胎模锻是在自由锻造设备上用可移动的模具成形锻件的一种工艺方法。胎模锻适合于中小批量生产,应用没有模锻普遍。

1. 胎模锻的特点

(1) 与自由锻造相比有以下特点：操作简单、生产效率高；锻件形状精确、尺寸精度高；锻件组织致密,纤维分布符合性能要求。

(2) 与模锻相比有以下特点：不需要昂贵的设备,扩大了自由锻的生产范围；工艺操作灵活,可实现局部成形；胎模结构简单,容易制造；锻件质量较差,工人劳动强度大,锻模寿命低。

2. 胎模的结构和种类

1) 扣模

如图 11-28 所示,一般由上、下扣组成或上扣由上砧代替。用扣模锻造时坯料不转动,对坯料进行全部或局部扣形。扣模主要用于生产长杆非回转体锻件,或用来为合模锻造制坯。

2) 套筒模

如图 11-29 所示,套筒模也称套模,具有开式和闭式两种。

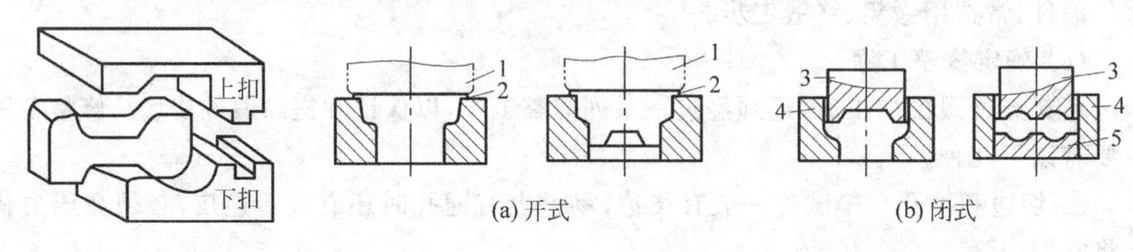

图 11-28　扣模的结构

图 11-29　套筒模的结构

开式套模只有下模,上模由上砧代替,金属在模膛内成形,上端面形成横向小飞边。开式套模主要用于生产回转体锻件(如齿轮、法兰盘等)。

闭式套模由模筒、上模垫、下模垫组成,下模垫也可由下砧代替。改变模垫端面的形状就可生产出端面带有凸台或凹坑的回转体锻件。

3) 合模

合模结构如图11-30所示,由上模、下模两部分组成。为使上下模锻造时不产生错移,模具上带有导向装置。导向装置一般有导销、导柱等,有的合模的模膛周围开有飞边槽。合模通用性较广,多用于生产形状复杂的非回转体锻件(如叉形件、连杆等)。

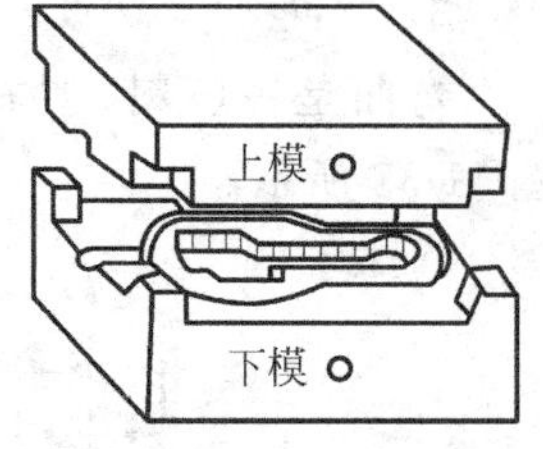

图11-30 合模的结构

11.4.4 板料冲压

板料冲压是利用冲压设备和模具对板料加压,使板料产生分离或变形制造薄壁零件或毛坯的加工方法。按照板料变形的方式,将板料冲压分为分离工序和变形工序。

1. 分离工序

分离工序是将板料的一部分相对另一部分产生分离的工序,主要有剪切、冲孔、落料、切断等。

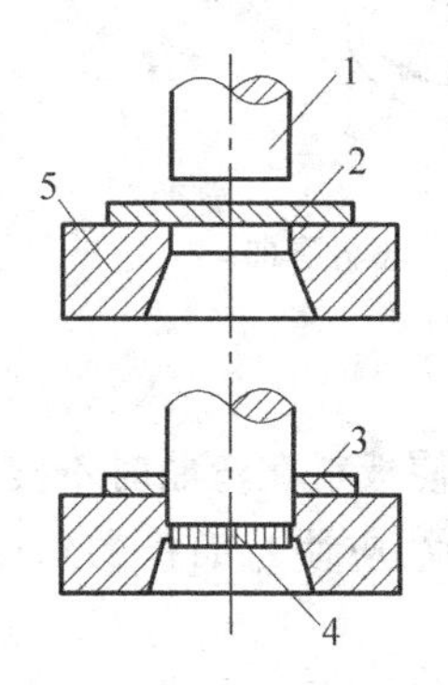

图11-31 冲孔和落料
1—冲头;2—板料;3—废料或成品;4—成品或废料;5—凹模

1) 冲裁

冲裁是冲孔及落料的通称。冲裁的应用十分广泛,可直接冲制成品零件,也可为其他成形工序制备坯料。

冲孔是指被分离的部分是废料,而剩下的为零件;落料是指被分离是零件,剩下的是废料,如图11-31所示。

冲裁件断口的质量主要与凸凹模间隙、刃口锋利程度有关,同时也受模具结构寿命、卸料力、推件力、冲裁力和冲裁件的尺寸精度有关。

2) 修整

修整是利用修整模沿冲裁件外缘或内孔刮削一薄层金属,以切掉冲裁件上的剪裂带和毛刺,从而提高尺寸精度的工序。

3) 切断

切断是指利用剪刀或冲模将板料沿不封闭轮廓进行分离的工序。剪刀安装在剪床上,把大板料剪成一定宽度的条料,供下一步冲压工序使用。冲模安装在冲床上,用以制成形状简单、精度要求不高的平板零件。

2. 变形工序

变形工序是使坯料的一部分相对于另一部分产生位移而不破裂的工序,如拉深、弯曲、翻边等。

1) 拉深

拉深是利用拉深模具使冲裁后得到的平板坯料或者浅的空心坯料变形形成开口空心件的工序,如图11-32所示。

拉深件最常见的缺陷是拉裂和起皱。拉深时应合理的设计凸凹模的圆角半径,合理的选择凸凹模的间隙值。另外对于拉深系数较大的零件,在多次拉深的过程中,为了消除加工硬化,坯料经过一两次拉深后,往往安排工序间进行再结晶退火,使以后的拉深得以顺利进行。

2) 弯曲

弯曲是将坯料、型材在弯矩作用下弯成一定的曲率和角度零件的成形工序,如图 11-33 所示。

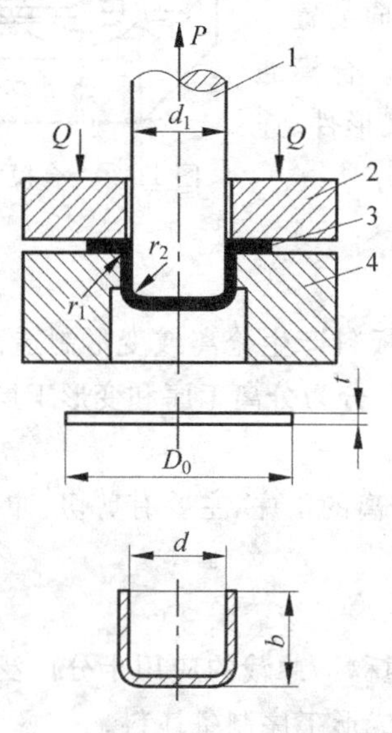

图 11-32 拉深工序

1—凸模; 2—压边圈; 3—工件; 4—凹模

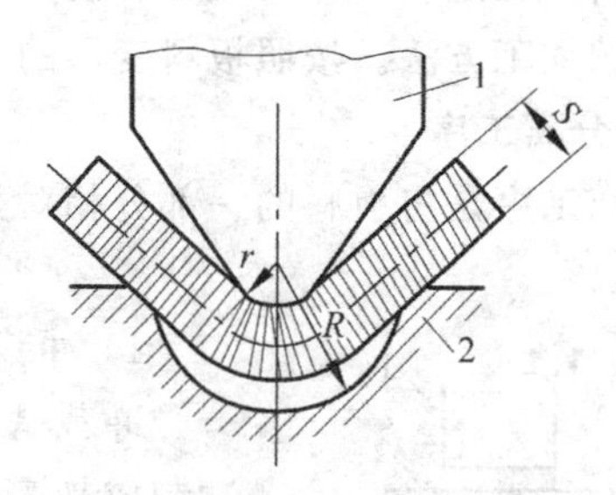

图 11-33 坯料弯曲

1—凸模; 2—凹模

弯曲时弯曲程度受板料材料的最小相对弯曲半径的限制,应使板料在弯曲时不破裂。弯曲件的质量受弯曲后零件的回弹量的大小影响。在设计模具时,应使弯曲模的角度比弯曲件的角度小一个回弹角。

3) 翻边

翻边是指在坯料的平面或曲面部分上,使坯料沿一定的曲线翻成竖直边缘的冲压方法。常用的一般是针对圆孔的翻边。

11.5 塑性加工方法的结构工艺性

11.5.1 自由锻零件的结构工艺性

自由锻锻件结构设计的原则是:除满足使用性能要求外,还要考虑自由锻造的设备、工具及工艺特点,尽量使结构简单,易于锻造。主要要求如下:

(1) 外形应尽量采用圆柱体和台阶结构,如图 11-34(b)所示;尽量避免曲面、斜面,如图 11-34(a)所示。

(2) 避免曲线交接、凸台、加强筋以及椭圆和工字型等截面,如图 11-35 所示。

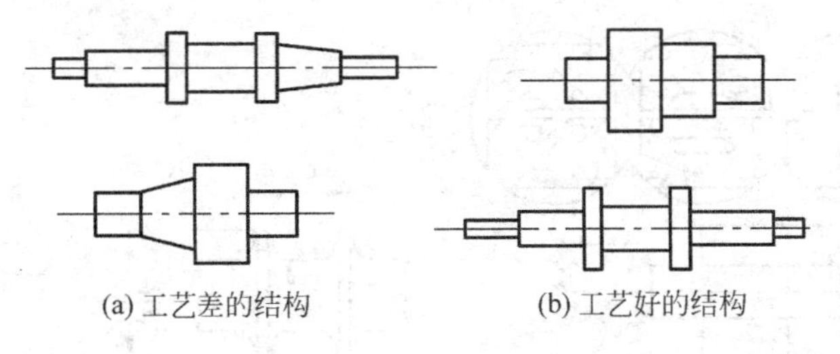

图 11-34　轴类锻件结构

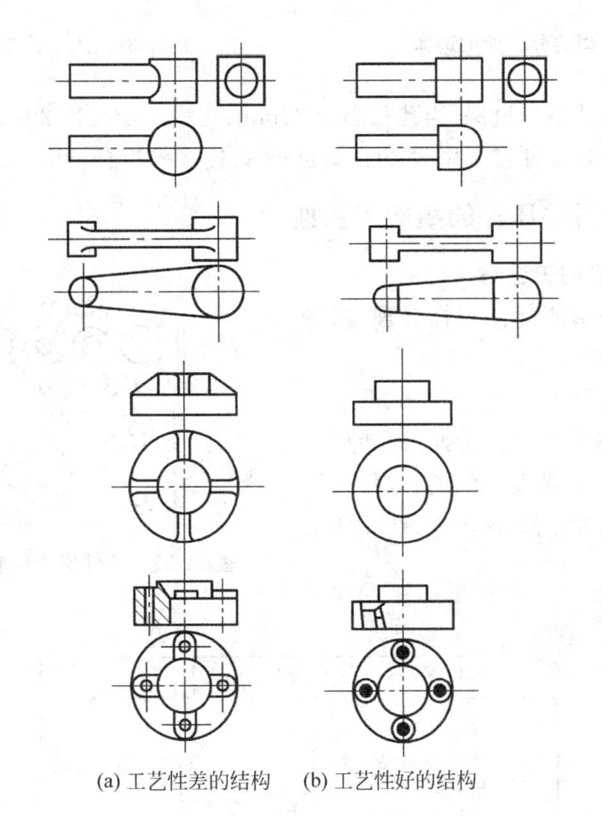

图 11-35　零件的结构对比

(3) 避免截面积变化太大,应设计成几个简单件组合而成。

11.5.2　模锻零件的结构工艺性

与自由锻造相比,模锻件的成形条件要好很多。模锻件上允许有曲线交接、合理的凸台和工字型截面等较为细致的轮廓形状。设计零件时应注意以下要求:

(1) 模锻件必须有一个合理的分模面,以保证锻件易从锻模中取出,且锻模容易制造。分型面一般在锻件的最大截面上,并使模膛的深度最浅,上下模膛对称,外形一致。如图 11-36 所示,d—d 面是最合理的分模面。

(2) 模锻件的形状力求简单、平直和对称,并尽量避免有深孔和多孔、截面相差过大、薄壁、高筋等结构,如图 11-37 所示。

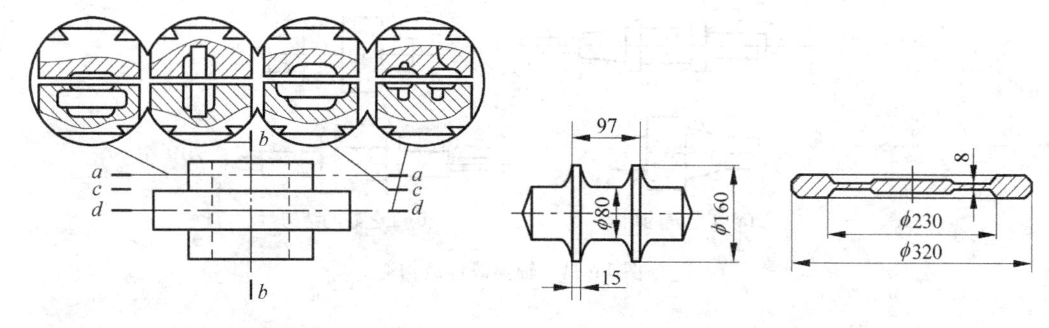

图 11-36　合理的分型面的选择　　　　图 11-37　工艺性差的模锻件

(3) 锻件上的孔不宜过深,当孔径小于 30mm、孔深大于孔径 2 倍时,不宜采用模锻。

(4) 对复杂形状零件可采用锻-焊或锻造-螺钉连接等组合结构。

11.5.3　板料冲压件的结构工艺性

1. 冲裁件的机构工艺性

(1) 落料件外形应能使排样合理,减少废料,如图 11-38 所示。

(2) 冲裁件的形状、大小应使凹、凸模的工作部分具有足够的强度。因此,冲裁件上孔的尺寸,孔与孔、孔到边缘距离、零件外缘的凸出和凹进的尺寸不应小于图 11-39 所示的尺寸。

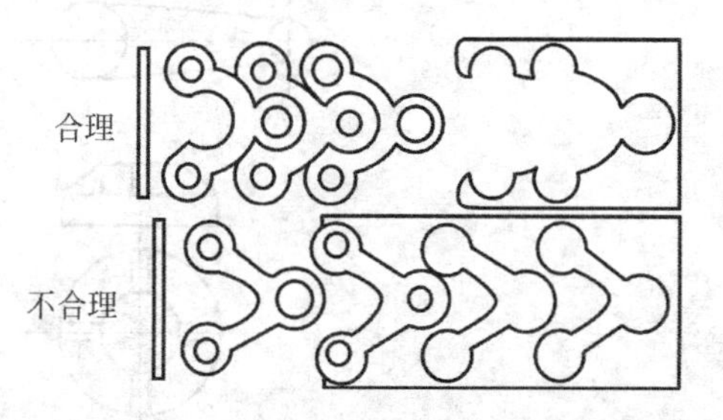

图 11-38　零件形状与节省材料的关系

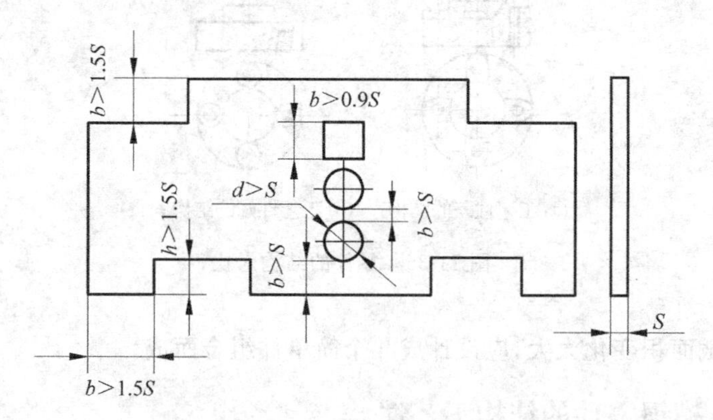

图 11-39　冲裁件上孔与凹凸部分的尺寸

(3) 为避免应力集中开裂,冲裁件直线相接处均要以圆角过渡,一般圆角半径 $R>0.5S$。

2. 弯曲件的结构工艺性

(1) 弯曲件为防止弯裂,弯曲时要考虑弯曲线垂直于纤维方向,弯曲件的圆角半径不要小于最小弯曲半径,也不能过大。

(2) 弯曲件的形状应尽量对称,弯曲半径应左右对称。

(3) 弯曲高度不应过短,其高度 $H>2S$,如图 11-40 所示。

(4) 弯曲件带孔时，为防止孔的变形，孔的位置 L 应大于$(1.5\sim2)S$。

(5) 在弯曲半径较小的弯边交接处，应加止裂孔，以防止应力集中出现裂纹，如图 11-41 所示。

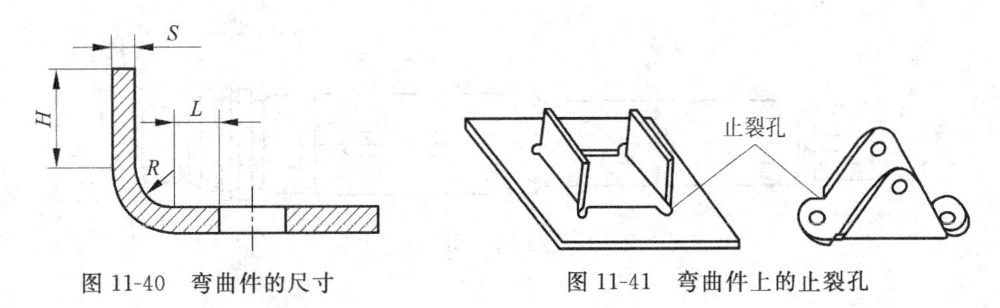

图 11-40　弯曲件的尺寸　　图 11-41　弯曲件上的止裂孔

3. 拉深件的结构工艺性

(1) 为便于加工，拉深件形状应力求简单，拉深件的高度不应太高，以便减少拉深次数，节省模具。

(2) 避免出现圆锥形、球面形和空间复杂曲面形，尽量采用轴对称的形状，使零件变形均匀和模具加工制造方便。

拉深件各转角处圆角半径不宜太小，否则由于应力集中造成拉裂，如图 11-42 所示，$r_1>S, r_2>2S, r_3>3S$。但为了易于拉深，r 值都较大。

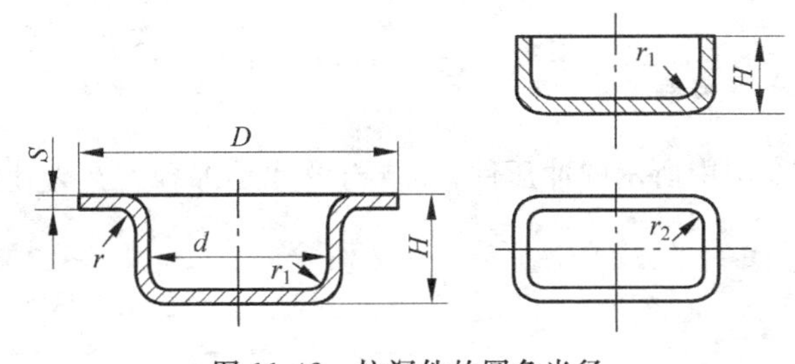

图 11-42　拉深件的圆角半径

(3) 筒形件凸缘直径，应取 $D>d+12S$，以便在拉深时压板压紧防止起皱。

思考与练习

11-1　什么是塑性变形？塑性变形的实质是什么？

11-2　何谓加工硬化？加工硬化对工件性能有何影响？

11-3　自由锻的设计原则是什么？

11-4　如何确定模锻件的分型面的位置？

11-5　自由锻成形的基本工序包括哪些内容？

11-6　简述自由锻件和模锻件的结构设计要求。

11-7　板料冲压的基本工序有哪些？落料、冲孔有何异同？

11-8　分析题 11-8 图所示零件在绘制锻件图时应考虑的因素。

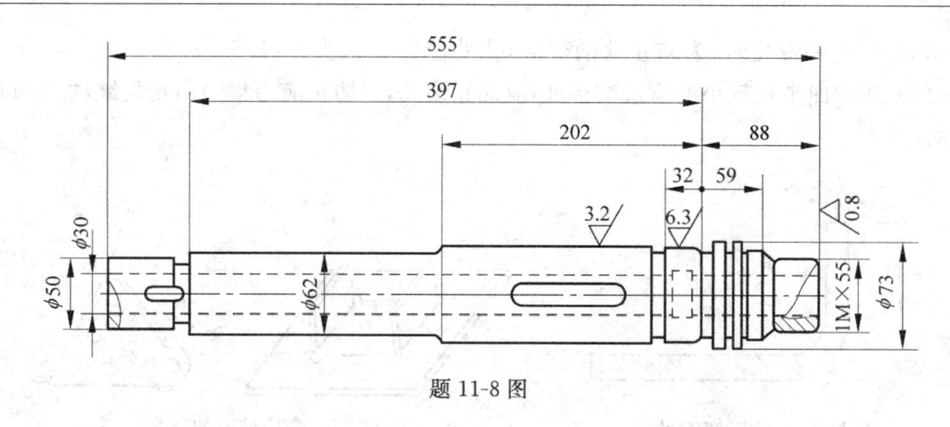

题 11-8 图

11-9　题 11-9 图中各零件若大批量生产时，应选择哪种锻造方法较为合理？并定性绘出锻件图。

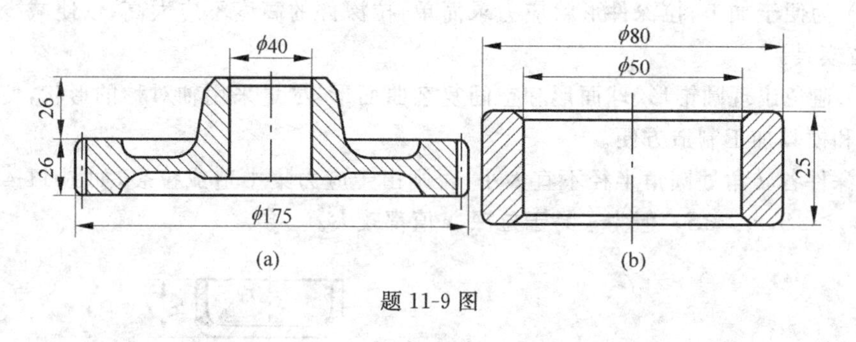

题 11-9 图

11-10　题 11-10 图中所示的冲压件，其结构设计是否合理？为什么？将不合理的部位加以改正。

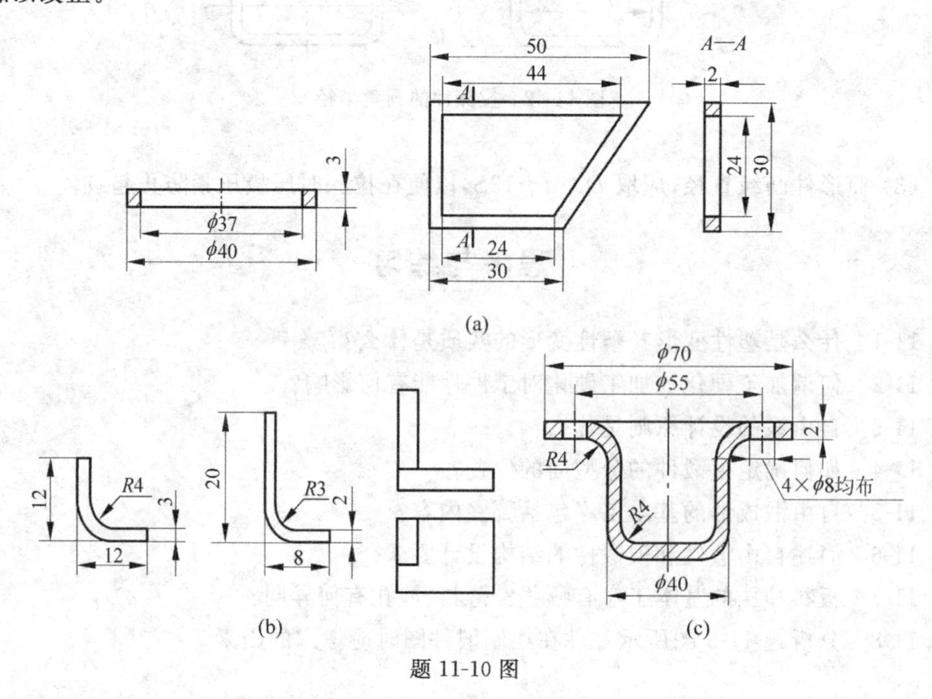

题 11-10 图

第12章　焊　　接

12.1　焊接的理论基础

焊接过程的理论包括许多方面的内容，主要涉及焊接方法、焊接化学冶金、焊接接头的组织与性能和焊接力学等。

12.1.1　焊接特点及焊接方法的分类

1. 焊接的特点

焊接是现代工业生产中广泛使用的一种金属连接的工艺方法，不同于螺钉、铆钉连接方法。与其他连接方法相比，焊接有以下特点：

(1) 适用性广。焊接不但可以焊接型材，还可以将铸件、锻件焊成复合结构件，对于相同或不同种类的金属都可以焊接；另外，焊接件的结构可以是简单零件也可以是复杂结构。

(2) 可以生产有密封性要求的构件。对于锅炉、高压容器、储油器、船体等重量轻、密封性好的零件，焊接是最好的加工方法。

(3) 可节约金属。焊接时不需要辅助零件，因此比铆接可以节省10%～20%的材料。

2. 焊接的分类

焊接方法的种类很多，各有其特点及应用范围。按焊接过程本质的不同，可分为熔化焊、压力焊、钎焊三大类。

(1) 熔化焊是利用局部加热的方法，把工件的焊接处加热到熔化状态，形成熔池，经过冷却结晶形成焊缝，而将两部分金属连接成一个整体。这种方法仅靠加热工件到熔化状态实现连接。

(2) 压力焊是将两构件的连接部分加热到塑性状态或表面局部熔化状态，同时施加压力使焊件连接起来的方法。

(3) 钎焊是利用熔点比母材低的填充金属熔化后，填充接头间隙并与固态的母材相互扩散实现连接的方法。

12.1.2　电弧焊的冶金过程及其特点

焊接的方法很多，其中电弧焊是应用最为广泛的焊接方法，我们这里以电弧焊为例来进行分析。

1. 焊接电弧

焊接电弧是由焊接电源供给的，是在有一定电压的两电极间或电极与焊件间的气体介质中产生的强烈而持久的放电现象。

当使用直流电焊接时，焊接电弧由阳极区、弧柱和阴极区三部分组成，如图 12-1 所示。电弧中各部分产生的热量和温度分布是不相同的。热量主要集中在阳极区，它放出的热量占电弧总热量的 43%，阴极区占其余 36%，剩余的 21%是由电弧中带电微粒相互摩擦而产生的。

电弧中阳极区和阴极区的温度因电极材料（主要是电极熔点）不同而有所不同。用钢焊条焊接钢材时，阳极区温度约 2600K，阴极区约为 2400K，电弧中心区温度最高，为 6000～8000K，因气体种类和电流大小而异。使用直流弧焊电源时，当焊件厚度较大，要求热量高，迅速熔化时，宜将焊件接电源正极，焊条接负极，这种接法称为正接法；当要求熔深较小，焊接薄钢板及有色金属时，宜采用反接法，即将焊条接正极、焊件接负极。当使用交流弧焊电源焊接时，由于极性是交替变化的，因此，两个极区的温度和热量分布基本相等。

2. 焊接的冶金过程

电弧焊时，焊接区各种物质在高温下相互作用，产生一系列变化的过程称为电弧焊冶金过程，如图 12-2 所示。

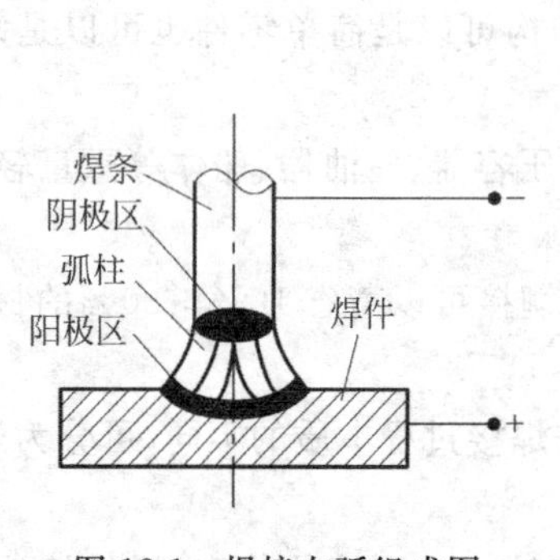

图 12-1　焊接电弧组成图

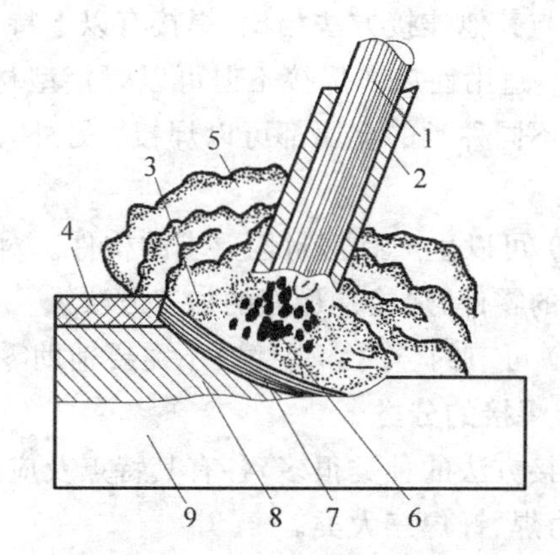

图 12-2　焊条电弧焊焊接过程

1—焊条芯；2—焊条药皮；3—液态熔渣；4—固态渣壳；5—气体；6—金属熔滴；7—熔池；8—焊缝；9—工件

电弧在焊条与焊件之间形成，电弧热使焊件和焊条同时熔化成熔池。焊条金属的熔滴借助重力和电弧气体吹力的作用过渡到熔池中。电弧热还使焊条的药皮熔化、燃烧。被溶化的药皮与熔池金属发生无形化学作用（冶金反应）形成熔渣；药皮燃烧产生 CO_2 气体。熔渣和 CO_2 气体可防止空气中氧、氮的侵入，起保护熔池金属的作用。随着电弧的移动，不断在新的部位产生同样作用，最后形成连续的焊缝。

在焊接过程中发生复杂激烈的化学反应，影响最大的是与氧的反应。在电弧高温作用下，氧气分解为氧原子，氧原子要和多种金属发生化学反应，如：

$$Fe + O \longrightarrow FeO$$

$$Mn + O \longrightarrow MnO$$

$$Si + 2O \longrightarrow SiO_2$$

$$2Cr + 3O \longrightarrow Cr_2O_3$$
$$2Al + 3O \longrightarrow Al_2O_3$$

反应产物中有的氧化物(如 FeO)能溶解在液态的金属中,但冷凝时因溶解度下降而析出,成为焊缝中的杂质,影响焊缝质量,是一种有害的冶金反应物。有些金属氧化物则不溶于液态金属中,生成后会悬浮在熔池表面成为熔渣。在焊接过程中,为了提高焊缝质量常常需要加入脱氧剂,如 Ti、Si、Mn 等,使它们生产的氧化物不溶于金属液而成为熔渣。

另外的反应是空气中的水气,在高温作用下发生分解:

$$H_2O \longrightarrow 2H + O$$

氢与熔池作用对焊缝质量也有重要影响。氢容易在焊缝中造成气孔,若量少不足以形成气孔也会产生极大压力,使焊缝脆化和产生冷裂纹。另外与空气中氮的作用形成的脆性氮化物也会使焊缝严重脆化。

总的来说,焊缝的形成是一次金属再熔炼的过程,与炼钢和铸造相比有以下特点:

(1) 金属熔池体积很小,被冷金属包围,熔池处于液态的时间很短,所以各种冶金反应进行得不充分。

(2) 熔池温度高,使金属元素强烈的烧损和蒸发,这样熔池周围又被冷金属包围,常使焊件产生应力和变形,甚至开裂。

所以焊接时常采取一些措施提高焊缝质量。

12.1.3　焊接接头的金属组织和性能

熔化焊是在短时间内,在工件的局部进行的冶炼、凝固过程。这种冶金和凝固过程是连续进行的,与焊缝临近的金属受到短时间的热处理。所以,焊接过程会引起焊接接头的组织和性能的变化,影响连接的质量。

1. 焊件上温度的分布

在电弧焊作用下,焊接接头的金属经历被加热到高温又迅速冷却的过程。图 12-3 为焊接时焊接截面上不同点的温度变化情况。

焊接时,随着各点金属所在位置不同,加热的最高温度是不同的,因热传导的过程的进行,各点所经历的焊接热循环是不同的。很明显,离焊缝越近的点其加热速度越大,被加热的最高温度也越高,冷却速度越大。

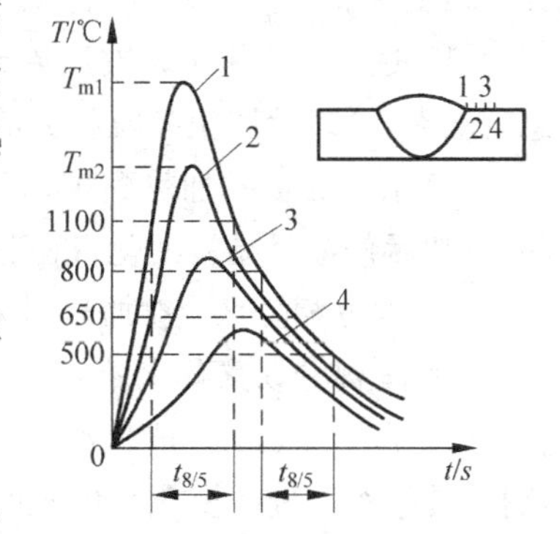

图 12-3　焊接区各点温度变化情况

2. 焊接接头的组织和性能的变化

焊接接头由焊缝区、熔合区、热影响区三个部分组成,如图 12-4 所示。

1) 焊缝区

电弧焊的焊缝是由熔池内的液态金属凝固而成的,是一个特殊的冶金过程。它属于铸造组织,晶粒呈垂直于熔池底壁的柱状晶,硫、磷等形成的低熔点杂质容易在焊缝中心形成偏析,使焊缝塑性降低,易产生热裂纹。由于按等强度原则选用焊条,通过渗合金实现合金强化,因此,焊缝的强度一般不低于母材。

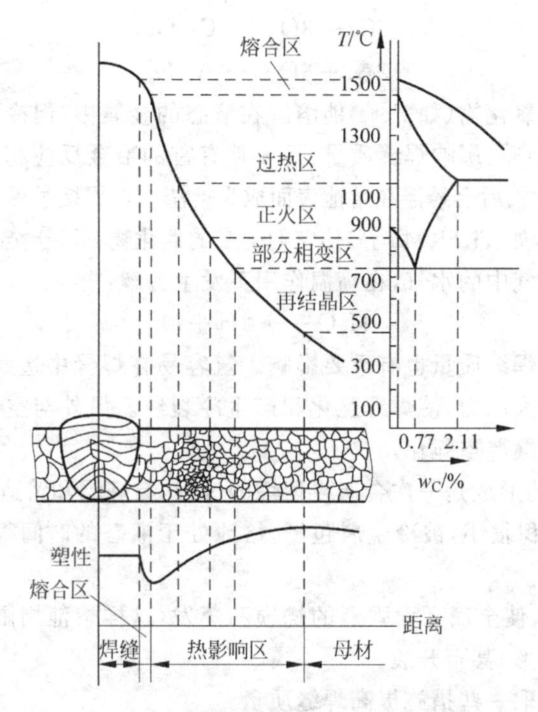

图 12-4　低碳钢焊接接头组织与性能的变化示意图

2) 熔合区

焊接接头中，焊缝向热影响区过渡的区域，称为熔合区。此区域成分及组织极不均匀，晶粒长大严重，冷却后为粗晶粒，强度下降，塑性和冲击韧性很差，往往成为裂纹的发源地。虽然熔合区只有 0.1～1mm，但它对焊接接头的性能有很大影响。

3) 热影响区

由于焊缝附近各点受热作用不同，低碳钢的焊接热影响区可分为：过热区、正火区、部分相变区。

(1) 过热区：焊接时被加热到 Ac_3 以上 100～200℃至固相线温度区间，奥氏体晶粒急剧长大，冷却后产生晶粒粗大的过热组织，因而其塑性及韧性很低，容易产生焊接裂纹。

(2) 正火区：被加热到 1100℃至 Ac_3 温度，宽度为 1.2～4.0mm。因金属发生重结晶，冷却后使金属晶粒细化，得到正火组织，所以力学性能良好。

(3) 部分相变区：被加热到 Ac_1～Ac_3 温度区间，珠光体和部分铁素体发生重结晶，晶粒细化；部分铁素体来不及转变。冷却后晶粒大小不均匀，其力学性能差。

(4) 再结晶区：一般情况，焊接时焊件被加热到 Ac_1 以下的部分，对于热塑性成形的钢材，其组织不发生变化；对于经过冷塑性变形的钢材，则在 450℃至 Ac_1 的部分，还将产生再结晶过程，使钢软化。

3. 改善热影响区性能的方法

焊接热影响区在焊接时是不可避免的。对于一般低碳钢结构，选用手工电弧焊或埋弧焊，热影响区比较窄，危害性小，工件不进行处理就能使用。但对于重要钢结构或用电渣焊焊接的构件,应充分考虑到热影响区带来的不利影响,焊接后采用热处理的办法消除热影响区。

对碳素钢与低合金钢构件,可用焊后正火处理来消除热影响区,以改善焊接接头的性能。

对于焊后不能进行热处理的金属材料或构件,正确选择焊接方法和焊接过程来减少焊接接头内不利区域的影响,以达到提高焊接接头性能的目的。

12.1.4　焊接应力与变形

焊接时,由焊接热源对焊件不均匀加热引起的结构形状和尺寸的变化,称为焊接变形。在变形的同时,焊件内部还产生应力。由于应力和变形的存在,严重影响工件的形状和尺寸,甚至应力开裂。应充分重视焊接变形与应力。

1. 焊接应力与变形产生的原因

图 12-5 是一模拟实际焊缝的模型,设有连成一体的三根钢板条(见图 12-5(a)),对其中一条加热时,其他两条可以保持温度不变。加热中间板条来模拟焊缝,两边不加热板条模拟两边的母材金属。

先将板条 2 加热到钢的塑性温度以上,板条 1、3 保持温度不变(见图 12-5(b))。这时板条 2 处于塑性状态,可任意变形而不产生抗力。板条 2 因热膨胀应伸长的量 Δl_T 将全部被板条 1、3 塑性压缩,三根板条都将保持长度不变。然后使板条 2 从高温冷却下来,板条 2 将从最高温度时的实际长度 l_0 缩短(见图 12-5(c))。在塑性温度以上的阶段里,由降温所引起的收缩量仍然被板条 1、3 塑性拉伸,三根板条仍然保持原长不变,互相间也没有力的作用。当温度进一步降低,板条 2 恢复弹性状态,进一步收缩将受到板条 1、3 的限制,相互间出现弹性应力,板条 2 被弹性拉伸,板条 1、3 被弹性压缩,温度下降越多,相互间的作用力越大,相互被拉伸与压缩的量也越大。当板条 2 的温度回到初始温度时,板条 1、2、3 都比原来缩短了一段 $\Delta l'$。板条 2 被拉伸,存在拉应力,板条 1、3 被压缩,存在压应力。

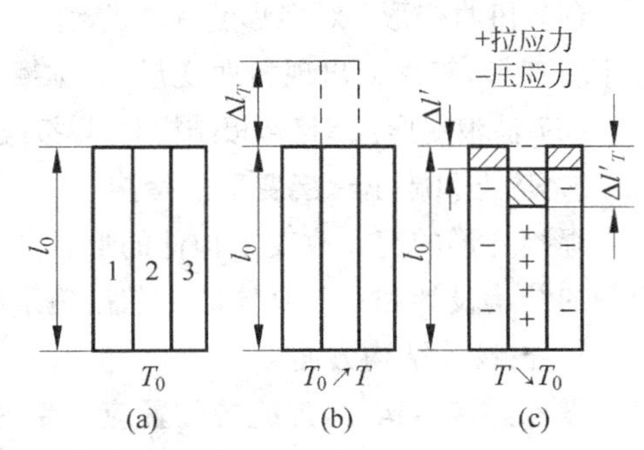

图 12-5　模拟焊缝示意图

焊接加热冷却过程与图 12-5 所示情况极为相似,焊缝及近缝区存在拉应力,而远缝区存在压应力,焊接残余应力的松弛是焊接残余变形产生的根本原因。

2. 焊接变形的基本形式

焊接变形的基本形式可归纳为图 12-6 所示的几种,焊接时的变形可能是其中的一种,也可能是某些的组合变形。

(1) 收缩变形:焊接后,金属构件纵向和横向尺寸的缩短,主要是由于焊缝纵向和横向收缩所引起的。

(2) 角变形:由于焊接截面上下不对称,焊缝横向收缩沿板厚方向分布不均匀,使板

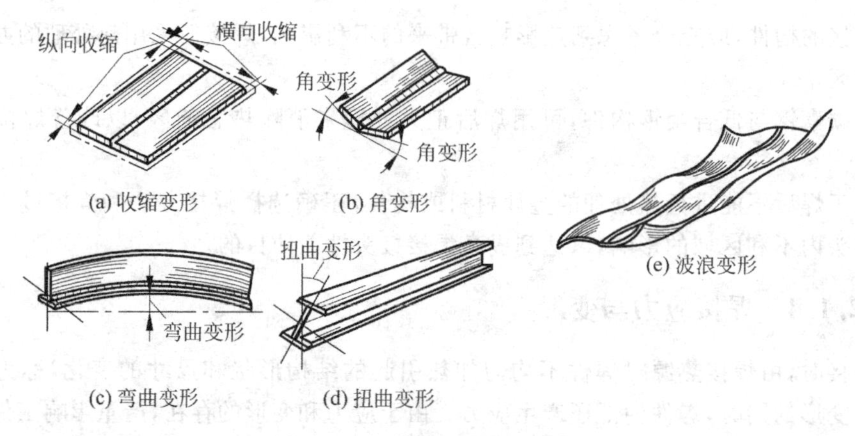

图 12-6　焊接变形的基本形式

绕焊缝轴转一角度，主要出现在中、厚板焊件中。

(3) 弯曲变形：因焊缝布置不对称，引起焊缝的纵向收缩沿焊件高度方向分布不均匀而产生的。

(4) 扭曲变形：对多焊缝和长焊缝结构，因焊缝在横截面上的分布不对称或焊接工艺不合理等，工件易出现扭曲变形，也称翘曲变形。

(5) 波浪变形：焊接薄板结构时，焊接应力使薄板失去稳定性，引起不规则的波浪变形。

3. 防止和减小焊接变形的措施

焊接变形的存在改变了构件的形状和尺寸。从控制焊接变形的角度出发，可以通过合理的结构设计和一些具体的工艺措施来防止和减小焊接变形。

1) 在设计结构方面

设计焊接结构时，焊缝的位置应尽量对称于结构中性轴；在保证结构有足够承载能力的条件下，尽量减少焊缝的长度和数量。

2) 在焊接工艺方面

在结构设计合理的前提下，可采取如下工艺措施达到防止和减小变形的目的。

(1) 反变形法：预测焊后可能出现的变形大小和方向，焊前将工件预先反方向变形，焊后可抵消发生的焊接变形，如图 12-7 所示。

(2) 刚性固定法：利用焊前装配使工件的相对位置固定，用夹具强制性约束焊接变形。此方法对塑性好的小型工件适用，如图 12-8 所示。

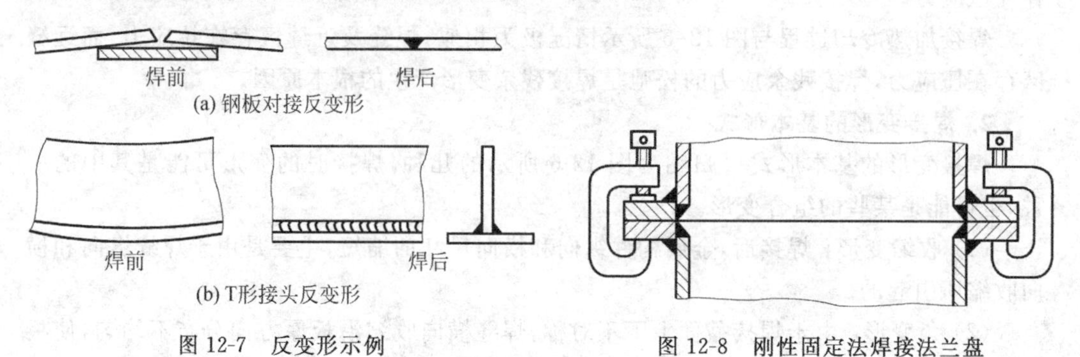

图 12-7　反变形示例　　图 12-8　刚性固定法焊接法兰盘

(3) 合理安排焊接次序：采用如图 12-9 所示的对称焊法，按图中数字顺序焊接，则后焊焊道可抵消前焊焊道所产生的变形。图 12-10 所示结构为避免弯曲变形采用合理安排焊接次序的工艺措施，把可能出现的变形控制在最低程度。

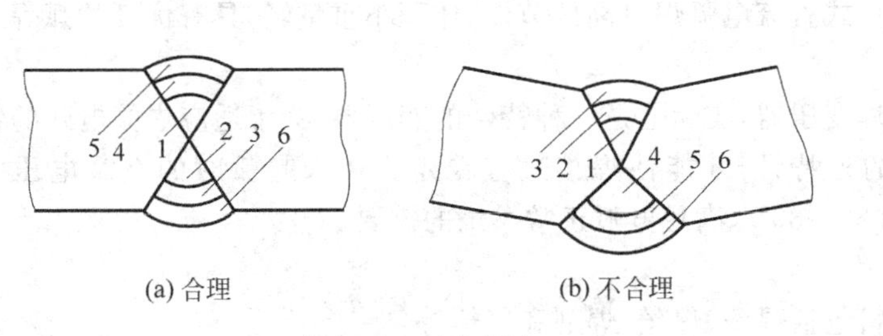

图 12-9　对称焊法

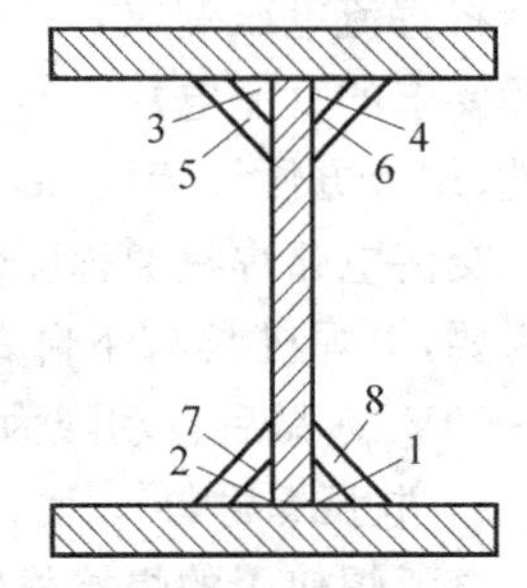

图 12-10　工字梁的焊接顺序

(4) 焊前预热和焊后缓冷：这是最常用、最有效的方法，其目的是减小焊缝区与其他部分的温差，使工件较均匀地冷却，减小焊接应力和变形。通常在焊前将工件预热到 300℃以上再进行焊接，焊后要缓冷。

(5) 焊后热处理：对重要结构件，焊后应进行去应力退火；小型工件可整体退火；大型工件可进行局部退火。

3) 焊后矫形处理

当焊后的变形超出允许值时，必须进行焊后矫形。常用的矫形方法有机械矫形和火焰矫形。

(1) 机械矫形：利用机械加压或锤击的冷变形方法，产生塑性变形来矫正焊接变形。对塑性好、形状较简单的焊件，常采用压力机、矫直机进行机械矫正。

(2) 火焰矫形：利用局部加热后的冷却收缩，来抵消该部分已产生的伸长变形。对塑性差、刚性大的复杂焊件，多采用局部火焰加热矫正法，使焊件产生与焊接变形方向相反的新的变形，以抵消原来的变形。

12.2　焊接方法

12.2.1　熔化焊

熔化焊主要包括电弧焊、电渣焊、气焊等。

1. 电弧焊

1) 电弧焊的设备

电弧焊使用的设备是电弧焊机。电弧焊机是供给焊接电弧燃烧的电源，可分为直流电弧焊机和交流电弧焊机两大类。

直流电弧焊机有发电机式直流电焊机、整流式直流电焊机和逆变式直流电弧焊机。

发电式直流电焊机是一台特殊的能满足电弧特性要求的发电机，由交流电动机带动而发电。这种电焊机工作稳定，但结构复杂，噪声大，很少使用。

整流式直流弧焊机简称弧焊整流器，是用大功率硅整流元件组成的整流器，将交流变直流焊接电源，结构简单，电弧稳定性好，噪声小，维修简单。

逆变式直流电弧焊机是将380V的交流工频电压经整流器转变成直流电压，再经逆变器将直流电压变成具有较高频率的交流电压，然后经变压器降压后再整流而输出符合焊接要求的直流电压。逆变式直流电弧焊机高效节能、体积小重量轻，具有优良的弧焊工艺性、调节方便等特点。

交流电弧焊机通称弧焊变压器，实际上是一种特殊的变压器，为了适应焊接电弧的特殊需要，电焊机具有下降的外特性，才能使焊接过程稳定。在未起弧时的空载电压为60～90V，起弧后自动降为20～30V，满足电弧正常燃烧的需要。

2）电弧焊材料

电弧焊使用的焊接材料包括焊条、焊丝、焊剂和气体等。

焊条是指涂有药皮的供焊条电弧焊使用的熔化电极，它由药皮与金属焊芯两个部分组成。焊芯在焊接时起两个作用，一是作电源的电极，传导电流、产生电弧；二是熔化后作为填充金属，与母材一起形成焊缝金属。在手工电弧焊时，焊缝金属有50%～70%来自焊芯，因此焊芯都采用焊接专用的金属丝。

焊芯的直径称为焊条直径，焊芯的长度就是焊条的长度。常用的焊条直径有2.0mm、2.5mm、4.0mm和5.0mm，长度在250～450mm之间。

焊芯表面的涂料称为药皮。它的主要作用是使电弧容易引燃并且稳定燃烧，保护熔池内金属不被氧化，保证焊缝金属脱氧、脱硫、脱磷、去氢等；添加合金元素，保证焊缝金属具有合乎要求的化学成分和力学性能。

焊条的种类很多，按用途分为：碳钢焊条、低合金焊条、不锈钢焊条、堆焊焊条、铸铁焊条、低温钢焊条、铜及铜合金焊条、铝及铝合金焊条、镍及镍合金焊条和特殊用途焊条10类。按焊条药皮中氧化物的性质分为酸性焊条和碱性焊条两类。

焊条的型号是国家标准中的焊条代号。碳钢焊条型号见GB 5118—1995，如E4303、E5015、E5016等。其中，E表示焊条；前两位数字表示焊缝金属的抗拉强度等级；第三位数字表示焊条的焊接位置，“0”或“1”表示焊条适用于全位置焊接，“2”表示适用于平焊及平角焊，“4”表示适用于向下焊；第三位和第四位组合时表示焊接电流种类及药皮类型，如“03”为钛钙型药皮，交流或直流正、反接，“15”为低氢钠型药皮，直流反接，“16”为低氢钾型药皮，交流或直流正、反接。

焊条牌号是焊条行业统一的焊条代号，焊条牌号一般用一个大写拼音字母和三位数字表示，如J422、J507等。拼音字母表示焊条的大类，如“J”表示结构钢焊条，“A”表示奥氏体不锈钢焊条，“Z”表示铸铁焊条等；前两位数字表示各大类中若干小类，如结构钢焊条前两位数字表示焊缝金属抗拉强度等级，其等级有42、50、55、60、70、75、85等，分别表示其焊缝金属的抗拉强度不小于420MPa、500MPa、550MPa、600MPa、700MPa、750MPa、850MPa；最后一位数字表示药皮类型和电流种类，其中1～5表示酸性焊条，6和7表示碱性焊条。

焊条在选用时应考虑以下因素：

（1）等性能原则。焊接低碳钢或低合金钢时，一般都要求对于焊缝金属与母材等强度；焊接耐热钢、不锈钢等主要考虑熔敷金属的化学成分与母材相当。

(2) 工作条件。考虑焊件的工作条件状况来选用焊条,在动载或腐蚀、高温、低温等条件下工作的焊件,应优先选用“等性能”的碱性焊条。

(3) 结构特点。对于形状复杂或厚大的构件,应选用抗拉性好的低氢焊条;对于立焊、仰焊焊缝较多的构件,应选用适于全位置施焊的焊条;对于坡口位置不便于清理的构件应选用对水不敏感的酸性焊条。

(4) 其他。在满足上述原则的前提下,还应结合现场施工条件、生产批量以及经济性等因素,综合考虑后确定选用焊条的具体型号。

3) 焊条电弧焊

利用电弧作为焊接热源,用手工操纵焊条进行焊接的电弧焊方法称为手工电弧焊,是目前使用广泛的焊接方法,在 GB/T 3375—1994 改称为焊条电弧焊。

焊接前,连接焊机的输出端和工件及焊钳,在焊条和被焊工件之间引燃电弧,电弧热使工件和焊条同时熔化成熔池,焊条药皮也随之熔化成熔渣覆盖在焊接区的金属上方,药皮燃烧时产生的大量 CO_2 气流围绕于电弧周围,熔渣和气流可防止空气中的氧、氮侵入,保护熔池。随着焊条的移动,焊条前的金属不断熔化,焊条移动后的金属则冷却凝固成焊缝,使分离的工件连接成整体,完成整个焊接过程。

焊条电弧焊的特点是:焊条电弧焊的设备简单、操作灵活,能进行全方位焊接,能焊接不同的接头、不规则焊缝;但生产效率低,焊接质量不稳定,对操作工人的技术水平要求高,劳动条件差。

4) 埋弧焊

图 12-11 所示为埋弧焊工作情况示意图。埋弧焊机行走部分前部装有焊剂漏斗,细颗粒状的焊剂首先铺撒于焊缝位置,形成焊剂覆盖层。焊接开始时,焊丝经送丝机构送入焊剂层下,引燃电弧并由设备自动控制电弧长度、焊接速度等参数。电弧热使工件金属与焊丝熔化并形成熔池,部分焊剂熔化,由金属和焊剂的高温蒸发气体形成气泡,包围电弧并对熔池起保护作用。随着电弧的移动,熔池后部顺序凝固,形成焊缝,熔渣浮于焊缝表面,凝固后形成机械保护层。

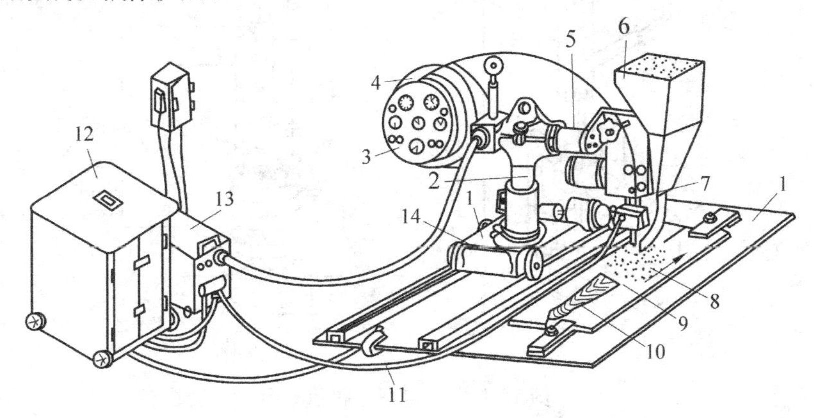

图 12-11　埋弧焊设备及其工作过程

1—车架;2—立柱;3—操纵盘;4—焊丝盘;5—横梁;6—焊剂漏斗;7—焊接机头;8—焊剂;9—焊渣;10—焊缝;11—焊接电缆;12—焊接电源;13—控制箱;14—焊接小车

埋弧焊与焊条电弧焊相比有以下特点：

(1) 生产率高。埋弧焊的焊丝导电部分远比手工电弧焊短，且外面无药皮覆盖，送丝速度又比较快，因而起焊电流可达1000A以上，比焊条电弧焊高6～8倍，所以金属熔化快，焊接速度高。

(2) 焊接质量高且稳定。由于焊剂层保护效果好，焊接过程有调节作用，因此焊缝质量较高，外观成形均匀美观。

(3) 节省金属材料。埋弧焊热量集中、熔深大，厚度在25mm以下的焊件都可以不开坡口进行焊接，因此降低了填充金属损耗。

(4) 改善劳动条件。埋弧焊的非明弧操作和机械控制方式，减轻了体力劳动，避免了弧光伤害，减小了烟尘。

埋弧焊方法的不足之处是：只适合于平焊位置、长直焊缝和大直径环缠，不适于薄板和曲线焊缝的焊接，而且对装配要求较高。

2. 电渣焊

电渣焊是利用电流通过液体熔渣所产生的电阻热进行焊接的方法。根据使用的电极形状，可分为丝极电渣焊、板极电渣焊、熔嘴电渣焊等。

1) 焊接过程

图12-12所示为电渣焊示意图。采用埋弧焊引弧方法，于引弧板处的焊剂层下引燃电弧，并熔化焊剂形成渣池。渣池达到一定深度时电弧熄灭，依靠渣池的电阻热熔化焊丝和工件。渣池随填充量的增大而逐渐上升，两侧水冷式滑块跟随提升，焊缝下部相继凝固成固态，形成焊缝。其焊接过程可以分为三个阶段：

(1) 建立渣池。在电极与引弧板之间引弧，利用电弧热将固态焊剂熔化成熔池，然后将电极埋入渣池中，电弧熄灭，电渣焊开始。

(2) 电渣焊过程。因熔渣电阻大，电流从焊丝经过渣池达到工件，焊丝和部分母材金

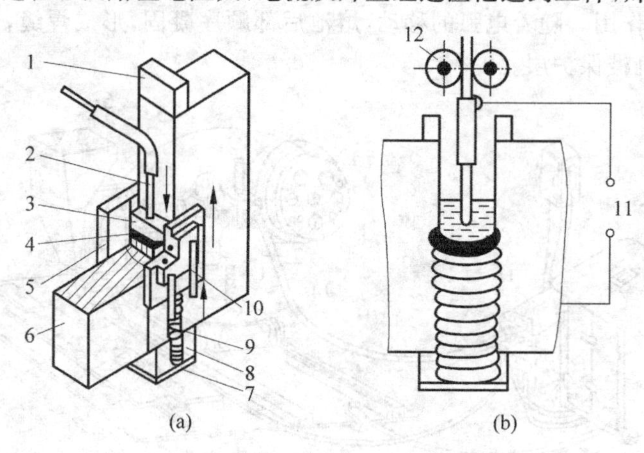

图12-12　电渣焊过程示意图

1—引出板；2—焊丝；3—渣池；4—熔池；5—滑块；6—焊件；7—引弧板；8—引入板；9—焊缝；10—冷却水管；11—焊接电源；12—送丝滚轮

属熔化成熔池，熔池冷却后凝固成焊缝。

(3) 电渣焊结束。减少送丝速度和焊接电流，并适当增加电压，最后连续送丝，以填满尾部和防止裂纹产生。

2) 电渣焊的特点

电渣焊与其他焊接方法比较有以下特点：

(1) 焊接适用范围广。例如，用一根焊丝送进，就能焊 40～60mm 厚的工件；单丝摆动可焊 60～150mm 厚的工件；三丝摆动可焊 450mm 厚的工件。所以对于焊接厚度较大的工件，生产率较高，而且成本较低。对于重型机械制造的工艺，可用铸-焊、锻-焊组合结构拼小成大，以代替巨大的铸、锻整体结构，可节省大量的金属材料和铸锻设备投资。

(2) 熔池保护严密，而且保持液态的时间较长，因此冶金过程进行较完善，气体和渣滓能充分浮出，焊缝的金属较为纯净。

(3) 焊缝金属呈铸造组织，焊接热影响区在高温下处时较长，易产生过热组织或晶粒粗大。所以，接头冲击韧性较低，一般焊后要进行正火处理，以改善接头的组织性能。

(4) 电渣焊不适用于焊接厚度在 30mm 以下的工件，焊缝也不宜太长。它广泛应用于水轮机、水压机、轧钢机等重型机械的大型零件焊接。

3. 气焊

气焊是利用可燃气体燃烧时火焰产生的热量来进行焊接的方法。最常用的气体是乙炔和氧气，但随着石油化工工业的发展，液化石油气切割的应用已越来越多。

1) 气焊设备

图 12-13(a)所示为气焊设备，每个部分的作用如下：

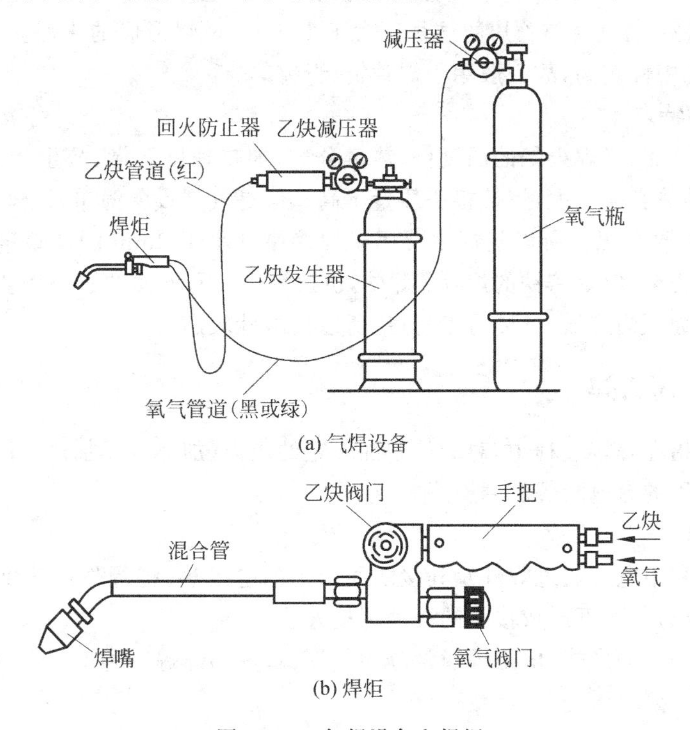

(a) 气焊设备

(b) 焊炬

图 12-13　气焊设备和焊炬

(1) 乙炔发生器是将电石和水接触产生乙炔的装置,其反应为

$$CaC_2 + 2H_2O = C_2H_2O + Ca(OH)_2 + Q$$

(2) 回火防止器是防止火焰回火时,倒流的火焰进入乙炔发生器而发生爆炸的安全装置。

(3) 氧气瓶是储存气体的一种高压容器。其容积为 40L,储氧的最高压力为 150 大气压,漆成天蓝色。

(4) 减压阀用来将氧气瓶中的高压氧降低到工作压力,并保持焊接过程中压力稳定。

(5) 焊炬是使乙炔和氧按一定比例混合并获得气焊火焰的工具,如图 12-13(b)所示。

2) 气焊火焰

气焊的火焰按氧气与乙炔的体积比可获得三种火焰,如图 12-14 所示。

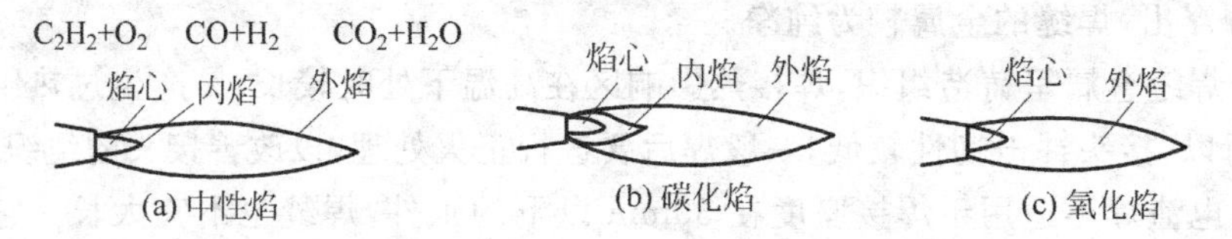

图 12-14　氧-乙炔火焰

(1) 中性焰:当氧气与乙炔的体积比为 1～1.2 时,燃烧所形成的火焰(又称正常焰),内焰温度高达 3000～3200℃。中性焰用于焊接低中碳钢、合金钢、紫铜和铝合金等。

(2) 碳化焰:当氧气与乙炔体积比小于 1.0 时,燃烧形成的火焰。由于氧气少,整个火焰比中性焰长,温度低,用于焊高碳钢、铸铁和硬质合金材料。

(3) 氧化焰:当氧气与乙炔的体积比大于 1.2 时,燃烧形成的火焰。由于氧气多,火焰缩短、温度比中性焰高,故一般用于焊黄铜、青铜等。

3) 气焊的特点

与电弧焊相比,气焊火焰的温度低,热量分散,加热速度缓慢,故生产效率低,工件变形严重,焊接的热影响区大,焊接接头质量不高。但是气焊设备简单、操作灵活方便,火焰易于控制,不需要电源。所以气焊主要用于焊接厚度小于 3mm 的低碳钢薄板,铜、铝等有色金属及其合金,以及铸铁的焊补;此外,也适用于没有电源的野外作业。由于所用储存气体的气瓶为压力容器,气体易燃易爆,所以危险性较高。

12.2.2　压力焊

压力焊是指在焊接过程中,对焊件施加一定的压力(加热或不加热),以完成焊接的方法。其中最常用的有电阻焊和摩擦焊。

1. 电阻焊

电阻焊是利用电流通过焊件及其接触面产生的电阻热,把焊件加热到塑性或局部熔化状态,再在压力作用下形成接头的一种焊接方法。

根据焊接接头的形式,电阻焊通常分为点焊、对焊和缝焊三种。

1) 点焊

点焊是焊件装配成搭接接头,并压紧在两电极之间,利用电阻热熔化母材金属,形成

焊点的电阻焊方法，如图 12-15 所示。

点焊前将表面清理好的工件叠合，置于两极之间预压夹紧，使被焊件受压处紧密接触。然后接通电流，被紧密压合的两焊件柱状电极接触处，由于电阻热温度急速升高被熔化形成熔核，周围金属材料亦呈塑性状态。断电后，继续保持或稍加大压力，封闭在塑性材料中间的熔核在压力下凝固结晶，获得组织致密的焊点。焊点形成后移动焊件，依次形成其他焊点。焊第二点时，部分电流会流经已焊好的焊点，这种现象称为分流现象。分流会使焊接处电流变小，影响焊点质量，故两焊点间应有一定距离，其大小与焊件材料及厚度有关，导电性越强，厚度越大，分流越严重，点距应该越大。

点焊时的搭接接头的形式一般如图 12-16 所示。

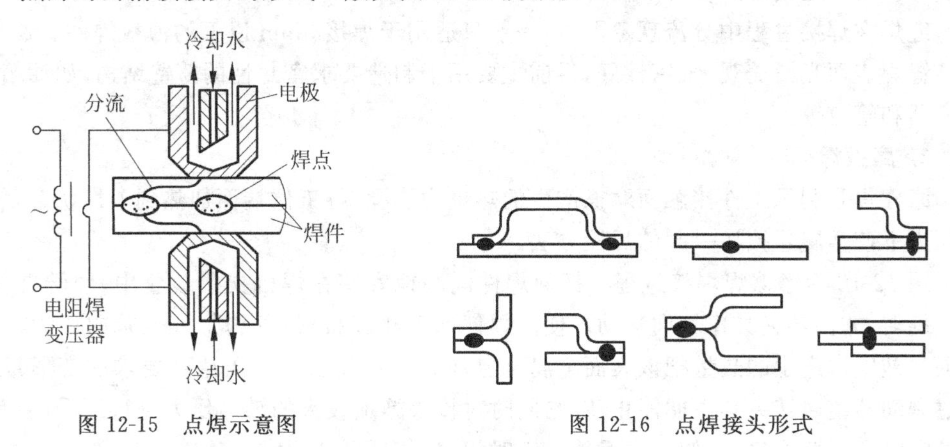

图 12-15　点焊示意图　　　　图 12-16　点焊接头形式

点焊广泛用于制造汽车、车厢、飞机等薄壁结构及罩壳和日常生活用品的生产之中；可焊接低碳钢、不锈钢、铜合金、镁铝合金等；主要用于厚为 4mm 以下的薄板冲压结构及钢筋的焊接。

2）对焊

对焊是把焊件装配成对接的接头，使其端面紧密接触，利用电阻热加热到塑性状态，然后迅速施加顶锻力完成焊接的方法。根据焊接过程不同，对焊分为电阻对焊和闪光对焊两种。

（1）电阻对焊：焊件装配成对接接头，使其端面紧密接触，利用电阻热加热至塑性状态，然后迅速施加顶锻力完成焊接的方法。焊接过程如图 12-17(a)所示。焊接前应将接头端面加工平滑、清洁。

（2）闪光对焊：焊件装配成对接接头，接通电源，并使其端面逐渐移近达到局部接触，利用电阻热加热这些接触点(产生闪光)，使端面金属熔化，直至端部在一定深度范围内达到预定温度时，迅速施加顶锻力完成焊接的方法。闪光对焊

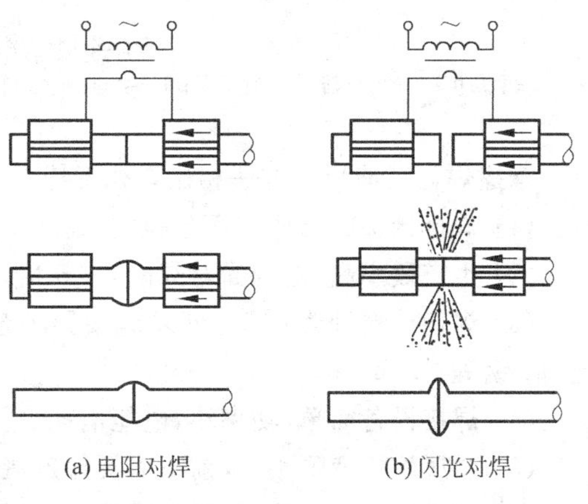

图 12-17　对焊示意图

又可分为连续闪光焊和预热闪光焊，如图 12-17(b)所示。

与电阻对焊相比，闪光对焊不仅热量集中，热影响区小，而且接头焊接质量高，在许多情况下替代了电阻对焊。

对焊方法适用于焊接各种轴类零件、圆形或矩形截面零件、中空零件以及异种金属材料零件。

3) 缝焊

缝焊的过程与点焊相似，用转动的圆盘状电极代替了点焊时所用的柱状电极。焊接时，圆盘状电极压紧焊件并转动，依靠摩擦力带动焊件向前移动，配合断续通电，形成许多连续并彼此重叠的焊点，焊点的相互重叠约为50%以上。

缝焊在焊接过程中分流现象严重，一般只适用于焊接3mm以下的薄板焊件。

缝焊表面光滑美观、气密性好，目前主要用于制造要求密封性的薄壁结构，如油箱、小型容器和管道等。

2. 摩擦焊

摩擦焊是利用工件接触面摩擦产生的热量为热源，将工件端面加热到塑性状态，然后在压力下使金属连接在一起的焊接方法。

图 12-18 为摩擦焊焊接过程。把两焊件同心地安装在焊机夹紧装置中，回转夹具作高速旋转，非回转夹具作轴向移动。使两焊件端面相互接触，并施加一定轴向压力，靠接触面强烈摩擦产生的热量把该表面金属迅速加热到塑性状态。当达到要求的变形量后，通过制动器使回转夹具立即停止转动，同时对接头施加较大的轴向压力进行顶锻，使其产生一定的顶锻变形量，并使压力保持一定时间，冷却后即获得牢固的接头。

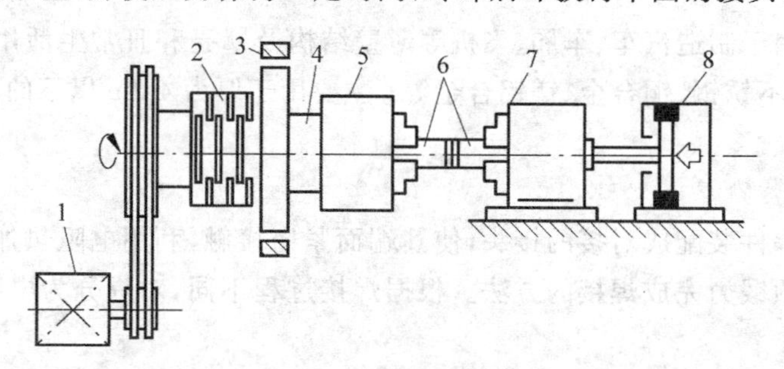

图 12-18　摩擦焊示意图

1—电动机；2—离合器；3—制动器；4—主轴；5—回转夹具；6—焊件；7—非回转夹具；8—轴向加压油缸

摩擦焊与其他焊接方法相比有如下特点：

(1) 焊接接头的品质好而且稳定，废品率是闪光对焊的1%左右。

(2) 生产效率高，是闪光对焊的4～5倍。

(3) 焊接材料种类广泛，可以焊接异种金属，如碳素结构钢-高速钢、铜-不锈钢、铝-铜、铝-钢等。

(4) 焊接设备简单，功率小，电能消耗少。

(5) 金属焊接变形小，焊前不需要特殊清理。

(6) 容易实现自动化，操作技术简单，容易掌握。

(7) 工作场地卫生,没有火花、弧光,无有害气体,有利于保护环境,可以设置在自动生产线上。

(8) 对于非圆形截面工件的焊接困难,另外截面尺寸不超过 0.02m^2。

12.2.3　钎焊

钎焊是将熔点比被焊金属熔点低的焊料与焊件一起加热,当加热到高于钎料熔点、低于母材熔点的温度,利用液态钎料润湿母材并填充被焊处的间隙,依靠液态钎料和固态被焊金属间的相互扩散而实现金属连接的焊接方法。

钎焊时要求两母材的接触面很干净,因此要用钎剂(钎焊熔剂)。钎剂能去除氧化膜和油污等杂质,保护母材接触面和钎料不受氧化,并增加钎料润湿性和毛细流动性。钎焊接头的质量在很大程度上取决于钎料。钎料应具有合适的熔点与良好的润湿性,能与母材形成牢固结合,得到一定的机械性能与物理化学性能的接头。

根据钎料熔点和接头强度不同,钎焊可分为软钎焊和硬钎焊两种。

(1) 软钎焊:使用软钎料(熔点低于 450℃)进行的钎焊。常用的钎料为锡铅合金钎料,焊剂为松香、松香酒精溶液、氯化锌溶液等。多用烙铁加热,接头强度较低,在 40～140MPa 之间,用于受力不大或工作温度较低的工件,如电子器件、仪器、仪表等。

(2) 硬钎焊:使用硬钎料(熔点高于 450℃)进行的钎焊。常用的钎料有铜基、银基、镍基等合金,钎剂常用硼砂、硼酸、氯化物、氟化物等。加热方法有火焰加热、盐浴加热、炉内加热、电阻加热、高频感应加热等。硬钎焊接头强度较高,可达 490MPa,适用于受力较大的钢铁和铜合金构件,如自行车车架、切削刀具、工具等。

钎焊构件的接头形式都采用板料搭接和套件镶接,图 12-19 是几种常见的形式。这些接头都具有较大的钎接面,以弥补钎料强度低的不足。

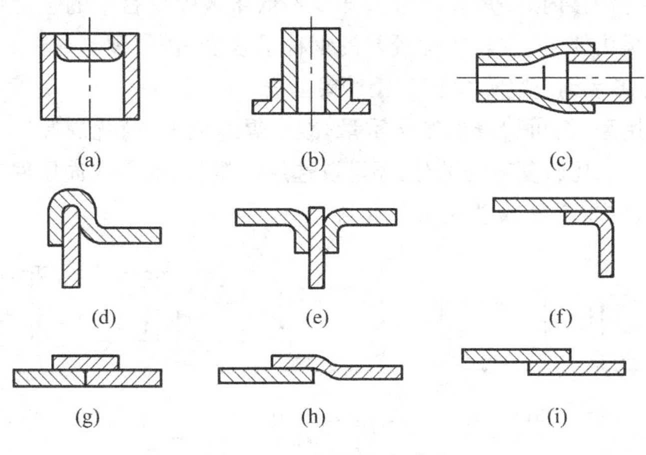

图 12-19　钎焊接头形式

与熔化焊比,钎焊具有以下优点:

(1) 钎焊时加热温度低于焊件金属的熔点,钎焊接头组织性能变化很小,焊件的应力与变形也很小,接头表面光洁美观。钎焊可用于焊接各种尺寸精度要求较高的焊件。

(2) 既可焊接钢、铸铁、铝、铜及其合金等常用金属材料，还可焊接钛、镍、铜、钨、铌及其合金，以及硬质合金、石墨、陶瓷、玻璃等用一般熔化焊方法不好焊或不能焊的金属和非金属材料。

(3) 可焊接各种精密、复杂、微型或封闭形的焊件。一次能焊成百上千条焊缝，生产率高。

(4) 钎焊设备简单，生产投资小。

钎焊的缺点是：接头强度低，工作温度受焊料熔点的限制；焊接前对焊件连接表面的清理和对焊缝预留间隙的装配质量要求较严格，否则将不能保证钎焊质量。

12.3 焊接结构工艺设计

焊接结构的设计，除了要考虑机构工作时的使用性能外，还必须注意结构的工艺性能，保证结构的技术可行性和经济性。焊接结构的工艺设计一般包括焊接结构材料的选择、焊接方法的选择和焊接接头工艺设计三个方面。

12.3.1 焊接结构材料的选择

1. 尽量选用焊接性较好的材料

设计中应尽量选用低碳钢和碳的质量分数小于0.4%的低合金钢。因为这类钢淬硬倾向小，塑性高，焊接工艺简单，即焊接性能好。若必须选用碳的质量分数大于0.4%的碳钢或合金钢时，应在设计和生产工艺中采取必要措施。

镇静钢与沸腾钢相比脱氧完全，含气量低，不易产生气孔和裂纹，且组织致密，质量较高，可选作重要的焊接结构。

2. 注意异种金属的焊接性及其差异

异种金属进行焊接时，一般要求接头强度不低于被焊钢材中的强度较低者，并应在设计中对焊接工艺提出要求，按焊接性较差的钢种采取措施，如预热或焊后热处理等。

3. 应多采用工字钢、槽钢、角钢和钢管等型材

焊接结构采用型材，可以降低结构重量，减少焊缝数量，简化焊接工艺，增加结构件的强度和刚性。对形状比较复杂的部分，还可以选用铸钢件、锻件或冲压件来焊接。图12-20所示是合理选材、减少焊缝数量的几个示例。

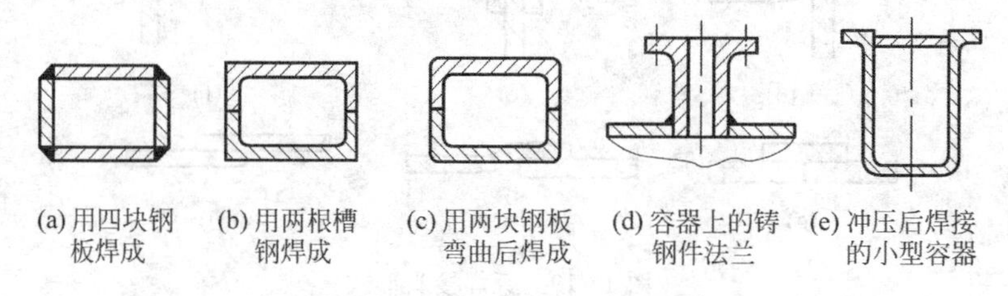

(a) 用四块钢板焊成　(b) 用两根槽钢焊成　(c) 用两块钢板弯曲后焊成　(d) 容器上的铸钢件法兰　(e) 冲压后焊接的小型容器

图 12-20　合理选材与减少焊缝数量

12.3.2 焊接方法的选择

焊接方法的选择，应根据材料的焊接性、焊件厚度、生产批量、产品质量要求、各种焊接方法的使用范围和现成设备条件等综合考虑来决定。

常用焊接方法的比较如表12-1所示。

表12-1　常用焊接方法的比较

焊接方法	焊接电源	主要接头形式	焊接位置	钢板厚度/mm	被焊材料	生产效率	应用范围
焊条电弧焊	电弧焊	对接，搭接，T形接，卷边接	全位置	3～20	碳钢，低合金钢，铸铁，铜及铜合金	中等偏高	要求在静止，冲击或振动载荷下工作的机件
埋弧自动焊	电弧热	对接，搭接，T形接	平焊	6～20	碳钢，低合金钢，铜及铜合金	高	在各种载荷下工作，成批中厚板长直焊缝和较大直径环缝
氩弧焊	电弧热	对接，搭接，T形接	全位置	0.5～25	铝、铜、镁、钛及钛合金、耐热钢、不锈钢	中等偏高	要求致密、耐蚀、耐热的焊件
CO_2焊	电弧热	对接，搭接，T形接	全位置	0.8～25	碳钢、低合金钢、不锈钢	很高	要求致密、耐蚀、耐热的焊件
电渣焊	熔渣电阻热	对接	平焊	40～450	碳钢，低合金钢，不锈钢，铝及铝合金	很高	一般用来焊接大厚度铸锻件
对焊	电阻焊	对接	平焊	不大于20	碳钢，低合金钢，不锈钢，铝及铝合金	很高	焊接杆状零件
点焊	电阻热	搭接	全位置	0.5～3	碳钢，低合金钢，不锈钢，铝及铝合金	很高	焊接薄板壳体
缝焊	电阻热	搭接	平焊	小于3	碳钢，低合金钢，不锈钢，铝及铝合金	很高	焊接薄壁容器
钎焊	各种热源	搭接、套接	全位置	—	碳钢，合金钢，铸铁，铝及铝合金	高	用其他焊接方法难以焊接的焊件，以及对强度要求不高的焊件

从表12-1中可以看出，在选择焊接方法时应注意以下几点：

(1) 低碳钢和低合金钢焊接性能好，各种焊接方法均适用。

(2) 若焊件板厚为中等厚度(10～20mm)，可选用焊条电弧焊、埋弧焊和气体保护焊。氩弧焊成本较高，一般不宜选用。

(3) 若焊件为长直焊缝或大直径环形焊缝，生产批量也较大，可选用埋弧焊。

(4) 焊件为单件生产，或焊缝短且处于不同空间位置，则选用焊条电弧焊为好。

(5) 焊件是薄板轻型结构，且无密封要求，则采用点焊可提高生产效率，如果有密封要求,则可选用缝焊。

(6) 对于低碳钢焊件一般不应该选用氩弧焊等高成本的焊接方法。当焊接合金钢、不锈钢等重要工作件时,则应采用氩弧焊等保护条件较好的焊接方法。

(7) 对于稀有金属或高熔点合金的特殊构件,焊接时可考虑采用等离子弧焊接、真空电子束焊接、脉冲氩弧焊焊接,以确保焊接件的质量。

(8) 对于微型箔件,则应选用微束等离子弧焊或脉冲激光点焊。

12.3.3 焊接接头工艺设计

1. 焊缝的布置

焊接结构工艺是否简便、焊接接头是否可靠与焊缝布置密切相关,焊缝的位置直接影响到焊件的质量和焊接过程是否能顺利进行,因此,要进行合理的布置。焊缝布置时应考虑以下几点。

(1) 应便于焊接操作。焊缝的布置应考虑便于施焊时的操作。例如,图 12-21 所示的焊接结构应考虑必要的操作空间,保证焊条能伸到焊接部位;应避免在不大的容器内施焊(改为在容器外施焊);应尽量避免仰焊缝,减少立焊缝(改为平焊缝)。

(2) 焊缝应避开应力最大或应力集中部位。焊接接头是焊接结构的薄弱环节,应避开最大应力部位或应力集中的部位。例如,图 12-22(a)所示简支梁焊接结构,就不该把焊缝设计在梁的中部,而应该安排在两边,如图 12-22(b)所示。

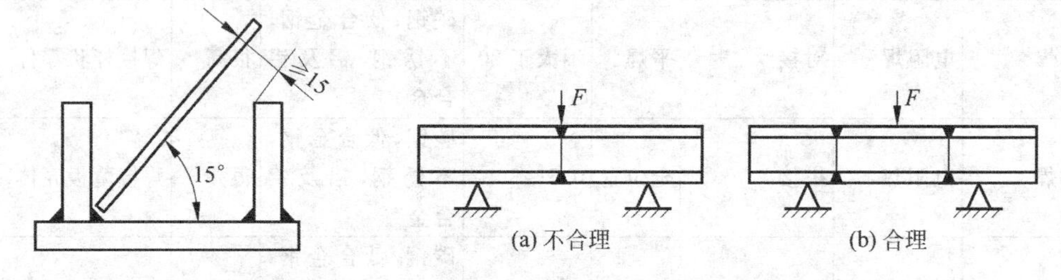

(a) 不合理　(b) 合理

图 12-21　焊条电弧焊操作空间　　图 12-22　避开应力最大部位

图 12-23 (a)所示平板封头的压力容器将焊缝布置在应力集中的拐角处;图 12-23(b)所示无折边封头将焊缝布置在有应力集中的接头处;所以,上述两例(图 12-23 (a)、(b))都是不合理的。如图 12-23 (c)所示,采用了碟形封头(或椭圆形封头、球形封头)使焊缝避开了焊接结构的应力集中部位,是合理的。

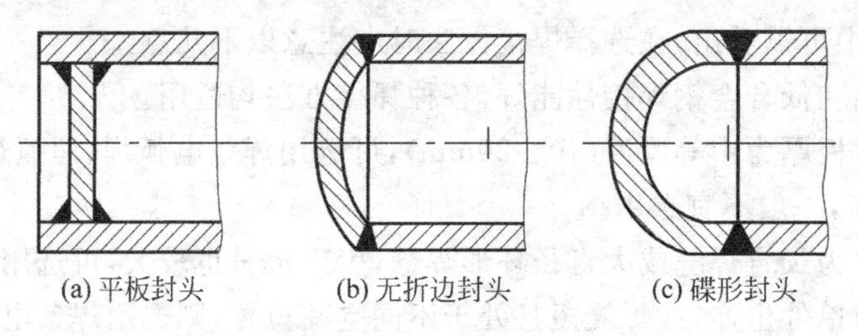
(a) 平板封头　(b) 无折边封头　(c) 碟形封头

图 12-23　避免应力集中部位

(3) 焊缝的布置应尽可能的分散。焊缝过分集中甚至彼此重叠,会造成局部金属严重过热,使组织、性能变坏。所以布置焊缝时,两条平行的焊缝相距应大于 100mm。相交的焊缝也应尽量分散,如图 12-24 中的(a)、(b)、(c)为不合理的设计,应设计成(d)、(e)、(f)的形式。

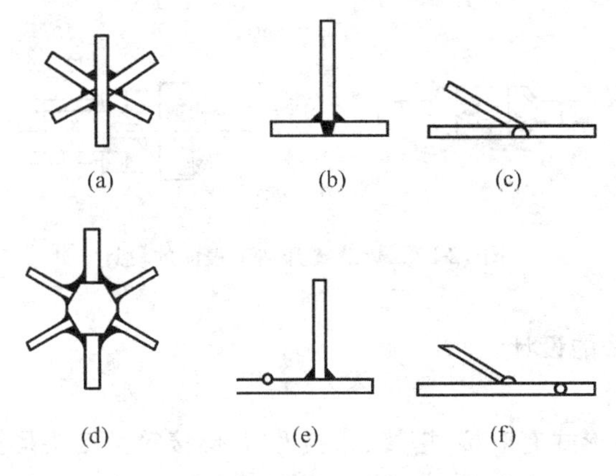

图 12-24　焊缝分布应避免重叠

(4) 焊缝的布置不得交叉。如图 12-25 中(a)、(c)所示就不合理,应改为(b)、(d)的形式。

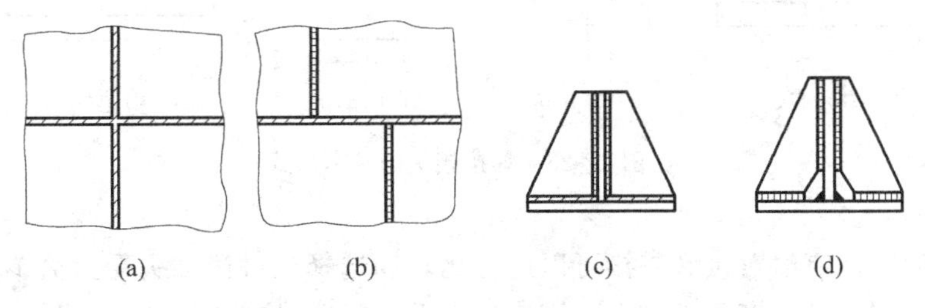

图 12-25　避免焊缝交叉的设计

因为焊缝交叉处易形成三向拉应力,很难通过塑性变形来消除这种应力,在动载荷下容易破坏。

(5) 焊缝的位置应尽可能对称布置。如图 12-26 所示的焊缝图,其中图(a)、(b)变形较大,而对称布置的图(c)和图(d)变形较小。

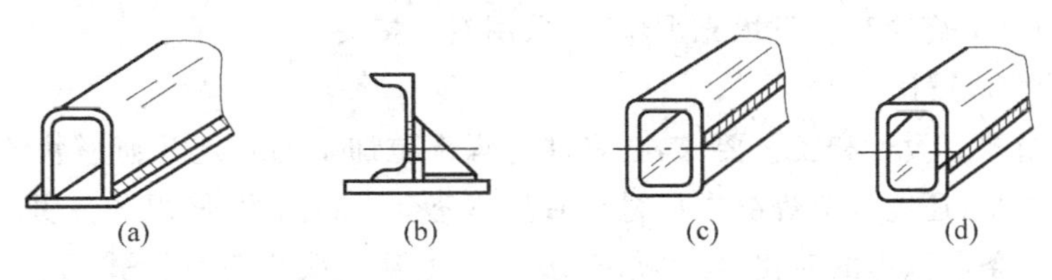

图 12-26　焊缝对称的设计

(6) 焊缝应尽量远离机械加工面。当焊件上有要求较高的加工表面,且必须加工后焊接时,为了防止已加工面受热而影响其形状和尺寸精度,焊缝应远离机械加工面。若焊缝必须靠近加工表面，则先焊而后加工，如图 12-27 所示。

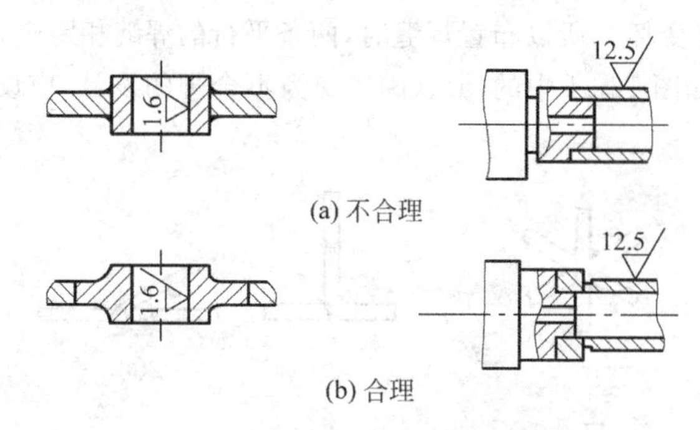

图 12-27　焊缝离开加工表面的设计

2. 焊接接头形式的设计

1）接头形式设计

常用的基本接头形式有对接、搭接、角接和 T 形接等。接头形式的选择是根据结构的形状和焊接生产工艺而定，要考虑易于保证焊接质量和尽量降低成本，如图 12-28 所示。

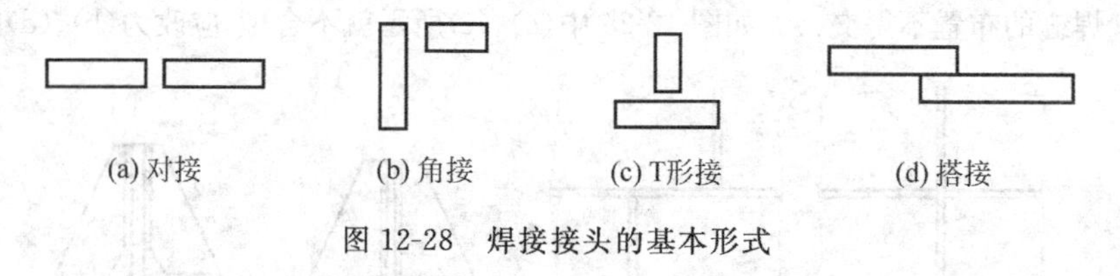

图 12-28　焊接接头的基本形式

对于熔化焊，有时对接和搭接可以进行比较和选择。对接接头受力简单、均匀，节省材料，但对下料尺寸精度要求较高。搭接接头受力复杂，接头产生弯曲附加应力，但对下料尺寸精度要求低。因此，锅炉、压力容器等结构的受力焊缝常用对接接头。对于厂房屋架、桥梁、起重机吊臂等桁架结构，多用搭接接头。

点焊、缝焊工件的接头为搭接，钎焊也多采用搭接接头，以增加结合面。

角接接头和 T 形结构根部易出现未焊透现象，从而引起应力集中，因此，接头处常开坡口，以保证焊接质量，角接接头多用于箱式结构。对于 1～2mm 薄板，气焊或钨极氩弧焊时，为避免接头烧穿和节省填充焊丝，可采用卷边接头。

2）焊缝坡口设计

坡口是指根据设计和工艺要求，在焊件待焊部位加工的一定几何形状的沟槽。通过控制坡口的大小，还能调节焊缝中母材金属与填充金属的比例，使焊缝金属达到所需要的化学成分。焊条电弧焊的对接接头、角接接头和 T 形接头中各种形式的坡口，其选择的主要依据是焊件板材厚度。图 12-29 所示为焊条电弧焊常见的坡口形式。

焊条电弧焊对板厚在 6mm 以下的对接接头施焊时，一般可不开坡口。当板厚增加时，为了保证焊透，接头处应根据工件厚度预制出各种形式的坡口。坡口的角度和装配尺寸应按标准选用。

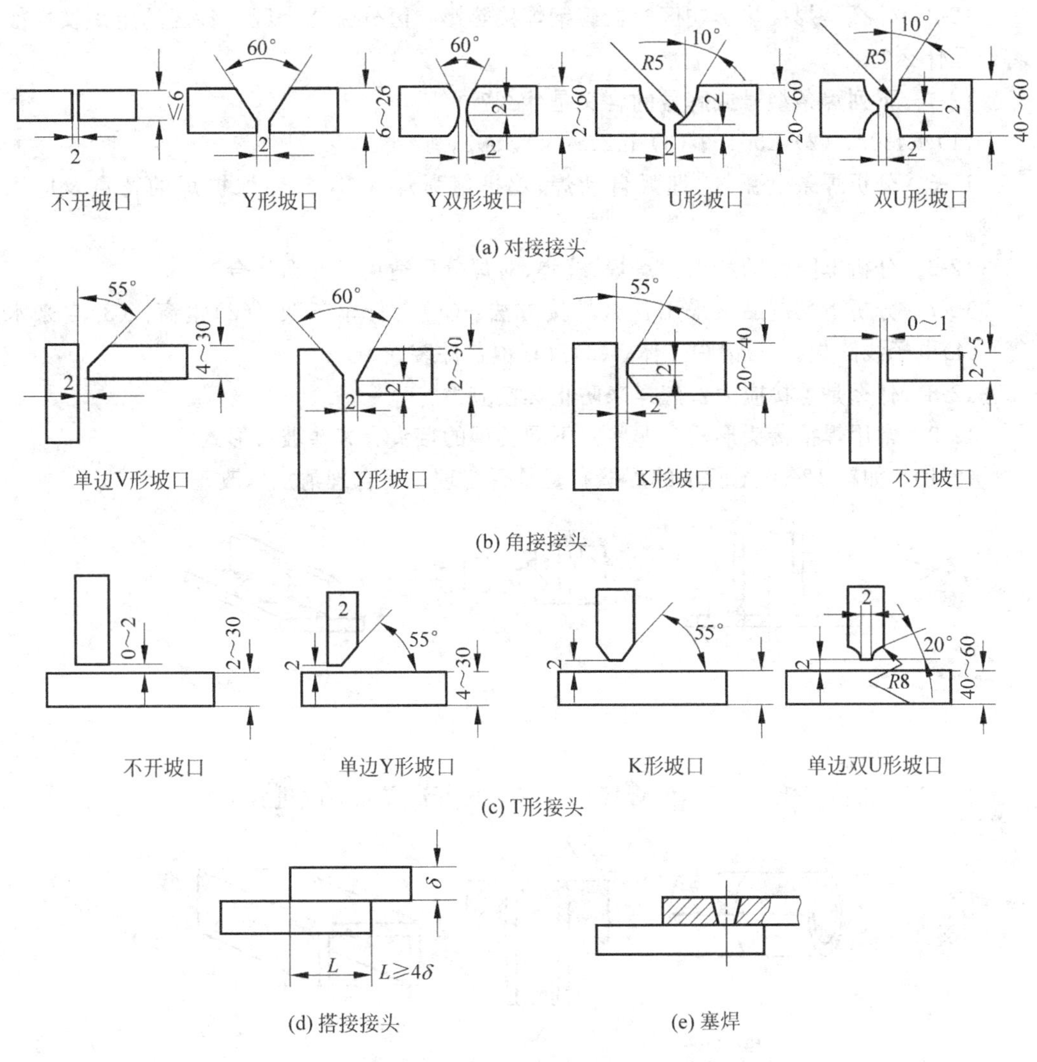

图 12-29　焊条电弧焊常见的坡口形式

两个焊接件的厚度相同时,常用坡口形式如图 12-29 所示。Y 形坡口和 U 形坡口用于单面焊,其焊接性较好,但焊后变形较大,焊条消耗量也大些。双 Y 形坡口双面施焊,受热均匀,变形较小,焊条消耗量较少,但有时受结构形状限制。U 形坡口根部较宽,允许焊条深入,容易焊透,而且坡口角度小,焊透消耗量较小。但因坡口形状复杂,一般只在重要的受动载荷的厚板结构中采用,双单边 V 形坡口主要用于 T 形接头和角接接头的焊接结构中。

思考与练习

12-1　什么是焊接？根据焊接过程的特点,焊接方法可以分为哪几大类？

12-2　什么是正接法？什么是反接法？具体有何应用？

12-3 什么是焊接热影响区？低碳钢焊接热影响区分哪几个区？各区的组织及性能特点是什么？

12-4 下列焊条型号或牌号的含义是什么？

(1) E4303；(2) E5015；(3) J422；(4) J507。

12-5 分析焊条电弧焊、埋弧自动焊、钨极氩弧焊、CO_2 气体保护焊的特点及应用范围。

12-6 分析电阻焊的特点。点焊、缝焊、对焊分别适用于什么场合？

12-7 分析下列制品该采用什么焊接方法：(1)自行车车架；(2)钢窗；(3)自来水管；(4)电子线路板；(5)锅炉壳体；(6)汽车覆盖件装配。

12-8 什么是焊接应力？怎样来防止焊接应力？

12-9 常用焊接接头形式有哪些？不同类型的接头有哪些坡口形式？

12-10 如题 12-10 图所示的焊缝布置是否合理？不合理请加以改正。

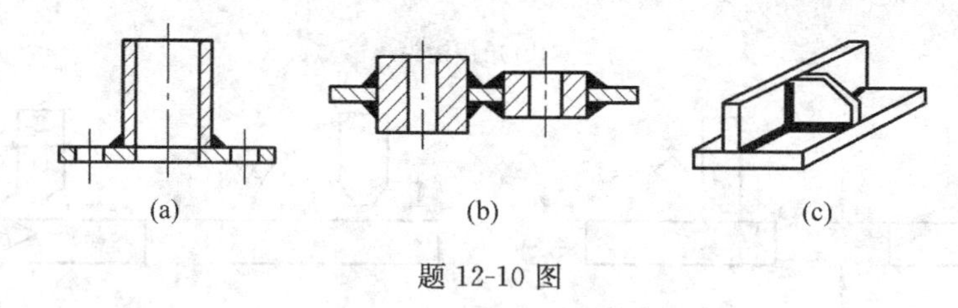

题 12-10 图

12-11 如题 12-11 图所示的焊接结构有何缺点？应如何改进？

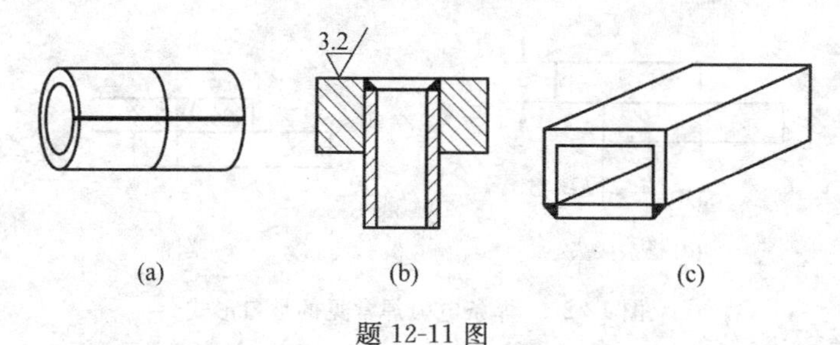

题 12-11 图

第13章 切削加工

切削加工是使用切削工具(包括刀具、磨具和磨料),在工具和工件的相对运动中,把工件上多余的材料层切除,使工件获得规定的几何参数(形状、尺寸、位置)和表面质量的加工方法。

切削加工可分为机械加工(简称机工)和钳工两部分。

机械加工是通过工人操作机床来完成切削加工,主要加工方法有车、铣、刨、磨及钻等,所用机床相应为车床、铣床、刨床、磨床及钻床等。

钳工一般是通过工人手持工具来进行加工的。钳工常用的加工方法有锯、锉、刮、钻、铰、攻螺纹等。为了减轻劳动强度和提高生产效率,钳工中的某些工作已逐渐被机械所代替,实现了机械化。在某些场合,钳工加工是非常经济和方便的,如在机器的装配和修理中某些配件的锉修、道轨面的刮研、笨重机件上的攻螺纹等。因此,钳工有其独特的价值,尤其在装配和修理等工作中有一定的地位。

由于现代机器的精度和性能的要求都有提高,因此对组成机器的大部分零件的加工质量也相应地提出了较高的要求。为了满足这些要求,目前绝大多数零件的质量还要靠切削加工的方法来保证。因此,如何正确地进行切削加工以保证质量、提高生产效率和降低成本,就有着重要的意义。

13.1 切削加工理论基础

13.1.1 切削加工的技术发展

切削加工的历史可追溯到原始人创造石劈、骨钻等劳动工具的旧石器时期。在中国,早在商代中期(公元前13世纪),就已能用研磨的方法加工铜镜;西汉时期(公元前206年—公元23年),就已使用杆钻和管钻,用加砂研磨的方法在“金缕玉衣”的共4000多块坚硬的玉片上钻了18 000多个直径1~2mm的孔。18世纪后半期的英国工业革命开始以后,由于蒸汽机和近代机床的发明,切削加工开始用蒸汽机作为动力。到了19世纪70年代,切削加工中又开始使用电力。对金属切削原理的研究始于19世纪50年代,对磨削原理的研究始于19世纪80年代。此后各种新的刀具材料相继出现。19世纪末出现的高速钢刀具,使刀具许用的切削速度比碳素工具钢和合金工具钢刀具提高了2倍以上,达到25m/min。1923年出现的硬质合金刀具,使切削速度比高速钢刀具又提高了2倍左右。20世纪30年代以后出现的金属陶瓷和超硬材料(人造金刚石和立方氮化硼),进一步提高了切削速度和加工精度。随着机床和刀具的不断发展,切削加工的精度、效率和自动化程度不断提高,应用范围也日益扩大,从而促进了现代机械制造业的发展。

13.1.2 金属材料的切削加工

目前，切削加工最多的是金属材料，金属材料的切削加工有许多分类方法，常见的有以下三种。

1. 按工艺特征区分

切削加工的工艺特征取决于切削工具的结构以及切削工具与工件的相对运动形式。按工艺特征，切削加工一般可分为：车削、铣削、刨削、磨削、钻削、镗削、铰削、插削、拉削、锯切、研磨、珩磨、超精加工、抛光、齿轮加工、蜗轮加工、螺纹加工、超精密加工、钳工和刮削等。

2. 按材料切除率和加工精度区分

金属材料的切削加工按材料切除率和加工精度区分，可分为以下几种。

(1) 粗加工：用大的切削深度，经一次或少数几次走刀从工件上切去大部分或全部加工余量，如粗车、粗刨、粗铣、钻削和锯切等。粗加工加工效率高而加工精度较低，一般用作预先加工，有时也可作最终加工。

(2) 半精加工：一般作为粗加工与精加工之间的中间工序，但对工件上精度和表面粗糙度要求不高的部位，也可以作为最终加工。

(3) 精加工：用精细切削的方式使加工表面达到较高的精度和表面质量，如精车、精刨、精铰、精磨等。精加工一般是最终加工。

(4) 精整加工：在精加工后进行，其目的是为了获得更小的表面粗糙度，并稍微提高精度。精整加工的加工余量小，如珩磨、研磨、超精磨削和超精加工等。

(5) 修饰加工：减小表面粗糙度，以提高防蚀、防尘性能和改善外观，但并不要求提高精度，如抛光、砂光等。

(6) 超精密加工：航天、激光、电子、核能等尖端技术领域中需要某些特别精密的零件，其尺寸公差等级高达IT4以上，表面粗糙度不大于$Ra0.01\mu m$。这就需要采取特殊措施进行超精密加工，如镜面车削、镜面磨削、软磨粒机械化学抛光等。

3. 按表面形成方法区分

切削加工时，工件的已加工表面是依靠切削工具和工件作相对运动来获得的。按表面形成方法，切削加工可分为三类。

(1) 刀尖轨迹法：依靠刀尖相对于工件表面的运动轨迹来获得工件所要求的表面几何形状，如车削外圆、刨削平面、磨削外圆、用靠模车削成形面等。刀尖的运动轨迹取决于机床所提供的切削工具与工件的相对运动。

(2) 成形刀具法：简称成形法，用与工件的最终表面轮廓相匹配的成形刀具或成形砂轮等加工出成形面。此时机床的部分成形运动被刀刃的几何形状所代替，如成形车削、成形铣削和成形磨削等。由于成形刀具的制造比较困难，机床-夹具-工件-刀具所形成的工艺系统所能承受的切削力有限，成形法一般只用于加工短的成形面。

(3) 展成法：又称滚切法，加工时切削工具与工件作相对展成运动，刀具(或砂轮)和工件的瞬心线相互作纯滚动，两者之间保持确定的速比关系，所获得的加工表面就是刀刃在这种运动中的包络面。齿轮加工中的滚齿、插齿、剃齿、珩齿和磨齿(不包括成形磨齿)

等均属展成法加工。

常见的各种表面形成加工方法如图 13-1 所示。

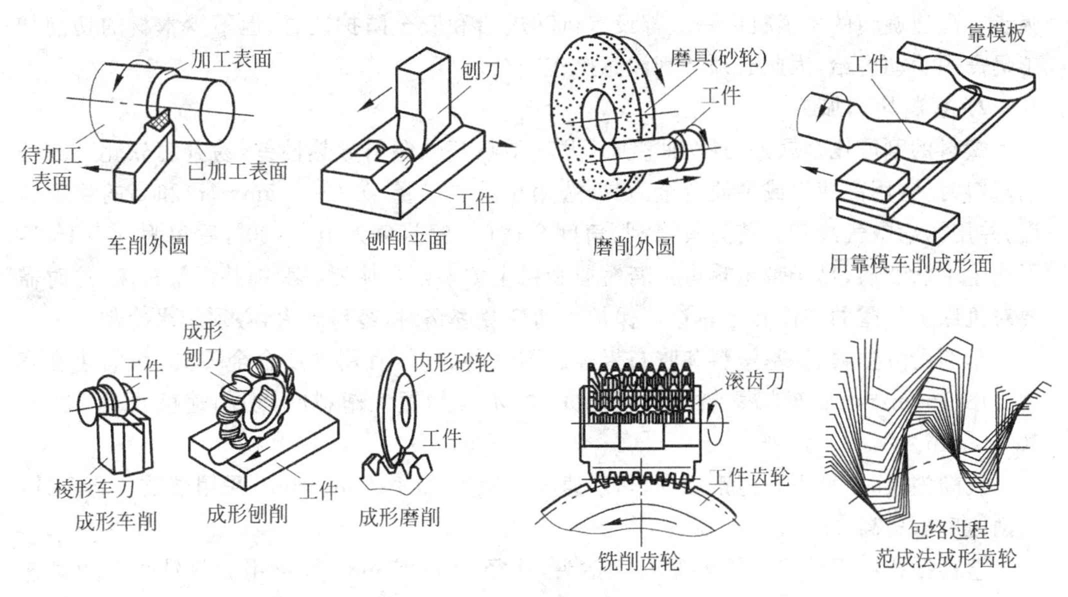

图 13-1　各种表面形成加工方法

13.1.3　非金属材料的切削加工

对木材、塑料、橡胶、玻璃、大理石、花岗石等非金属材料的切削加工，虽与金属材料的切削类似，但所用刀具、设备和切削用量等各有特点。

1. 木材切削加工

木材制品的切削加工主要在各种木工机床上进行，其方法主要有：锯切、刨切、车削、铣削、钻削和砂光等。

木材的锯切通常采用木工圆锯机或木工带锯机，两者都可用不同锯齿形状的刀具(锯片或锯带)进行截料、剖料或切榫。带锯切的锯缝较窄，窄带锯切还能切割曲面和不规则的形状。

刨削通常用木工平刨床或木工压刨床，两者都可用旋转的刨刀刨削平面或型面，其中压刨床加工可得到较高的尺寸精度。当表面的光洁程度要求较高时可用木工精光刨。

木料的外圆一般在木工车床上车削。

木料的开榫、开槽、刻模和各种形面的加工，可用成形铣刀在木工铣床上铣削。

钻孔可用木工钻头、麻花钻头或扁钻，在台钻或木工钻床上进行。小孔也可用手电钻加工。

木料表面的精整可用木工砂光机。平面砂光可用带式砂光机；各种型面的砂光可用滚筒式砂光机；端面砂光和边角倒棱可用盘式砂光机。也可用木工车床或木工钻床砂光。

木料加工的切削速度比金属切削高得多，所以刀具的刃口都较薄而锋利，进给量也较大。如锯切速度常达 40～60m/s；车削或刨削时，刀具前角常达 30°～35°，切削速度达 60～100m/s，故出屑量很大。切削时一般不用切削液，干切下来的大量木屑可用抽风机吸走。高速旋转的木工机床一般都设有机动进给和安全防护装置，但不少木材的切削加工仍需用手动进给，因此必须特别注意操作安全。

2. 塑料切削加工

塑料的刚度比金属差，易弯曲变形，尤其是热塑性塑料导热性差，易升温软化。故切削塑料时，宜用高速钢或硬质合金刀具，选用小的进给量(0.1～0.5mm/r)和高的切削速度，并用压缩空气冷却。若刀具锋利，角度合适(一般前角为 10°～30°，后角为 5°～15°)，可产生带状切屑，易于带走热量。若短屑和粉尘太多则会使刀具变钝并污染机床，这时需要对机床上外露的零件和导轨进行保护。切削赛璐珞时，容易着火，必须用水冷却。

车削酚醛塑料、氨基塑料和胶布板等热固性塑料时，宜用硬质合金刀具，切削速度宜用 80～150m/min；车削聚氯乙烯或尼龙、电木等热塑性塑料时，切削速度可达 200～600m/min。

铣削塑料时，采用高速钢刀具，切削速度一般为 35～100m/min；采用硬质合金刀具，切削速度可提高 2～3 倍。

塑料钻孔可用螺旋角较大的麻花钻头，孔径大于 30mm 时，可用套料钻。采用高速钢钻头时，常用切削速度为 40～80m/min。由于塑料有膨缩性，钻孔时所用钻头直径应比要求的孔径加大 0.05～0.1mm。钻孔时，塑料下面要垫硬木板，以阻止钻头出口处孔壁周围的塑料碎落。

刨削和插削的切削速度低，一般不宜用于切削塑料，但也可用木工刨床进行整平和倒棱等工作。攻螺纹时可采用沟槽较宽的高速钢丝锥，并用油润滑；外螺纹可用螺纹梳刀切削。对尼龙、电木和胶木等热固性塑料，可以用组织疏松的白刚玉或碳化硅砂轮磨削，也可用砂布(纸)砂光，但需用水冷却。由于热塑性塑料的磨屑容易堵塞砂轮，一般不宜磨削。

3. 橡胶切削加工

车削硬橡胶工件时，可用刃口锋利的硬质合金车刀(前角为 12°～40°，后角为 10°～20°)，采用 150～400m/min 的切削速度，可以干车，也可用水或压缩空气冷却。如用高速钢刀具车削，切削速度要低些。

硬橡胶钻孔可用顶角为 80°左右的硬质合金或高速钢麻花钻头干钻。当钻削孔径为 10～20mm 时，切削速度可取 21～24m/min。硬橡胶工件也可用松而软的砂轮磨削。

4. 玻璃切削加工

玻璃(包括锗、硅等半导体材料)的硬度高而脆性大，对玻璃的切削加工常用切割、钻孔、研磨和抛光等方法。

对厚度在 3mm 以下的玻璃板，最简单的切割方法是：用金刚石或其他坚硬物质在玻璃表面手工刻划，利用刻痕处的应力集中，即可用手折断。

玻璃的机械切割一般采用薄铁板(或不锈钢薄片)制成的圆锯片，并在切削过程中加磨料和水。常用的磨料是粒度为 400 号左右的碳化硅或金刚石。例如当把圆棒形的半导体锭料切割成 0.4mm 左右厚度的晶片时，采用环形圆锯片，利用其内圆周对棒状锭料进行切割，切割0.4mm厚度的晶片，切缝宽为0.1～0.2mm。方形晶片平面的切割常采用薄片砂轮直接划出划痕后折断，圆形晶片也可采用超声波切割。

研磨和抛光玻璃的工作原理与金属的相似。研磨后的玻璃表面是半透明的细毛面，必须经过抛光后才能成为透明的光泽表面。研磨压力一般取1000～3000Pa，磨料可用粒度为W5～20号的石英砂、刚玉、碳化硅或碳化硼，水与磨料之比约为1∶2。玻璃研磨后，平整的毛面常留有平均深度为4～5μm的凹凸层，且有个别裂纹深入表里，故抛光时常须去除厚达20μm玻璃层，这个厚度约为研磨去除量的1/10，但抛光所需的时间远比研磨长(数小时到数十小时)。抛光盘的材料通常采用毛毡、呢绒或塑料，所用磨料是粒度W5号以下的氧化铁(红粉)、氧化铈和氧化锆等微粉(直径5μm以下)。研磨时加等量的水制成悬浮液作为抛光剂，在5～20℃的环境温度下工作效果较好。

在玻璃上钻削大孔或中孔时，一般用端部开槽的铜管或钢管作为钻头，在30m/min的切削速度下进行，同时在钻削部位注入碳化硅或金刚石磨料和润滑油。钻孔时，玻璃必须用毛毡或橡胶垫平，以防压碎。对孔径5mm以下的小孔常采用冲击钻孔法，即用硬质合金圆凿以2000r/min左右的转速，同时通过电磁振荡器使圆凿给玻璃表面以6kHz的振动冲击，这种方法的效率很高，只要10s就可钻出孔径2mm、深5mm的小孔。对方孔和异形孔采用超声波(18～24kHz)加工最为方便。

玻璃的外圆加工一般用碳化硅砂轮磨削，也可用金刚石车刀或负前角的硬质合金车刀在2000r/min左右的转速下进行车削。

5. 石料切削加工及其他硬质材料切削加工

对大理石、花岗石和混凝土等坚硬材料的加工主要用切割、车削、钻孔、刨削、研磨和抛光等方法。切割时可用圆锯片加磨料和水；外圆和端面可采用负前角的硬质合金车刀以10～30m/min的切削速度车削。钻孔可用硬质合金钻头，切削速度为4～7m/min。大的石料平面可用硬质合金刨刀或滚切刨刀刨削；精密平滑的表面可用三块互为基准对研的方法或磨削和抛光的方法获得。

13.2　金属切削刀具

切削刀具的种类虽然很多，但它们切削部分的结构要素和几何角度有许多共同的特征。如图13-2所示，各种多齿刀或复杂刀具，就其一个刀齿而言，都相当于一把车刀的刀头。下面从车刀入手进行分析和研究。

13.2.1　车刀切削部分的组成

车刀切削部分由三个面组成，即前面、主后面和副后面。前面是刀具上切屑流过的表面。后面是刀具上，与工件上切削中产生的表面相对的表面。与前面相交形成主切削刃的面称为主后面；与前面相交形成副切削刃的面称为副后面。

切削刃：刀具前面上拟作切削的刃，有主切削刃和副切削刃之分。主切削刃是起始于切削刃上主偏角为零的点，并至少有一段切削刃拟用来在工件上切出过渡表面的那个切削刃。切削时，主要的切削工作在主切削刃上完成。副切削刃是指切削刃上除去主切

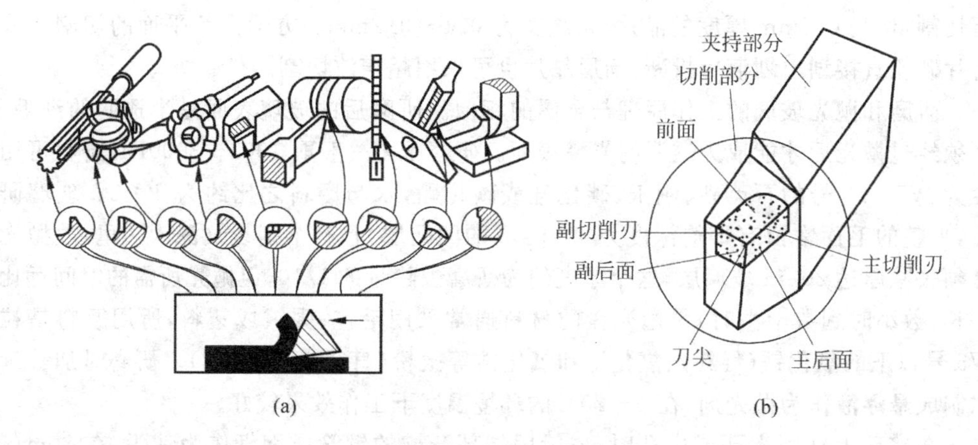

图 13-2　刀具刀头

削刃以外的刃，亦起始于主偏角为零的点，但它向背离主切削刃的方向延伸。切削过程中，它也起一定的切削作用，但不明显。

按刀具切削部分参与切削的状态，又把切削刃分为工作切削刃（刀具上拟作切削的刃）和作用切削刃。作用切削刃是指在特定瞬间；工作切削刃是实际参与切削，并在工件上产生过渡表面和已加工表面的那段刃。为区别起见，分别在主、副切削刃前冠以“工作”或“作用”二字。

主切削刃与副切削刃的连接处相当少的一部分切削刃，称为刀尖。实际刀具的刀尖并非绝对尖刃，而是一小段曲线或直线，分别称为修圆刀尖和倒角刃尖。

13.2.2　车刀切削部分的主要角度

刀具要从工件上切除余量，就必须使它的切削部分具有一定的切削角度。为统一定义，规定不同角度，并适应刀具在设计、制造及工作时的多种需要，需选定适当的组合的基准坐标平面作为参考系。其中用于定义刀具设计、制造、刃磨和测量时的几何参数的参考系，称为刀具静止参考系；用于规定刀具进行切削加工时的几何参数的参考系，称为刀具工作参考系。工作参考系与静止参考系的区别在于用实际的合成运动方向取代假定的主运动方向，用实际的进给运动方向取代假定进给运动方向。

1. 刀具静止参考系

刀具静止参考系主要包括基面、切面平面、正交平面和假定工作平面等，如图 13-3 所示。

(1) 基面：过切削刃选定点，垂直于该点假定主运动方向的平面，以 P_r 表示。

(2) 切削平面：过切削刃选定点，与切削刃相切，并垂直于基面的平面，主切削平面以 P_s 表示，副切削平面以 P_s'表示。

(3) 正交平面：过切削刃选定点，并同时垂直于基面和切削平面的平面，以 P_o 表示。

(4) 假定工作平面：过切割刃选定点，垂直于基面并平行于假定进给运动方向的平面，以 P_f 表示。

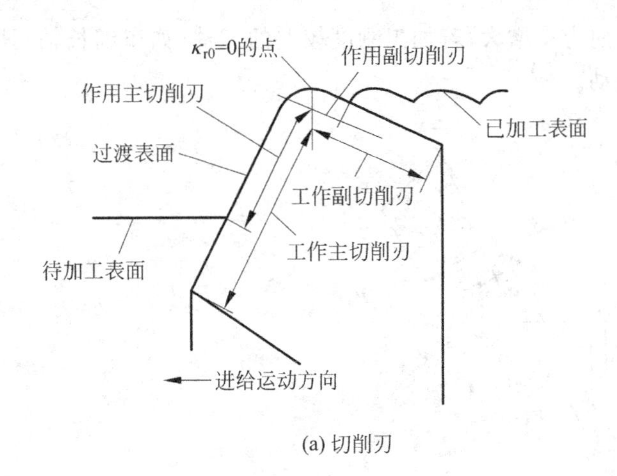

(a) 切削刃

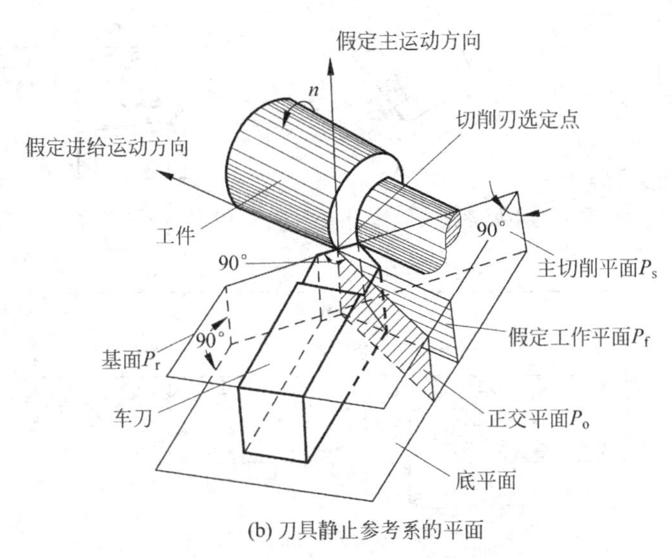

(b) 刀具静止参考系的平面

图 13-3 刀具的静止参考系

2. 车刀的主要角度

在车刀设计、制造、刃磨及测量时,必需的主要角度有以下几个(见图 13-4)。

1) 主偏角和副偏角

(1) 主偏角 κ_r:在基面中测量的主切削平面与假定工作平面间的夹角。

(2) 副偏角 κ_r':在基面中测量的副切削平面与假定工作平面间的夹角。

主偏角主要影响切削层截面的形状和参数,影响切削分力的变化,并和副偏角一起影响已加工表面的粗糙度;副偏角还有减小副后面与已加工表面间摩擦的作用。

如图 13-5 所示,当背吃刀量和进给量一定时,主偏角越小,切削层公称宽度越大而公称厚度越小,即切下宽而薄的切屑。这时,主切削刃单位长度上的负荷较小,并且散热条件较好,有利于刀具耐用度的提高。

由图 13-6 可以看出,当主、副偏角小时,已加工表面残留面积的高度 h_c 亦小,因而可减小表面粗糙度的值,并且刀尖强度和散热条件较好,有利于提高刀具耐用度。但是,当主偏角减小时，背向力将增大，若加工刚度较差的工件(如车细长轴)，则容易引起工件变形，并可能产生振动。

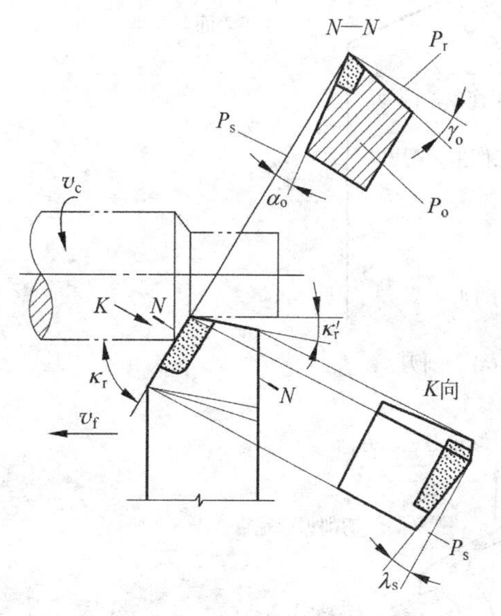

图 13-4　车刀的主要角度

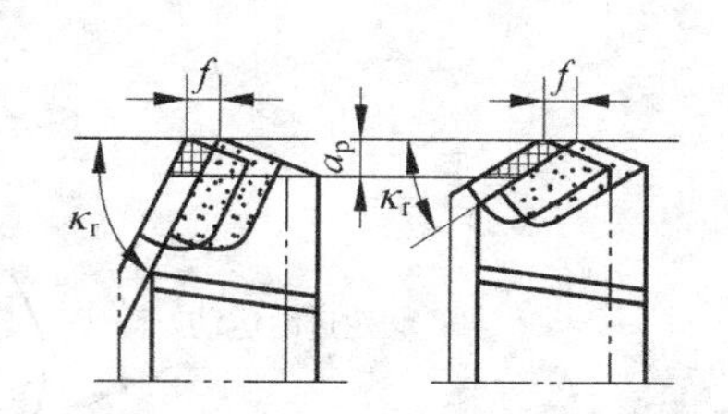

图 13-5　主偏角对切削层参数的影响

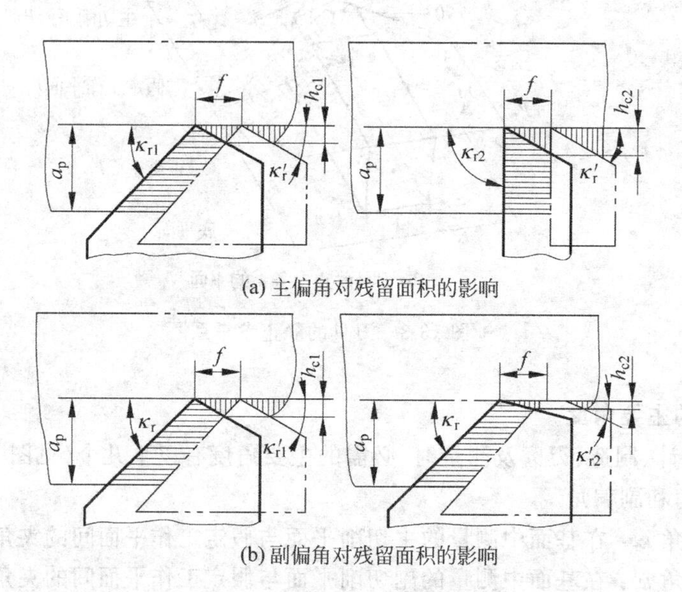

图 13-6　主、副偏角对残留面积的影响

主、副偏角应根据工件的刚度及加工要求选取合理的数值。一般车刀常用的主偏角有 45°、60°、75°、90°等几种；副偏角为 5°～15°，粗加工时取较大值。

2) 前角 γ_o。

在正交平面中测量的前面与基面间的夹角称为前角。根据前面和基面相对位置的不同，又分别规定为正前角、零度前角和负前角(见图 13-7)。

当取较大的前角时，切削刃刀锋利，切削轻快，即切削层材料变形小，切削力也小。但当前角过大时，切削刃和刀头的强度、散热条件和受力状况变差(见图 13-8)，将使刀具磨损加快，耐用度降低，甚至崩刃损坏；若取较小的前角，虽切削刃和刀头较强固，散热条件和受力状况也较好，但切削刃变钝，对切削加工也不利。

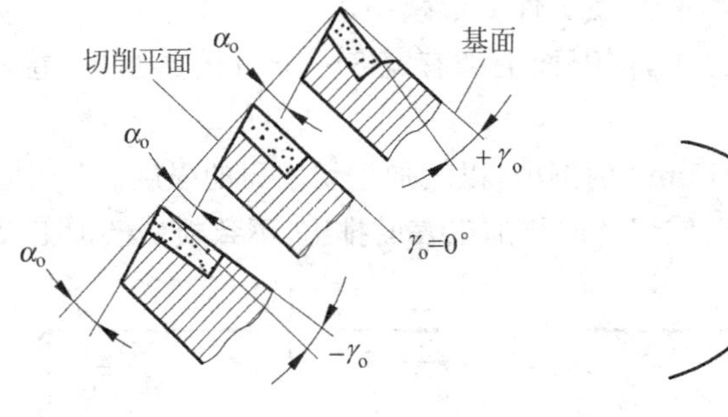

图 13-7　前角的正与负

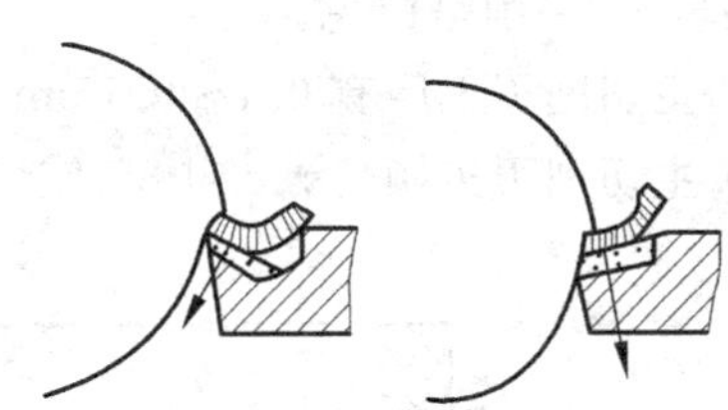
图 13-8　前角的作用

前角的大小常根据工件材料、刀具材料和加工性质来选择。当工件材料塑性大、强度和硬度低或刀具材料的强度和刃性好或精加工时，取大的前角；反之取较小的前角。例如，用硬质合金车刀切削结构钢件，γ_o 可取 10°～20°；切削灰铸铁件，γ_o 可取 5°～15°等。

3) 后角 α_o

在正交平面中测量的刀具后面与切削平面间的夹角称为后角。

后角的主要作用是减少刀具后面与工件表面间的摩擦，并配合前角改变切削刃的锋利与强度。后角大，摩擦小，切削刃锋利；但后角过大，将使切削刃变弱，散热条件变差，加剧刀具的磨损。

后角的大小常根据加工的种类和性质来选择。例如，粗加工或工件材料较硬时，要求切削刃强固，后面取较小值：α_o＝6°～8°。反之，对切削刃强度要求不高，主要希望减小摩擦和已加工表面的粗糙度值，后角可取稍大的值：α_o＝8°～12°。

4) 刃倾角 λ_s

在主切削平面中测量的主切削刃与基面间的夹角称为刃倾角。与前角类似，刃倾角也有正、负和零值之分(见图 13-9)。

刃倾角主要影响刀头的强度、切削分力和排屑方向。负的刃倾角可起到增强刀头的作用，但会使背向力增大，有可能引起振动，而且还会使切屑排向已加工表面，可能划伤和拉毛已加工表面。因此，粗加工时为了增强刀头，λ_s 常取负值；精加工时为了保护已加工表面，λ_s 常取正值或零度。车刀的刃倾角一般在－5°～＋5°范围内选取。有时为了提高刀具耐冲击的能力，λ_s 可取较大的负值。

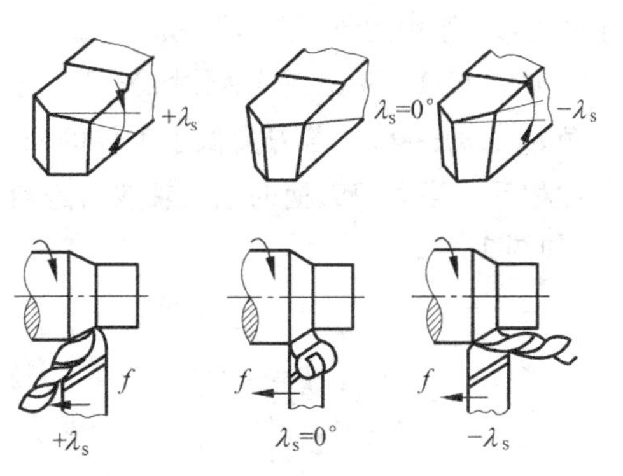

图 13-9　刃倾角及其对排屑方向的影响

在实际生产中，生产者们通过改变车刀的几何参数，创造了不少先进车刀。例如高速车削细长轴的银白屑车刀，表面粗糙度值可达 Ra 3.2～1.6μm，切削效率比一般外圆车刀提高 2 倍以上。刀片材料粗加工时用 P10，精加工时采用 P01。银白屑车刀的几何形状如图 13-10 所示。其主要特点是：

(1) 采用 90°主偏角，以减小背向力，使工件变形减小。

(2) 前角大(15°～30°)，切削力小，前刀面上磨有宽 3～4mm 的卷削槽，卷削排削顺利，发热量小，切削呈白色。

(3) 主切削刃上磨有 0.1～0.15mm 的倒棱，以增加主切削刃的强度。

(4) 主切削刃刃倾角 $\lambda_s=+3°$，使切屑向待加工表面排出，不致损伤已加工表面。

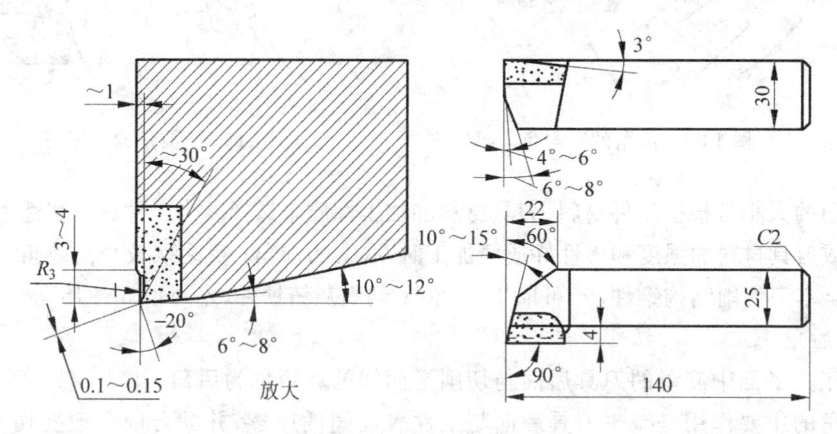

图 13-10　银白屑车刀

这种车刀，在粗车或半精车时可以采用较大的切削用量；当采用高速小进给量时，也适于精加工。

3. 刀具的工作角度

刀具的工作角度是指在工作参考系中定义的刀具角度。刀具工作角度考虑了合成运动和刀具安装条件的影响。一般情况下，进给运动对合成运动的影响可忽略，并在正常安装条件下，如车刀刀尖与工件回转轴线等高、刀柄纵向轴线垂直于进给方向等，车刀的工作角度近似于静止参考系中的角度。但在切断、车螺纹及车非圆柱表面时，就要考虑进给运动的影响，

如图 13-11 所示，车外圆时，若刀尖高于工件的回转轴线，则工作前角 $\gamma_{oe}>\gamma_o$，而工作后角 $\alpha_{oe}<\alpha_o$；反之，若刀尖低于工件的回转轴线，则 $\gamma_{oe}<\gamma_o$，$\alpha_{oe}>\alpha_o$。镗孔时的情况正好与此相反。当车刀刀柄的纵向轴线与进给方向不垂直时，将会引起主偏角和副偏角的变化，如图 13-12 所示。

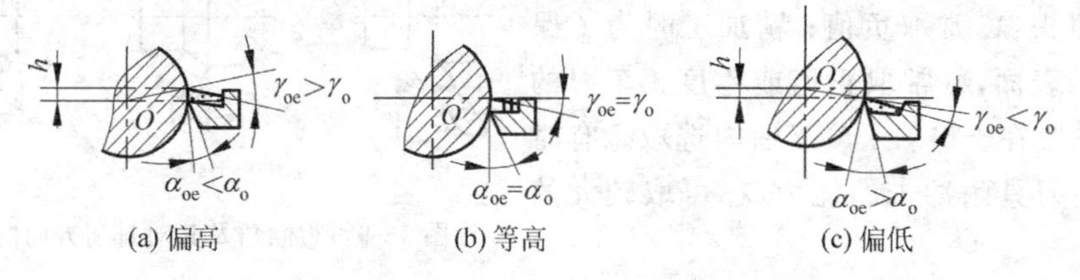

图 13-11　车刀安装高度对前角和后角的影响

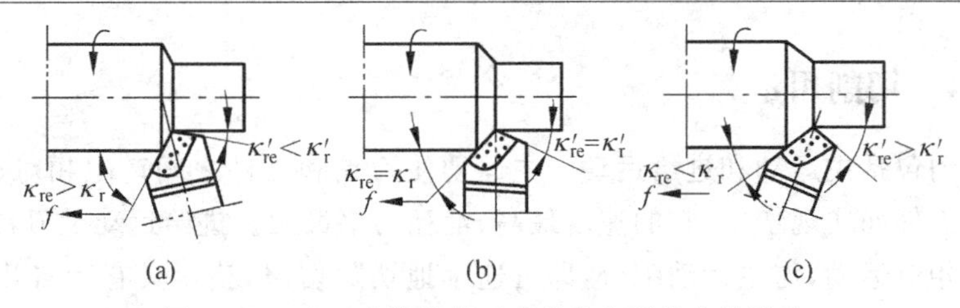

图 13-12　车刀安装偏斜对主偏角和副偏角的影响

13.2.3　刀具结构

刀具的结构形式对刀具的切削性能、切削加工的生产效率和经济效益有着重要的影响。下面仍以车刀为例，说明刀具结构的演变和改进。

刀具的结构形式有整体式、焊接式、机夹重磨式和机夹可转位式等几种。早期使用的车刀，多半是整体式结构，对贵重的刀具材料消耗较大。焊接式车刀的结构简单、紧凑、刚性好，而且灵活性较大，可以根据加工条件和加工要求，较方便地磨出所需要的角度。但焊接式车刀的硬质合金刀片经过高温焊接和刃磨后，会产生内应力和裂纹，使切削性能下降，对提高生产效率很不利。

为了避免高温焊接所带来的缺陷，提高刀具切削性能，并使刀柄能多次使用，可采用机夹重磨式车刀，其主要特点是刀片与刀柄是两个可拆开的独立元件，工作时靠夹紧元件把它们紧固在一起。图 13-13 所示为机夹重磨式切断刀的一种典型结构。

近年来，随着自动机床、数控机床和机械加工自动线的发展，无论焊接式车刀还是机夹重磨式车刀，由于换刀、调刀等造成停机时间损失，都不能适应需要，因此研制了机夹可转位式车刀。实践证明，这种车刀不但在自动化程度高的设备上，而且在通用机床上，都比焊接式车刀或机夹重磨式车刀优越，是当前车刀发展的主要方向。

所谓机夹可转位式车刀，是将压制有一定几何参数的多边形刀片，用机械加固的方法装夹在标准的刀体上。使用时，刀片上一个切削刃用钝后，只需松开夹紧机构，将刀片转位换成另一个新的切削刃，便可继续切削。机夹可转位式车刀由刀体、刀片、刀垫及夹紧机构等组成，图 13-14 所示为杠杆式可转位车刀。

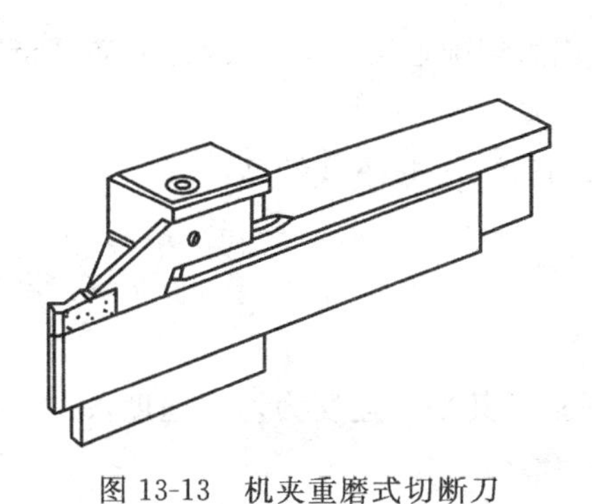

图 13-13　机夹重磨式切断刀

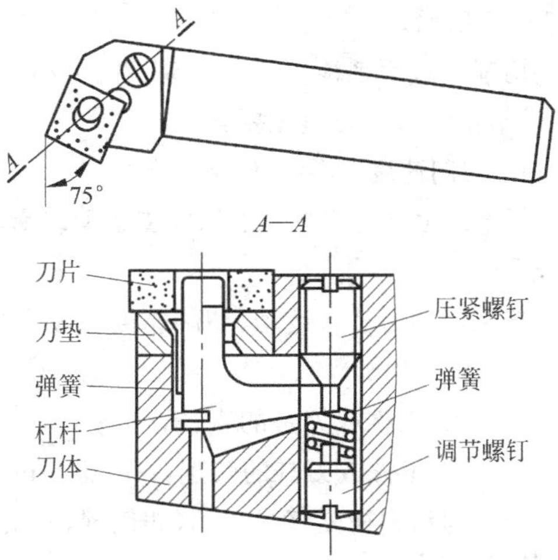

A—A

刀片　刀垫　弹簧　杠杆　刀体　压紧螺钉　弹簧　调节螺钉

图 13-14　杠杆式可转位车刀

13.2.4 切削用量

切削运动包括主运动和进给运动。主运动使刀具和工件之间产生相对运动，促使刀具前面接近工件而实现切削，它的速度最高，消耗功率最大。进给运动是刀具与工件之间产生附加的相对运动，与主运动配合，即可连续地切除切屑，获得具有所需几何特性的已加工表面。各种切削加工方法（如车削、钻削、刨削、磨削和齿轮形加工等）都是为了加工某种表面而发展起来的，因此也都有其特定的切削运动。如图 13-15 所示，切削运动有旋转的，也有直行的；有连续的，也有间歇的。

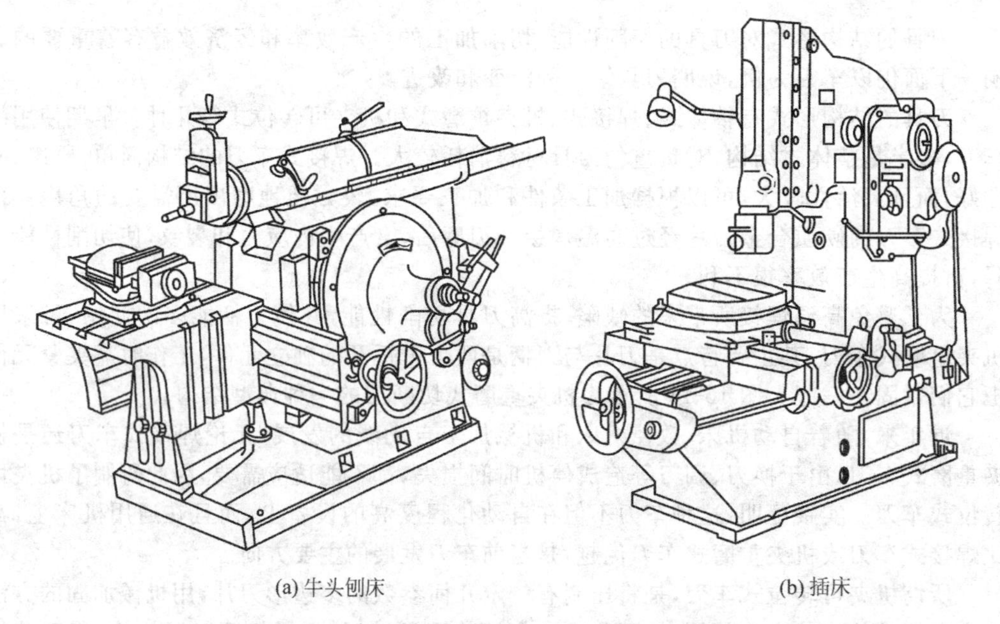

(a) 牛头刨床　　(b) 插床

图 13-15　零件不同表面加工时的切削运动

切削时，实际的切削运动是一个合成运动，其方向是由合成切削速度角 η 确定的，如图 13-16 所示。

切削用量用来衡量切削运动量的大小。在一般的切削加工中，切削用量包括切削速度、进给量和背吃刀量三要素。

1. 切削速度 v_c

切削刀上选定点相对于工件主运动的瞬时速度称为切削速度，以 v_c 表示，单位为 m/s 或 m/min。

若主运动为旋转运动，切削速度一般为其最大线速度，v_c 按下式计算：

$$v_c = \pi dn/1000$$

式中：d——工件或刀具的直径，mm；

n——工件或刀具的转速，r/s 或 r/min。

若主运动为往复直线运动（如刨削、插削等），则常以其平均速度为切削速度，v_c 按下式计算：

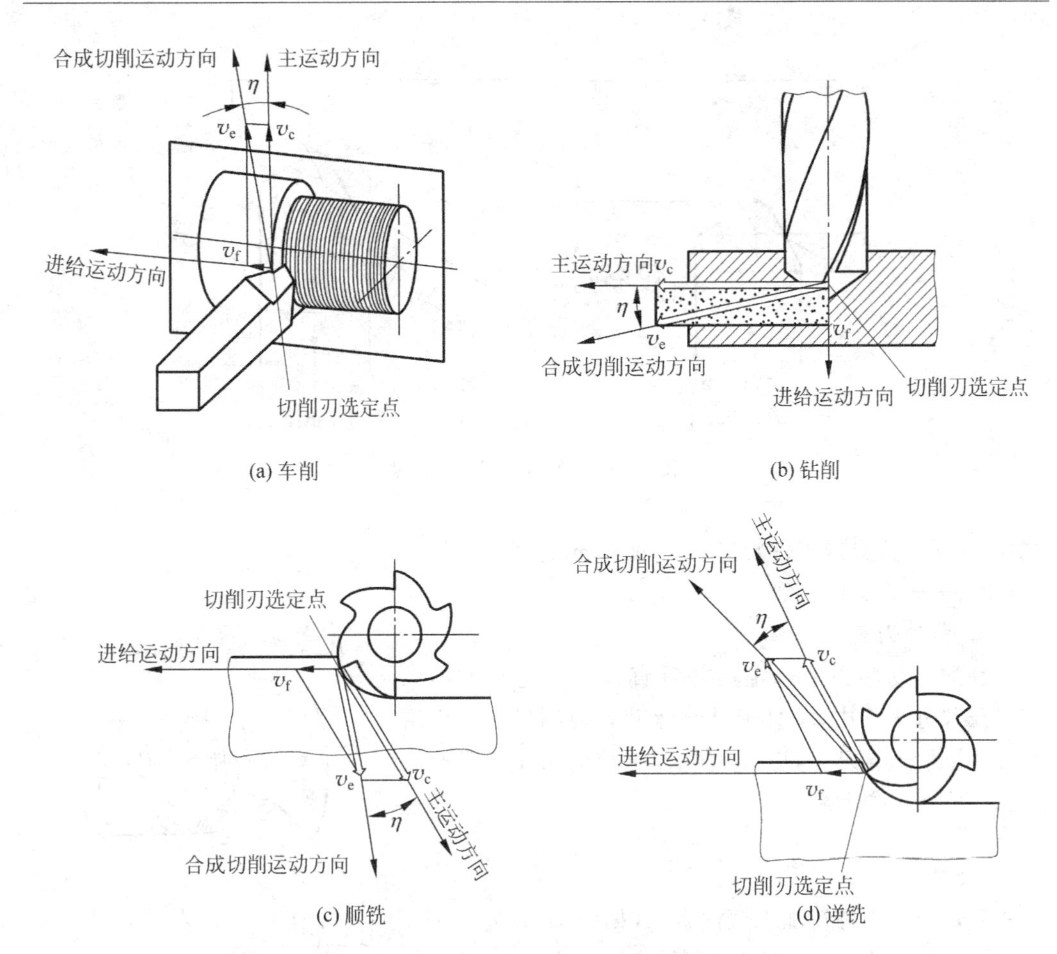

图 13-16　零件不同表面加工时的切削运动

$$v_c = 2Ln_r/1000$$

式中：L——往复行程长度，mm/st；

n——主运动每秒或每分钟的往复次数，st/s 或 st/min。

2. 进给量

刀具在进给运动方向上相对工件的位移量称为进给量。不同的加工方法，由于所用刀具和切削运动形式不同，进给量的表述和度量方法也不同。

用单齿刀具(如车刀、刨刀等)加工时，进给量常用刀具或工件每转或每行程，刀具在进给运动方向上相对工件的位移量来度量，称为每转进给量或每行程进给量，以 f 表示，单位为 mm/r 或 mm/st，如图 13-17 所示。

用多齿刀具(如铣刀、钻头等)加工时，进给运动的瞬时速度称为进给速度，以 v_f 表示，单位为 mm/s 或 mm/min。刀具每转或每行程中每齿相对工件在进给运动方向上的位移量，称为每齿进给量，以 f_z 表示，单位为 mm/z。

f_z、f、v_f 之间有如下关系：

$$v_f = fn = f_z zn$$

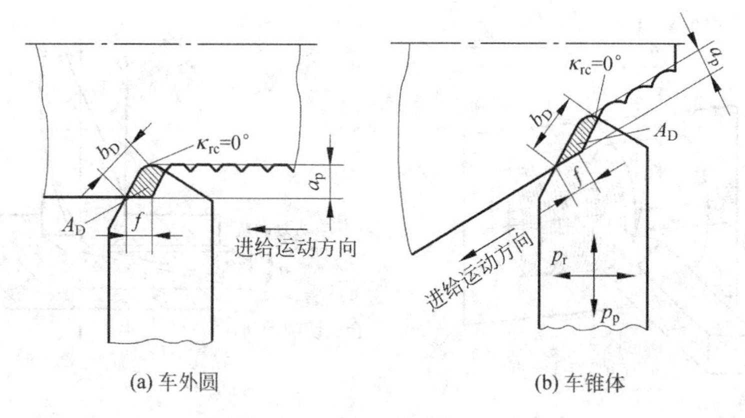

图 13-17 车削时切削层尺寸

式中：n——刀具或工件转速，r/s 或 r/min；

z——刀具的齿数。

3. 背吃刀量 a_p

在通过切削刃上选定点并垂直该点主运动方向的切削层尺寸平面中，垂直于进给运动方向测量的切削层尺寸，称为背吃刀量，以 a_p 表示，单位为 mm。车外圆时，a_p 可用下式计算：

$$a_p = \frac{d_w - d_m}{2}$$

式中：d_w——工件待加工表面直径(见图 13-18)，mm；

d_m——工件已加工表面直径，mm。

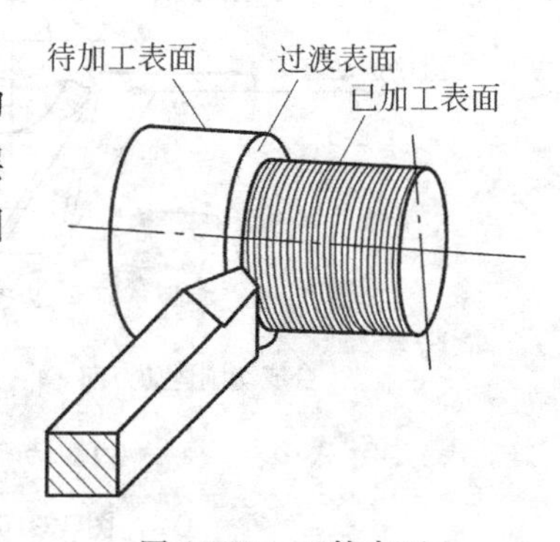

图 13-18 工件表面

13.2.5 切削层参数

切削层是指切削过程中，由刀具切削部分的一个单一动作(如车削时工件转一圈，车刀主切削刃移动一段距离)所切除的工件材料层。它决定了切削的尺寸及刀具切削部分的载荷。切削层的尺寸和形状，通常是在切削层尺寸平面中测量的。

(1) 切削层公称横截面积 A_D：在给定的瞬间，切削层在切削层尺寸平面里的实际横截面积，单位为 mm^2。

(2) 切削层公称宽度 b_D：在给定瞬间，作用主切削刃截形上两个极限点间的距离，在切削层尺寸平面中测量，单位为 mm。

(3) 切削层公称厚度 h_D：在同一瞬间的切削层公称横街面积与公称宽度之比，单位为 mm。

由定义可知

$$A_D = b_D h_D$$

因 A_D 不包括残留面积，而且在各种加工方法中 A_D 与进给量和背吃刀量的关系不同，所以 A_D 不等于 f 和 a_p 的积。只有在车削加工中，当残留面积很小时才能近似地认

为它们相等，即

$$A_D \approx fa_p$$

这时也可近似地认为

$$b_D \approx a_p/\sin\kappa_r$$
$$h_D \approx f\ \sin\kappa_r$$

13.2.6　刀具材料

1. 对刀具材料的基本要求

刀具材料是指切割部分的材料。它在高温下工作，并要求承受较大的压力、摩擦、冲击和振动等，因此应具备以下基本性能。

(1) 较高的硬度。刀具材料的硬度必须高于工件材料的硬度，常温硬度一般在60HRC以上。

(2) 足够的强度和韧度，以承受切削力、冲击和振动。

(3) 较高的耐磨性，以抵抗切削过程中的磨损，维持一定的切削时间。

(4) 较高的耐热性，以便在高温下能保持较高硬度，又称为红硬性或热硬性。

(5) 较高的工艺性，以便于制造各种刀具。工艺性包括锻造、轧制、焊接、切削加工、磨削加工和热处理性能等。

目前尚没有一种刀具材料能全面满足以上要求。因此，必须了解常用刀具材料的性能和特点，以便根据工件材料的性能和切削要求，选用合适的刀具材料。同时，应进行新型刀具材料的研制。

2. 常用的刀具材料

目前，在切削加工中常用的刀具材料有：碳素工具钢、合金工具钢、高速钢、硬质合金钢及陶瓷材料等。

碳素工具钢是含碳量较高的优质钢(w_C=0.7%～1.2%，如 T10A)，淬火后硬度较高、价廉，但耐热性较差。在碳素工具钢加工中加入少量的 Cr、W、Mn、Si 等元素，形成合金工具钢(如 9SiCr 等)，可适当减少热处理变形和提高耐热性(见表 13-1)。由于这两种刀具材料的耐热性较差，所以常用来制造一些切削速度不高的手工工具，如锉刀、锯条、铰刀等，较少用于制造其他刀具。目前生产中应用最广的刀具材料是高速钢和硬质合金，而陶瓷刀具主要用于精加工。

表 13-1　常用刀具材料及其基本性能

刀具材料	代表牌号	硬度 HRA(HRC)	抗弯强度 σ_{Lb} /GPa	冲击韧度 σ_k /(kJ/m²)	耐热性/℃	切削速度之比
碳素工具钢	T10A	81～83(60～64)	2.45～2.75	—	≈200	0.2～0.4
合金工具钢	9SiCr	81.1～83.5(60～64)	2.45～2.75	—	200～300	0.5～0.6
高速钢	W18Cr4V	82～87(62～69)	2.94～3.33	176～314	540～650	1.0
	W6Mo5Cr4V2Al	(67～69)	2.84～3.82	225～294	540～650	

续表

刀具材料	代表牌号	硬度 HRA(HRC)	抗弯强度 σ_{Lb} /GPa	冲击韧度 σ_k /(kJ/m^2)	耐热性/℃	切削速度之比
硬质合金	K01(YG3)	≈91	≈1.2		≈900	
	K20(YG6)	89.5～91	≈1.42	19.2～39.2	800～900	≈4
	K30(YG8)	≈89	≈1.5		≈800	
	P01(YT30)	≈92.5	≈1.15		≈1000	
	P10(YT15)	89.5～92.5	≈1.20	2.9～6.8	900～1000	≈4.4
	P30(YT5)	≈89	≈1.4		≈900	
陶瓷	Al_2O_3 系 LT35	93.5～94.5	0.9～1.1	—	>1200	≈10
	Si_3N_4 系 HDM2	≈93	≈0.98	—		

注：① 硬质合金牌号中括号外为 GB/T 18376.1—2001 规定的牌号；括号内为 YS/T 400—1994 规定的牌号。

13.2.7　切屑形成过程及切屑种类

1. 切屑形成过程

金属的切削过程实际上与金属的挤压过程很相似。切削塑性金属时，材料受到刀具的作用以后，开始产生弹性变形。随着刀具继续切入，金属内部的应力、应变继续加大。当应力达到材料的屈服点时，产生塑性变形。刀具再继续前进，应力进而达到材料的断裂强度，金属材料被挤裂，并沿着刀具的前面流出而成为切屑。

经过塑性变形的切屑，其厚度 h_{ch} 大于切削层公称厚度 h_D，而长度 l_{ch} 小于切削层公称长度 l_D（见图 13-19），这种现象称为切屑收缩。切屑厚度与切削层公称厚度之比称为切屑厚度压缩比，以 Λ_h 表示。由定义可知：

$$\Lambda_h = h_{ch}/h_D$$

一般情况下，$\Lambda_h>1$。

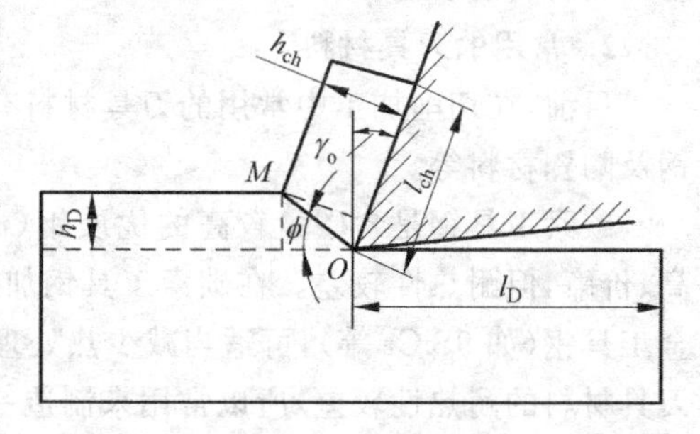

图 13-19　切屑收缩

切屑厚度压缩比反映了切削过程中切屑变形程度的大小，对切削力、切削温度和表面粗糙度有着重要影响。在其他条件不变时，切屑厚度压缩比越大，切削力越大，切削温度越高，表面越粗糙。因此，在加工过程中，可根据具体情况采取相应的措施，来减小变形程度，改善切削过程。例如在中速或低速切削时，可增大前角以减小变形，或对工件进行适当的热处理，以降低材料的塑性，使变形减小等。

2. 切屑的种类

由于工件材料的塑性不同、刀具的前角不同或采用不同的切削用量等，会形成不同种类的切屑，并对切削加工产生不同的影响。常见的切屑有如下几种（见图 13-20）。

(1) 带状切屑：在用大前角的刀具、较高的切削速度和较小的进给量切削塑性材料时，容易得到带状切屑（见图 13-20(a)）。形成带状切屑时，切削力较平稳，加工表面较光洁，但切削连续不断，不太安全或可能刮伤已加工表面，因此要采取断屑措施。

(2) 节状切屑：在采用较低的切削速度和较大的进给量粗加工中等硬度的钢材时，容易得到节状切屑(见图 13-20(b))。形成这种切屑时，金属材料经过弹性变形、塑性变形、挤裂和切离等阶段，是典型的切削过程。由于切削力波动较大，工件表面较粗糙。

(3) 崩碎切屑：在切削铸铁和黄铜等脆性材料时，切削层金属发生弹性变形以后，一般不经过塑性变形就突然崩落，形成不规则的碎块状屑片，即为崩碎切屑(见图 13-20(c))。产生崩碎切屑时，切削热和切削力都集中在主切削刃和刀尖附近，刀尖容易磨损，并容易产生振动，影响表面质量。

切屑的形状可以随切削条件的不同而改变。在生产中，常根据具体情况采取不同的措施来得到需要的切屑，以保证切削加工顺利的进行。例如，加大前角、提高切削速度或减小进给量，可将节状切屑转变成带状切屑，使加工的表面较为光洁。

3. 积屑瘤

在一定范围的切削速度下切削塑性金属时，常发现在刀具前面靠近切削刃的部位黏附着一小块很硬的金属，这就是积屑瘤，如图 13-21 所示。

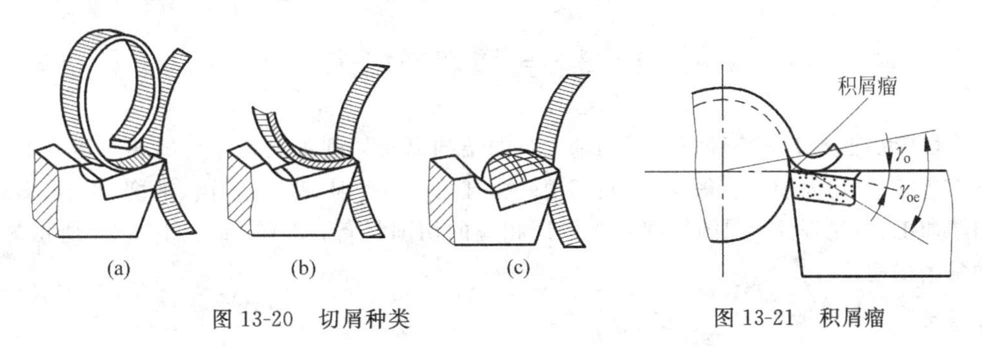

图 13-20　切屑种类　　图 13-21　积屑瘤

1) 积屑瘤的形成

当切屑沿刀具的前面流出时，在一定的温度与压力作用下，与前面接触的切屑底层受到很大的摩擦力，就使这一层金属流出速度减慢，形成一层很薄的“滞流层”。当前面对滞流层的摩擦阻力超过切屑材料的内部结合力时，就会有一部分金属黏附在切削刃附近，形成积瘤屑。

积屑瘤形成后不断长大，达到一定高度会有破裂，而被切屑带走或嵌附在工作表面。上述过程是反复进行的。

2) 积屑瘤对切削加工的影响

在形成积屑瘤的过程中，金属材料因塑性变形而被强化。因此，积屑瘤的硬度比工件材料的硬度高，能代替切削刃进行切削，起到保护切削刃的作用。同时，由于积屑瘤的存在，增大了刀具实际工作前角(见图 13-21)，使切削轻快。所以，粗加工时希望产生积屑瘤。

但是，积屑瘤的顶端伸出切削刃之外，而且在不断地产生和脱落，使切削层公称厚度不断变化，影响尺寸精度。此外，还会导致切削力的变化，引起振动，并会有一些积屑瘤碎片黏附在工件已加工表面上，使表面变得粗糙。因此，精加工时应尽量避免积屑瘤产生。

3) 积屑瘤的控制

影响积屑瘤形成的主要因素有：工件材料的力学性能、切削速度和冷却润滑条件等。

在工件材料的力学性能中，影响积屑瘤形成的主要是塑性。塑性越大，越容易形成积屑瘤。例如，加工低碳钢、中碳钢、铝合金等材料时容易产生积屑瘤。要避免积屑瘤，可将工件材料进行正火或调质处理，以提高其强度和硬度，降低塑性。

在对某些工件材料进行切削时，切屑速度是影响积屑瘤的主要因素。切削速度是通过切削温度和摩擦来影响的。例如加工中碳钢工件，当切削速度很低(小于 5m/min)时，切削温度较低，切削内部结合力较大，刀具前面与切屑间的摩擦小，积屑瘤不易形成；当切削速度增大(5～50m/min)时，切削温度升高，摩擦加大，则易于形成积屑瘤；切削速度很高(大于 100m/min)时，切削温度较高，摩擦较小，则无积屑瘤形成。

因此，一般精车、精铣采用高速切削，而拉削、铰削等和宽刀精刨时，则采用低速切削，以避免形成积屑瘤。选用适当的切削液，可有效地降低切削速度，减少摩擦，也是减少或避免积屑瘤的重要措施之一。

13.3　金属切削机床

切削加工的工艺特征取决于切削工具的结构以及切削工具与工件的相对运动形式。按工艺特征，切削加工一般可分为：车削、铣削、刨削、磨削、钻削、铰削、插削、拉削、锯切、超精加工、抛光等。不同的切削方式使用相应的切削设备，图 13-22～图 13-27 所示为各种常用切削设备。

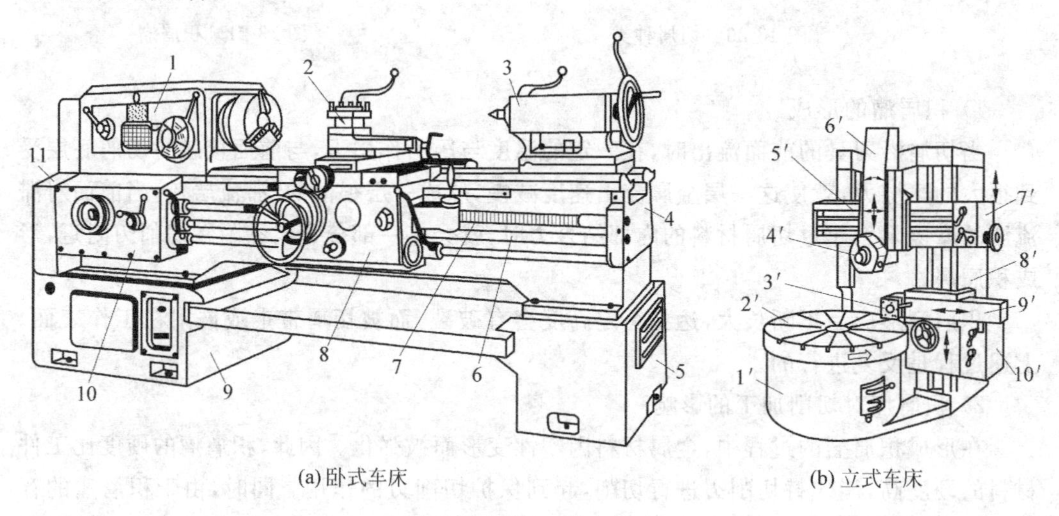

图 13-22　车床

1—主轴箱；2—刀架；3—尾架；4—床身；5、9—床腿；6—光杠；7—丝杠；8—溜板箱；10—进给箱；11—挂轮架；1′—底座(主轴箱)；2′—工作台；3′—方刀架；4′—转塔；5′—横梁；6′—垂直刀架；7′—垂直刀架进给箱；8′—立柱；9′—侧刀架；10′—侧刀架进给箱

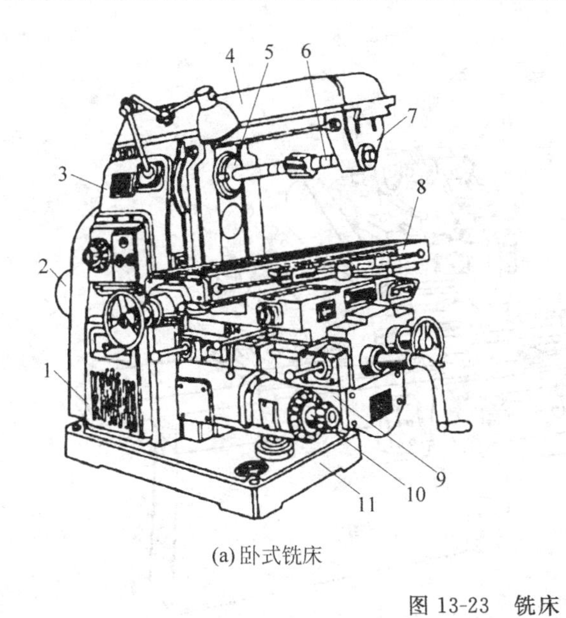

(a) 卧式铣床

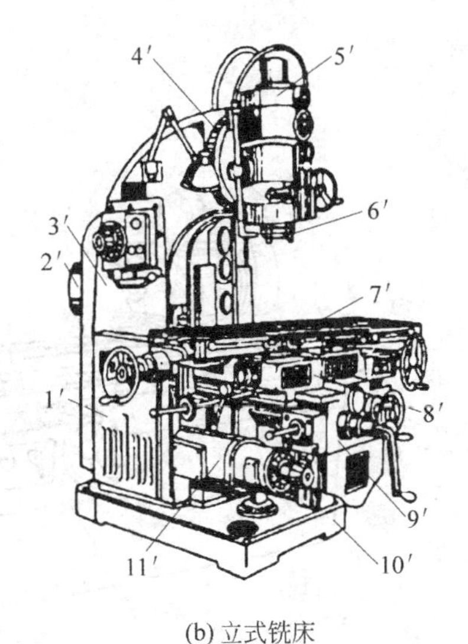

(b) 立式铣床

图 13-23　铣床

1—床身；2—主电动机；3—主轴箱；4—横梁；5—主轴；6—铣刀心轴；7—刀杆支架；8—工作台；9—垂直升降台；10—进给箱；11—底座；1′—床身；2′—主电动机；3′—主轴箱；4′—主轴头架旋转刻度盘；5′—主轴头；6′—主轴；7′—工作台；8′—横向滑座；9′—垂直升降台；10′—底座；11′—进给箱

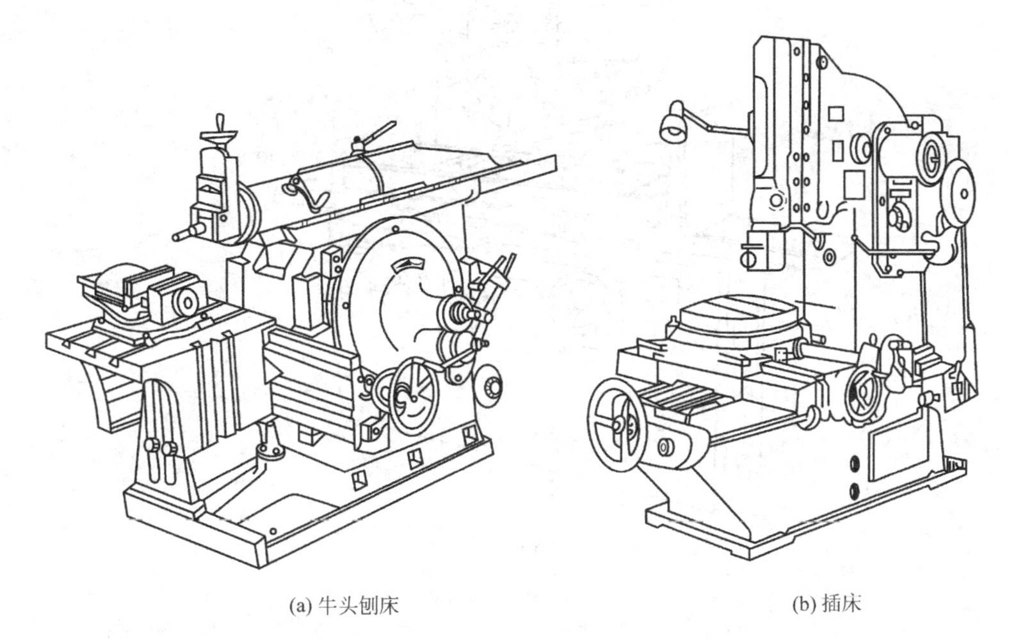

(a) 牛头刨床　(b) 插床

图 13-24　刨床类机床

1—工作台；2—平口虎钳；3—刀架；4—滑枕；5—床身；6—摆杆机构；7—变速机构；8—底座；9—进刀机构；10—横梁；1′—圆形工作台；2′—刀架；3′—滑枕；4′—立柱；5′—变速机构；6′—分度盘；7′—下滑座；8′—上滑座；9′—底座

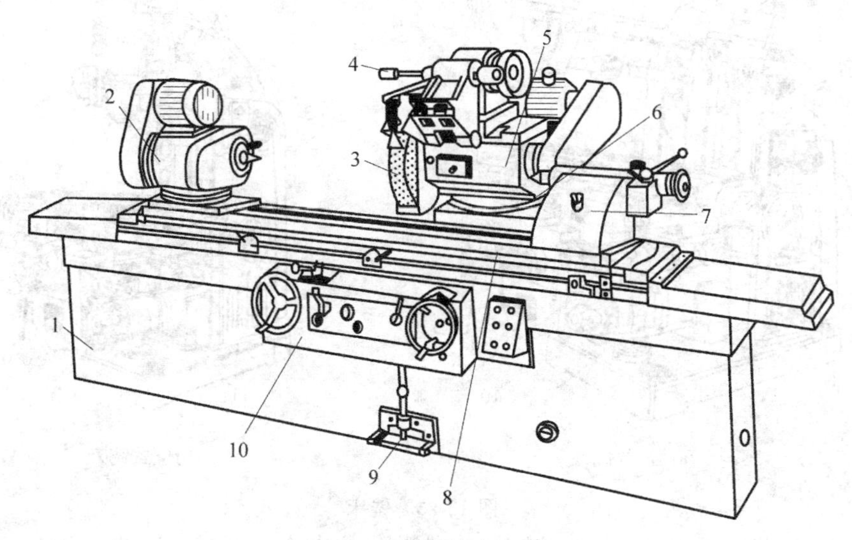

(a) 万能外圆磨床

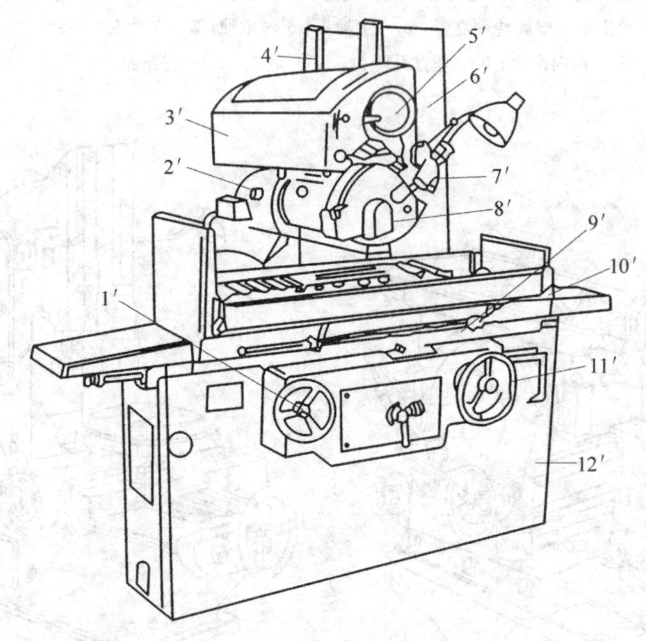

(b) 平面磨床

图 13-25　磨床

1—床身；2—头架；3、4—砂轮；5—磨头；6—滑鞍；7—尾架；8—工作台；9—脚踏操纵板；10—液压控制箱；1′—工作台纵向进给手轮；2′—磨头；3′—拖板；4′—导轨；5′—横向进给手轮；6′—立柱；7′—砂轮修整器；8′—砂轮；9′—行程挡块；10′—工作台；11′—垂直进给手轮；12′—床身

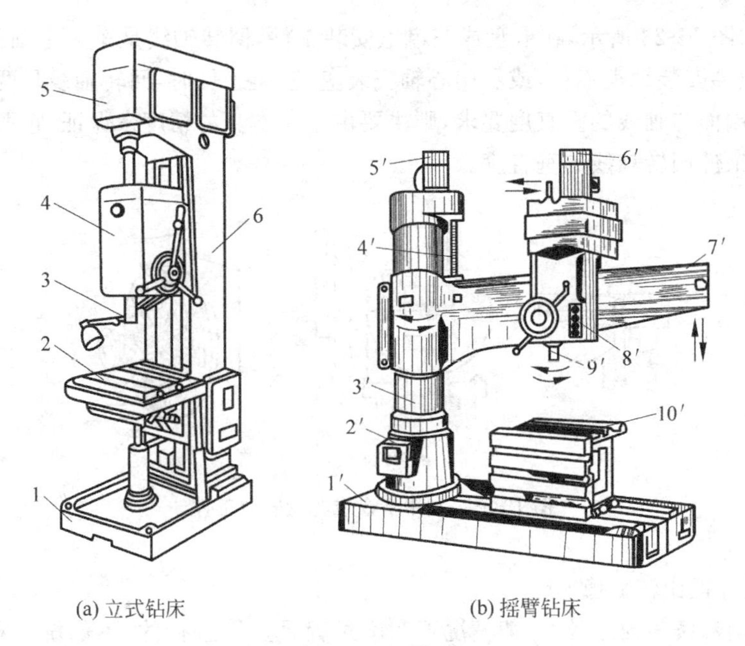

(a) 立式钻床　　(b) 摇臂钻床

图 13-26　钻床

1—底座；2—工作台；3—主轴；4—进给箱；5—变速箱；6—立柱；1′—底座；2′—外立柱；3′—内立柱；4′—丝杠；5′、6′—电动机；7′—摇臂；8′—主轴箱；9′—主轴；10′—工作台

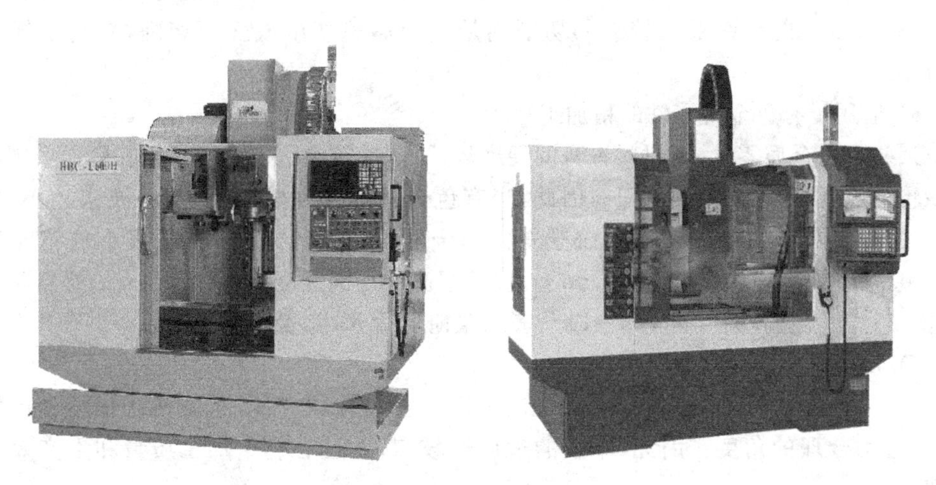

图 13-27　加工中心

13.4　常用切削加工的工艺特点及其应用

13.4.1　车削的工艺特点及其应用

1. 车削的工艺特点

1）易于保证工件各加工面的位置精度

车削时，工件绕某一轴线回转，各表面具有同一回转轴线，故易于保证加工面间同轴

度的要求，如图 13-28 所示，在卡盘或花盘上安装工件，回转轴线是车床主轴的回转轴线；利用前、后顶尖安装轴类工件，或利用心轴安装盘、套类工件时，回转轴线是两顶尖中心的连线。工件端面与轴线的垂直度要求，则主要由车床本身的精度来保证，它取决于车床横溜板导轨与工件回转轴线的垂直度。

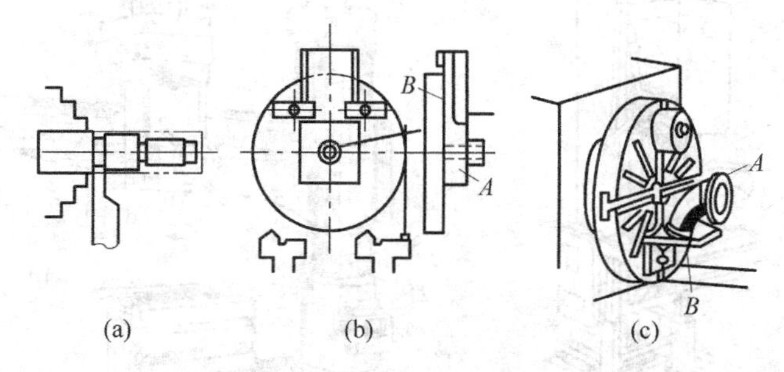

图 13-28 利用卡盘或花盘安装工件

2）切削过程比较平稳

除了车削断续表面之外，一般情况下车削过程是连续进行的，不像铣削和刨削，在一次走刀过程中刀齿有多次切入和切出，产生冲击。并且当车刀几何形状、背吃刀量和进给量一定时，切削层公称截面积是不变的。因此，车削时车削力基本上不发生变化，车削过程比铣削和刨削平稳。又由于车削的主运动为工件回转，避免了惯性力和冲击的影响，所以车削允许采用较大的切削用量进行高速切削或强力切削，有利于提高生产效率。

3）适用于有色金属零件的精加工

某些有色金属零件，因材料本身的硬度较低，塑性较大，若用砂轮磨削，软的磨削易堵塞砂轮，难以得到很光洁的表面。因此，当有色金属零件表面粗糙度 Ra 要求较小时，不宜采用磨削加工，而要用车削或铣削等。用金刚石刀具，在车床上以很小的背吃刀量（$a_p<0.15$mm）和进给量（$f<0.1$mm/r）以及很高的切削速度（$v\approx300$m/min）进行精细车削，加工尺寸公差等级可达 IT6～IT5，表面粗糙度达 Ra 0.4～0.1μm。

4）刀具简单

车刀是刀具中最简单的一种，制造、刃磨和安装均较方便，这就便于根据具体加工要求，选用合理的角度。因此，车削的适应性较广，并且有利于加工质量和生产效率的提高。

2. 车削的应用

在车床上使用不同的车刀或者其他刀具，通过刀具相对于工件不同的进给运动，就可以得到相应的工件形状。如：刀具沿平行于工件回转轴线的直线移动时，可形成内、外圆柱面；刀具沿与工件回转轴线相交的斜线移动时，则形成圆锥面。在仿形车床或数控车床上，控制刀具沿着某条曲线运动可形成相应的回转曲面。利用成形车刀作横向进给，也可以加工出与切削刃相应的回转曲面。车削还可以加工螺纹、沟槽、断面和成形面等。加工公差等级可达 IT9～IT8，表面粗糙度为 Ra 1.6～0.8μm。

车削常用来加工单一轴线的零件，如直轴和一般盘、套类零件等。若改变工件的安装位置或将车床适当改装，还可以加工多轴线的零件(如曲轴、偏心轮等)或盘形凸轮。图 13-29 所示为车削曲面轴和偏心轮工件安装的示意图。

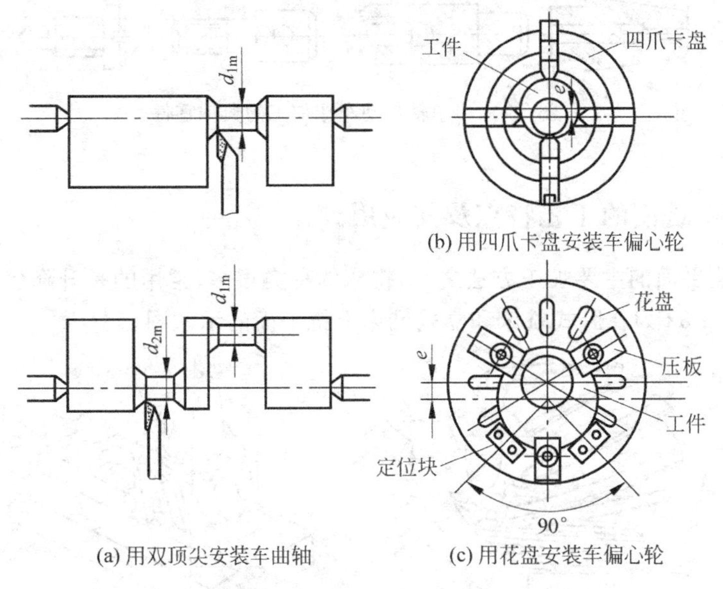

图 13-29　车削曲轴和偏心轮工件安装的示意图

单件小批生产中，各种轴、盘、套等类零件多适用于适应性广的卧式车床或数控车床进行加工；直径大而长度短(长径比 $L/D\approx0.3\sim0.8$)的重型零件，多用立式车床加工。

成批生产外形较复杂，且具有内孔及螺纹的中小型轴、套类零件(见图 13-30)时，应选用转塔车床进行加工。

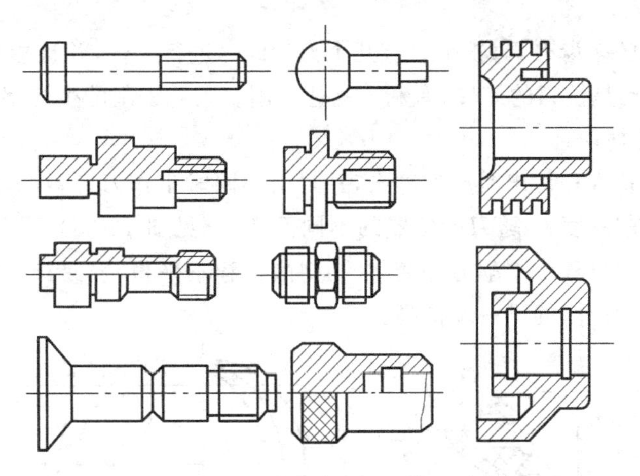

图 13-30　转塔车床加工的典型零件

大批生产形状不太复杂的小型零件，如螺钉、螺母、管接头、轴套类等(见图 13-31)，多选用半自动类和自动车床进行加工，它的生产率很高但精度较低。

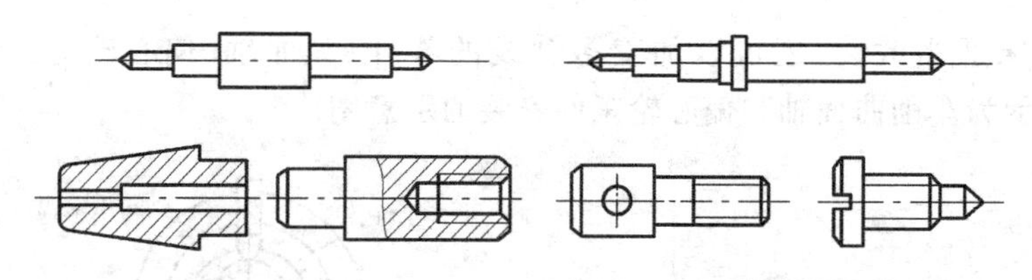

图 13-31　单轴自动车床加工的典型零件

13.4.2　铣削的工艺特点及其应用

铣削也是平面的主要加工方法之一，铣床的种类很多，常用的是升降台卧式铣床和立式铣床。图 13-32 为在卧式铣床和立式铣床上铣平面的示意图。

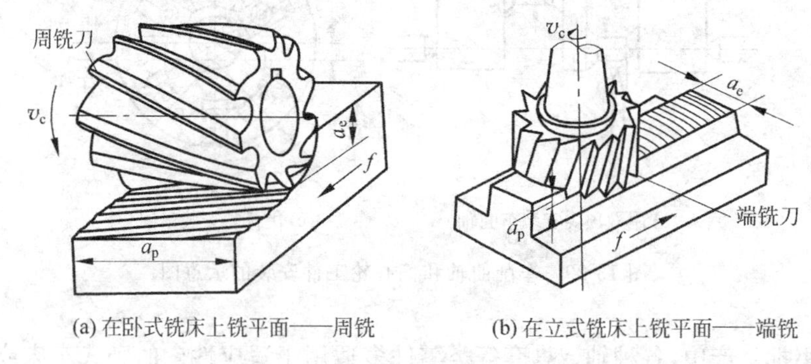

(a) 在卧式铣床上铣平面——周铣　(b) 在立式铣床上铣平面——端铣

图 13-32　铣平面

1. 铣削的工艺特点

1) 生产率较高

铣刀是典型的多齿刀具，铣削时有几个刀齿同时进行工作，并且参与切削的切削刃较长；铣刀的主运动是铣刀的旋转，有利于高速铣削。因此铣削的生产率比刨削高。

2) 容易产生振动

铣刀的刀齿切入和切出时产生冲击，并将引起同时工作刀齿数的增减。在切削过程中每个刀齿的切削厚度 h_i 随刀齿位置的不同而变化(见图 13-33)，引起切削层横截面积变化。因此在铣削过程中铣削力是变化的，切削过程不平稳，容易产生振动，这就限制了铣削加工质量和生产率的进一步提高。

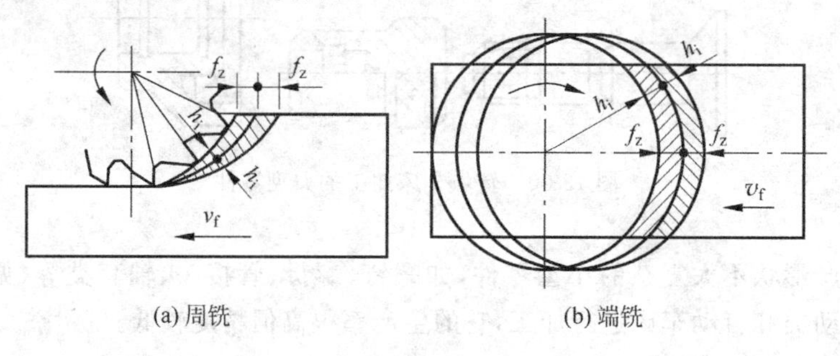

(a) 周铣　(b) 端铣

图 13-33　铣削时切削层厚度的变化

3）刀齿散热条件较好

铣刀刀齿在切离工件的一段时间内，可以得到一定的冷却，散热条件较好。但是，切入和切出时热和力的冲击将加速刀具的磨损，甚至可能引起硬质合金刀片的碎裂。

2. 铣削方式

同是加工平面，既可用端铣法，也可以用周铣法；同一种铣削方法，也有不同的铣削方式（顺铣和逆铣等）。在选用铣削方式时，要充分注意它们各自的特点和适用场合，以便保证加工质量和提高生产效率。

1）周铣法

用圆柱铣刀的圆周刀齿加工平面，称为周铣法（见图 13-34），它又可分为逆铣和顺铣。在切削部位刀齿的旋转方向和工件的进给方向相反时，为逆铣；相同时为顺铣。

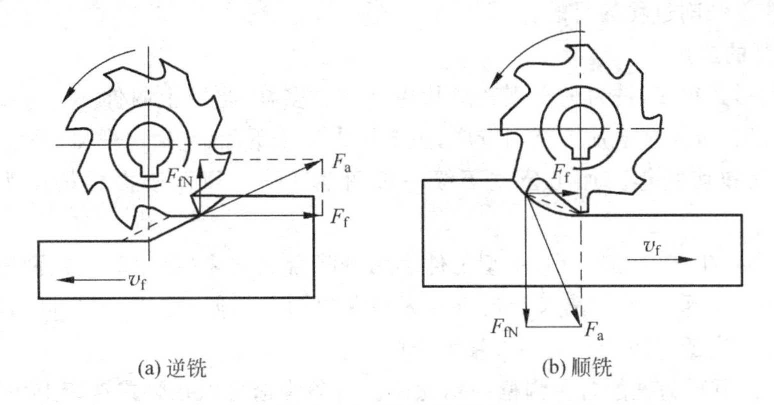

(a) 逆铣　(b) 顺铣

图 13-34　逆铣和顺铣

逆铣时，每个刀齿的切削层厚度是从零增大到最大值。由于铣刀刃口处总有圆弧存在，而不是绝对尖锐的，所以在刀齿接触工件的初期，不能切入工件，而是在工件表面上挤压、滑行，使刀齿与工件之间的摩擦加大，加速刀具磨损，同时也使表面质量下降。顺铣时，每个刀齿的切削层厚度是由最大减小到零，从而避免了上述缺点。

逆铣时，铣削刀上抬工件；而顺铣时，铣削刀将工件压向工作台，减少了工件振动的可能性，尤其铣削薄而长的工件时，更为有利。

由上述分析可知，从提高刀具耐用度和工件表面质量、增加工件夹持的稳定性等观点出发，一般以采用顺铣法为宜。但是，顺铣时忽大忽小的水平分力 F_f 与进给方向相同，工件台进给丝杠与固定螺母之间一般都存在间隙，间隙在进给方向的前方。由于 F_f 的作用，就会使工件连同工作台和丝杠一起，向前窜动，造成进给量突然增大，甚至引起打刀。而逆铣时，水平分力 F_f 与进给方向相反，铣削过程中工作台丝杠始终压向螺母，不致因为间隙的存在而引起工件窜动。目前，一般铣床尚没有消除工件台丝杠与螺母之间间隙的机构，所以，在生产中仍多采用逆铣法。

2）端铣法

用端铣刀的端面刀齿加工平面，称为端铣法（见图 13-33(b)）。根据铣刀和工件相对位置的不同，端铣法可以分为对称铣削法和不对称铣削法（见图 13-35）。

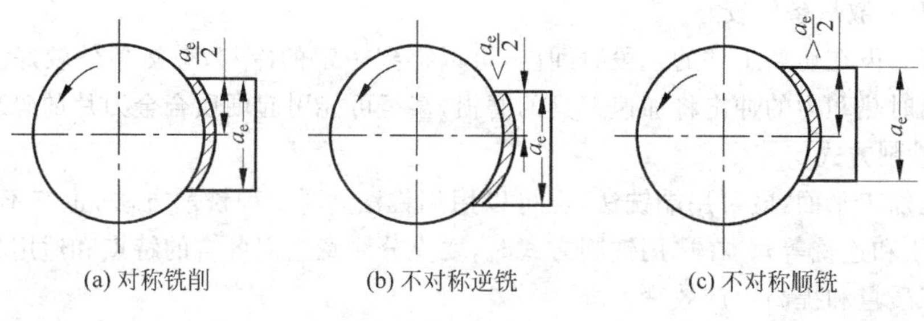

图 13-35　端铣的方式

端铣法可以通过调整铣刀和工件的相对位置，调节刀齿切入和切出时的切削层厚度，从而达到改善铣削过程的目的。

3. 铣削的应用

铣削的形式很多，铣刀的类型和形状更是多种多样，再配上附件——分度头、圆形工件台等的应用，致使铣削加工范围较广，主要用来加工平面(包括水平面、垂直面和斜面)、沟槽、成形面和切断等。加工公差等级一般可达 IT8～IT7，表面粗糙度为 Ra 3.2～1.6μm。

单件、小批生产中，加工小、中型工件多用升降台式铣床(卧室和立式两种)，加工中、大型工件时可以采用龙门铣床。龙门铣床与龙门刨床相似，有 3～4 个可同时工作的铣头，生产率高，广泛应用于成批和大量生产中。

图 13-36 所示为铣削各种沟槽的示意图。直角沟槽可以在卧式铣床上用三面刃铣刀加工，也可以在立式铣床上用立式铣刀铣削。角度沟槽用相应的角度铣刀在卧式铣床上加工，T 形槽和燕尾槽常用带柄的专用槽铣刀在立式铣床上铣削。在卧式铣床上还可以用成形铣刀加工成形面和用锯片铣刀切断等。

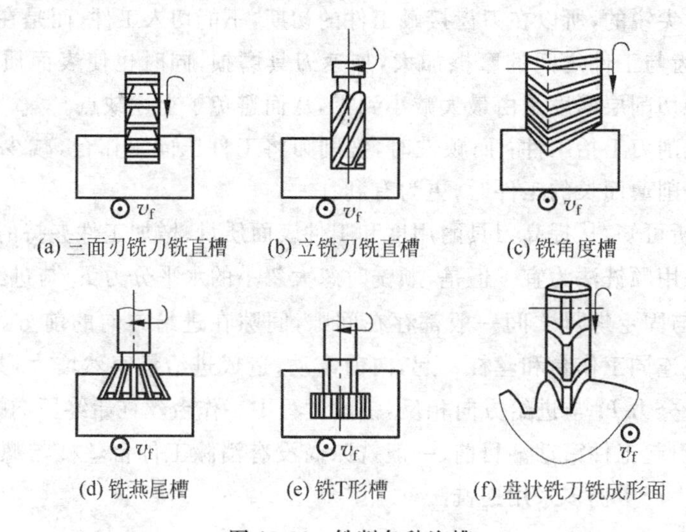

图 13-36　铣削各种沟槽

13.4.3 刨削的工艺特点及其应用

刨削是平面加工的主要方法之一。常见的刨床类机床有牛头刨床、龙门刨床和插床等,图 13-37 所示为在牛头刨床上加工平面的示意图。

1. 刨削的工艺特点

1) 通用性好

根据切削运动和具体的加工要求,刨床的结构比车床、铣床简单,价格低,调整和操作也比较简单。所用的单刃刨刀与车刀相同,形状简单,制造、刃磨和安装皆较方便。

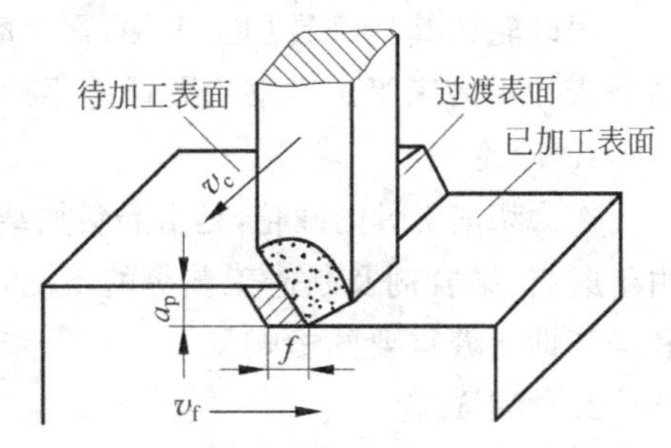

图 13-37 牛头刨床上加工平面

2) 生产率较低

刨削的主要运动为往复直线运动,反向时受惯性力的影响,加之刀具切入和切出时有冲击,限制了切削速度的提高。单刃刨刀实际参加切削的切削刃长有限,一个表面往往要经过多次行程才能加工出来,基本工艺时间较长。刨刀返回行程时不进行切削,增加辅助时间。由于以上原因,刨削的生产率低于铣削。但是对于狭长表面(如导轨、长槽等)的加工,以及在龙门刨床上进行多件或多刀加工时,刨削的生产率可能高于铣削。

刨削的尺寸公差等级可达 IT8~IT7,表面粗糙度为 Ra 6.3~1.6μm。当采用宽刀精刨时,即在龙门刨床上,用宽刃刨刀以很低的切削速度,切去工件表面上一层极薄的金属,平面度不大于 0.02/1000,表面粗糙度可达 Ra 0.8~0.4μm。

2. 刨削的应用

由于刨削的特点,刨削主要用在单件、小批生产中,在维修车间和模具车间应用较多。

如图 13-38 所示,刨削主要用来加工平面(包括水平面、垂直面和斜面),也广泛地应用于加工直槽,如直角槽、燕尾槽和 T 形槽等。如果进行适当的调整和增加某些附件,还可以用来加工以齿条、齿轮、花键和母线为直线的成形面等。

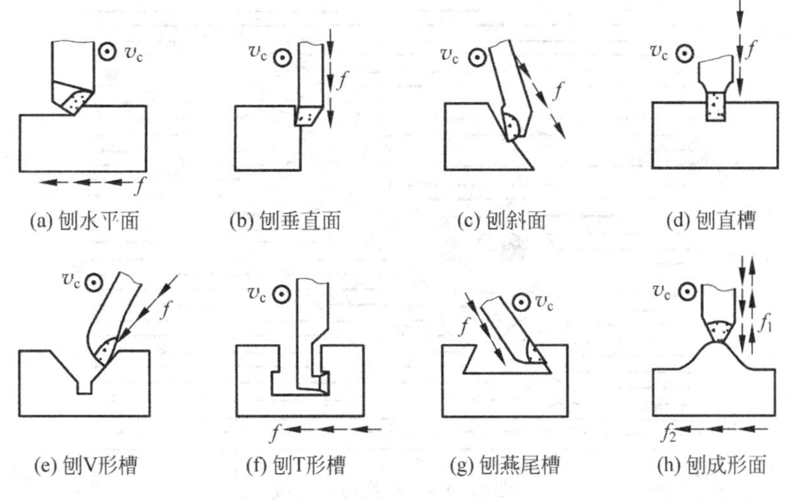

图 13-38 刨床的主要应用

牛头刨床的最大刨削长度一般不超过 1000mm，因此只适于加工中、小型工件。龙门刨床主要用来加工大型工件，或同时加工多个中、小型工件。

13.4.4　磨削的工艺特点及应用

用砂轮或其他磨具加工工件，称为磨削。磨床的种类很多，较常见的有外圆磨床、内圆磨床和平磨床等。本书主要讨论用砂轮在磨床上加工工件的特点及应用。

1. 砂轮

作为切削工具的砂轮，是由磨料加结合剂用烧结的方法制成的多孔物体(见图 13-39)。由于磨料、结合剂及制造工艺等的不同，砂轮特性差别很大，对磨削的加工质量、生产效率和经济性有着重要的影响。

2. 磨削过程

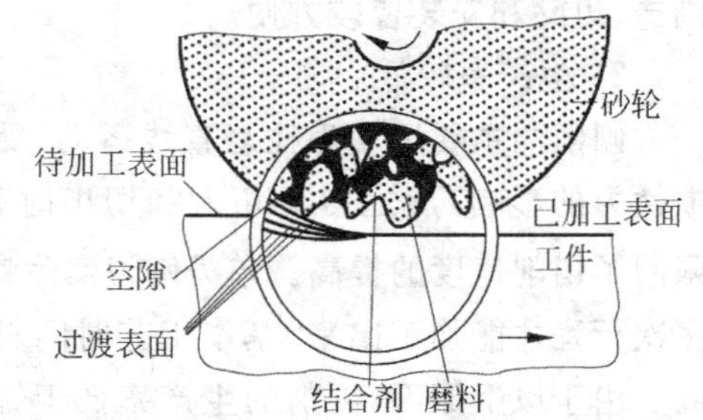

图 13-39　砂轮及磨削示意图

从本质上讲，磨削也是一种切削，砂轮表面上的每个磨粒，可以近似地看成一个微小刀齿，凸出的磨粒尖棱，可以认为是微小的切削刃。因此，砂轮可以看作是具有极多微小刀齿的铣刀，这些刀齿随机地排列在砂轮表面上，它们的几何形状和切削角度有着很大差异，各自的工作情况相差甚远。磨削时，比较锋利且比较凸出的磨粒可以获得较大的切削层厚度，从而切下切屑，不太凸出或磨钝的磨粒，只是在工作表面上刻划出细小的沟痕，工作材料则被挤向磨粒两旁，在沟痕两边形成隆起；比较凹下的磨粒，既不切削也不刻划工件，只是从工件表面滑擦而过。比较锋利且凸出的磨粒，其切削过程大致可分为三大阶段(见图 13-40)：第一阶段，磨粒从工件表面滑擦而过，只是弹性变形而无切屑；第二阶段，磨粒切入工件表层，刻划出沟痕并形成隆起；第三阶段，切削层厚度增大到某一临界值，切下切屑。

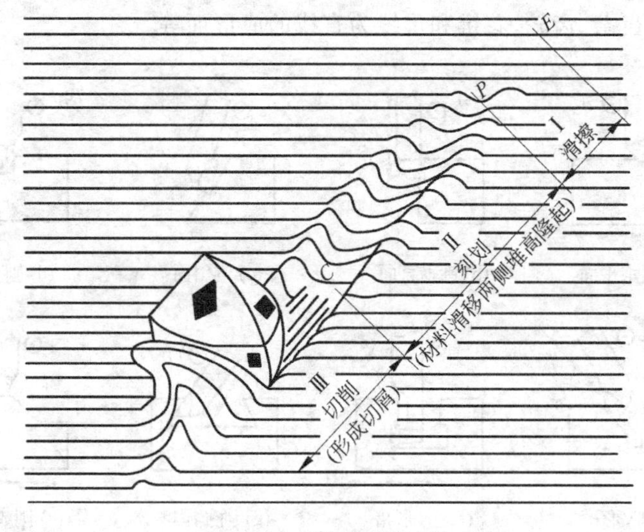

图 13-40　磨粒切削过程

由上述分析可知,砂轮的磨削过程,实际上就是切削、刻划和滑擦三种作用的综合。由于各磨粒的工作情况不同,磨削时除了产生正常的切屑外,还有金属微尘等。

磨削过程中,磨粒在高速、高压与高温的作用下,将逐渐磨损而变得圆钝。圆钝的磨粒,切割能力下降,作用于磨粒上的力不断增大。当此力超过磨粒强度极限时,磨粒就会破碎,产生新的较锋利的棱角,代替旧的圆钝磨粒进行磨削;此力超过砂轮黏合剂的粘接力时,圆钝的磨粒就会从砂轮表面脱落,露出一层新鲜锋利的磨粒,继续进行磨削。砂轮的这种自行推陈出新、保持自身锋锐的性能,称为"自锐性"。

砂轮本身虽有自锐性,但由于切削和碎磨粒会把砂轮堵塞,使它失去切削能力;磨粒随机脱落的不均匀性,会使砂轮失去外形精度。所以,为了恢复砂轮的切削能力和外形精度,在磨削一定时间后,仍需对砂轮进行修整。

3. 磨削的工艺特点

1) 精度高、表面粗糙度值小

磨削时,砂轮表面有极多的切削刃,并且刃口圆弧半径 r_n 较小。例如粒度为 F46 的白刚玉磨粒,$r_n \approx 0.006 \sim 0.012$mm,而一般车刀的 $r_n \approx 0.012 \sim 0.032$mm。磨粒上较锋利的切削刃,能够切下一层很薄的金属,切削厚度可以小到数微米,这是精密加工必须具备的条件之一。一般切削刀具的刃口圆弧半径虽也可以磨得小些,但不耐用,不能或难以进行经济的、稳定的精密加工。

磨削时,切削速度很高,如普通外圆磨削 $v_c \approx 30 \sim 35$m/s,高速磨削 $v_c > 50$m/s。当磨粒以很高的磨削速度从工件表面切过时,同时有很多切削刃进行切削,每个磨刃仅从工件上切下极少量的金属,残留面积高度很小,有利于形成光洁的表面。

因此,磨削可以达到很高的精度和小的粗糙度值。一般磨削尺寸公差等级可达 IT7～IT6,表面粗糙度为 Ra 0.8～0.2μm,当采用小粗糙度磨削时,表面粗糙度高达 Ra 0.1～0.008μm。

2) 砂轮有自锐作用

磨削过程中,砂轮的自锐作用是其他切削刀具所没有的。一般刀具的切削刃,如果磨钝或损坏,则切削不能继续进行,必须换刀或重磨。而砂轮由于本身的自锐性,使得磨粒能够以较锋利的刃口对工件进行切削。在实际生产中,有时就利用这一原理进行强力连续磨削,以提高磨削加工的生产效率。

3) 背向磨削力 F 较大

背向磨削力作用在工艺系统(机床-夹具-工件-刀具所组成的系统)刚度较差的方向上,容易使工艺系统产生变形,影响工件的加工精度。例如纵磨细长轴的外圆时,由于工件的弯曲而产生腰鼓形(见图 13-41)。另外,由于工艺系统的变形,会使实际的背吃刀量比名义值小,这将增加磨削加工的走刀次数。一般在最后几次光磨走刀中,要少吃刀或不吃刀,以便逐步消除由于变形而产生的加工误差。但是,这样将降低磨削加工的效率。

4) 磨削温度高

磨削时的切削速度为一般切削加工的 10～20 倍。在这样高的切削速度下,加上磨粒多为负前角切削,挤压和摩擦较严重,消耗功率大,产生的切削热多。又因为砂轮本身的传热性很差,大量的磨削热在短时间内传散不出去,在磨削区形成瞬时高温,有时高达

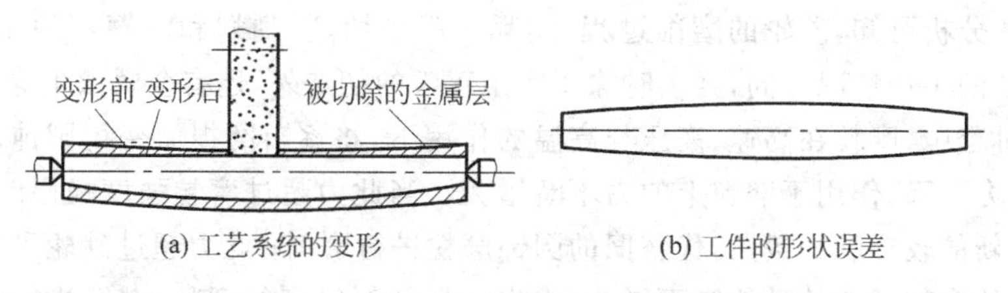

图 13-41　背向磨削力所引起的加工误差

800～1000℃。

4. 磨削的应用

过去常将磨削用于半精加工和精加工，随着机械制造业的发展，磨床、砂轮、磨削工艺和冷却技术等都有了较大的改进，磨削已能经济、高效地切除大量金属。又由于日益广泛地采用精密铸造、模锻、精密冷轧等先进的毛坯制造工艺，毛坯的加工余量较小，可不经车削、铣削等粗加工，直接利用磨削加工，达到较高的精度和表面质量要求。因此，磨削加工获得了越来越广泛的应用和迅速发展，目前，在工业发达的国家中磨床在机床总数中占30%～40%，据推断，磨床所占比例今后还要增加。

磨削可以加工的工作材料范围很广，既可以加工铸铁、碳钢、合金钢等一般结构材料，也能够加工高硬度的淬硬钢、硬质合金、陶瓷和玻璃等难切割的材料。但是，磨削不宜精加工塑性较大的有色金属工作。

磨削可以加工外圆面、内孔、平面、成形面、螺纹和齿轮齿形等各种各样的表面，还常用于各种刀具的刃磨。

13.4.5　钻削的工艺特点及其应用

孔是组成零件的基本表面之一，钻孔是孔加工的一种基本方法。钻孔经常在钻床和车床上进行，也可以在镗床或铣床上进行。常用的钻床有台式钻床、立式钻床和摇臂钻床。

1. 钻削的工艺特点

钻削与车削外圆相比，工作条件要困难得多。钻削时，钻头工作部分处在已加工表面的包围中，因而引起一些特殊问题，例如钻头的刚度和强度、容屑和排屑、导向和冷却润滑等。钻削的工艺特点可概括如下。

1) 容易产生“引偏”

所谓“引偏”，是指加工时由于钻头弯曲引起的孔径扩大、孔不圆或孔的轴线歪斜等现象(见图 13-42)。钻孔时产生引偏，主要是因为钻孔最常用的刀具是麻花钻(见图 13-43)，其直径和长度受所加工孔的限制，呈细长状，刚度较差。为形成切屑和容纳切屑，必须制出两条较深的螺旋槽，使钻心变细，进一步削弱了钻头的刚度。为减少导向部分与已加工孔壁的摩擦，钻头仅有两条很窄的棱边与孔壁接触，接触刚度和导向作用也很差。

钻头横刃处的前角 $\gamma_{o\psi}$，具有很大的负值(见图 13-44)，切削条件极差，实际上不是在切削，而是挤刮金属。钻孔时，一半以上的轴向力是由横刃产生的，稍有偏斜就会产生较大的附加力矩，使钻头弯曲。此外，钻头的两个主切削刃，也很难磨得完全对称，加上工件

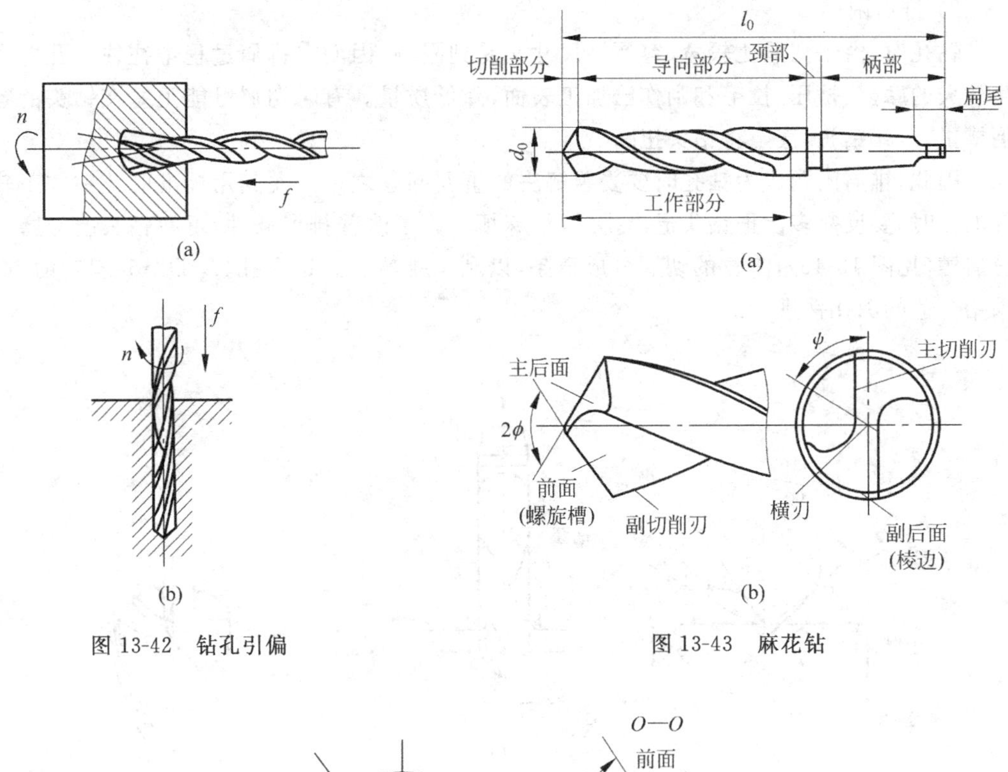

图 13-42　钻孔引偏

图 13-43　麻花钻

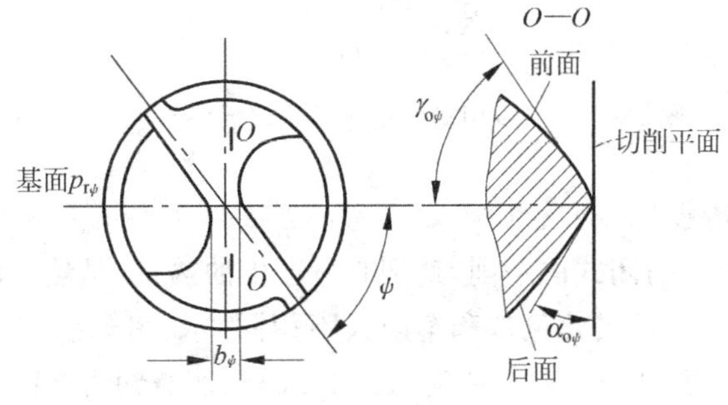

图 13-44　横刃的角度

材料的不均匀性,钻孔时的背上力不可能完全抵消。因此,在钻削力的作用下,刚度很差且导向性不好的钻头,很容易弯曲,致使钻出的孔产生“引偏”,降低了孔的加工精度,甚至造成废品。在实际加工中,常采用如下措施来减少引偏(见图 13-45):

(1) 预钻锥形定心坑。即先用小顶角($2\phi=90°\sim100°$)大直径短麻花钻预先钻一个锥形坑,然后再用所需的钻头钻孔。由于预钻时刚度好,锥形坑不易偏,以后再用所需的钻头钻孔时,这个坑就可以起定心作用。

(2) 用钻套为钻头导向。这样可减少钻孔开始时的引偏,特别是在斜面或曲面上钻孔时,更为必要。

(3) 钻头的两个主切削刃尽量刃磨对称。这样使两主切面削刃的背向力互相抵消,减少钻孔时的引偏。

2）排屑困难

钻孔时，由于切屑比较宽，容屑槽尺寸又受到限制，因而在排屑过程中往往与孔壁发生较大的摩擦、挤压、拉毛和刮伤已加工表面，降低质量。有时切屑可能阻塞在钻头的容屑槽里，卡死钻头，甚至将钻头扭断。

因此，排屑问题成为钻孔时要妥善解决的重要问题之一。尤其用标准麻花钻加工较深的孔时，要反复多次把钻头退出排屑，很麻烦。为了改善排屑条件，可在钻头上修磨处分屑槽（见图 13-46），将宽的切屑分成窄条，以利于排屑。当钻深孔（$L/D>5\sim10$）时，应采用合适的深孔钻进行加工。

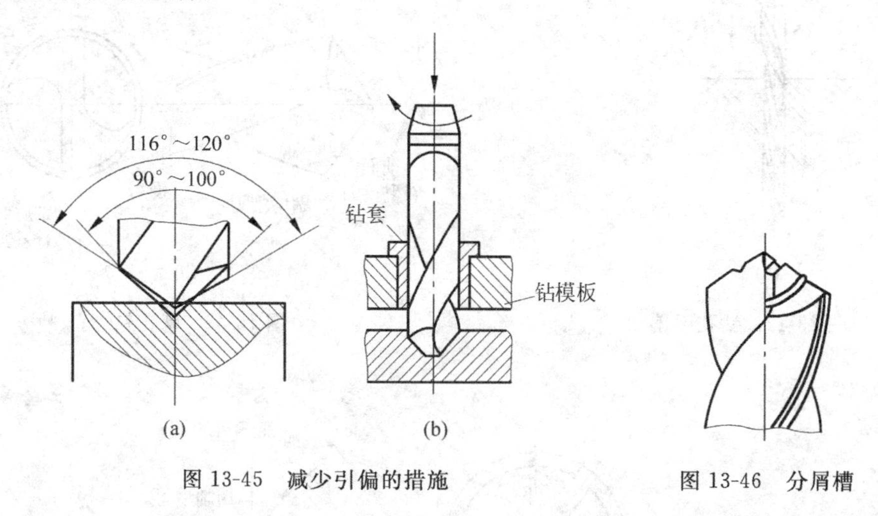

图 13-45　减少引偏的措施　　图 13-46　分屑槽

3）切削热不易传散

由于钻削是一种半封闭式的切削，钻削时所产生的热量，虽然也由切屑、工件、刀具和周围介质传出，但它们之间的比例却和车削大不相同。如用标准麻花钻不加切屑液钻钢料时，工件吸收的热量约占 52.5%，钻头约占 14.5%，切屑约占 28%，介质约占 5%。

钻削时，大量高温切屑不能及时排出，切削液难以注入切削区，切屑、刀具与工件之间的摩擦很大。因此，切削温度较高，易使刀具磨损加剧，这就限制了钻削用量和生产效率的提高。

2. 钻削的应用

在各类机器零件上经常需要钻孔，因此钻削的应用还是很广泛的。但是，由于钻削的精度较低，表面较粗糙，一般加工尺寸公差等级在 IT10 以下，表面粗糙度大于 Ra 12.5μm，生产效率也比较低。因此，钻孔主要用于粗加工，例如精度和粗糙度要求不高的螺钉孔、油孔和螺纹底孔等。但精度和粗糙度要求较高的孔，也要以钻孔作为预加工工序。

单件、小批生产中，中小型工件上的小孔（一般 $D<13$mm）常用台式钻床加工，中小型工件上直径较大的孔（一般 $D<50$mm）常用立式钻床加工，大中型工件上的孔采用摇臂钻床加工，回转体工件上的孔多在车床上加工。

在成批和大量生产中，为了保证加工精度，提高生产效率和降低加工成本，广泛使用钻模（见图 13-47）、多轴钻（见图 13-48）或组合机床（见图 13-49）进行孔的加工。

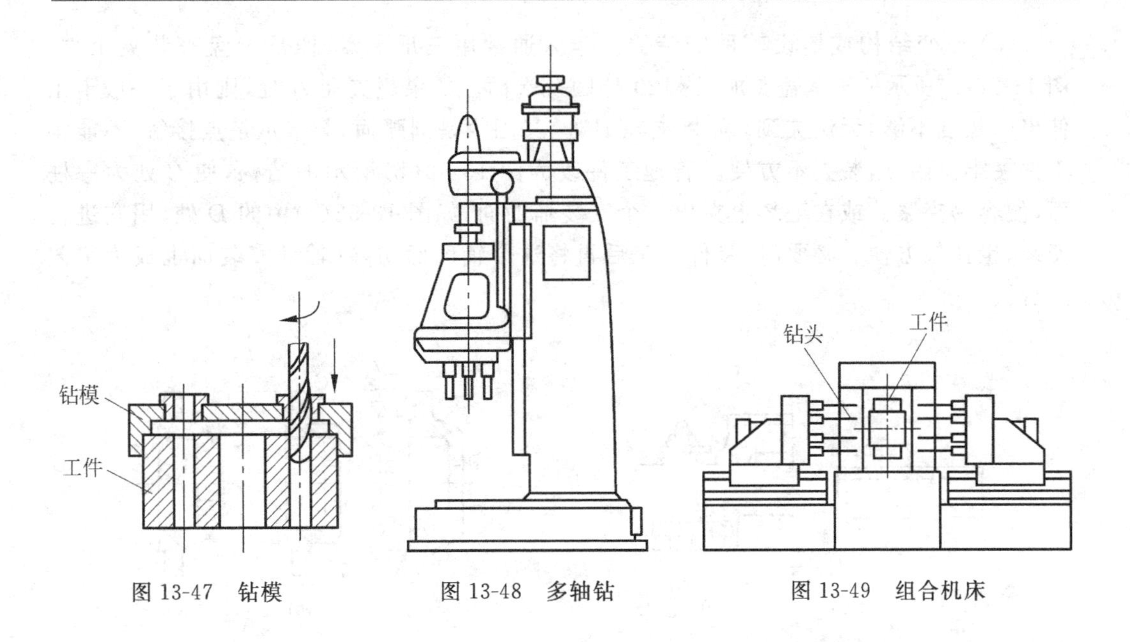

图13-47 钻模　　图13-48 多轴钻　　图13-49 组合机床

13.5 切削加工零件的结构工艺性

零件结构，与其加工方法和工艺过程有着密切的联系。为了获得良好的零件制造加工工艺性，设计人员不仅要了解和熟悉常见加工方法的工艺特点、典型表面的加工方案以及工艺过程的基本知识等，还要在零件结构设计时，注意如下几项原则。

1. 便于安装

便于安装就是便于准确地定位，可靠地夹紧。为便于安装，常用的零件工艺结构设计方法有以下几种。

(1) 增加工艺凸台。刨削较大工件时，往往把工件直接安装在工作台上。为了刨削上表面，工件安装时必须使加工面水平。图13-50(a)所示的零件较难安装，如果在零件上加一个工艺凸台(见图13-50(b))，便容易安装找正。必要时，精加工后再把凸台切除。

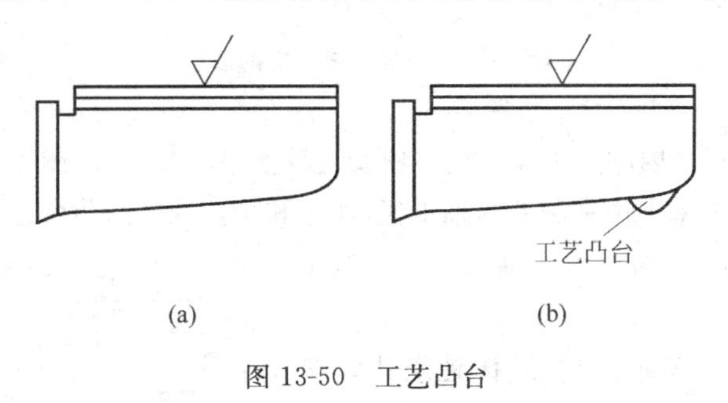

图13-50 工艺凸台

(2) 增设装夹凸缘或装夹孔。图13-51(a)所示的大平板，在龙门刨床或龙门铣床加工上平面时，不便于用压板、螺钉将它装夹在工作台上。如果在平面侧面增设装夹用的凸缘或孔(见图13-51(b))，便容易可靠地夹紧，同时也便于吊装和搬运。

(3) 改变结构或增设辅助安装面。车床通常用三爪卡盘、四爪卡盘来装夹工件。图 13-52(a)所示的轴承盖要加工ϕ120 外圆及端面。如果想夹在 A 处，则由于一般卡爪伸出的长度不够，无法夹到；如果夹在 B 处，又因为是圆弧面，与卡爪是点接触，不能将工件夹牢。因此，装夹不方便。若把工件改为图 13-52(b)所示的结构，使 C 处为一柱面，便容易夹紧。或在毛坯上夹出一个安装辅助面，如图 13-52(c)中的 D 处，用它进行安装，也比较方便。必要时，零件加工后再将这个辅助面切除(辅助安装面也成为工艺凸台)。

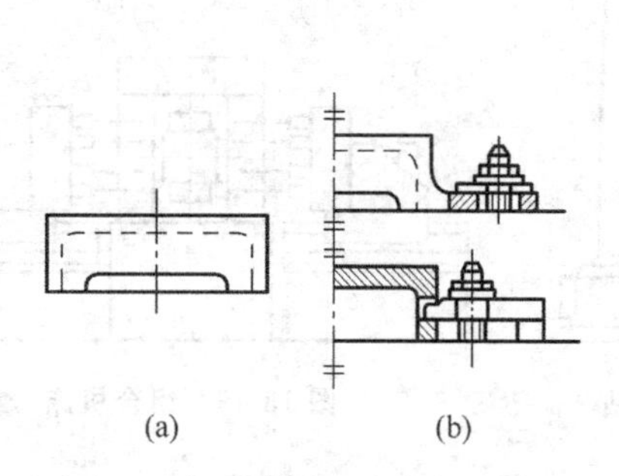

图 13-51 装夹凸缘和装夹孔

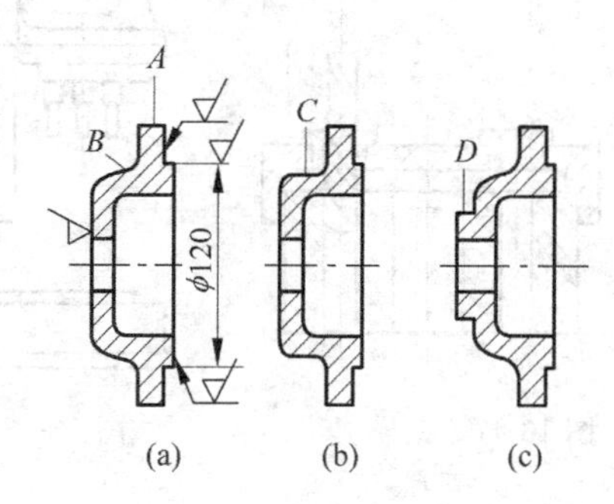

图 13-52 轴承盖结构的改进

2. 便于加工和测量

(1) 刀具的引进和退出要方便。如图 13-53(a)所示的零件，带有封闭的 T 形槽，但 T 形槽铣刀无法进入槽内，所以这种结构不能加工。如果把它改变成图 13-53(b)所示的结构，T 形槽铣刀可以从大圆孔中进入槽内，但不容易对刀，操作很不方便，也不利于测量。如果把它设计成开口的形状(见图 13-53(c))，则可方便地进行加工。

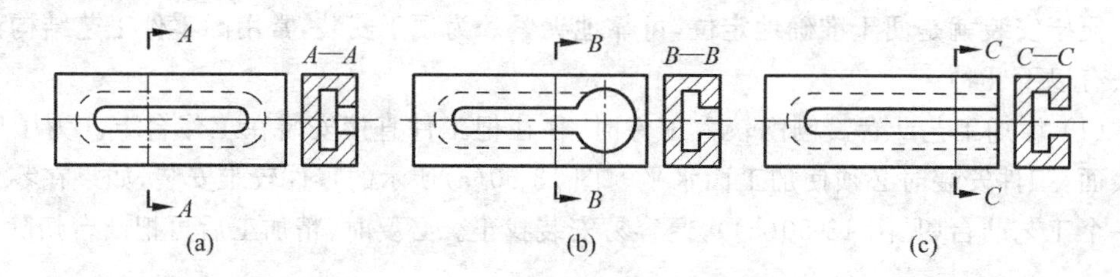

图 13-53 T 形槽结构的改进

(2) 尽量避免箱体内的加工面。箱体内安装轴承座的凸台(见图 13-54(a))的加工和测量是极不方便的。如果采用带法兰的轴承座，使它和箱体外面的凸台连接(见图 13-54(b))，则箱体表面的加工改为外表面的加工，带来很大方便。

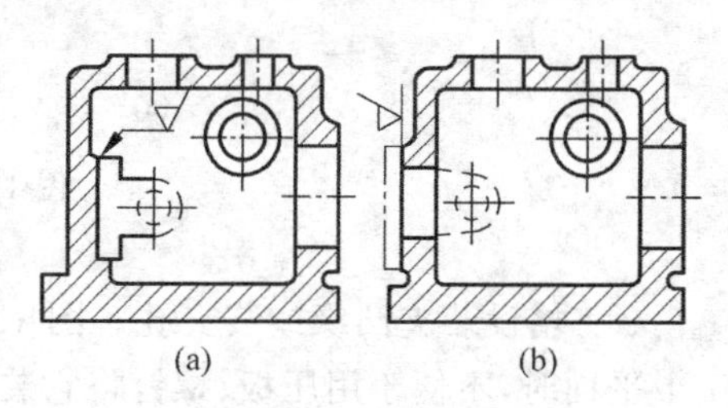

图 13-54 外加工面代替内加工面

再如图 13-55(a)所示结构，箱体轴承孔内端面需要加工，但比较困难。若改为图 13-55(b)所示结构，采用轴套，避免了箱体内端面与齿轮端面的接触，也省去了箱体内表面的加工。

(3) 凸缘上的孔要留出足够的加工空间。如

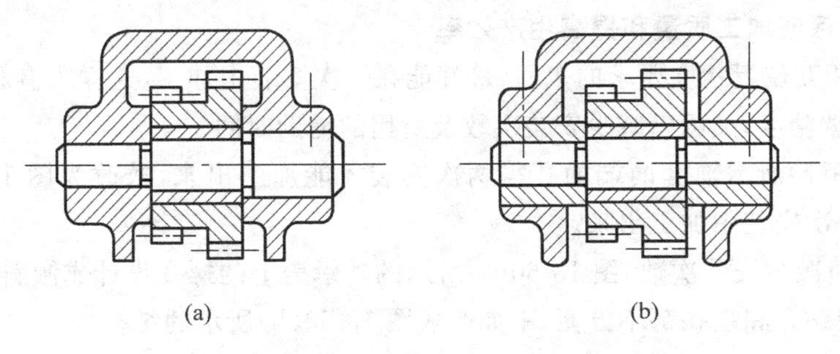

图 13-55　避免箱体内表面加工

图 13-56 所示，若孔的轴线距壁的距离 s 小于钻卡头外径 D 的一半，则难以进行加工。一般情况下，要保证 s 大于或等于 $D/2+(2\sim5)$，才便于加工。

(4) 尽可能避免弯曲的孔。如图 13-57 所示图(a)，零件上的孔很显然是不可能钻出的；改为图(b)所示的结构，中间那一段也是不能钻出的；改为图(c)所示的结构虽能加工出来，但还要在中间一段附加一个柱塞，是比较费工的。所以，设计时，要尽量避免弯曲的孔。

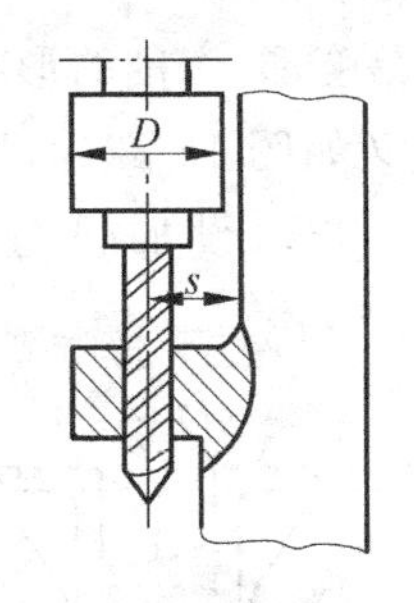

图 13-56　留够钻孔空间

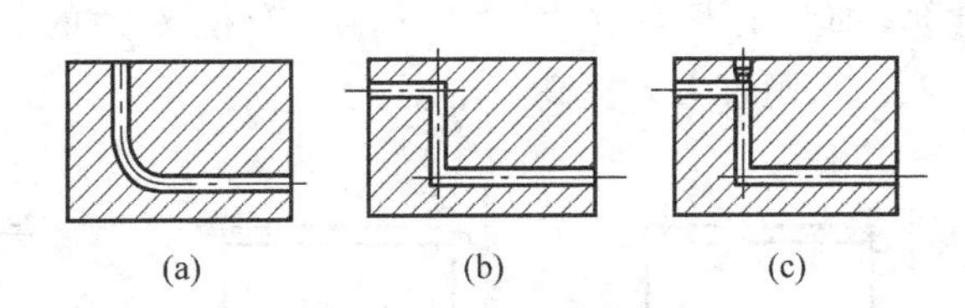

图 13-57　避免弯曲的孔

(5) 必要时，留出足够的退刀槽、空刀槽或越程槽等。为了避免刀具或砂轮与工件相碰，有时要留出退刀槽、空刀槽或越程槽等。图 13-58 中，图(a)为车螺纹的退刀槽；图(b)为铣齿或滚齿的退刀槽；图(c)为插齿的空刀槽；图(d)、(e)和(f)分别为刨削、磨外圆和磨孔的越程槽。其具体尺寸参数可查阅《机械零件设计手册》等。

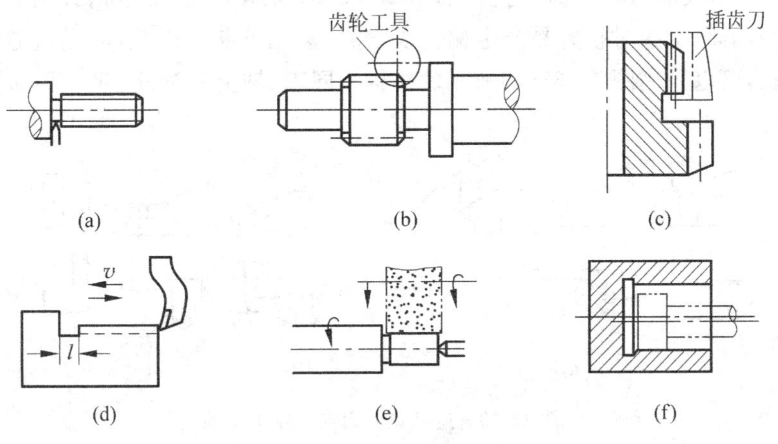

图 13-58　退刀槽、空刀槽和越程槽

3. 利于保证加工质量和提高生产效率

(1) 有相互位置精度要求的表面，最好能在一次安装中加工，这样既有利于保证加工表面间的位置精度，又可以减少安装次数及所用的辅助时间。

图 13-59(a)所示轴套两端的孔需两次安装才能加工出来，若改为图 13-59(b)的结构，则可在一次安装中加工出来。

(2) 尽量减少安装次数，图 13-60(a)所示的轴承盖上的螺孔设计成倾斜的，既增加安装次数，又使钻孔和攻孔都不方便，不如改成图 13-60(b)所示的结构。

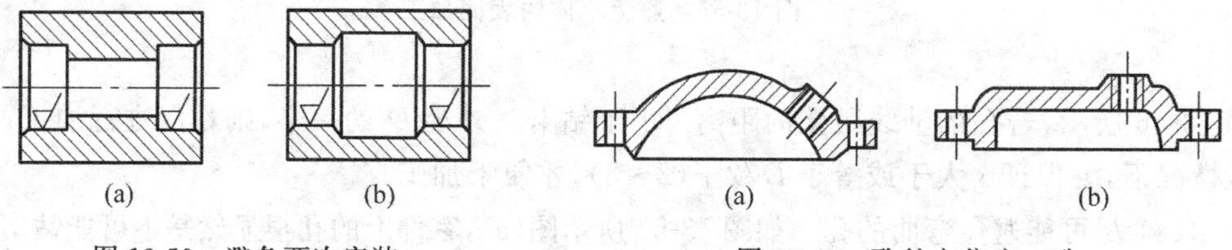

图 13-59　避免两次安装　　图 13-60　孔的方位应一致

(3) 要有足够的刚度，减少工件在夹紧力或切削力作用下的变形。

图 13-61(a)所示的薄壁套筒，在卡盘卡爪夹紧力的作用下容易变形，车削的形状误差较大。若改成图 13-61(b)的结构，可增加刚度，提高加工精度。又如图 13-62(a)所示的床身导轨，加工时切削力使边缘挠曲，产生较大的加工误差。若增设加强肋板(见图 13-62(b))，则可大大提高其刚度。

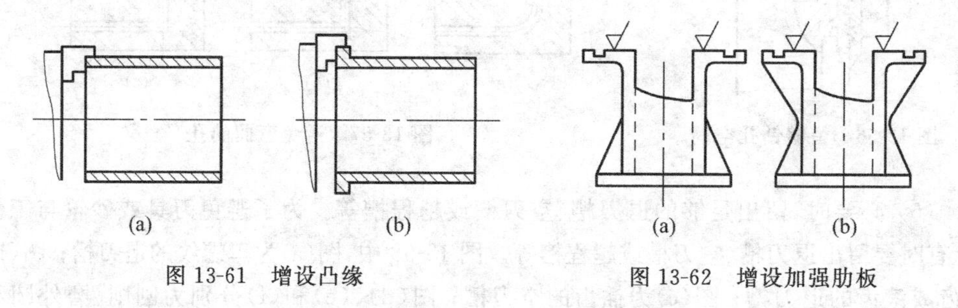

图 13-61　增设凸缘　　图 13-62　增设加强肋板

(4) 孔的轴线应与其端面垂直。如图 13-63(a)所示的孔，由于钻头轴线不垂直于进口或出口的端面，钻头时很容易产生偏斜或弯曲，甚至折断。因此，应尽量避免在曲面或斜壁上钻孔，可以采用图 13-63(b)所示的结构。同理，轴上的油孔，应采用如图 13-64(b)所示的结构。

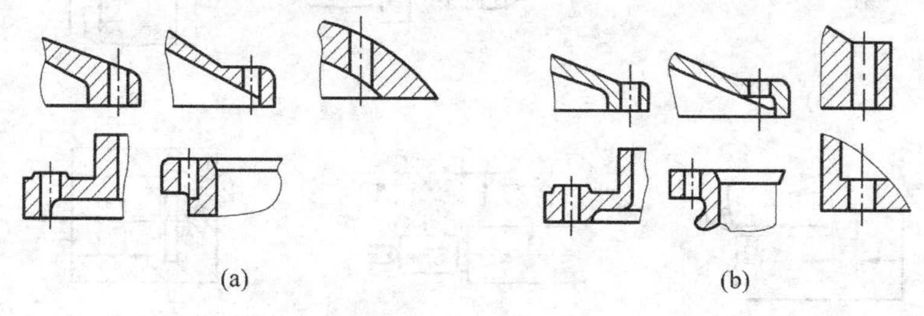

图 13-63　避免在曲面或斜壁上钻孔

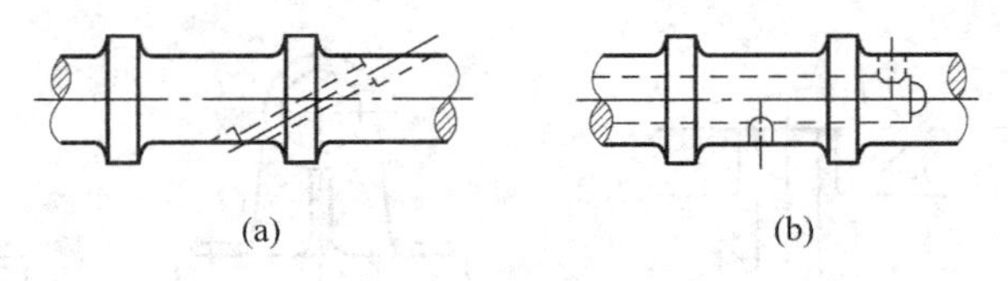

图 13-64　避免斜孔

(5) 同类结构要素应尽量统一。加工如图 13-65(a)所示的阶梯轴，其上的退刀槽、过渡圆弧、锥面和键槽时要用多把刀具，并增加了换刀和对刀次数。若改成如图 13-65(b)所示的结构，既可减少刀具的种类，又可节省换刀和对刀的辅助时间。

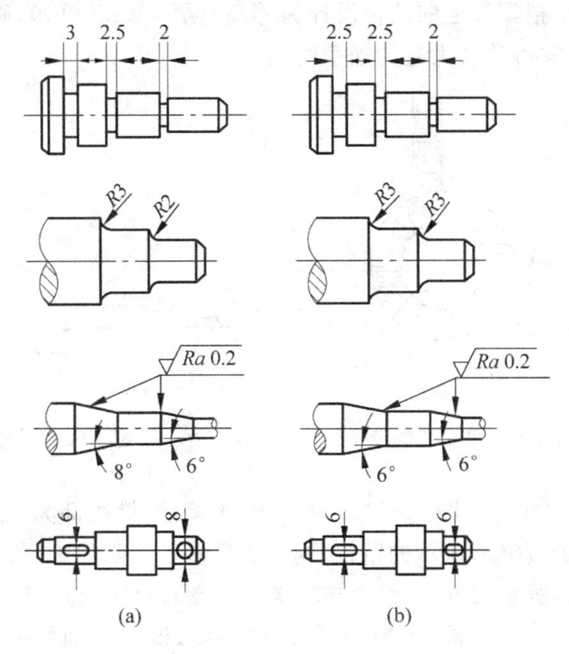

图 13-65　同类结构要素应统一

(6) 尽量减少加工量。例如：

① 采用标准型材。设计零件时，应考虑标准型材的利用，以便选用合适的形状和尺寸的型材作材料，这样可大大减少加工的工作量。

② 简化零件结构。图 13-66(b)中零件 1 的结构比图 13-66(a)中零件 1 的结构简单，可减少切削的工作量。

③ 减少加工面积。图 13-67(b)所示支座的底面与图 13-67(a)所示结构相比，既可减少加工面积，又能保证装配时零件间很好的结合。

④ 尽量减少走刀次数。铣牙嵌离合器时，由于离合器齿形的两侧面要求通过中心，呈放射形(见图 13-68)，这就使奇数的离合器在铣削加工时要比偶数的省工。如铣削一个五齿离合器的端面齿，只要 5 次分度和走刀就可以铣出(见图 13-68(a))；而铣一个四面离合器，却要分 8 次分度和走刀才能完成(见图 13-68(b))。因此，离合器设计成奇数齿为好。图 13-68 上的数字表示走刀次数。

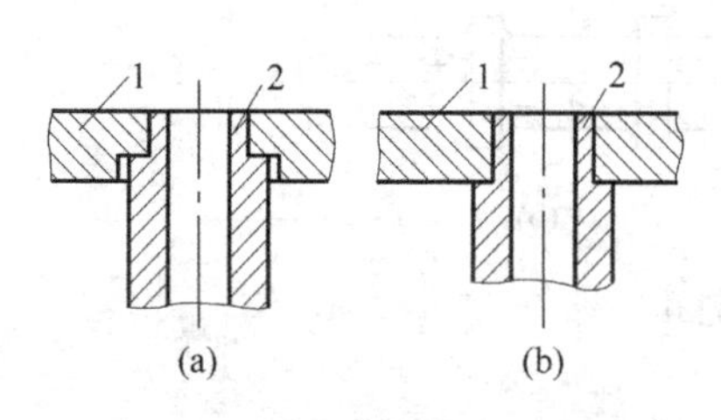

图 13-66　简化零件结构

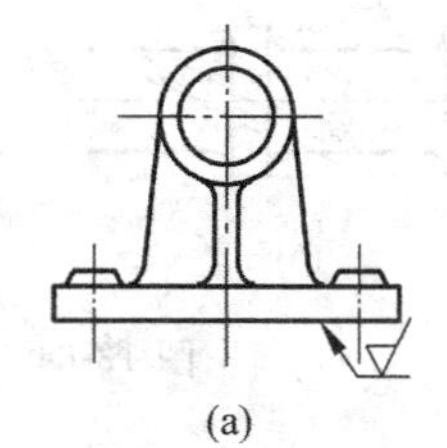

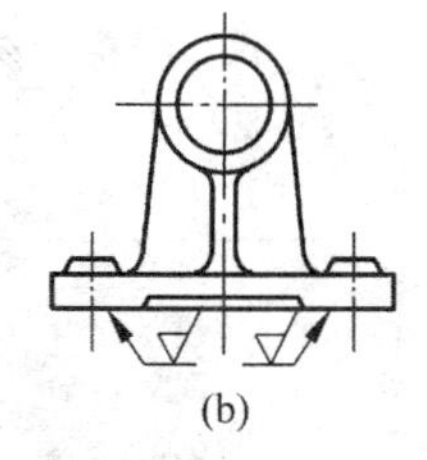

图 13-67　减少加工面积

如图 13-69(a)所示的零件，当加工这种具有不同高度的凸台表面时，需要逐一将加工台升高或降低。如果把零件上的凸台设计为等高(见图 13-69(b))，则能在一次走刀中加工所有凸台表面，这样可节省大量的辅助时间。

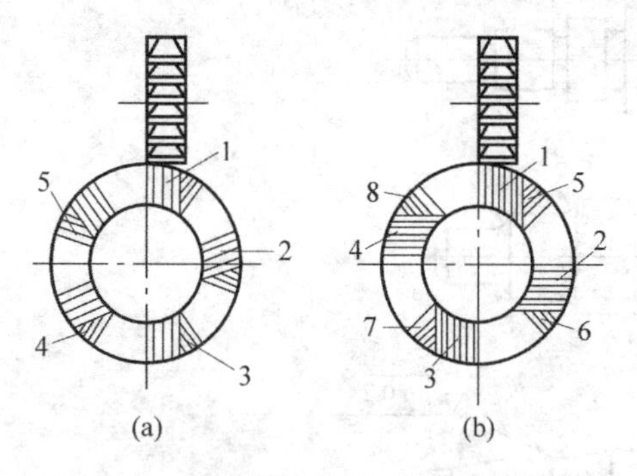

图 13-68　牙嵌式离合器应采用奇数齿

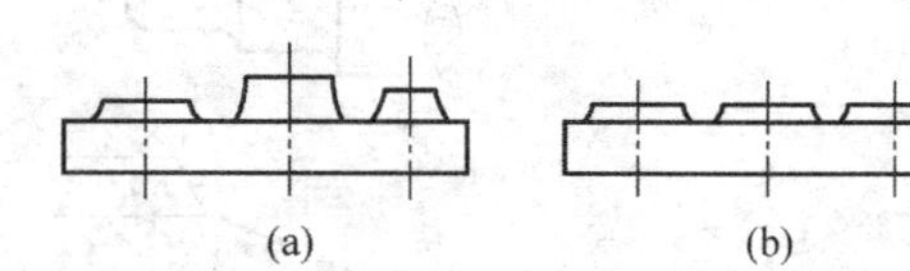

图 13-69　加工面应等高

⑤ 便于多件一起加工。图 13-70(a)所示的拨叉，沟槽底部为圆弧形，只能单个地进行加工。若改为图 13-70(b)所示的结构，则可实现多件一起加工，利于提高生产效率。

又如图 13-70(c)所示的齿轮，轮毂与轮缘不等高，多件一起滚齿时，刚度较差，并且轴向进给的行程增长。若改为图 13-70(b)所示的结构，既可增加加工时的刚度，又可缩短轴向进给的行程。

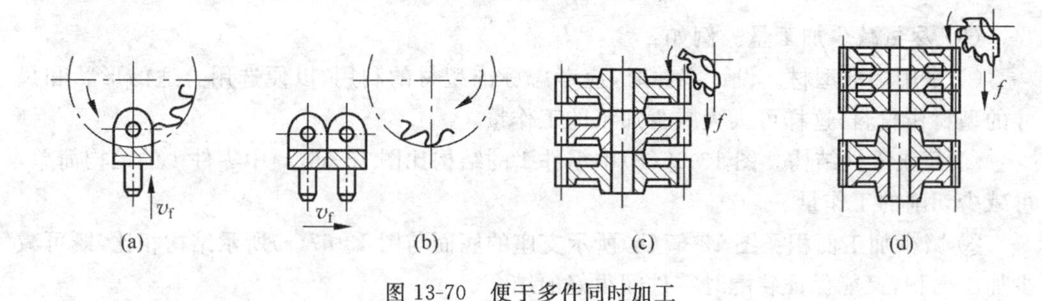

图 13-70　便于多件同时加工

4. 提高标准化程度

(1) 尽量采用标准件。设计时，应尽量按国家标准、部标或厂标选用标准件，以利于产品成本的降低。

(2) 应能使用标准刀具加工。零件上的结构要素如孔径及孔底形状、中心孔、沟槽宽度或角度、圆角半径、锥度、螺纹的直径和螺距、齿轮的模数等，其参数值应尽量与标准刀具相符，以便能使用标准刀具加工，避免设计和制造专用刀具，降低加工成本。

例如，被加工的孔应具有标准直径，不然需要特制刀具。当加工不通孔时，由一直径到另一直径的过渡最好做成与钻头顶角相同的圆锥面(见图 13-71(a))，因为与孔的轴线相垂直的底面或其他角度的锥面(见图 13-71(b))，将使加工复杂化。

又如图 13-72(b)所示的零件的凹下表面，可以用端铣刀加工，在粗加工后其内圆角必须用立铣刀清边，因此其内圆角的半径必须等于标准立铣刀的半径。如果设计成图 13-72(a)所示的形状，则很难加工出来。零件内圆角半径越小，所用立铣刀的直径越小，凹下表面的深度越大，则所用立铣刀的长度也越大，加工越困难，加工费越高。所以在设计凹下表面时，圆角的半径越大越好，深度越小越好。

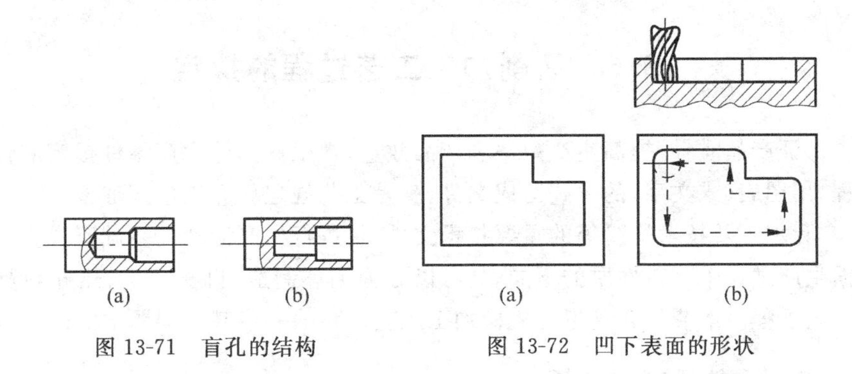

图 13-71 盲孔的结构　　图 13-72 凹下表面的形状

5. 合理规定表面的精度等级和粗糙度的数值

零件上不需要加工的表面，不要设计成加工面。在满足使用要求的前提下，表面的精度越低，粗糙度越大，越容易加工，成本也越低。所规定的尺寸公差、形位公差和粗糙度，应按国家标准选取，以便使用通用量具进行检验。

6. 合理采用零件的组合

一般来说，在满足使用要求的条件下，所设计的机器设备，零件越少越好，零件的结构越简单越好。但是，为了加工方便，合理的采用组合件也是适宜的。例如轴带动齿轮旋转(见图 13-73(a))，当齿轮较小，轴较短时，可以把轴和齿轮做成一体(称作齿轮轴)；当轴较长，齿轮较大时，做成一体则难以加工，必须分成三件，即轴、齿轮、键，分别加工后再装配到一起(见图 13-73(b))，这样加工很方便。所以，这种结构的工艺性是好的。

图 13-73(c)所示为轴与键的结合，如轴与键做成一体，则轴的车削是不可能的，必须分为两件(见图 13-73(d))，分别加工后再进行装配。

图 13-73(e)所示的零件，其内部的球面凹坑很难加工。如改为图 13-73(f)所示的结构，把零件分为两件，凹坑的加工变为外部加工，就比较方便。

又如图 13-73(g)所示的零件，滑动轴套中部的花键孔，加工是比较困难的。如果改为图 13-73(h)所示的结构，圆套和花键套分别加工后再组合起来，则加工比较方便。

7. 因地制宜

加工时既要结合本单位的具体加工条件(如设备和工人的技术水平等)，又要考虑与

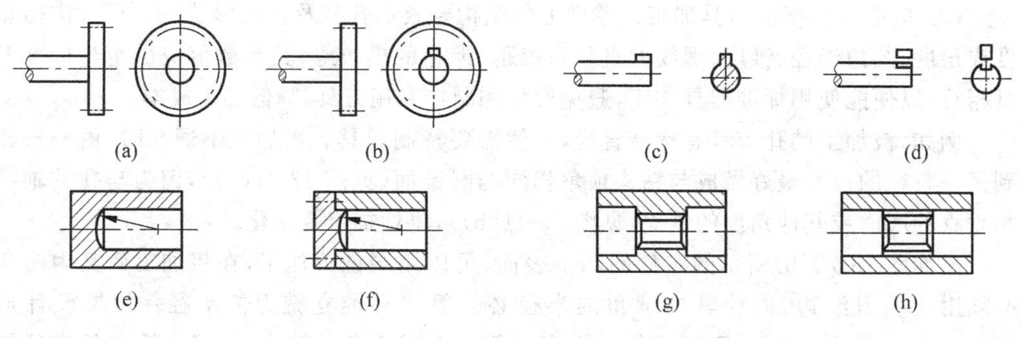

图 13-73 零件的组合

先进的工艺方法相适应。

13.6 切削加工工艺过程的拟定

为了保证产品质量，提高生产效率和产品效益，把根据具体生产条件拟定的较合理的工艺过程，用图表(或文字)的形式写成文件，就是工艺规程。它是生产准备、生产计划、生产组织、实际加工及技术检验等的重要技术文件，是进行生产活动的基础资料。

根据生产过程中工艺性质的不同，又可以分为毛坯制造、机械加工、热处理及装配等不同的工艺规程。本节仅介绍拟定机械加工工艺规程的一些基本问题。

13.6.1 零件的工艺分析

首先要熟悉整个产品(如整台机器)的用途、性能和工作条件，结合装配图了解零件在产品中的位置、作用、装配关系以及其精度等技术要求对产品质量和使用性能的影响；然后从加工的角度，对零件进行工艺分析。

(1) 检查零件的图纸是否完整和正确。例如视图是否足够、正确，所标注的尺寸、公差、粗糙度和技术要求等是否齐全、合理；并要分析零件主要表面的精度、表面质量和技术要求等在现有的生产条件下能否达到，以便采取适当的措施。

(2) 审查零件材料的选择是否恰当。零件材料的选择应立足于国内，尽量采用我国资源丰富的材料，不要轻易选用贵重的材料。另外还要分析所选的材料会不会使工艺变得困难和复杂。

(3) 审查零件结构的工艺性。零件的结构是否符合工艺性一般原则的要求，现有生产条件能否经济、高效、合格地加工出来。

如果发现有问题，应与有关设计人员共同研究，按规定程序对原图纸进行必要的修改与补充。

13.6.2 毛坯的选择及加工余量的确定

机械加工的加工质量、生产效率和经济效益，在很大程度上取决于所选的毛坯。常用的毛坯类型有型材、铸件、锻件、冲压件和焊接件等。影响毛坯选择的因素很多，例如生产类型,零件的材料、结构和尺寸,零件的力学性能要求,加工成本等。毛坯结构的设计已在铸造、锻造和焊接学习中作了介绍,本节仅简要介绍与毛坯结构尺寸有密切关系的加工余量。

1. 加工余量的概念

为了加工出合格的零件,必须从毛坯上切去的那层材料,称为加工余量。加工余量分为工序余量和总余量。某工序中所需切除的那层材料,称为该工序的工序余量。从毛坯到成品总共需要切除的余量,称为总余量,它等于相应表面各工序余量之和。

在工件上留加工余量的目的,是为了切除上一道工序所留下的加工误差和表面缺陷,例如铸件表面的硬质层、气孔、夹砂层,铸件级热处理件表面的氧化皮、脱碳层、表面裂纹,切削加工后的内应力层、较粗糙的表面和加工误差等,以保证获得所需要的精度和表面质量。

2. 工序余量的确定

毛坯上所留的加工余量不应过大或过小。加工余量过大,则费料、费工、增加工具的消耗,有时还不能保留工件最耐磨的表面层;加工余量过小,则不能保证切去工件表面的缺陷层,不能纠正上一道工序的加工误差,有时还会使刀具在不利的条件下切割,加剧刀具的磨损。

决定工序余量的大小时,应考虑在保证加工质量的前提下使余量尽可能小。由于各工序的加工要求和条件不同,余量的大小也不一样。一般来说,越是精加工,工序余量越小。

目前,确定加工余量的方法有如下几种:

(1) 估计法。由工人和技术人员根据经验和本厂具体条件,估计确定各工序余量的大小。为了不出废品,往往估计的余量偏大。估计法仅适用于单间小批生产。

(2) 查表法。即根据各种工艺手册中的有关表格,结合具体的加工要求和条件,确定各工序的加工余量。由于手册中的数据是大量生产实践和试验研究的总结和积累,所以对一般的加工都能适用。

(3) 计算法。对于重要零件或大批量生产的零件,为了更精确地确定各工序的余量,则要分析影响余量的因素,列出公式,计算出工序余量的大小。

13.6.3　定位基准的选择

在机械加工中,无论采用哪种安装方法,都必须使用工件在机床或夹具上正确地定位,以便保证被加工面的精度。

任何一个没受约束的物体,在空间都具有 6 个自由度,即沿 3 个互相垂直坐标轴的移动(用$\vec{X}$、$\vec{Y}$、$\vec{Z}$表示)和绕这 3 个坐标轴的转动(用$\overset{\frown}{X}$、$\overset{\frown}{Y}$、$\overset{\frown}{Z}$表示),如图 13-74 所示。因此,要使物体在空间占有确定的位置(即定位),就必须约束这 6 个自由度。

1. 工件的六点定位原理

在机械加工中,要完全确定工件的正确位置,必须有 6 个相应的支撑点来限制工件的 6 个自由度,称为工件的“六点定位原理”。如图 13-75 所示,可以设想 6 个支承点分布在

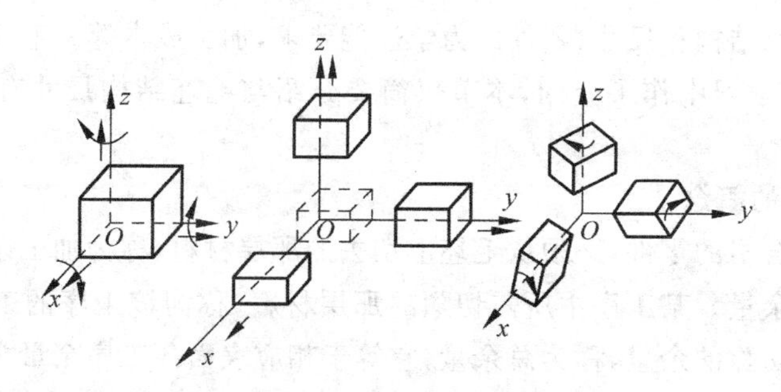

图 13-74　物体的 6 个自由度

3 个互相垂直的坐标平面内。其中 3 个支承点在 Oxy 平面上，限制$\widehat{X}$、$\widehat{Y}$和$\widehat{Z}$ 3 个自由度；两个支承点在 Oxz 平面上，限制$\vec{Y}$和$\widehat{Z}$两个自由度；最后一个支承点在 Oyz 平面上，限制$\vec{X}$一个自由度。

如图 13-76 所示，在铣床上铣削一批工件上的沟槽时，为了保证每次安装中工件的正确位置，保证 3 个加工尺寸 X、Y、Z，就必须限制 6 个自由度。这种情况称为完全定位。

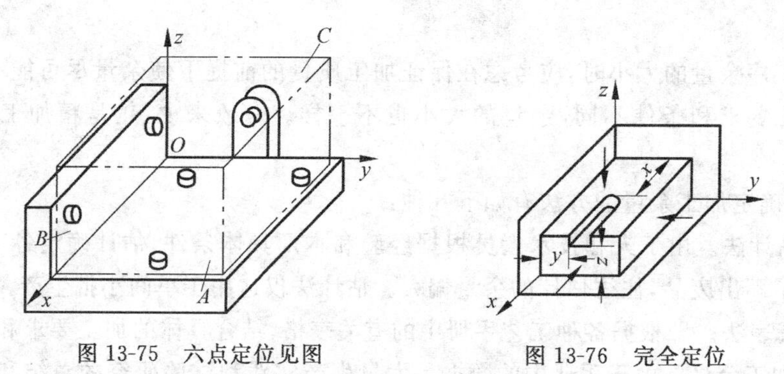

图 13-75　六点定位见图　　图 13-76　完全定位

有时，为了保证工件的加工尺寸，并不需要完全限制 6 个自由度。如图 13-77 所示，图(a)为铣削一批工件的台阶面，为保证两个加工尺寸的 Y 和 Z，只需限制$\vec{Y}$、$\vec{Z}$和$\widehat{X}$、$\widehat{Y}$、$\widehat{Z}$ 5 个自由度即可；图(b)为磨削一批工件的顶面，为保证一个加工尺寸 Z，仅需要限制$\widehat{X}$、$\widehat{Y}$、$\widehat{Z}$ 3 个自由度。这种没有完全限制 6 个自由度的定位，称为不完全定位。

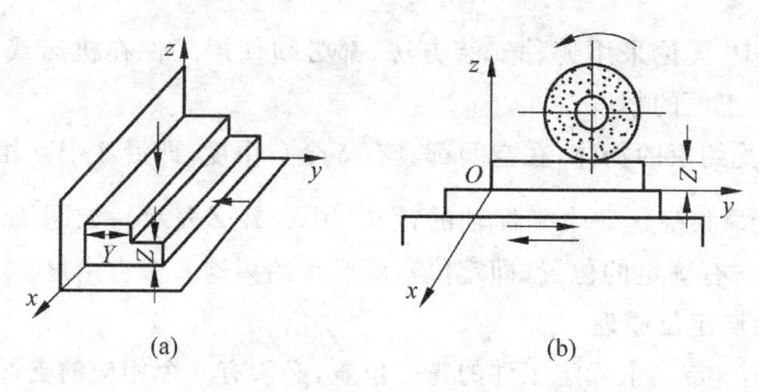

图 13-77　不完全定位

有时，为了增加工件在加工时的刚度，或者为了传递切削运动和动力，可能在同一个自由度的方向上，有两个或更多的定位支承点。如图13-78所示，车削光轴的外圆时，若用前后顶尖及三爪卡盘(夹住工件较短的一段)安装，前后顶尖已限制了$\vec{X}$、$\vec{Y}$、$\vec{Z}$和$\overset{\frown}{Y}$、$\overset{\frown}{Z}$ 5个自由度，而三爪卡盘又限制了$\vec{Y}$、$\vec{Z}$两个自由度，这样在$\vec{Y}$和$\vec{Z}$两个自由度的方向上，定位点多于一个，重复了，这种情况称为超定位或过定位。由于三爪卡盘的夹紧力，会使顶尖和工件变形，增加加工变形，增加加工误差，是不合理的，但这是传递运动和动力所需要的。若改用卡箍和拨盘带动工件旋转，就避免了超定位。

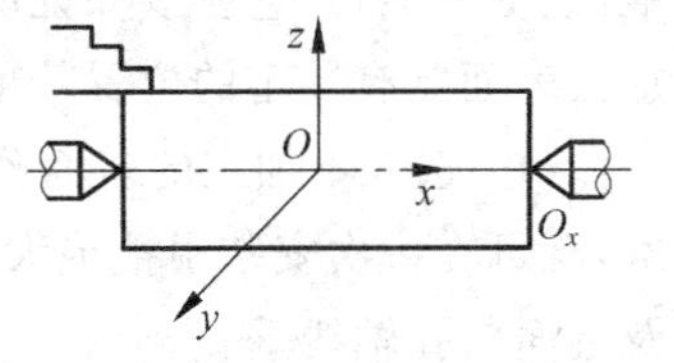

图13-78　超(过)定位

2. 工件的基准

在零件的设计和制造的过程中，要确定一些点、线或面的位置，必须以一些指定的点、线或面作为依据，这些作为依据的点、线或面称为基准。按照作用的不同，常把基准分为设计基准和工艺基准两类。

(1) 设计基准：设计时在零件图纸上所使用的基准。如图13-79所示，齿轮内孔、外圆和分度圈的设计基准是齿轮的轴线，两端面可以认为是互为基准。又如图13-80所示，表面2、3和孔4轴线的设计基准是表面1；孔5轴线的设计基准是孔4的轴线。

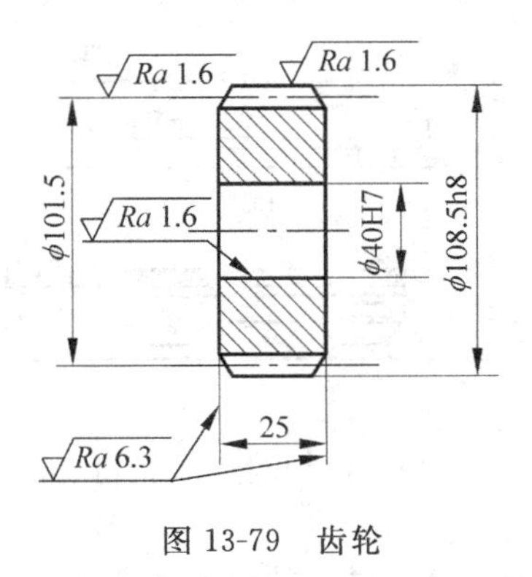

图13-79　齿轮

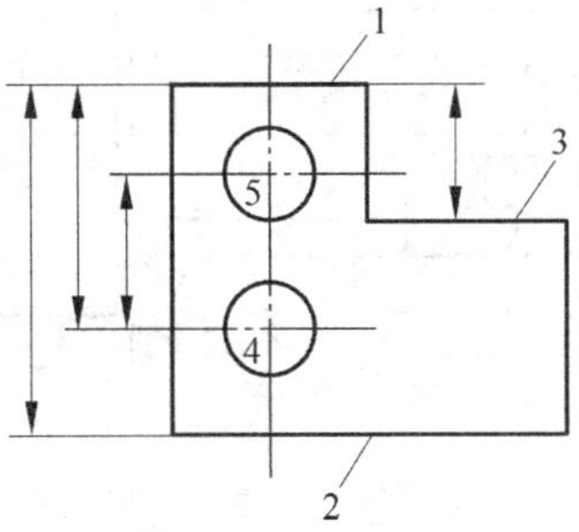

图13-80　机座简图

(2) 工艺基准：在制造零件和装配机器的过程中所使用的基准。工艺基准又分为定位基准、度量基准和装配基准，它们分别用于工件加工时的定位、工件的测量检验和零件的装配。本节仅介绍定位基准。

例如车销图13-79所示齿轮轮坯的外圆和左端面时，若用已经加工过的内孔将工件安装在心轴上，则孔的轴线就是外圆和左端面的定位基准。

必须指出的是，工件上作为定位基准的点和线，总是由具体表面来体现的，这个表面称为定位基准面。例如图13-79所示齿轮孔的轴线，并不具体存在，而是由孔内表面来体现的，所以确切地说，上例中的内孔是加工外圆和左端面的定位基准面。

3. 定位基准的选择

合理选择定位基准，对保证加工精度、安排加工精度和提高加工生产率有着重要的影响。从定位的作用来看，它主要是为了加工表面的位置精度。因此，选择定位基准的总原则，应该是从有位置精度要求的表面中进行选择。

1）粗基准的选择

对毛坯开始进行机械加工时，第一道工序只能以毛坯表面定位，这种基准面称为粗基准（或毛基准）。它应该保证所有加工表面都具有足够的加工余量，而且各加工表面对不加工表面具有一定的位置精度。其选择具体原则如下：

（1）选取不加工的表面作粗基准。如图 13-81 所示，以不加工的外圆表面作为粗基准，既可在一次安装中把绝大部分要加工的表面加工出来，又能保证外圆面与内孔同轴以及端面与孔轴线垂直。

如果零件上有好几个不加工的表面，则应选择与加工表面相互位置精度要求高的表面作粗基准。

（2）选取要求加工余量均匀的表面为粗基准。这样可以保证作为粗基准的表面加工时，余量均匀。例如车床床身（见图 13-82），要求导轨面耐磨性好，希望在加工时只切去较小而均匀的一层余量，使其表层保留均匀一致的金相组织和物理力学性能。若先选择导轨面作粗基准，加工床腿的底平面（见图 13-82(a)），然后再以床腿的底平面为基准加工导轨面（见图 13-82(b)），就能达到此目的。

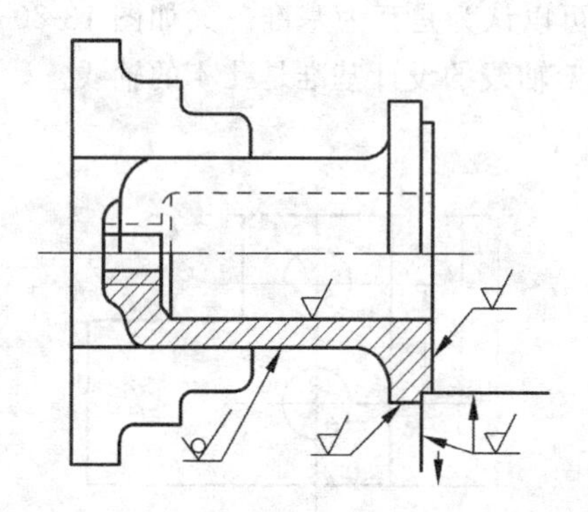

图 13-81 不加工表面作粗基准

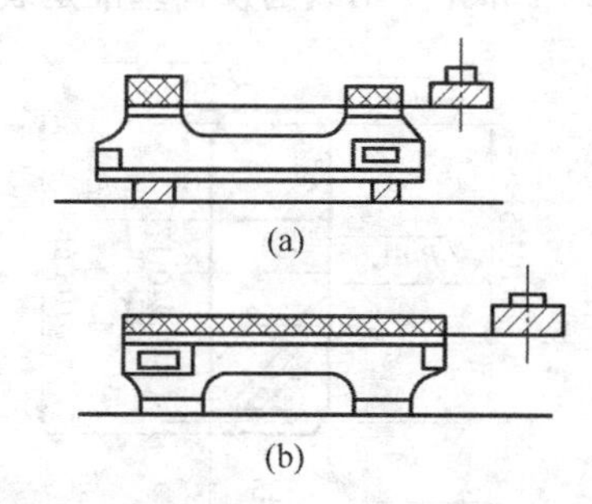

图 13-82 床身加工的粗基准

（3）对于所有表面都要加工的零件，应选择余量和公差最小的表面作粗基准，以避免余量不足而造成废品。

（4）选取光洁、平整、面积足够大、装夹稳定的表面为粗基准。

（5）粗基准只能在第一道工序中使用一次，不应重复使用。这是因为，粗基准表面粗糙，在每次安装中位置不可能一致，而使加工表面的位置超差。

2）精基准的选择

在第一道工序之后，应当以加工过的表面为定位基准，这种定位基准称为精基准（或光基准）。其选择原则如下：

（1）基准重合原则。就是尽可能选用设计基准作为定位基准，这样可以避免定位基准与设计基准不重合而引起的定位误差。

例如图 13-83(a)所示的零件（简图），A 面是 B 面的设计标准，B 面是 C 面的设计标准。以 A 面定位加工 B 面，直接保证尺寸 a 符合基准重合原则，不会产生基准不重合的

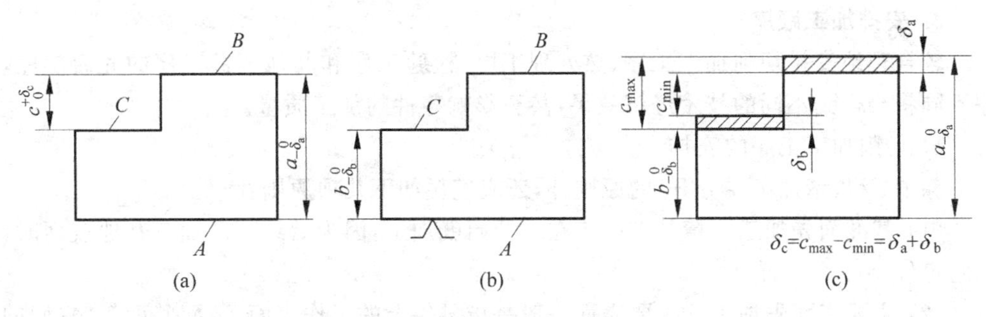

图 13-83　基准重合原则

定位误差。

若以 B 面定位加工 C 面，直接保证尺寸 c，也符合基准重合原则，影响精度的只有加工误差，只要把此误差控制在 δ_c 之内，就可以保证尺寸 c 的精度。但这种方法定位和加工皆不方便，也不稳固。

如果以 A 面定位加工 C 面，直接保证尺寸 b（见图 13-83(b)、(c)），这时设计尺寸 c 是由尺寸 a 和尺寸 b 间接得到的，它决定于尺寸 a 和 b 的加工精度。影响尺寸 c 精度的，除了加工误差 δ_b 之外，还有加工误差 δ_a，只有当 $\delta_b+\delta_a\leqslant\delta_c$ 时，尺寸 c 的精度才能得到保证。其中 δ_a 是由于基准不重合而引起的，故称为基准不重合误差。当 δ_c 为一定值时，由于 δ_a 的存在，势必减小 δ_b 的值，这将增加加工的难度。

由上述分析可知，选择定位基准时，应尽量使它与设计基准重合，否则必然会因基准不重合而产生定位误差，增加加工的困难，甚至造成零件尺寸超差。

(2) 基准同一原则。位置精度要求较高的某些表面加工时，尽可能选用同一的定位基准，这样有利于保证各加工表面的位置精度。例如，加工较精密的阶梯轴时，往往以中心孔为定位基准车削其他各表面，并在精加工之前还要修研中心孔，然后以中心孔定位，磨削各表面。这样有利于保证各表面的位置精度，如同轴度、垂直度等。

(3) 选择精度较高、安装稳定可靠的表面作精基准，而且所选的基准应使夹具结构简单，安装和加工工件方便。

但是，在实际工作中，定位基准的选择要完全符合上述所有的原则，有时是不可能的。因此，应根据具体情况进行分析，选出最有利的定位基准。

13.6.4　工艺路线的拟定

拟定工艺路程，就是把加工工件所需的各个工序按顺序合理地排列出来，它主要包括以下几个步骤。

1. 确定加工方案

根据零件每个加工表面（特别是主要表面）的技术要求，选择较合理的加工方案（或方法）。

在确定加工方案（或方法）时，除了表面的技术要求外，还要考虑零件的生产类型、材料性能以及本单位现有的加工条件等。

2. 安排加工顺序

较合理地安排切削加工工序、热处理工序、检验工序和其他辅助工序的先后次序，次序不同将会得到不同的技术经济效果，甚至影响零件的加工质量。

1）切削加工工序的安排

除了“粗、精加工要分开”的原则外，还应遵循如下几项原则：

(1) 基准面先加工。精基准面应在一开始就加工，因为后续工序加工其他表面时，要用它定位。

(2) 主要表面先加工。主要表面一般是指零件上的工作表面、装配基面等，它们的技术要求较高，加工工作量较大，应先安排加工。其他次要表面如非工作面、键槽、螺钉孔、螺纹孔等，一般可穿插在主要表面加工工序之间，或稍后进行加工，但应安排在主要表面最后精加工或精整加工之前。

2）划线工序的安排

形状较复杂的铸件、锻件和焊接件等，在单件小批生产中，为了给安装和加工提供依据，一般在切削加工之前要安排划线工序。有时为了加工的需要，在切削加工工序之间，可能还要进行第二次或多次划线。但是在大批量生产中，由于采用专用夹具等，可免去划线工序。

3）热处理工序的安排

根据热处理工序的性质和作用不同，一般可以分为：

(1) 预备热处理。预备热处理是指为改善金属的组织和切削加工性而进行的热处理，如退火、正火等，一般安排在切割加工之前。调质也可以作为预备热处理，但若是以提高材料的力学性能为主要目的，则应放在粗加工之后、精加工之前进行。

(2) 时效处理。在毛坯制造和切割加工的过程中，都会有内应力残留在工件内，为了消除它对加工精度的影响，需要进行时效处理。对于大而结构复杂的铸件，或者精度要求很高的非铸件类工件，需要在粗加工前后各安排一次人工时效。对于一般铸件，只需要在粗加工前或后进行一次时效处理。

(3) 最终热处理。最终热处理是指为提高零件表层硬度和强度而进行的热处理，如淬火、氮化等，一般安排在工艺过程的后期。淬火一般安排在切削加工之后、磨削之前，氮化则安排在粗磨和精磨之间。应注意在氮化之前要进行调制处理。

4）检验工序的安排

为了保证产品的质量，除了加工过程中操作者的自检外，在下列情况下还应安排检验工序：

(1) 粗加工阶段之后；

(2) 关键工序前后；

(3) 特种检验（如磁力探伤、密封性试验、动平衡试验等）之前；

(4) 从一个车间转到另一个车间加工之前；

(5) 全部加工结束之后。

5）其他辅助工序的安排

例如：

(1) 零件的表面处理，如电镀、发蓝、油漆等，一般均安排在工艺过程的最后。但大型铸件的内腔不加工面，常在加工之前先洗除防锈油漆等。

(2) 去毛刺、倒棱边、去磁、清洗等，应适当穿插在工艺过程中进行。这些辅助工序不能忽视，否则会影响装配工作，妨碍机器的正常运行。

13.6.5　工艺文件的编制

工艺过程拟定后，要以图表或文字的形式写成工艺文件。工艺文件的种类和形式多种多样，其繁简程度也有很大不同，要视生产类型而定，通常有如下几种。

1. 机械加工工艺过程卡片

机械加工工艺过程卡片用于单件小批生产，格式如表 13-2 所示，它的主要作用是概略地说明机械加工的工艺路线。实际生产中，工艺过程卡片内容的简繁程度也不一样，最简单的只列出工序的名称和顺序，较详细的则附有主要工序的加工简图等。

表 13-2　机械加工工艺过程卡片格式

		机械加工工艺过程卡片						
材料牌号		毛坯种类	毛坯外形尺寸		毛坯件数		每台件数	备注
工序号	工序名称	工序内容	车间	工段	设备	工艺装备	工时	
							产终	单件

注：摘自系机械工业群指导性技术文件“工艺规程格式及填写规则”(JB/Z 183.3—1992)。

2. 机械加工工序卡片

大批量生产中，主要工艺文件更要完整和详细，每个零件的加工工序都要有工序卡片。机械加工工序卡片是针对某一工序编制的，要画出该工序的工序图，以表示本工序完成后工件的形状、尺寸及其技术要求，还要表示出工件的装夹方式、刀具的形状及其位置等。工序卡片的格式和填写要求可参阅标准或规程上的指导性技术文件“工艺规程格式及填写规则”。生产管理部门，按零件将工序卡片汇装成册，以便随时查阅。

3. 机械加工工艺(综合)卡片

机械加工工艺(综合)卡片主要用于成批生产，它比工艺过程卡片详细，比工序卡片简单且较灵活，是介于两者之间的一种格式。工艺卡片既要说明工艺路线，又要说明各工序的主要内容。

13.7　典型零件的工艺过程

13.7.1　轴类零件

现以图 13-83 所示传动轴的加工为例，说明在单件小批生产中一般轴类零件的工艺工程。

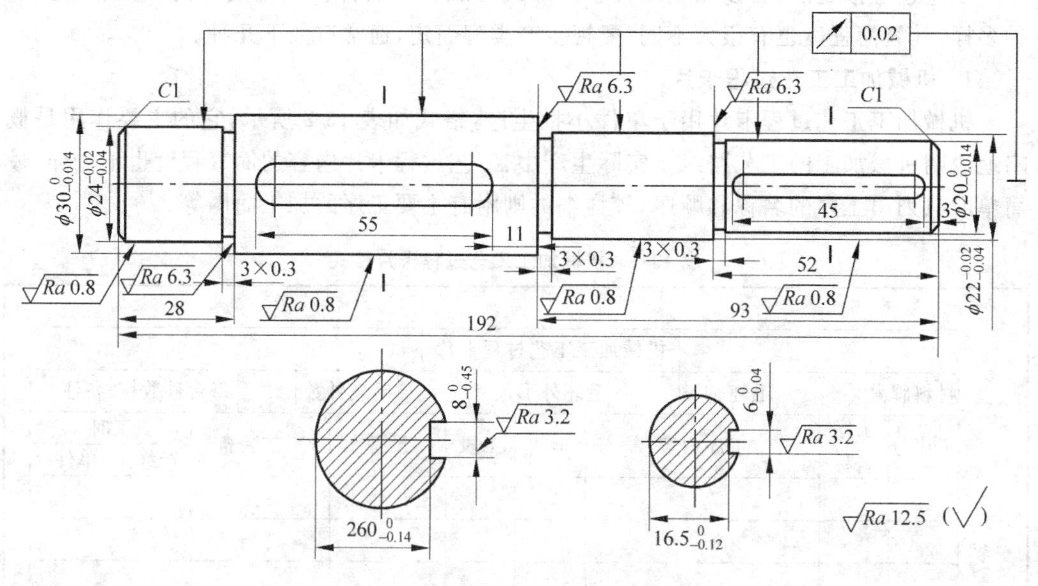

图 13-84　传动轴

1. 零件各主要部分的作用及技术要求

(1) 在 $\phi 30_{-0.014}^{0}$ 和 $\phi 20_{-0.014}^{0}$ 的轴段上装滑动齿轮，为传递运动和动力开有键槽；$\phi 24_{-0.24}^{-0.02}$ 和 $\phi 22_{-0.04}^{-0.02}$ 的两段为轴颈，支承于箱体的轴承孔中。表面粗糙度皆为 Ra 0.8μm。

(2) 各圆柱配合表面对轴线的径向圆跳动允差为 0.02mm。

(3) 工件材料为 45 钢，淬火硬度为 40～45HRC。

2. 工艺分析

该零件的各配件表面除本身有一定的精度(相当于 IT7)和表面粗糙度要求外，对轴线的径向圆跳动还有一定的要求。

根据对各表面的具体要求，可采用如下的加工方案：

粗车→半精车→热处理→粗磨→精磨

轴上的键槽，可以用键槽铣刀在立式铣床上铣出。

3. 基准选择

为了保证各配件配合表面的位置精度，用轴两端的中心孔作为粗、精加工的定位基准。这样，既符合基准统一和基准重合的原则，也有利于生产率的提高。为了保证定位基准的精度和表面粗糙度，热处理后应修研中心孔。

4. 工艺工程

该轴的毛坯用 ϕ35 圆钢料。在单件小批生产中，其工艺工程可按表 13-3 安排。

表 13-3　单件小批生产轴的工艺过程

工序号	工序名称	工序内容	加工简图	设备
Ⅰ	车	(1) 车一端面,钻中心孔 (2) 切断,长 194 (3) 车另一端面至长 192,钻中心孔	 192; $\phi35$; Ra 12.5	卧式车床
Ⅱ	车	(1) 粗车一端外圆分别至 $\phi32\times104$、$\phi26\times27$ (2) 半精车该端外圆分别至 $\phi30.4_{-0.1}^{0}\times105$、$\phi22.4_{-0.1}^{0}\times28$ (3) 切槽 $\phi23.4\times3$ (4) 倒角 C1.2 (5) 粗车另一端外圆分别至 $\phi24\times92$、$\phi22\times51$ (6) 半精车该端外圆分别至 $\phi22.4_{-0.1}^{0}\times93$、$\phi20.4_{-0.1}^{0}\times52$ (7) 切槽分别至 $\phi21.4\times3$、$\phi19.4\times3$ (8) 倒角 C1.2	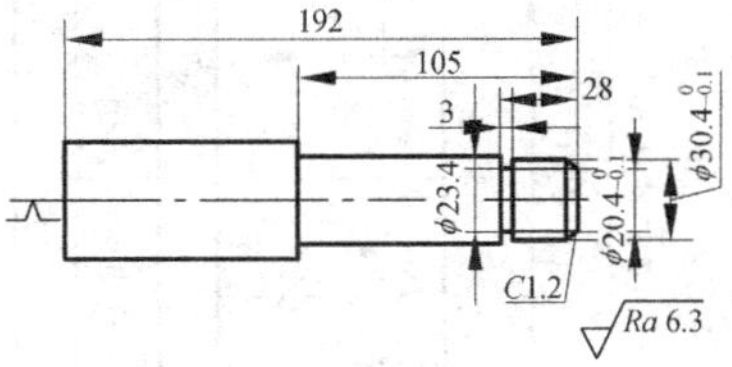 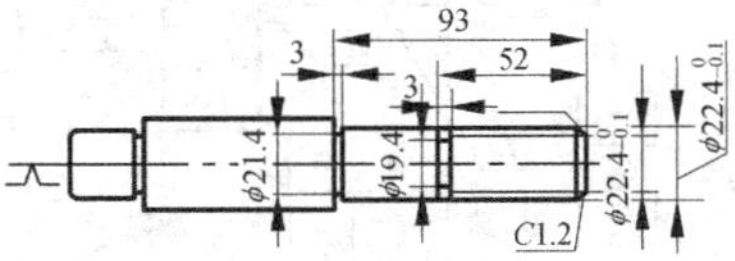 192; 105; 28; 3; $\phi23.4$; $\phi20.4_{-0.1}^{0}$; $\phi30.4_{-0.1}^{0}$; C1.2; Ra 6.3 93; 3; 52; 3; $\phi21.4$; $\phi19.4$; $\phi22.4_{-0.1}^{0}$; $\phi22.4_{-0.1}^{0}$; C1.2	卧式车床
Ⅲ	铣	粗-精铣键槽分别至 $8_{-0.045}^{0}\times26.2_{-0.09}^{0}\times55$、$6_{-0.040}^{0}\times16.7_{-0.07}^{0}\times45$	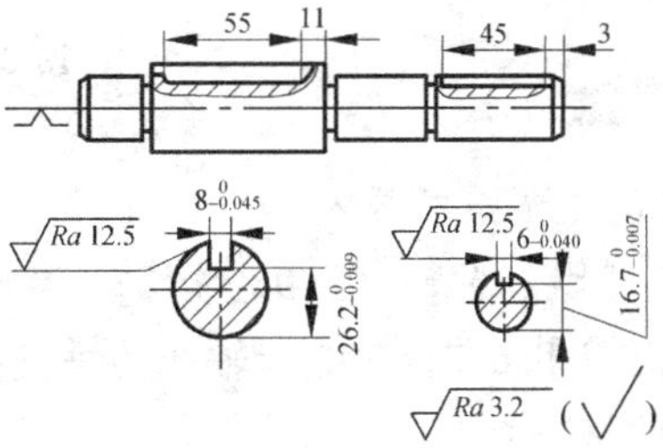 55; 11; 45; 3; $8_{-0.045}^{0}$; Ra 12.5; $26.2_{-0.009}^{0}$; Ra 12.5; $6_{-0.040}^{0}$; $16.7_{-0.007}^{0}$; Ra 3.2 (√)	立式铣床
Ⅳ	热	淬火回火 40～45HRC		
Ⅴ	钳	修研中心孔		钻床
Ⅵ	磨	(1) 粗磨一端外圆分别至 $\phi30.06_{-0.04}^{0}$、$\phi24.06_{-0.04}^{0}$ (2) 精磨该端外圆分别至 $\phi30_{-0.014}^{0}$、$\phi24_{-0.04}^{-0.02}$ (3) 粗磨另一端外圆分别至 $\phi22.06_{-0.04}^{0}$、$\phi20.06_{-0.04}^{0}$ (2) 精磨该端外圆分别至 $\phi22_{-0.04}^{-0.02}$、$\phi20_{-0.014}^{0}$	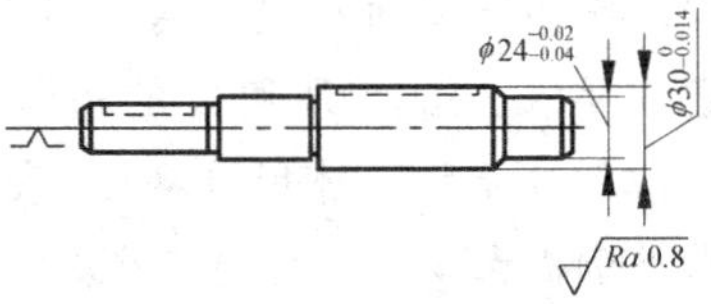 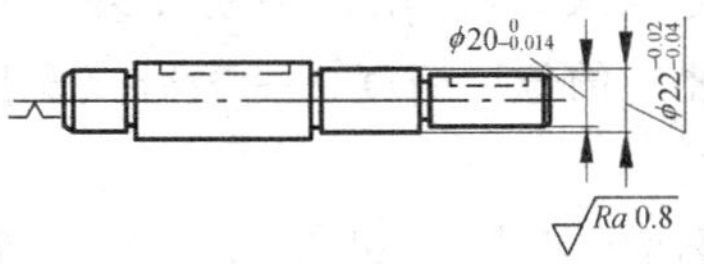 $\phi24_{-0.04}^{-0.02}$; $\phi30_{-0.014}^{0}$; Ra 0.8 $\phi20_{-0.014}^{0}$; $\phi22_{-0.04}^{-0.02}$; Ra 0.8	外圆磨床
Ⅶ	检	按图纸要求检验		

注：① 加工件图中粗实线为该工序加工表面；
② 加工件图中“___/___”符号所指为定位基准。

13.7.2　套类零件

现以图 13-85 所示轴套为例，说明在单件小批生产中套类零件加工的工艺过程。

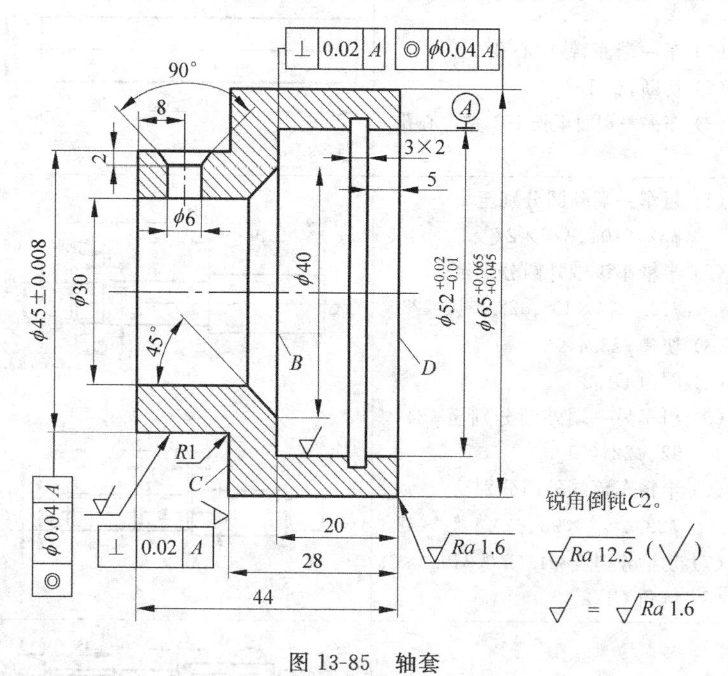

图 13-85　轴套

1. 零件的主要技术要求

(1) $\phi65^{+0.065}_{+0.045}$和$\phi45\pm0.008$对$\phi52^{+0.02}_{-0.01}$轴线的同轴度允差$\phi0.04$。

(2) 端面 B 和 C 对$\phi52^{+0.02}_{-0.01}$轴线的垂直度允差 0.02mm。

(3) 工件材料为 HT200，铸件。

2. 工艺分析

该轴套要求较高的表面是孔$\phi52^{+0.02}_{-0.01}$、外圆面$\phi65^{+0.065}_{+0.045}$和$\phi45\pm0.008$，以及内端面 B 和台阶断面 C。孔和外圆面不仅本身尺寸精度(相当于 IT7)和粗糙度有较高要求，位置精度也有一定的要求。端面 B 和 C 的粗糙度和位置精度都有一定要求。

根据工件材料性质和具体尺寸精度、表面粗糙度的要求，可以采用粗车—精车的工艺来达到。大端外圆面$\phi65^{+0.065}_{+0.045}$对空孔$\phi52^{+0.02}_{-0.01}$轴线的同轴度，以及内端面 B 对孔$\phi52^{+0.02}_{-0.01}$轴线的垂直度要求，可以用在一次安装中车出来保证。本例所要求的位置精度在一般卧式车床上加工是可以达到的。

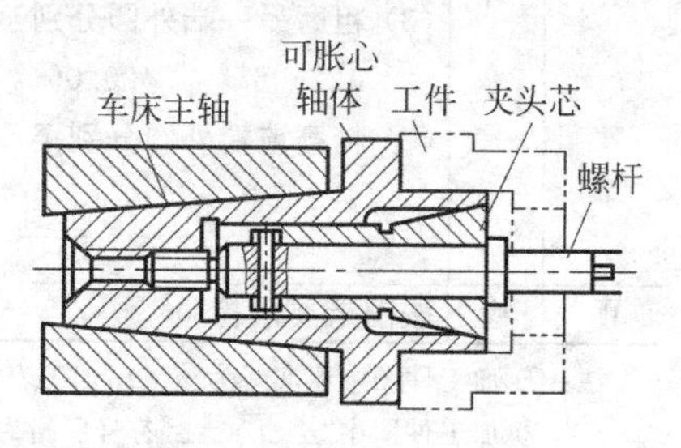

图 13-86　可胀心轴

小端外圆面$\phi45\pm0.008$对孔$\phi52^{+0.02}_{-0.01}$轴线的同轴度，以及台阶端面 C 对孔$\phi52^{+0.02}_{-0.01}$轴线的垂直度，可以在精车小端时，以孔和与孔在一次安装中车出的大端端面 D 定位来保证。这就要用定位精度较高的可胀心轴(见图 13-86)装夹工件，可胀心轴的定心精度可达 0.01mm，定位端面对轴线的垂直度也比较高，装夹工件时只要使大端面贴紧可胀心轴的定位端面，就可以保证所要求的位置精度。

3. 基准选择

为了给粗车—精车大端时提供一个精基准，先以工件毛坯大端外圆面作粗基准，粗车小端外圆面和端面，这样也保证了加工大端时余量均匀一致。

然后，以粗车后的小端外圆面和台阶端面 C 为定位基准（精基准），在一次安装中加工大端各表面，以保证所需要的位置精度。

精车小端时，则利用可胀心轴，以孔 $\phi52^{+0.02}_{-0.01}$ 和大端端面 D 为定位基准。

4. 工艺过程

在单件小批生产中，该轴套的工艺过程可按表 13-4 进行安排。

表 13-4　单件小批生产轴套的工艺过程

工序号	工序名称	工序内容	加工简图	设备
Ⅰ	铸	铸造，清理	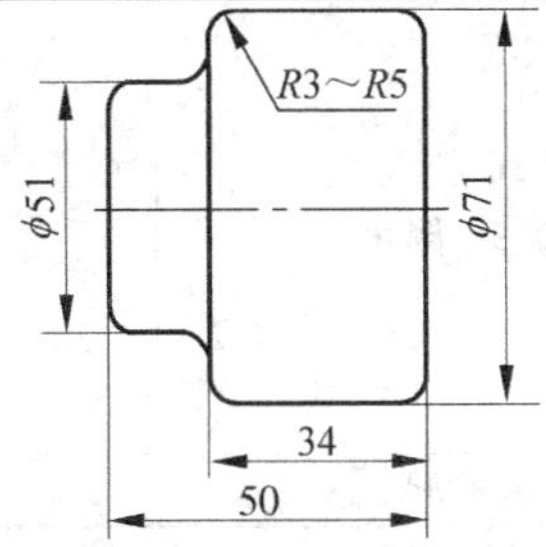 R3～R5; $\phi51$; $\phi71$; 34; 50	
Ⅱ	车	(1) 粗车小端外圆和两端面至 $\phi47\times16$ (2) 钻孔至 $\phi28$，钻通 (3) 倒头粗车大端外圆和端面至 $\phi67\times30$ (4) 镗孔至 $\phi30$，镗通 (5) 粗镗大端孔及粗车内端面至 $\phi50\times20$ (6) 倒内斜角至 $\phi41\times45°$ (7) 精车大端外圆和端面 D 至 $\phi65^{+0.065}_{+0.045}\times29$ (8) 精镗大端孔和精车内端面 B 至 $\phi52^{+0.02}_{-0.01}\times20$ (9) 车槽 3×2 (10) 外圆及孔口倒角 $C2$	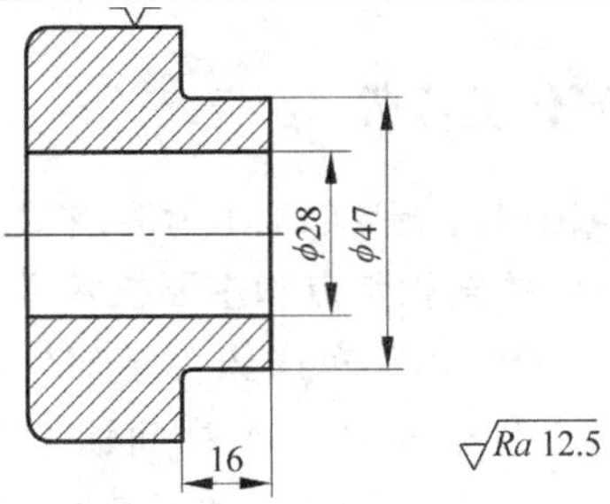 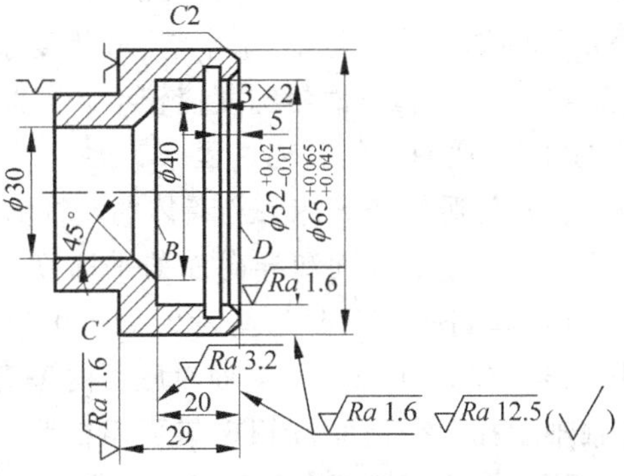 $\phi28$; $\phi47$; 16; Ra 12.5 C2; 3×2; 5; $\phi40$; $\phi30$; 45°; $\phi52^{+0.02}_{-0.01}$; $\phi65^{+0.065}_{+0.045}$; B; D; C; Ra 1.6; Ra 3.2; Ra 1.6; 20; 29; Ra 1.6; Ra 12.5 (√) 注：大端端面原设计要求表面粗糙度为 $Ra12.5\mu m$，但由于精车小端时作为精基准，故工艺要求改为 $Ra1.6\mu m$	卧式车床

续表

工序号	工序名称	工序内容	加工简图	设备
Ⅲ	车	(1) 精车小端外圆至$\phi 45\pm 0.008$ (2) 精车两端面 C、E 保证尺寸 44、28 和 $R1$ (3) 外圆及孔口倒角 $C2$	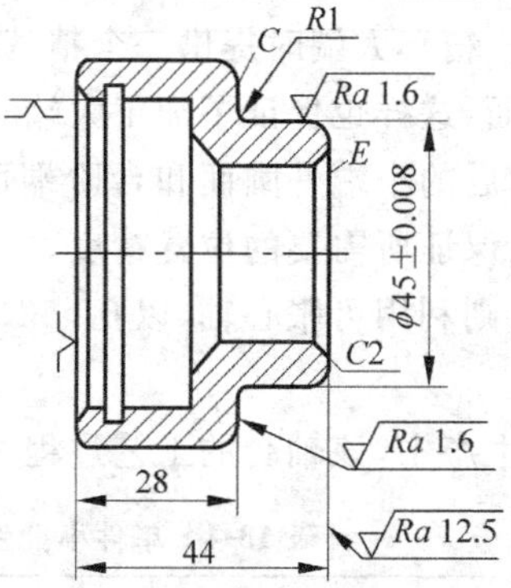 C　R1　Ra 1.6　E　$\phi 45\pm 0.008$　C2　Ra 1.6　28　Ra 12.5　44	卧式车床(可胀心轴)
Ⅳ	钳	划$\phi 6$孔中心线,保证尺寸 8		
Ⅴ	钳	(1) 钻$\phi 6$孔 (2) 锪 2×90°倒角	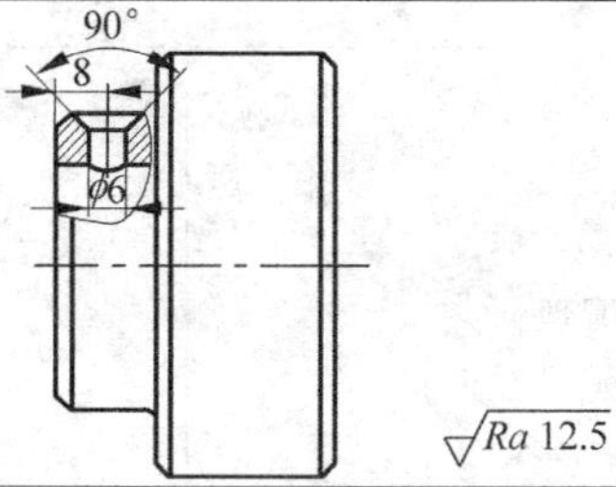 90°　8　$\phi 6$　Ra 12.5	钻床
Ⅵ	检	按图纸要求检验		

13.7.3 箱体类零件

现以卧式车床床头箱箱体的加工为例,来说明单件小批生产中箱体类零件的工艺过程。

1. 床头箱箱体的结构特点和主要技术要求

卧式车床床头箱箱体是车床床头箱部件装配时的基准零件,在它上面装入由齿轮、轴、轴承和拨叉等零件组成的主轴、中间轴和操纵机构等“组件”,以及其他一些零件,构成床头箱部件。装配后,要保持各零件正确的相互位置,保证部件正常地运转。

床头箱箱体的结构特点是壁薄、中空、形状复杂。加工面多为平面和孔,它们的尺寸精度、位置精度要求较高,表面粗糙度值较小。因此,其工艺过程比较复杂,下面仅就其主要平面和孔的加工,说明它的工艺过程。

图 13-87 所示为卧式车床床头箱箱体的剖视简图,主要的技术要求如下:

(1) 作为装配基准的底面和导向面的平面度允差为 0.02～0.03mm,表面粗糙度为 Ra 0.8μm。顶面和侧面平面度允差为 0.04～0.06mm,表面粗糙度为 Ra 1.6μm。顶面对底面的平行度允差为 0.1mm;侧面对底面的垂直度允差为 0.04～0.06mm。

(2) 主轴轴承孔孔径精度为 IT6,表面粗糙度为 Ra 0.8μm;其余轴承孔的尺寸公差等级为 IT7～IT6,表面粗糙度为 Ra 1.6μm;非配合孔的精度较低,表面粗糙度为 Ra 12.5～6.3μm。孔的圆度和圆柱度公差不超过孔径公差的 1/2。

(3) 轴承孔轴线间距离的尺寸公差为 0.05～0.1mm,主轴轴承孔轴线与基准面距离

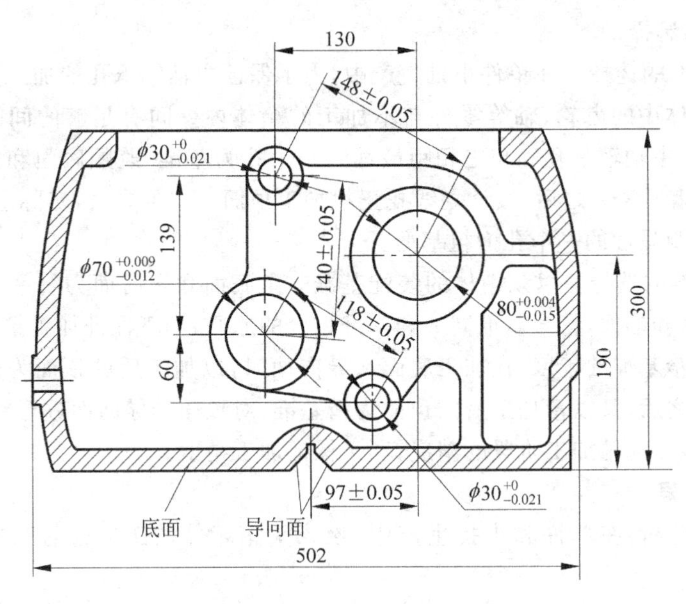

图 13-87　床头箱箱体剖视简图

的尺寸公差为 0.05～0.1mm。

(4) 不同箱壁上同轴孔的同轴度允差为最小孔径公差的 1/2；各相关孔轴线间平行度允差为 0.06～0.1mm；端面对孔轴线的垂直度允差为 0.06～0.1mm。

(5) 工件材料 HT200。

2. 工艺分析

工件毛坯为铸件，加工余量为：底面 8mm，顶面 9mm，侧面和端面 7mm，铸孔 7mm。

在铸造后、机械加工之前，一般应经过清理和退火处理，以清除铸造过程中产生的内应力。粗加工后，会引起工件内应力的重新分布，为使内应力分布均匀，也应经适当的时效处理。

在单件小批生产的条件下，该床头箱箱体的主要工艺过程可作如下考虑：

(1) 底面、顶面、侧面和端面可采用粗刨—精刨工艺。因为底面和导向面的精度和粗糙度要求较高，又是装配基准和定位基准，所以在精刨后还应该进行精细加工——刮研。

(2) 直径小于 40～50mm 的孔，一般不铸出，可采用钻—扩(或半精镗)—铰(或精镗)的工艺。对于已铸出的孔，可采用粗镗—半精镗—精镗(用浮动镗刀片)的工艺。由于主轴轴承孔精度和粗糙度的要求皆较高，故在精镗后还要用浮动镗刀片进行精细镗。

(3) 其余要求不高的螺纹孔、紧固孔及油孔等，可放在最后加工。这样可以防止由于主要面或孔在加工过程中出现问题(如发现气孔、夹杂物或加工超差等)时，浪费这一部分的工时。

(4) 为了保证箱体主要表面精度和粗糙度的要求，避免粗加工时由于切削量较大引起工件变形或可能划伤已加工表面，整个工艺过程分为粗加工和精加工两个阶段。

(5) 整个工艺过程中，无论是粗加工阶段还是精加工阶段，都应遵循“先面后孔”的原则，就是先加工平面，然后以平面定位再加工孔。这是因为：第一，平面常常是箱体的装配基准；第二，平面的面积较孔的面积大，以平面定位工件装夹稳定、可靠。因此，以平面定位加工孔，有利于保证定位精度和加工精度。

3. 基准的选择

(1) 粗基准的选择。在单件小批生产中,为了保证主轴轴承孔的加工余量分布均匀,并保证装入箱体中的齿轮、轴等零件与不加工的箱体内壁间有足够的间隙,以免互相干涉,常常首先以主轴轴承孔和与之相距最远的一个孔为基准,兼顾底面和顶面的余量,对毛坯进行划线和检查;之后,按计划线找正粗加工顶面。这种方法,实际上就是以主轴轴承孔和与之相距最远的一个孔为粗基准。

(2) 精基准的选择。以该箱体的装配基准——底面和导向面为统一的精基准,加工各纵向孔、侧面和端面,符合基准同一和基准重合的原则,利于保证加工精度。

为了保证精基准的精度,在加工底面和导向面时,以加工后的顶面为辅助的精基准。在加工和时效之后,又以精加工后的顶面为精基准,对顶面和导向面进行精刨和精细加工(刮研),进一步提高精加工阶段的精度,利于保证加工精度。

4. 工艺过程

根据以上分析,在单件和小批生产中,该床头箱箱体的工艺过程可按表 13-5 进行安排。

表 13-5 单件小批生产箱体的工艺过程

工序号	工序名称	工序内容	加工简图	设备
Ⅰ	铸	清理,退火		
Ⅱ	钳	划各平面加工线	(以主轴轴承孔和与之相距最远的一个孔为基准,并照顾底面和顶面的余量)	
Ⅲ	刨	粗刨顶面,留精刨余量 2mm	Ra 12.5	龙门刨床
Ⅳ	刨	粗刨底面和导向面,留精刨和刮研余量 2~2.5mm	Ra 12.5 (√)	龙门刨床
Ⅴ	刨	粗刨侧面和两端面,留精刨余量 2mm	Ra 12.5 (√)	龙门刨床

续表

工序号	工序名称	工序内容	加工简图	设备
Ⅵ	镗	粗加工纵向各孔，主轴轴承孔，留半精镗、精镗和精细镗余量2～2.5mm，其余各孔留半精、精加工余量1.5～2mm（小直径孔钻出，大直径孔用镗刀加工）	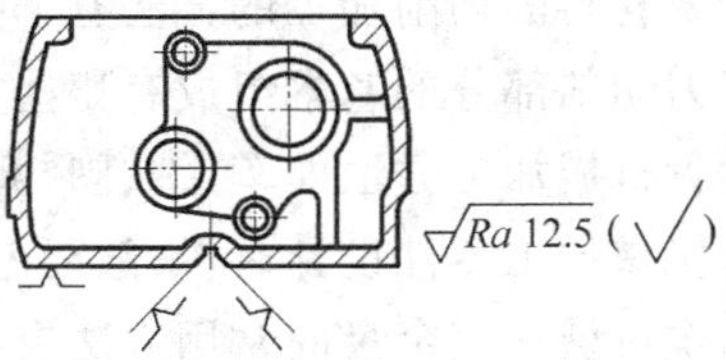 Ra 12.5（√）	卧式镗床（镗模）
Ⅶ		时效		
Ⅷ	刨	精刨顶面至尺寸	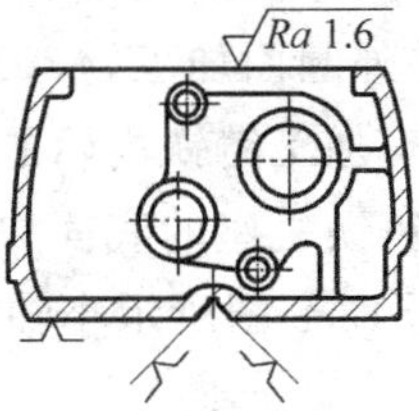 Ra 1.6	龙门刨床
Ⅸ	刨	精刨底面和导向面，留刮研余量0.1mm	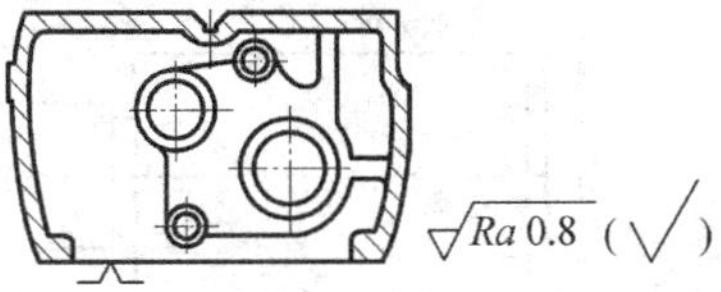 Ra 0.8（√）	龙门刨床
Ⅹ	钳	刮研底面和导向面至尺寸	（25mm×25mm内8～10个点）	
Ⅺ	刨	精刨侧面和两端面至尺寸	同工序Ⅴ（*Ra* 1.6μm）	龙门刨床
Ⅻ	镗	（1）半精加工各纵向孔，主轴轴承孔留精镗和精细镗余量0.8～1.2mm，其余各孔留精加工余量0.05～0.15mm（小孔用扩孔钻，大孔用镗刀加工） （2）精加工各纵向孔，主轴轴承孔留精细镗余量0.1～0.25mm，其余各孔至尺寸（小孔用铰刀，大孔用浮动镗刀片加工） （3）精细镗主轴轴承孔至尺寸（用浮动镗刀片加工）	同工序Ⅵ（*Ra* 1.6μm或*Ra* 0.8μm）	卧式镗床
XIII	钳	（1）加工螺纹底孔、紧固孔及油孔等至尺寸 （2）攻螺纹、去毛刺	底面定位（*Ra* 12.5～6.3μm）	钻床
XIV	检	按图纸要求检验		

思考与练习

13-1　金属材料的切削加工的方法有哪些？

13-2　车刀切削部分的基本组成有哪些？刀具常见结构有哪些？

13-3　常见机械加工方法即车、铣、刨、磨、钻的工艺特点是什么？

13-4　对机械加工零件设计时，一般要考虑哪些结构工艺性特性？

13-5　确定机械加工余量的常用方法有哪些？

13-6　机械加工过程中一般在哪些情况下安排检验工序？

13-7　试拟定下列零件的机械加工方案：

(1) 紫铜小轴的外圆面加工，ϕ20h7，Ra 0.8μm；

(2) 大批量生产，加工铸铁齿轮的孔，ϕ50H7，Ra 0.8μm；

(3) 单件生产，铸铁机座的底面加工：$L\times B$＝500mm×300mm，Ra 3.2μm。

13-8　加工如题 13-8 图所示小轴 30 件，毛坯为ϕ32×104 的圆钢料，若采用两种方法加工：

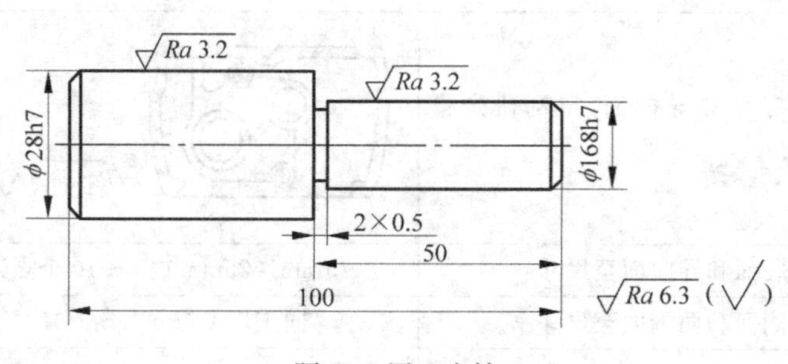

题 13-8 图　小轴

(1) 先整批车出ϕ28 一端的端面和外圆，随后仍在该车床上整批车出ϕ16 一端的端面和外圆；

(2) 在一台车床上逐件进行加工，即每个工件车好ϕ28 的一端后，立即调头车ϕ16 的一端。

试问这两种方案分别是几道工序？哪种方案较好？为什么？

13-9　试分析题 13-9 图所示的三种安装方案的定位情况，即各种安装分别限制了哪几个自由度？属于哪种定位？

13-10　拟定单件生产支座与法兰（见题 13-10 图）的加工工艺过程。

13-11　从切削加工的结构工艺性考虑，试改进题 13-11 图所示零件的结构。

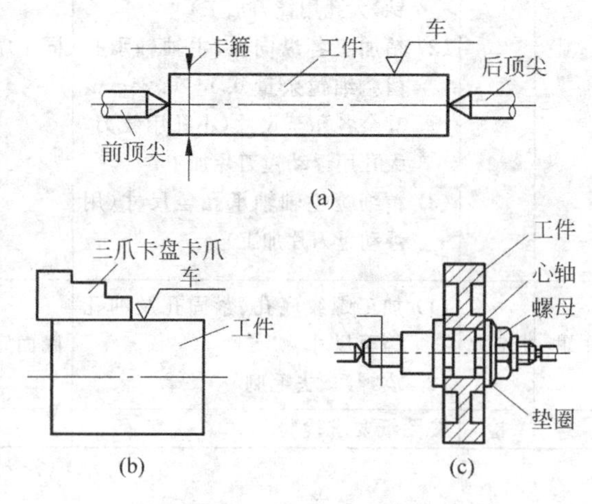

题 13-9 图　安装定位

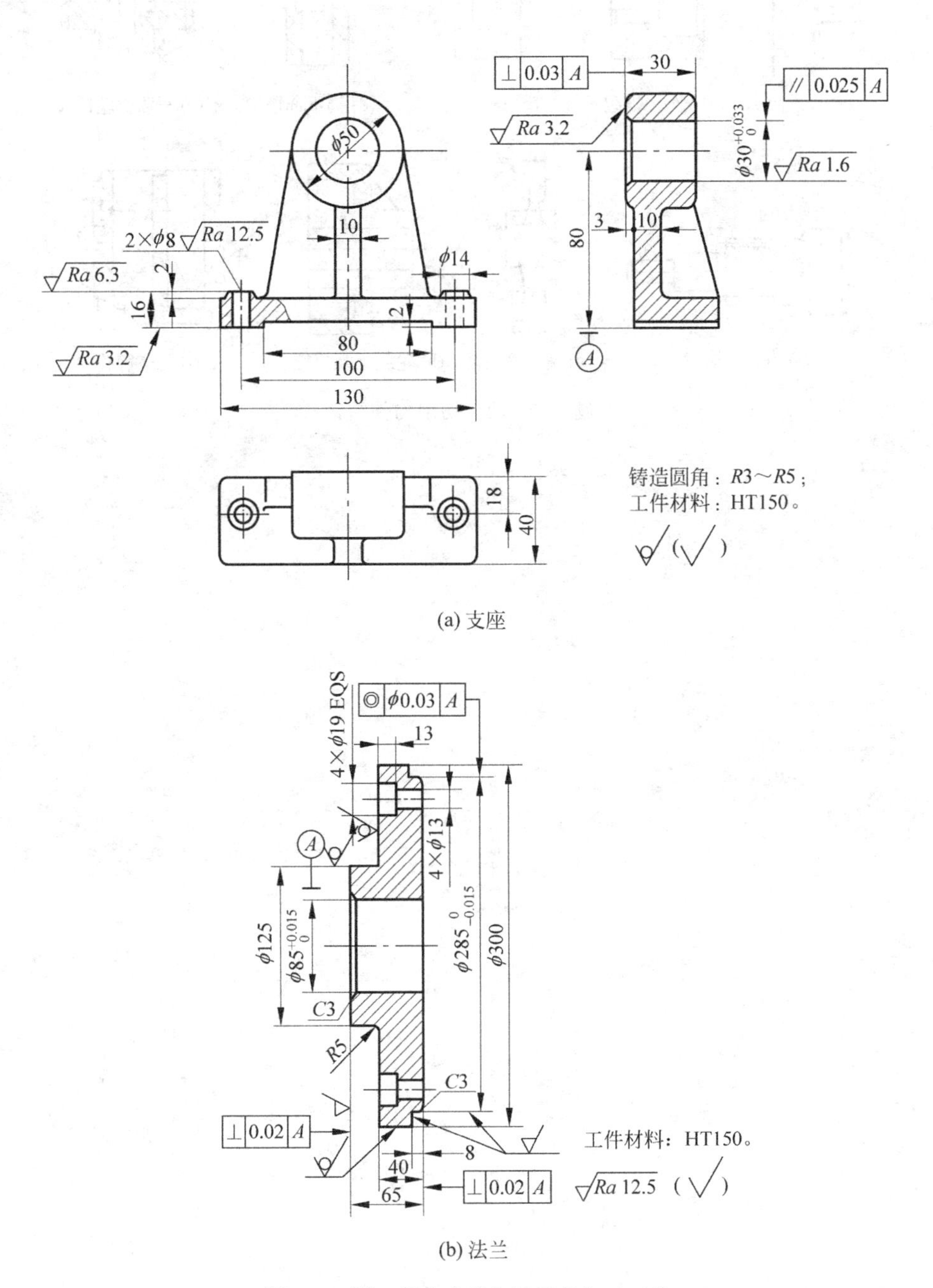

(a) 支座

(b) 法兰

题 13-10 图　拟定支座与法兰的加工工艺

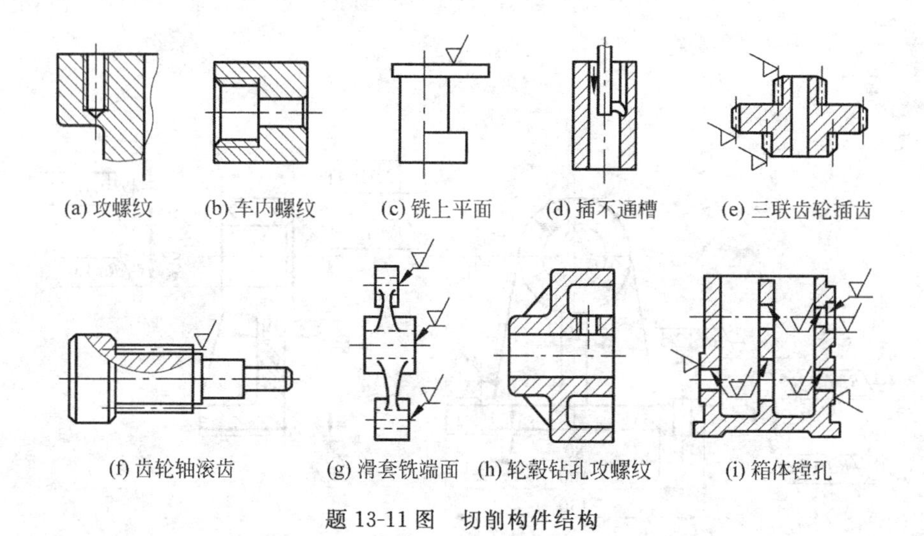

题 13-11 图　切削构件结构

参考文献

[1] 刘天模,徐幸梓.工程材料[M].北京：机械工业出版社,2001.
[2] 王焕庭,等.机械工程材料[M].大连：大连理工大学出版社,1995.
[3] 史美堂.金属材料及热处理[M].上海：上海科学技术出版社,1993.
[4] 王章忠.工程材料[M].北京：机械工业出版社,2001.
[5] 崔忠圻.金属学及热处理[M].北京：机械工业出版社,1996.
[6] 何世禹.机械工程材料[M].哈尔滨：哈尔滨工业大学出版社,1995.
[7] 陶杰,等.材料科学基础全真试题及解析[M].北京：化学工业出版社,2006.
[8] 丁厚福,王立人.工程材料[M].武汉：武汉理工大学出版社,2001.
[9] 陶杰,等.材料科学基础[M].北京：化学工业出版社,2006.
[10] 王运炎.机械工程材料[M].北京：机械工业出版社,1996.
[11] 王特典.工程材料[M].南京：东南大学出版社,1996.
[12] 夏立芳.金属热处理工艺学[M].哈尔滨：哈尔滨工业大学出版社,1986.
[13] 胡光立.钢的热处理(原理与工艺)[M].2版.西安：西北工业大学出版社,2004.
[14] 谢希文.材料工程基础[M].北京：北京航空航天大学出版社,1999.
[15] 沈莲.机械工程材料[M].北京：机械工业出版社,2000.
[16] 刘智恩.材料科学基础[M].西安：西北工业大学出版社,2000.
[17] 陈仪先,等.机械制造基础[M].北京：中国水利水电出版社,2005.
[18] 王欣.机械制造基础[M].北京：化学工业出版社,2010.
[19] 侯俊英,王兴源.机械工程材料及成形基础[M].北京：北京大学出版社,2009.
[20] 刘贯军,郭晓琴.机械工程材料与成型技术[M].北京：电子工业出版社,2011.
[21] 赵建中.机械制造基础[M].北京：北京理工大学出版社,2008.
[22] 马鹏飞,张松生.机械工程材料与加工工艺[M].北京：化学工业出版社,2009.
[23] 宋昭祥.机械制造基础[M].2版.北京：机械工业出版社,2010.
[24] 张万昌.热加工工艺基础[M].北京：高等教育出版社,1991.
[25] 金南成.工程材料及金属热加工基础[M].北京：航空工业出版社,1995.
[26] 哈尔滨工业大学,上海工业大学.机械制造工艺学(第一分册)[M].上海：上海科学技术出版社,1980.
[27] 邓格纳 W,等.切削加工[M].张信,等,译.北京：机械工业出版社,1983.
[28] 邓文英.金属工艺学(下)[M].5版.北京：高等教育出版社,2008.

参考文献